全国特种设备无损检测人员资格考核统编教材

超 声 检 测

(第 二 版)

中国特种设备检验协会组织编写

主编 郑 晖 林树青
主审 寿比南

中国劳动社会保障出版社

图书在版编目(CIP)数据

超声检测/郑晖，林树青主编. —2版. —北京：中国劳动社会保障出版社，2008

全国特种设备无损检测人员资格考核统编教材

ISBN 978 - 7 - 5045 - 7069 - 7

Ⅰ. 超… Ⅱ. ①郑…②林 Ⅲ. 超声检测-技术培训-教材 Ⅳ. TB553

中国版本图书馆 CIP 数据核字(2008)第 058831 号

中国劳动社会保障出版社出版发行

(北京市惠新东街1号 邮政编码：100029)

出版人：张梦欣

*

北京鑫海金澳胶印有限公司印刷装订 新华书店经销

787毫米×1092毫米 16开本 23.75印张 563千字

2008年5月第2版 2025年6月第35次印刷

定价：85.00元

营销中心电话：400-606-6496

出版社网址：http://www.class.com.cn

版权专有 侵权必究

如有印装差错，请与本社联系调换：(010) 81211666

我社将与版权执法机关配合，大力打击盗印、销售和使用盗版图书活动，敬请广大读者协助举报，经查实将给予举报者奖励。

举报电话：(010) 64954652

《全国特种设备无损检测人员资格考核统编教材》
编审委员会名单

主　任　　宋继红

副主任　　林树青、王晓雷、沈　钢、强天鹏

委　员　　郑世才、李　衍、顾阁如、姚志忠、宋志哲、
　　　　　胡学知、李　伟、张　平、周志伟、邢兆辉、
　　　　　郑　晖、张　明、阎建芳、解应龙、蒋仕良、
　　　　　许遵言、袁　榕、侯少华、张志超、郭伟灿、
　　　　　毛小虎、韩建荒、陈玉宝、邱　扬、高迎峰、
　　　　　姚　力、夏福勇、张路根

内 容 提 要

本书是由全国特种设备无损检测人员资格考委会组织编写的超声检测人员资格考核的统编培训教材,按照全国特种设备无损检测人员资格考核大纲编写。

本书共分12章,主要内容包括:超声检测的物理基础、超声波发射声场与规则反射体的回波声压、超声检测设备与器材、超声检测方法分类与特点、脉冲反射法超声检测通用技术、板材和管材超声检测、锻件与铸件超声检测、焊接接头超声检测、特种设备超声检测通用工艺规程和工艺卡、国内外超声检测标准与检测质量控制。书后还增加了6个相关实验。

本书的特点是,既注重理论与实际应用的结合,又紧跟科技的发展,及时介绍超声检测的新方法和新设备;既介绍了超声检测常用的方法和对象,又重点突出了特种设备超声检测的自身特点。

本书除作为特种设备超声检测人员资格考核培训教材,也可供各企业生产一线人员,质量管理人员、安全监察人员、研究机构、大专院校相关专业师生学习参考。

前言

无损检测是在现代科学基础上产生和发展的检测技术，它借助先进的技术和仪器设备，在不损坏、不改变被检测对象理化状态的情况下，对被检测对象的内部及表面的结构、性质、状态进行高灵敏度和高可靠性的检查和测试，借以评判它们的连续性、完整性、安全性以及其他性能指标。作为一种有效的检测手段，无损检测在我国已广泛应用于经济建设的各个领域，例如特种设备的制造检测和在用检验，以及机械、冶金、石油天然气、化工、航空航天、船舶、铁道、电力、核工业、兵器、煤炭、有色金属、建筑等行业。尤其在保证承压类特种设备产品质量和使用安全方面，无损检测技术显得特别重要。

无损检测应用的正确性和有效性，一方面取决于所采用的技术和装备的水平，另一方面更重要的是取决于检测人员的知识水平和判断能力。无损检测人员所承担的职责要求他们具备相应的无损检测理论知识和技术素质。因此，必须制定一定的规则和程序，对特种设备无损检测人员进行培训和考核，鉴定他们是否具备这种资格。国家特种设备安全监督管理部门对无损检测人员培训和考核十分重视。在20世纪80年代，就组织成立了锅炉压力容器无损检测人员资格鉴定考核机构，制定了无损检测人员考核规则，开展了培训和人员资格考核工作。1990年，全国锅炉压力容器无损检测人员资格鉴定考核委员会组织编写了无损检测人员资格考核培训教材。多年的实践证明，该套教材的使用，对系统地进行知识和技能培训、严格地实施考核鉴定制度，对提高我国无损检测人员的水平，保证无损检测技术的正确应用，发挥了重要作用。

无损检测技术的发展日新月异，随着时间的推移，第一版教材的内容已显得陈旧，无法满足培训考核的需要。为保证我国特种设备无损检测人员的考核工作质量，使我国无损检测技术培训跟上国际水平，全国特种设备无损检测人员资格考核委员会决定编写第二版特种设备无损检测资格考核统编教材。

第二版教材的编写工作是由中国特种设备检验协会牵头；在全国特种设备无损检测人员资格考核委员会的直接领导下进行的。这版教材由国内无损检测专家担纲，以无损检测人员资格考核大纲为依据，紧扣JB/T 4730—2005《承压设备无损检测》，全面系统地体现了无损检测技术的进步和特种设备无损检测的特点与要求。教材编写以Ⅱ、Ⅲ级检测人员的培训内容为主体，注重体现Ⅲ级所要求的深度和广度，强调实际应用，增加典型应用实例、典型案例的介绍，并力图反映无损检测技术发展的最新动态、满足特种设备行业的实际要求。在内容安排上，全套教材在充实理论基础的前提下，突出理论、工艺和应用之间的联系，使之更加实用。第二版教材共计5种：《承压类特种设备无损检测相关知识》《射线检测》《磁粉检测》《渗透检测》《超声检测》。上述教材编写后经过试用和反复修改，由中国劳动社会保障出版社出版。

第二版教材的出版不仅给报考特种设备无损检测Ⅱ、Ⅲ级人员资格考核的广大考生提供了一套具有权威性、实用性、科学性的教材，同时也为无损检测行业的技术人员、特种设备质量管理人员、大专院校相关专业的师生提供了有价值的参考书。

第二版教材的编写工作得到了有关领导、专家和全国无损检测人员资格考核委员会考评人员的大力支持和帮助，并提出了宝贵意见，在此表示衷心感谢！由于我们时间仓促、水平有限，书中难免存在不妥和错误之处，恳请广大读者不吝指正。

《全国特种设备无损检测人员资格考核统编教材》编审委员会

2007年3月30日

编 写 说 明

受全国特种设备无损检测人员资格考核委员会的委托,我们依据"全国特种设备无损检测人员资格考核大纲"对《超声检测》进行了第二版的编写工作。

《超声波探伤》(胡天明主编)于 1995 年出版以来,在国内特种设备行业、相关大专院校和研究机构中得到了广泛使用,对于超声检测技术的普及和提高起到了重要的作用。近年来,国内外超声检测的技术发展很快,新方法、新设备、新工艺不断涌现,缺陷检出率、缺陷定位定量能力以及检测效率等方面越来越显示出其优越性,在国民经济的各个领域得到了广泛的应用。在特种设备领域,超声检测具有其自身特点,同时国家于 2005 年颁布实施了 JB/T 4730—2005《承压设备无损检测》以代替原标准 JB4730—1994,该标准在技术内容和要求方面已发生了较大变化。在这样的背景下,我们编写了本教材,其宗旨在于既与当前超声检测技术应用和发展接轨,又充分体现出特种设备领域超声检测的特点,以促进行业检测技术的持续发展。

本书的特点有四:一是全书对超声理论部分进行了调整和完善,如增加了脉冲波、频谱等内容;二是力图反映超声检测专业技术发展的最新动态和检测新方法,系统介绍了各类检测仪器、探头、试块以及衍射时差法超声检测(TOFD)、相控阵、超声成像等新技术;三是突出介绍了特种设备行业超声检测的对象和检测方法,在实际应用方面紧扣 JB/T 4730.3—2005 的内容,而且还进行了拓宽和详细阐明,如各种焊接接头的超声检测方法、缺陷类型识别和性质估计等。四是强化了理论与工艺、应用之间的联系,并落实到超声检测工艺卡的具体编制和执行上,具有较强的可操作性。

书中宋体字为超声检测Ⅱ、Ⅲ级人员共同要求的内容,楷体字为Ⅲ级人员要求的内容。复习思考题题号前带"＊"的为Ⅲ级人员要求的习题,其余为Ⅱ、Ⅲ级人员共同要求的习题。

本书由郑晖、林树青主编,寿比南主审。各章编写人员为:第 1 章,林树青;第 2、3 章,胡天明、郑晖;第 4 章,郑晖;第 5 章,林树青、张志超;第 6 章,张志超;第 7 章,张君鹏、郑晖;第 8 章,郑晖、胡天明;第 9 章,于岗、钟志明;第 10 章,张志超;第 11

章，林树青；第 12 章，胡天明。本次编写得到了沈钢、强天鹏的多次指导，张志超、马殿忠、徐春提出了多处宝贵的修改意见，张平、徐洪波、袁榕、靳玉庆、吴刚、王何畏、许贵霞给予了许多帮助，提供帮助的还有王仟祥、何碧然、段书安、梁建华、丁银、李志明、张春元、许遵言、沈功田、周裕峰、李兵、胡斌、高君、聂元仁、赵光贺、张瑞、柳志忠、吴庚金、张志秋、甄刚、郭方、那友刚、闫震、周明仁、欧阳忠、郑维、谢同发、张国明、孟军、田志诚、柯有信、董建国等同志，在此一并表示衷心的感谢！

由于编者水平有限，书中若有不妥和错误之处，恳请读者指正。

意见请寄：全国特种设备无损检测人员资格考核委员会秘书处，北京市朝阳区和平街西苑 2 号楼 C301 室，邮编：100013。

《超声检测》编写组

目 录

第1章 绪论 ……………………………………………………………………（1）
  1.1 超声检测的定义和作用 ……………………………………………………（1）
  1.2 超声检测的发展简史和现状 ………………………………………………（1）
  1.3 超声检测的基础知识 ………………………………………………………（3）
    1.3.1 次声波、声波和超声波 ………………………………………………（3）
    1.3.2 超声检测工作原理 ……………………………………………………（3）
    1.3.3 超声检测方法的分类 …………………………………………………（4）
    1.3.4 超声检测的优点和局限性 ……………………………………………（5）
    1.3.5 超声检测的适用范围 …………………………………………………（5）

第2章 超声检测的物理基础 …………………………………………………（7）
  2.1 机械振动与机械波 …………………………………………………………（7）
    2.1.1 机械振动 ………………………………………………………………（7）
    2.1.2 机械波 …………………………………………………………………（10）
  2.2 波的类型 ……………………………………………………………………（11）
    2.2.1 按波型分类 ……………………………………………………………（11）
    2.2.2 按波形分类 ……………………………………………………………（14）
    2.2.3 按振动的持续时间分类 ………………………………………………（15）
  2.3 波的叠加、干涉和衍射 ……………………………………………………（16）
    2.3.1 波的叠加与干涉 ………………………………………………………（16）
    2.3.2 驻波 ……………………………………………………………………（17）
    2.3.3 惠更斯—菲涅耳原理与波的衍射 ……………………………………（18）
  2.4 超声波的传播速度 …………………………………………………………（20）
    2.4.1 固体介质中的声速 ……………………………………………………（20）
    2.4.2 液体、气体介质中的声速 ……………………………………………（24）
    2.4.3 声速的测量 ……………………………………………………………（25）
  2.5 超声场的特征值 ……………………………………………………………（28）
    2.5.1 声压 P …………………………………………………………………（28）
    2.5.2 声阻抗 Z ………………………………………………………………（28）

2.5.3　声强 I ……………………………………………………………………（29）
　　2.5.4　分贝与奈培 ………………………………………………………………（30）
2.6　超声波垂直入射到界面时的反射和透射………………………………………………（32）
　　2.6.1　单一平界面的反射率与透射率 …………………………………………（32）
　　2.6.2　薄层界面的反射率与透射率 ……………………………………………（36）
　　2.6.3　声压往复透射率 …………………………………………………………（38）
2.7　超声波倾斜入射到界面时的反射和折射………………………………………………（39）
　　2.7.1　波型转换与反射、折射定律 ……………………………………………（39）
　　2.7.2　声压反射率 ………………………………………………………………（41）
　　2.7.3　声压往复透射率 …………………………………………………………（42）
　　2.7.4　端角反射 …………………………………………………………………（43）
2.8　超声波的聚焦与发散……………………………………………………………………（44）
　　2.8.1　声压距离公式 ……………………………………………………………（44）
　　2.8.2　球面波在平界面上的反射与折射 ………………………………………（45）
　　2.8.3　平面波在曲界面上的反射与折射 ………………………………………（46）
　　2.8.4　球面波在曲界面上的反射与折射 ………………………………………（48）
2.9　超声波的衰减……………………………………………………………………………（50）
　　2.9.1　衰减的原因 ………………………………………………………………（50）
　　2.9.2　衰减方程与衰减系数 ……………………………………………………（51）
　　2.9.3　衰减系数的测定 …………………………………………………………（52）
复习思考题 ……………………………………………………………………………………（53）

第3章　超声波发射声场与规则反射体的回波声压 …………………………………（56）
3.1　纵波发射声场……………………………………………………………………………（56）
　　3.1.1　圆盘波源辐射的纵波声场 ………………………………………………（56）
　　3.1.2　矩形波源辐射的纵波声场 ………………………………………………（62）
　　3.1.3　纵波声场近场区在两种介质中的分布 …………………………………（63）
　　3.1.4　实际声场与理想声场比较 ………………………………………………（64）
3.2　横波发射声场……………………………………………………………………………（65）
　　3.2.1　假想横波波源 ……………………………………………………………（65）
　　3.2.2　横波声场的结构 …………………………………………………………（66）
3.3　聚焦声源发射声场………………………………………………………………………（69）
　　3.3.1　聚焦声场的形成 …………………………………………………………（69）
　　3.3.2　聚焦声场的特点与应用 …………………………………………………（70）
3.4　规则反射体的回波声压…………………………………………………………………（72）
　　3.4.1　平底孔回波声压 …………………………………………………………（72）
　　3.4.2　长横孔回波声压 …………………………………………………………（73）
　　3.4.3　短横孔回波声压 …………………………………………………………（74）

3.4.4　球孔回波声压 ……………………………………………………………（75）
　　　3.4.5　大平底面回波声压 ………………………………………………………（75）
　　　3.4.6　圆柱曲底面回波声压 ……………………………………………………（76）
　3.5　AVG 曲线 …………………………………………………………………………（77）
　　　3.5.1　纵波平底孔 AVG 曲线 …………………………………………………（77）
　　　3.5.2　横波平底孔 AVG 曲线 …………………………………………………（81）
　复习思考题 …………………………………………………………………………………（82）

第4章　超声检测设备与器材 …………………………………………………………（84）
　4.1　超声检测仪 …………………………………………………………………………（84）
　　　4.1.1　超声检测仪的分类 ………………………………………………………（84）
　　　4.1.2　模拟式超声检测仪 ………………………………………………………（87）
　　　4.1.3　数字式超声检测仪 ………………………………………………………（93）
　　　4.1.4　仪器的维护保养 …………………………………………………………（95）
　　　4.1.5　自动检测设备 ……………………………………………………………（95）
　　　4.1.6　超声波测厚仪 ……………………………………………………………（96）
　4.2　探头 …………………………………………………………………………………（98）
　　　4.2.1　压电效应与压电材料 ……………………………………………………（98）
　　　4.2.2　压电材料的主要性能参数 ………………………………………………（99）
　　　4.2.3　探头的结构 ………………………………………………………………（101）
　　　4.2.4　探头的主要种类 …………………………………………………………（103）
　　　4.2.5　探头型号 …………………………………………………………………（108）
　4.3　耦合剂 ………………………………………………………………………………（109）
　　　4.3.1　耦合剂的作用 ……………………………………………………………（109）
　　　4.3.2　常用耦合剂 ………………………………………………………………（109）
　4.4　试块 …………………………………………………………………………………（110）
　　　4.4.1　试块的分类和作用 ………………………………………………………（110）
　　　4.4.2　标准试块 …………………………………………………………………（111）
　　　4.4.3　对比试块 …………………………………………………………………（119）
　　　4.4.4　模拟试块 …………………………………………………………………（122）
　　　4.4.5　试块的使用和维护 ………………………………………………………（123）
　4.5　仪器和探头的性能及其测试 ………………………………………………………（124）
　　　4.5.1　超声检测仪、探头的主要性能及其组合性能 …………………………（124）
　　　4.5.2　超声检测仪、探头及其组合性能的测试方法 …………………………（128）
　复习思考题 …………………………………………………………………………………（135）

第5章　超声检测方法分类与特点 ……………………………………………………（137）
　5.1　按原理分类的超声检测方法 ………………………………………………………（137）

5.1.1　脉冲反射法……………………………………………………（137）
　　　5.1.2　衍射时差法……………………………………………………（139）
　　　5.1.3　穿透法…………………………………………………………（143）
　　　5.1.4　共振法…………………………………………………………（143）
　5.2　A型显示和超声成像……………………………………………………（143）
　　　5.2.1　A型显示………………………………………………………（143）
　　　5.2.2　超声成像方法…………………………………………………（144）
　5.3　按波型分类的超声检测方法……………………………………………（148）
　　　5.3.1　纵波法…………………………………………………………（148）
　　　5.3.2　横波法…………………………………………………………（149）
　　　5.3.3　表面波检测……………………………………………………（150）
　　　5.3.4　板波检测………………………………………………………（158）
　　　5.3.5　爬波法…………………………………………………………（162）
　5.4　按探头数目分类的超声检测方法………………………………………（163）
　　　5.4.1　单探头法………………………………………………………（163）
　　　5.4.2　双探头法………………………………………………………（163）
　　　5.4.3　多探头法………………………………………………………（164）
　5.5　按探头接触方式分类的超声检测方法…………………………………（164）
　　　5.5.1　接触法和液浸法………………………………………………（164）
　　　5.5.2　电磁耦合法……………………………………………………（166）
　5.6　手工检测和自动检测……………………………………………………（168）
　　　5.6.1　手工检测………………………………………………………（168）
　　　5.6.2　自动检测………………………………………………………（168）
　复习思考题………………………………………………………………………（169）

第6章　脉冲反射法超声检测通用技术………………………………………（170）

　6.1　检测面的选择和准备……………………………………………………（170）
　6.2　仪器与探头的选择………………………………………………………（170）
　　　6.2.1　检测仪器的选择………………………………………………（171）
　　　6.2.2　探头的选择……………………………………………………（171）
　6.3　耦合剂的选用……………………………………………………………（173）
　　　6.3.1　耦合剂…………………………………………………………（173）
　　　6.3.2　影响声耦合的主要因素………………………………………（174）
　6.4　纵波直探头检测技术……………………………………………………（175）
　　　6.4.1　检测设备的调整………………………………………………（175）
　　　6.4.2　扫查……………………………………………………………（178）
　　　6.4.3　缺陷的评定……………………………………………………（180）
　　　6.4.4　非缺陷回波的判别……………………………………………（187）

6.5 横波斜探头检测技术 ··(192)
   6.5.1 检测设备的调节 ···(192)
   6.5.2 扫查 ···(197)
   6.5.3 缺陷的评定 ···(198)
6.6 影响缺陷定位、定量的主要因素 ··(208)
   6.6.1 影响缺陷定位的主要因素 ··(208)
   6.6.2 影响缺陷定量的因素 ··(210)
6.7 检测记录和报告 ···(213)
   6.7.1 检测记录 ···(213)
   6.7.2 检测报告 ···(213)
复习思考题 ··(213)

第7章 板材和管材超声检测 (216)

7.1 钢板超声检测 ··(216)
   7.1.1 钢板加工及常见缺陷 ··(216)
   7.1.2 检测方法 ···(217)
   7.1.3 探头与扫查方式的选择 ···(219)
   7.1.4 检测范围和灵敏度的调整 ··(220)
   7.1.5 缺陷的判别与测定 ···(221)
   7.1.6 钢板质量级别判定 ···(222)
7.2 铝及铝合金、钛及钛合金板材超声检测 ···(223)
   7.2.1 铝及铝合金板加工及常见缺陷 ··(223)
   7.2.2 铝及铝合金、钛及钛合金板材检测方法 ···(223)
   7.2.3 缺陷的判别与测定 ···(224)
   7.2.4 缺陷的评定方法 ··(225)
   7.2.5 质量级别判定 ···(225)
7.3 复合板超声检测 ···(225)
   7.3.1 复合材料中常见缺陷 ··(225)
   7.3.2 检测方法 ···(226)
   7.3.3 缺陷的判别 ··(226)
   7.3.4 缺陷评定和质量分级 ··(228)
7.4 板材自动超声检测 ··(229)
   7.4.1 系统的基本原理 ··(229)
   7.4.2 系统的基本结构和组成 ···(230)
7.5 管材超声检测 ··(231)
   7.5.1 管材加工及常见缺陷 ··(231)
   7.5.2 管材横波检测技术基础 ···(232)
   7.5.3 小直径薄壁管检测 ···(237)

7.5.4　大直径薄壁管检测 …………………………………………………（244）
　　　7.5.5　厚壁管检测 …………………………………………………………（246）
　　　7.5.6　管材自动检测 ………………………………………………………（247）
　复习思考题 …………………………………………………………………………（251）

第8章　锻件与铸件超声检测 …………………………………………………（254）
8.1　锻件超声检测 …………………………………………………………………（254）
　　　8.1.1　锻件加工及常见缺陷 ………………………………………………（254）
　　　8.1.2　检测方法概述 ………………………………………………………（255）
　　　8.1.3　检测条件的选择 ……………………………………………………（257）
　　　8.1.4　扫描速度和灵敏度的调节 …………………………………………（260）
　　　8.1.5　缺陷位置和大小的测定 ……………………………………………（262）
　　　8.1.6　缺陷回波的判别 ……………………………………………………（263）
　　　8.1.7　非缺陷回波分析 ……………………………………………………（265）
　　　8.1.8　锻件质量级别的评定（见 JB/T 4730.3—2005 标准）………（265）
8.2　铸件超声检测 …………………………………………………………………（266）
　　　8.2.1　铸件的特点及常见缺陷 ……………………………………………（266）
　　　8.2.2　铸件超声检测特点 …………………………………………………（267）
　　　8.2.3　铸件超声检测常用技术 ……………………………………………（267）
　　　8.2.4　铸件的检测条件的选择 ……………………………………………（268）
　　　8.2.5　距离—波幅曲线的测试与灵敏度调节 ……………………………（269）
　　　8.2.6　缺陷的判别与测定 …………………………………………………（269）
　　　8.2.7　铸钢件质量级别的评定 ……………………………………………（269）
　复习思考题 …………………………………………………………………………（270）

第9章　焊接接头超声检测 ……………………………………………………（273）
9.1　焊接加工及常见缺陷 …………………………………………………………（273）
　　　9.1.1　焊接过程 ……………………………………………………………（273）
　　　9.1.2　接头形式 ……………………………………………………………（274）
　　　9.1.3　坡口形式 ……………………………………………………………（274）
　　　9.1.4　常见焊接缺陷 ………………………………………………………（275）
9.2　钢制承压设备对接焊接接头的超声检测 ……………………………………（277）
　　　9.2.1　焊接接头超声检测技术等级的选择 ………………………………（277）
　　　9.2.2　检测方法和检测条件选择 …………………………………………（278）
　　　9.2.3　标准试块 ……………………………………………………………（281）
　　　9.2.4　超声检测仪扫描速度的调节 ………………………………………（282）
　　　9.2.5　距离—波幅曲线和灵敏度调节 ……………………………………（284）
　　　9.2.6　传输修正 ……………………………………………………………（287）

- 9.2.7 扫查方式 …………………………………………………………………（288）
- 9.2.8 扫查速度和扫查间距 …………………………………………………（290）
- 9.2.9 缺陷的评定和质量分级 ………………………………………………（291）

9.3 曲面工件、管座角焊缝和T形焊接接头的超声检测 ……………………（294）
- 9.3.1 曲面工件对接焊接接头 ………………………………………………（294）
- 9.3.2 管座角焊缝超声检测 …………………………………………………（295）
- 9.3.3 T形焊接接头的超声检测 ……………………………………………（296）

9.4 管子和压力管道环向对接焊接接头的超声检测 …………………………（298）
- 9.4.1 管子和压力管道的特点和常见缺陷 …………………………………（298）
- 9.4.2 检测方法和检测条件选择 ……………………………………………（299）
- 9.4.3 灵敏度调节和距离—波幅曲线 ………………………………………（300）
- 9.4.4 扫查方法 ………………………………………………………………（301）
- 9.4.5 缺陷的评定和质量分级 ………………………………………………（301）

9.5 奥氏体不锈钢对接焊接接头的超声检测 …………………………………（302）
- 9.5.1 组织结构特点和检测方法 ……………………………………………（302）
- 9.5.2 检测条件的选择 ………………………………………………………（304）
- 9.5.3 灵敏度调节和距离—波幅曲线 ………………………………………（306）
- 9.5.4 缺陷评定和质量分级 …………………………………………………（306）
- 9.5.5 奥氏体焊接接头检测新技术 …………………………………………（307）

9.6 堆焊层的超声检测 …………………………………………………………（309）
- 9.6.1 堆焊层的焊接过程和堆焊层组织结构特点 …………………………（309）
- 9.6.2 堆焊层中的常见缺陷 …………………………………………………（309）
- 9.6.3 检测方法 ………………………………………………………………（309）
- 9.6.4 堆焊层的质量分级 ……………………………………………………（312）

9.7 铝及铝合金对接焊接接头的超声检测 ……………………………………（312）
- 9.7.1 结构特点和常见缺陷 …………………………………………………（312）
- 9.7.2 检测条件的选择 ………………………………………………………（313）
- 9.7.3 检测准备和仪器调整 …………………………………………………（314）
- 9.7.4 扫查 ……………………………………………………………………（314）
- 9.7.5 缺陷的评定和质量分级 ………………………………………………（314）

9.8 钛及钛合金对接焊接接头的超声检测 ……………………………………（315）
- 9.8.1 结构特点和常见缺陷 …………………………………………………（315）
- 9.8.2 检测方法 ………………………………………………………………（315）
- 9.8.3 缺陷的评定和质量分级 ………………………………………………（316）

9.9 在用承压设备的超声检测 …………………………………………………（316）
- 9.9.1 在用钢制承压设备对接接头 …………………………………………（317）
- 9.9.2 在用承压设备不锈钢堆焊层超声检测 ………………………………（318）
- 9.9.3 在用铝及铝合金制压力容器焊接接头超声检测 ……………………（318）

  9.9.4 在用承压设备管子和压力管道环向对接焊接接头超声检测 ………（318）
 9.10 焊接接头缺陷性质分析与非缺陷回波分析 ……………………………（319）
  9.10.1 缺陷波形 …………………………………………………………（319）
  9.10.2 缺陷类型识别和性质估判 ………………………………………（324）
  9.10.3 非缺陷回波分析 …………………………………………………（325）
 复习思考题 …………………………………………………………………………（327）

第 10 章 特种设备超声检测通用工艺规程和工艺卡 ……………………（330）
 10.1 特种设备超声检测通用工艺规程 ……………………………………（330）
 10.2 特种设备超声检测工艺卡 ……………………………………………（330）
 10.3 特种设备超声检测工艺卡编制举例 …………………………………（333）
 复习思考题 …………………………………………………………………………（341）

第 11 章 超声检测标准与质量控制 …………………………………………（342）
 11.1 超声检测标准 …………………………………………………………（342）
  11.1.1 中国标准 …………………………………………………………（343）
  11.1.2 国际标准 …………………………………………………………（343）
  11.1.3 日本标准 …………………………………………………………（344）
  11.1.4 德国标准 …………………………………………………………（345）
  11.1.5 美国标准 …………………………………………………………（345）
  11.1.6 英国标准 …………………………………………………………（346）
  11.1.7 各国超声检测标准比较 …………………………………………（346）
 11.2 超声检测质量控制 ……………………………………………………（348）
  11.2.1 超声检测质量控制的目的 ………………………………………（348）
  11.2.2 超声检测质量控制的要素 ………………………………………（348）
 复习思考题 …………………………………………………………………………（351）

第 12 章 超声检测实验 ………………………………………………………（352）
 实验一 超声检测仪的使用和性能测试 ………………………………………（352）
 实验二 纵波实用 AVG 曲线的测试与锻件检测 …………………………………（355）
 实验三 钢板探伤 …………………………………………………………………（357）
 实验四 表面声能损失测定 ………………………………………………………（358）
 实验五 工件材质衰减系数的测定 ………………………………………………（360）
 实验六 横波距离—波幅曲线的制作与焊缝检测 ……………………………（361）

主要参考文献 ………………………………………………………………………（364）

第 1 章 绪 论

1.1 超声检测的定义和作用

超声检测一般是指使超声波与工件相互作用，就反射、透射和散射的波进行研究，对工件进行宏观缺陷检测、几何特性测量、组织结构和力学性能变化的检测和表征，并进而对其特定应用性进行评价的技术。在特种设备行业中，超声检测通常指宏观缺陷检测和材料厚度测量。

超声检测是五大常规无损检测技术之一，是目前国内外应用最广泛、使用频率最高且发展较快的一种无损检测技术。超声检测是产品制造中实现质量控制、节约原材料、改进工艺、提高劳动生产率的重要手段，也是设备维护中不可或缺的手段之一。我国特种设备相关法规标准，有《固定式压力容器安全技术监察规程》《蒸汽锅炉安全技术监察规程》《热水锅炉安全技术监察规程》等都对特种设备的制造、安装、修理改造或定期检验等环节提出了超声检测的要求。

1.2 超声检测的发展简史和现状

利用声响来检测物体的好坏，这种方法早已被人们所采用。例如，用手拍西瓜，听是否熟了；敲瓷碗，看是否裂了等。声音反映物体内部某些性质，已是人们熟知的道理。

利用超声波来探查水中物体，是第一次世界大战后发展起来的，Richardson 根据这种方法提出从远方发现冰山的方案之后，由 Langevin 作为发现船舶，尤其是潜水艇的手段而被应用。

利用超声波来对固体内部进行无损检测，则始于 20 世纪 20 年代末期。1929 年，前苏联 Sokolov 首先提出了利用超声波探查金属物体内部缺陷的建议，并于 1935 年发表了用穿透法进行试验的一些结果，并申请了关于材料中缺陷检测的专利。根据 Sokolov 提出的原理制成的第一种穿透法检测仪器，于第二次世界大战后研制并出现在市场上。但由于这种仪器是利用穿过物体的透射声能进行检测，发射和接收探头需置于工件相对两侧并始终保持其相对位置关系，同时对缺陷检测灵敏度也较低，应用范围受到极大限制。所以，不久这种仪器就被淘汰了。

脉冲反射法和仪器的出现，给了超声检测新的生命力。1940 年，美国的 Firestone 首次介绍了基于脉冲发射法的超声检测仪，并在其后的几年内进行了试验和完善。1946 年，英国的 D. O. Spronle 研制成第一台 A 型脉冲反射式超声探伤仪。利用该仪器，超声波可从物

超声检测

体的一面发射和接收，能够检测出小缺陷，并能够较准确的确定缺陷位置和测量缺陷尺寸。随后，美国和英国分别开发出 A 型脉冲反射式超声检测仪，并逐步用于锻钢和厚钢板的检测。20 世纪 60 年代，随着电子技术的快速发展，以前制约仪器电子性能的很多指标，如放大器线性等主要性能都取得了突破性进展，焊缝检测问题得到了很好的解决。从此，脉冲反射技术开始获得大量的工业应用，直到目前仍是通用性最好、使用最广泛的检测方法之一。20 世纪 70 年代，英国原子能管理局（AEA）国家无损检测研究中心哈威尔（Harwell）实验室的 M.G.Silk 提出衍射时差法超声检测（TOFD）。TOFD 是一种利用超声波衍射现象、利用缺陷端点的衍射波信号检测和测定缺陷尺寸的超声检测技术，近十几年来在欧洲和美洲等西方发达国家开始广泛应用。

随着工业生产对检测效率和检测可靠性要求的不断提高，人们要求超声检测更加快速，缺陷的显示更加直观，对缺陷的描述则更加准确。因此，原有的以 A 型显示手工操作为主的检测方式也不再能够满足要求。20 世纪 80 年代以来，对于规则的板、棒、管类大批量生产的产品，逐渐发展了自动检测系统，配备了自动报警、记录等装置，发展了 B 或 C 型成像显示方式。随着电子技术和计算机技术的进步，超声检测设备不断向小型化、智能化方向改进，形成了适用不同用途的多种超声检测仪器，并于 20 世纪 80 年代末开始出现了数字式超声仪器，正逐渐取代模拟式仪器成为主流产品。近些年，超声检测新技术层出不穷，如超声三维成像、导波技术、电磁超声检测等，已经开始显示出其强大的生命力。

在我国，系统开始进行超声检测的应用和研究始于 20 世纪 50 年代初。近 50 多年来，我国的超声检测技术取得了巨大的进步和发展。超声检测在工业中已经确立了其重要地位，几乎渗透到所有工业部门，如作为基础工业的钢铁工业、机器制造业、特种设备行业、石油化工工业、铁路运输业、造船工业、航空航天工业，高速发展中的新技术产业，如集成电路工业、核工业等重要工业部门。一支庞大的素质良好的专业队伍已建立起来，其技术水平普遍提高，接近并部分达到国际先进水平，而且应用频度和领域日益扩大。超声相关理论和方法及应用的基础研究正在逐步深入，并取得了许多具有国际先进水平的成果。已制定了一系列国标及行业标准，并引进了许多国外标准。数字式超声仪器已经接近国际先进水平。常规超声无损检测标准化和规范化工作在稳步发展，非常规超声检测技术也迅速发展，管理工作也正在逐步完善。

但是我国超声检测的总体水平与发达国家相比还有一定差距。在检测专业队伍中，高级技术人员和操作人员的比例偏小。以手工检测和模拟式仪器为主的状态还会持续很长一段时间。由于过度的追求近期经济效益，对与超声检测有关的基础研究和应用基础研究投入的人力和经费远少于美、日、德等国，所以目前大部分新技术和新设备主要依靠国外引进。

随着超声检测对象的不断扩大，对其发展提出了许多挑战性的问题，如对缺陷精确定量、定位，尤其是定性问题，复杂结构和特殊材料的检测问题，从无损检测的概念发展到无损评价的概念问题，从质量检测的概念发展到质量管理的概念问题等都是无损检测科学中带有普遍性的问题。这些问题的解决还需付出很大努力。我们相信，随着超声检测的广泛应用和对超声检测重视程度的不断提高，我国的超声检测将获得更加快速的发展和进步。

1.3 超声检测的基础知识

1.3.1 次声波、声波和超声波

次声波、声波和超声波都是在弹性介质中传播的机械波,同一波型在同一介质中传播速度相同。它们的区别主要在于频率不同。

人们日常所听到的各种声音,是由于各种声源的振动通过空气等弹性介质传播到耳膜引起的耳膜振动,牵动听觉神经,产生听觉,但并不是任何频率的机械振动都能引起听觉,只有频率在一定的范围内的振动才能引起听觉。人们把能引起听觉的机械波称为声波,频率在 20~20 000 Hz 之间。频率低于 20 Hz 的机械波称为次声波,频率高于 20 000 Hz 的机械波称为超声波。次声波和超声波,人是听不到的。

对于宏观缺陷检测的超声波,其常用频率为 0.5~25 MHz,对钢等金属材料的检测,常用频率为 0.5~10 MHz。超声波频率很高,由此决定了超声波具有一些重要特性,使其能广泛用于无损检测。

1. 超声波方向性好

超声波是频率很高、波长很短的机械波,在超声检测中使用的波长为毫米数量级。超声波像光波一样具有良好的方向性,可以定向发射,犹如手电筒发出的一束光,可以在黑暗中找到所需物品一样在被检材料中发现缺陷。

2. 超声波能量高

超声检测频率远高于声波,而能量(声强)与频率平方成正比。因此超声波的能量远大于声波的能量。如 1 MHz 的超声波的能量相当于 1 kHz 的声波的 100 万倍。

3. 能在界面上产生反射、折射、衍射和波形转换

在超声检测中,特别是在脉冲反射法检测中,利用了超声波几何声学的一些特点,如在介质中直线传播,遇界面产生反射、折射等。

4. 超声波穿透能力强

超声波在大多数介质中传播时,传播能量损失小,传播距离大,穿透能力强,在一些金属材料中其穿透能力可达数米。这是其他检测手段无法比拟的。

超声波除用于无损检测外,还可以用于机械加工,如加工红宝石、金刚石、陶瓷、石英、玻璃等硬度特别高的材料,也可以用于焊接,如焊接钛、钽等难焊金属。此外,在化学工业上可利用超声波催化、清洗等,在农业上可利用超声波促进种子发芽,在医学上可利用超声波进行诊断、消毒等。

1.3.2 超声检测工作原理

超声检测主要是基于超声波在工件中的传播特性,如声波在通过材料时能量会损失,在遇到声阻抗不同的两种介质分界面时会发生反射等。其工作原理是:

1. 声源产生超声波,采用一定的方式使超声波进入工件。

2. 超声波在工件中传播并与工件材料以及其中的缺陷相互作用,使其传播方向或特征被改变。

3. 改变后的超声波通过检测设备被接收,并可对其进行处理和分析。

4. 根据接收的超声波的特征,评估工件本身及其内部是否存在缺陷及缺陷的特性。

以脉冲反射法为例:

声源产生的脉冲波进入到工件中——超声波在工件中以一定方向和速度向前传播——遇到两侧声阻抗有差异的界面时部分声波被反射——检测设备接收和显示——分析声波幅度和位置等信息,评估缺陷是否存在或存在缺陷的大小、位置等。两侧声阻抗有差异的界面可能是材料中某种缺陷(不连续),如裂纹、气孔、夹渣等,也可能是工件的外表面。声波反射的程度取决于界面两侧声阻抗差异的大小、入射角以及界面的面积等。通过测量入射声波和接收声波之间声传播的时间,可以得知反射点距入射点的距离。

通常用来发现缺陷和对其进行评估的基本信息为:

1. 是否存在来自缺陷的超声波信号及其幅度。
2. 入射声波与接收声波之间的传播时间。
3. 超声波通过材料以后能量的衰减。

1.3.3 超声检测方法的分类

1. 按原理分类

(1) 脉冲反射法 超声波探头发射脉冲波到工件内,根据反射波的情况来检测工件缺陷的方法。

(2) 衍射时差法(TOFD) 采用一发一收双探头方式,利用缺陷部位的衍射波信号来检测和测定缺陷尺寸的一种超声检测方法。

(3) 穿透法 采用一发一收双探头分别放置在工件相对的两端面,依据脉冲波或连续波穿透工件之后的能量变化来检测工件缺陷的方法。

(4) 共振法 依据工件的共振特性来判断缺陷情况和工件厚度变化情况的方法称为共振法,此方法常用于工件测厚。

2. 按显示方式分类

根据接收信号的显示方式可分为 A 型显示和超声成像显示。

3. 按波型分类

根据检测采用的波型,可分为纵波法、横波法、表面波法、板波法、爬波法等。

4. 按探头数目分类

(1) 单探头法 使用一个探头兼作发射和接收超声波的检测方法。

(2) 双探头法 使用两个探头(一个发射,一个接收)进行检测的方法。

(3) 多探头法 使用两个以上的探头组合在一起进行检测的方法,通常与多通道仪器和自动扫查装置配合。

5. 按探头与工件的接触方式分类

(1) 接触法 探头与工件检测面之间,涂有很薄的耦合剂层,因此可以看作为两者直接接触,故称为直接接触法。

(2) 液浸法 将探头和工件浸于液体中，以液体作耦合剂进行检测的方法。耦合剂可以是水，也可以是油，当水为耦合剂时，称为水浸法。

(3) 电磁耦合法 采用电磁探头激发和接收超声波的检测方法，也称为电磁超声检测方法。使用这种方法时，探头与工件之间不接触。

6. 按人工干预的程度分类

(1) 手工检测 一般指操作者手持探头进行的 A 型脉冲反射式超声检测。该方法方便实用，但检测可靠性受人为因素影响较大。

(2) 自动检测 使用自动化超声检测设备，在最少的人工干预下进行并完成检测的全部过程。一般指采用自动扫查装置，或在检测过程中可自动记录声束位置信息、自动采集和记录数据的检测方式。该方法所要求的检测设备较复杂，但检测可靠性受人为因素影响较小。

1.3.4 超声检测的优点和局限性

1. 优点

与其他无损检测方法相比，超声检测方法的优点有：

(1) 适用于金属、非金属和复合材料等多种制件的无损检测。

(2) 穿透能力强，可对较大厚度范围内的工件内部缺陷进行检测。如对金属材料，可检测厚度为 1~2 mm 的薄壁管材和板材，也可检测几米长的钢锻件。

(3) 缺陷定位较准确。

(4) 对面积型缺陷的检出率较高。

(5) 灵敏度高，可检测工件内部尺寸很小的缺陷。

(6) 检测成本低、速度快，设备轻便，对人体及环境无害，现场使用较方便等。

2. 局限性

(1) 对工件中的缺陷进行精确的定性、定量仍需作深入研究。

(2) 对具有复杂形状或不规则外形的工件进行超声检测有困难。

(3) 缺陷的位置、取向和形状对检测结果有一定影响。

(4) 工件材质、晶粒度等对检测有较大影响。

(5) 常用的手工 A 型脉冲反射法检测时结果显示不直观，检测结果无直接见证记录。

1.3.5 超声检测的适用范围

超声检测的适用范围非常广，从检测对象的材料来说，可用于金属、非金属和复合材料；从检测对象的制造工艺来说，可用于锻件、铸件、焊接件、胶结件等；从检测对象的形状来说，可用于板材、棒材、管材等；从检测对象的尺寸来说，厚度可小至 1 mm，还可大至几米；从检测缺陷部位来说，既可以是表面缺陷，也可以是内部缺陷。

在特种设备行业中，超声检测为常用的无损检测手段，根据 JB/T 4730.3—2005《承压设备无损检测第 3 部分：超声检测》，其典型应用见表 1—1。

除此之外，超声检测还适用于起重机械、游乐设施等机电类特种设备的无损检测。

超声检测

表 1—1　　　　　　　　　　　超声检测典型应用

	典 型 应 用
原材料、零部件	钢板、钢锻件、铝及铝合金板材、钛及钛合金板材、复合板、无缝钢管、钢螺栓坯件、奥氏体钢锻件
承压设备对接焊接接头	钢制对接接头（包括管座角焊缝、T形焊接接头，支撑件和结构件）堆焊层 铝及铝合金对接接头
在用承压设备	零部件、钢制对接接头、不锈钢堆焊层、铝及铝合金对接接头、管子和压力管道环向对接接头

第 2 章 超声检测的物理基础

超声波是一种机械波,是机械振动在介质中的传播。了解超声波本身的性质,及其在介质中的传播特点,对于正确应用超声检测技术、解决实际检测中的各种问题是十分必要的。超声检测中,主要涉及到几何声学和物理声学中的一些基本定律和概念。如几何声学中的反射、折射定律及波形转换,物理声学中波的叠加、干涉和衍射等。

2.1 机械振动与机械波

2.1.1 机械振动

物体(或质点)在某一平衡位置附近作来回往复的运动,称为机械振动。

日常生活中的振动现象随处可见,凡有摇摆、晃动、打击、发声的地方都存在机械振动,如弹簧振子、摆轮、音叉、琴弦以及蒸汽机活塞的往复运动等。振动是自然界最常见的一种运动形式。

振动产生的必要条件是:物体一离开平衡位置就会受到回复力的作用;阻力要足够小。物体(或质点)在受到一定力的作用下,将离开平衡位置,产生一个位移;该力消失后,在回复力作用下,它将向平衡位置运动,并且还要越过平衡位置移动到相反方向的最大位移位置,然后再向平衡位置运动。这样一个完整运动过程称为一个"循环"或一次"全振动"。每经过一定时间后,振动体总是回复到原来的状态(或位置)的振动称为周期性振动,不具有上述周期性规律的振动称为非周期性振动。

振动是往复运动,可用周期和频率表示振动的快慢,用振幅表示振动的强弱。

振幅——振动物体离开平衡位置的最大距离,叫做振动的振幅,用 A 表示。

周期——当物体作往复运动时完成一次全振动所需要的时间,称为振动周期,用 T 表示。常用单位为秒(s)。对于非周期性振动,往复运动已不再是周期性的,但周期这个物理量仍然可以反映这种运动的往复情况。

频率——振动物体在单位时间内完成全振动的次数,称为振动频率,用 f 表示。常用单位为赫兹(Hz),1赫兹表示1秒钟内完成1次全振动,即 1 Hz=1 次/s。此外还有千赫(kHz),兆赫(MHz)。1 kHz=10^3 Hz,1 MHz=10^6 Hz。

由周期和频率的定义可知,二者互为倒数:

$$T = \frac{1}{f} \tag{2—1}$$

如某人说话的频率 $f=1\,000$ Hz，表示其声带振动为 $1\,000$ 次/s，声带振动周期 $T=1/f=1/1\,000=0.001$ s。

1. 谐振动

图 2—1 所示为弹簧振子的谐振动，其结构是由一个一端固定，质量可以忽略的轻弹簧和连在它另一端（自由端）的一个带孔而不易变形的小球，并将球穿在一根光滑的水平杆上组成。

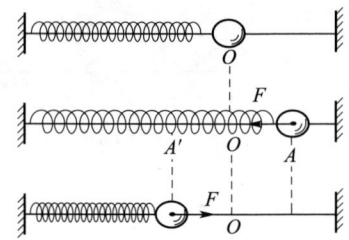

图 2—1　弹簧振子的谐振动

当小球处于 O 点时，所受外力的合力为零，弹簧没有形变，小球不受力，该点就是平衡位置。将小球从平衡位置 O 向右拉到 A 点，然后释放，小球将沿杆左右振动。小球在振动过程中，它的重力和杆的支持力始终平衡。假定小球的运动没有其他任何阻力，对振动起作用的只有弹簧作用在小球上的弹力。当小球受外力作用被拉到 O 点的右侧 A 点时，对平衡位置的位移方向向右，而弹力方向却向左；当小球运动到 O 点左侧时，位移方向向左，而弹力方向却向右，可见该弹力的方向总是跟小球对平衡位置的位移方向相反，指向平衡位置。显然这个弹力就是使小球振动的回复力。由胡克定律知，弹簧提供的回复力 F 的大小跟小球相对平衡位置的位移 x 成正比，关系式为：

$$F=-Kx \tag{2—2}$$

式中 K 是弹簧的倔强系数，负号表示回复力与位移方向相反。

物体（或质点）在受到跟位移大小成正比、而方向总指向平衡位置的回复力作用下的振动，就叫做谐振动。

从运动学角度分析，弹簧振子的运动可以用振动图像直观地表示出来，如图 2—2 所示。以横轴表示时间，纵轴表示质点位移，则振动图像表示了振动质点的位移随时间变化的规律。

谐振动与做匀速圆周运动的质点在 Y 轴上投影的运动特点完全一致，如图 2—3 所示。以振幅 A 为半径作圆，质点 M 沿圆周作匀速运动，质点 M 的水平位移 y 和时间 t 的关系可用如下表达式来描述：

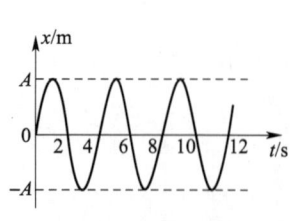

图 2—2　谐振动图像

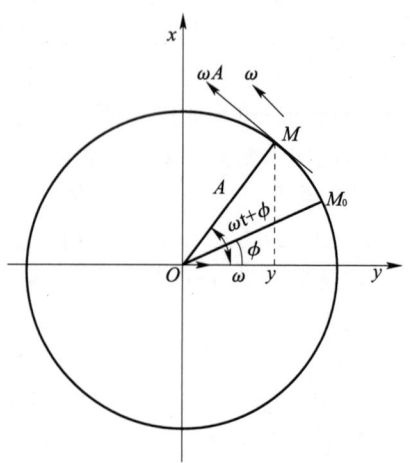

图 2—3　质点谐振动等效图

$$y = A\cos(\omega t + \varphi) \tag{2—3}$$

式中 y——任一时刻的位移；

A——振幅，即最大位移；

t——时间；

$\omega t + \varphi$——相位角，其中 ω 为角频率，$\omega = \dfrac{2\pi}{T}$，φ 为初相位。

因此，人们将位移随时间的变化符合余弦（或正弦）规律的振动形式称为谐振动。上述两种关于谐振动的定义是一致的，前一种定义是从动力学角度描述谐振动，而后一种定义则是从运动学角度描述谐振动。

谐振动的振幅、频率和周期保持不变，其频率为振动系统的固有频率，是最简单、最基本的一种振动，任何复杂的振动都可视为多个谐振动的合成。

由于物体作谐振动时，只有弹性力或重力做功，其他力不做功，符合机械能守恒的条件，因此谐振物体的能量遵守机械能守恒。在平衡位置时动能最大，势能为零；在位移最大位置时，势能最大，动能为零，其总能量保持不变。

2. 阻尼振动

谐振动是理想条件下的振动，即不考虑摩擦和其他阻力的影响。但任何实际物体的振动，总要受到阻力的作用。由于克服阻力做功，振动物体的能量不断减少。同时，由于在振动传播过程中，伴随着能量的传播，也使振动物体的能量不断减少。这种振幅或能量随时间不断减少的振动称为阻尼振动。当阻尼作用较小时，阻尼振动的振动方程为：

其中
$$y = A_0 e^{-\beta t}\cos(\omega t + \varphi_0) \tag{2—4}$$

$$\omega = \sqrt{\omega_0^2 - \beta^2} \tag{2—5}$$

式中 β——阻尼系数；

A_0——积分常数。

ω——阻尼振动的圆频率，ω_0 为振动物体的固有圆频率。

由上式可得，阻尼振动的位移与时间的关系曲线，如图 2—4 所示。

阻尼振动的振幅不断减小，而周期却缓慢变化。阻尼振动受到阻力作用，不符合机械能守恒。

超声波探头中，为了使晶片振动尽快停止，减小超声脉冲的宽度，通常在晶片后粘贴阻尼块，以增大振动阻力。

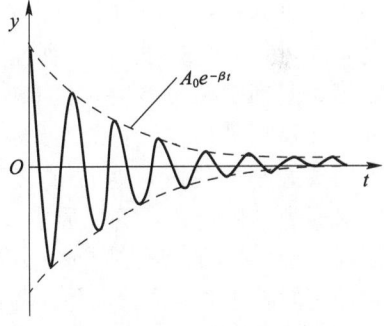

图 2—4 阻尼振动

3. 受迫振动

受迫振动是物体受到周期性变化的外力作用时产生的振动。如缝纫机上缝针的振动，汽缸中活塞的振动和扬声器中纸膜的振动等。

受迫振动刚开始时情况很复杂，经过一段时间后达到稳定状态，变为周期性的谐振动。其振动频率与策动力频率相同，振幅保持不变。其振动方程为：

$$y = A\cos(Pt + \varphi) \tag{2—6}$$

式中 A——受迫振动的振幅；

P——策动力的圆频率；

φ——受迫振动的初相位。

受迫振动的振幅与策动力的频率有关，当策动力频率 P 与受迫振动物体固有频率 ω_0 相同时，受迫振动的振幅达最大值。这种现象称为共振。

受迫振动物体受到策动力作用，不符合机械能守恒。

超声波探头中的压电晶片在发射超声波时，一方面在高频电脉冲激励下产生受迫振动，另一方面在起振后受到晶片背面阻尼块的阻尼作用，因此又是阻尼振动。压电晶片在接收超声波时同样产生受迫振动和阻尼振动。在设计探头中的压电晶片时，若使高频电脉冲的频率等于压电晶片的固有频率，就会产生共振，这时压电晶片的电声能量转换效率最高。

2.1.2 机械波

1. 机械波的产生与传播

振动的传播过程，称为波动。波动分为机械波和电磁波两大类。机械波是机械振动在弹性介质中的传播过程，如水波、声波、超声波等。电磁波是交变电磁场在空间的传播过程。如无线电波、红外线、可见光、紫外线、X射线、γ 射线等。

由于这里研究的超声波是机械波，因此下面只讨论机械波。

为了简单说明机械波的产生和传播，不妨建立如图 2—5 所示的弹性介质模型。图中质点间以小弹簧连接在一起，这种质点间以弹性力连接在一起的介质称为弹性介质。一般固体、液体、气体都可视为弹性介质。

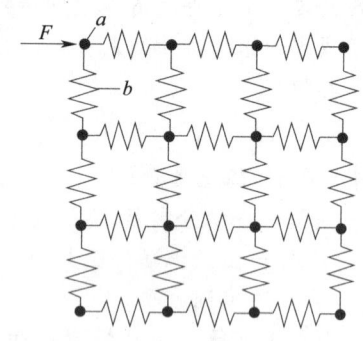

图 2—5 弹性介质模型

a) 质点 b) 表示弹性的弹簧

当外力 F 作用于质点 a 时，a 就会离开平衡位置，这时 a 周围的质点将对 a 产生弹性力，使 a 回到平衡位置。当 a 回到平衡位置时，具有一定的速度，由于惯性 a 不会停在平衡位置，而会继续向前运动，并沿相反方向离开平衡位置，这时 a 又会受到反向弹性力，使 a 又回到平衡位置，这样质点 a 在平衡位置来回往复运动，产生振动。与此同时，a 周围的质点也会受到大小相等、方向相反的弹性力的作用，使它们离开平衡位置，并在各自的平衡位置附近振动。这样弹性介质中一个质点的振动就会引起邻近质点的振动，邻近质点的振动又会引起较远质点的振动，于是振动就以一定的速度由近及远地传播开来，从而就形成了机械波。液体和气体不能用上述弹性力的模型来描述，其弹性波是在受到压力时体积的收缩和膨胀产生的。

由此可见，产生机械波必须具备以下两个条件：

（1）要有作机械振动的波源。

（2）要有能传播机械振动的弹性介质。

机械振动与机械波是互相关联的，振动是产生机械波的根源，机械波是振动状态的传播。波动中介质各质点并不随波前进，而是按照与波源相同的振动频率在各自的平衡位置上振动，并将能量传递给周围的质点。因此，机械波的传播不是物质的传播，而是振动状态和能量的传播。

2. 机械波的主要物理量

描述机械波的主要物理量有周期、频率、波长和波速。

（1）周期 T 和频率 f 为波动经过的介质质点产生机械振动的周期和频率，机械波的周期和频率只与振源有关，与传播介质无关。波动频率也可定义为波动过程中，任一给定点在1秒钟内所通过的完整波的个数，与该点振动频率数值相同，单位为赫兹（Hz）。

（2）波长 λ 波经历一个完整周期所传播的距离，称为波长，用 λ 表示。同一波线上相邻两振动相位相同的质点间的距离即为波长。波源或介质中任意一质点完成一次全振动，波正好前进一个波长的距离。波长的常用单位为米（m）或毫米（mm）。

（3）波速 c 波动中，波在单位时间内所传播的距离称为波速，用 c 表示。常用单位为米/秒（m/s）或千米/秒（km/s）。

由波速、波长和频率的定义可得：

$$c = \lambda f \quad \text{或} \quad \lambda = c/f \tag{2—7}$$

由上式可知，波长与波速成正比，与频率成反比。当频率一定时，波速越高，波长就越长；当波速一定时，频率越低，波长就越长。

3. 波动方程

当振源作谐振动时，所产生的波是最简单最基本的波。假设某一机械波在理想无吸收的均匀介质中沿 x 轴正向传播，如图 2—6 所示。波速为 c，在波线上取 O 点为原点，设波经过原点时，原点处振动的横向位移和时间 t 的函数关系为：

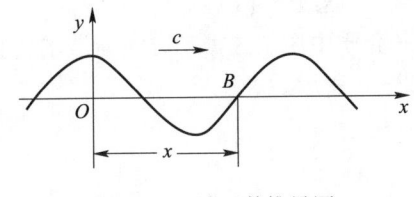

图 2—6 波函数推导图

$$y = A\cos \omega t$$

当振动从 O 点传播到 B 点时，B 点开始振动，由于振动从 O 点传播到 B 点需要时间 x/c 秒，因此 B 点的振动滞后于 O 点 x/c 秒。即 B 点在 t 时刻的位移等于 O 点在 $(t-x/c)$ 时刻的位移：

$$y = A\cos \omega \left(t - \frac{x}{c}\right) = A\cos(\omega t - Kx) \tag{2—8}$$

式中 K——波数，$K = \dfrac{\omega}{c} = \dfrac{2\pi}{\lambda}$；

x——B 至 O 点的距离。

上式就是波动方程，它描述了波动过程中波线上任意一点在任意时刻的位移情况。

2.2 波的类型

波的分类方法很多，下面简单介绍几种常见的分类方法。

2.2.1 按波型分类

根据波动传播时介质质点的振动方向相对于波的传播方向的不同关系，可将波动分为多种波形，在超声检测中主要应用的波型有纵波、横波、表面波和板波等。

1. 纵波 L

介质中质点的振动方向与波的传播方向互相平行的波，称为纵波，用 L 表示，如图 2—7 所示。

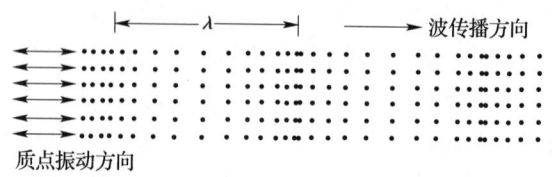

图 2—7　纵波

纵波中介质质点受到交变拉压应力作用并产生伸缩形变，故纵波亦称为压缩波。而且，由于纵波中的质点疏密相间，故又称疏密波。

凡能承受拉伸或压缩应力的介质都能传播纵波。固体介质能承受拉伸或压缩应力，因此固体介质可以传播纵波。液体和气体虽然不能承受拉伸应力，但能承受压应力产生的体积变化，因此液体和气体介质也可以传播纵波。

2. 横波 S（T）

介质中质点的振动方向与波的传播方向互相垂直的波，称为横波，用 S 或 T 表示，如图 2—8 所示。

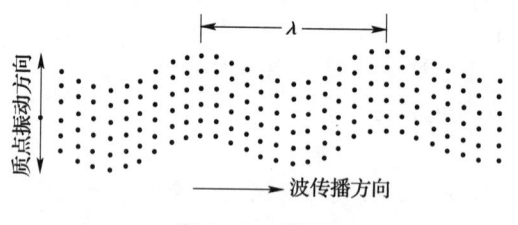

图 2—8　横波

横波中介质质点受到交变的剪切应力作用并产生切变形变，故横波又称切变波或剪切波。

只有固体介质才能承受剪切应力，液体和气体介质不能承受剪切应力，故横波只能在固体介质中传播，不能在液体和气体介质中传播。

3. 表面波 R

当介质表面受到交变应力作用时，产生沿介质表面传播的波，称为表面波，常用 R 表示，如图 2—9 所示。表面波是瑞利在 1887 年首先提出来的，因此表面波又称瑞利波。

表面波在介质表面传播时，介质表面质点作椭圆运动，椭圆长轴垂直于波的传播方向，短轴平行于波的传播方向。椭圆运动可视为纵向振动与横向振动的合成，即纵波与横波的合成。因此表面波同横波一样只能在固体介质中传播，不能在液体或气体介质中传播。

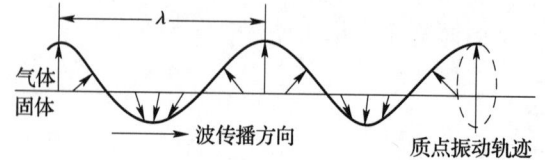

图 2—9　表面波（瑞利波）

表面波只能在固体表面传播。表面波的能量随传播深度的增加而迅速减弱。当传播深度超过两倍波长时，质点的振幅就已经很小了。因此，一般认为，表面波检测只能发现距工件表面两倍波长深度范围内的缺陷。

4. 板波

在板厚与波长相当的薄板中传播的波，称为板波。

根据质点的振动方向不同可将板波分为SH波和兰姆波。

（1）SH波　如图2—10所示，SH波是水平偏振的横波在薄板中传播的波。薄板中各质点的振动方向平行于板面而垂直于波的传播方向，相当于固体介质表面中的横波。

（2）兰姆波　兰姆波又分为对称型（S型）和非对称型（A型），如图2—11所示。

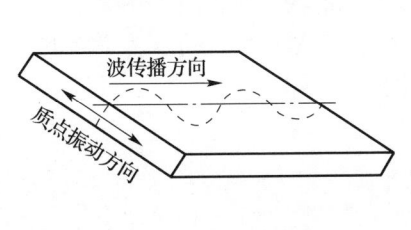

图2—10　SH波

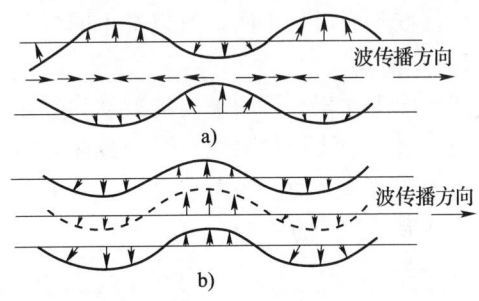

图2—11　兰姆波
a）对称型（S型）　b）非对称型（A型）

对称型（S型）兰姆波的特点是薄板中心质点作纵向振动，上下表面质点作椭圆运动、振动相位相反并对称于中心，如图2—11a所示。

非对称型（A型）兰姆波特点是薄板中心质点作横向振动，上下表面质点作椭圆运动、相位相同，不对称。如图2—11b所示。

超声检测中常用的波型归纳在表2—1中。

表2—1　超声检测中常用的波型

波的类型		质点振动特点	传播介质	应用
纵波		质点振动方向平行于波传播方向	固、液、气体	钢板、锻件检测等
横波		质点振动方向垂直于波传播方向	固体	焊缝、钢管检测等
表面波		质点作椭圆运动，椭圆长轴垂直波传播方向，短轴平行于波传播方向	固体表面，且固体的厚度远大于波长	钢管检测等
板波（兰姆波）	对称型(S型)	上下表面：椭圆运动，中心：纵向振动	固体介质（厚度为几个波长的薄板）	薄板、薄壁钢管等（一般δ<6 mm）
	非对称型（A型）	上下表面：椭圆运动，中心：横向振动		

注：SH波应用较少，未列入表中。

2.2.2 按波形分类

波的形状（波形）是指波阵面的形状。

波阵面：同一时刻，介质中振动相位相同的所有质点所连成的面称为波阵面。

波前：某一时刻，波动所到达的空间各点所连成的面称为波前。

波线：波的传播方向称为波线。

由以上定义可知，波前是最前面的波阵面，是波阵面的特例。任意时刻，波前只有一个，而波阵面却有很多。在各向同性的介质中，波线恒垂直于波阵面或波前。

根据波阵面形状不同，可以把不同波源发出的波分为平面波、柱面波和球面波。

1. 平面波

波阵面为互相平行的平面的波称为平面波。平面波的波源为一平面，如图 2—12 所示。

尺寸远大于波长的刚性平面波源在各向同性的均匀介质中辐射的波可视为平面波。平面波波束不扩散，平面波各质点振幅是一个常数，不随距离而变化。

平面波的波动方程为：

$$y = A\cos\omega\left(t - \frac{x}{c}\right) \tag{2—9}$$

2. 柱面波

波阵面为同轴圆柱面的波称为柱面波。柱面波的波源为一条线，如图 2—13 所示。

长度远大于波长的线状波源在各向同性的介质中辐射的波可视为柱面波。柱面波波束向四周扩散，柱面波各质点的振幅与距离平方根成反比。

柱面波的波函数为：

$$y = \frac{A}{\sqrt{x}}\cos\left(t - \frac{x}{c}\right) \tag{2—10}$$

3. 球面波

波阵面为同心球面的波称为球面波。球面波的波源为一点，如图 2—14 所示。

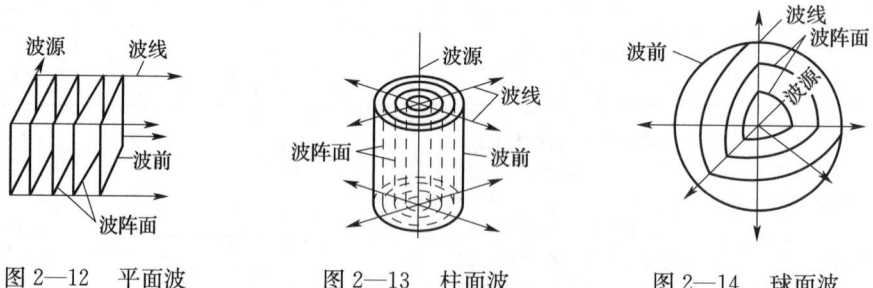

图 2—12　平面波　　　　图 2—13　柱面波　　　　图 2—14　球面波

尺寸远小于波长的点波源在各向同性的介质中辐射的波可视为球面波。球面波波束向四面八方扩散，球面波各质点的振幅与距离成反比。球面波的波动方程为：

$$y = \frac{A}{x}\cos\omega\left(t - \frac{x}{c}\right) \tag{2—11}$$

实际应用的超声波探头中的波源近似活塞振动，在各向同性的介质中辐射的波称为活塞波。当距离波源的距离足够大时,活塞波类似于球面波。

2.2.3 按振动的持续时间分类

根据波源振动的持续时间长短,将波动分为连续波和脉冲波。

1. 连续波

波源持续不断地振动所辐射的波称为连续波,如图2—15a所示。超声波穿透法检测常采用连续波。

2. 脉冲波

波源振动持续时间很短(通常是微秒数量级,$1~\mu s = 10^{-6}~s$)、间歇辐射的波称为脉冲波,如图2—15b所示。目前超声检测中广泛采用的就是脉冲波。

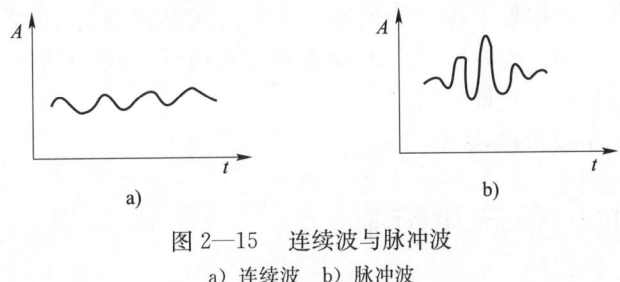

图2—15 连续波与脉冲波
a) 连续波 b) 脉冲波

一个脉冲波可以分解为多个不同频率的谐振波的叠加。将复杂振动分解为谐振动的方法,称为频谱分析。图2—16所示为1 MHz脉冲波可由三个具有不同频率的正弦连续波合成。

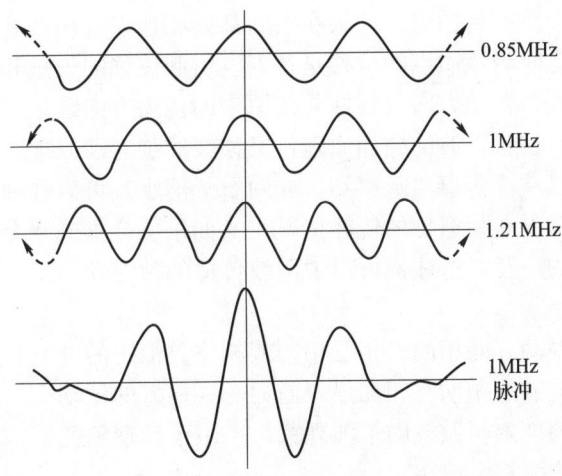

图2—16 由0.85、1、1.21 MHz的正弦波合成的1 MHz脉冲波

一个声脉冲的频谱可用专门的频谱分析仪来进行显示。图2—17所示为频谱分析结果的示意图。其中人们关心的频谱特征量主要有峰值频率、频带宽度和中心频率。

图中,峰值频率 f_p 为幅度峰值所对应的频率值。

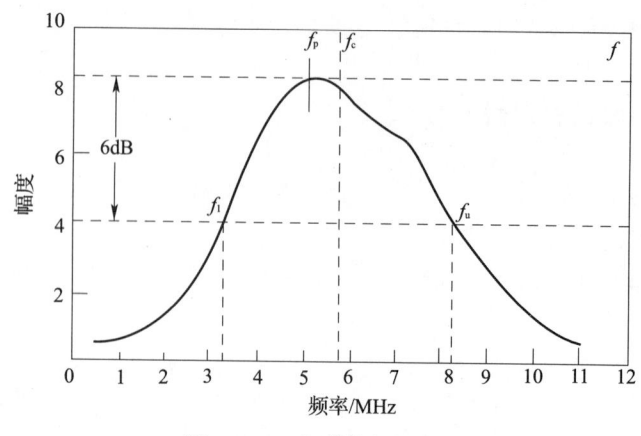

图 2—17 频谱分析示意图

频带宽度为峰值两侧幅度下降为峰值的一半时的两点频率值 f_1 和 f_u 之间的频率范围，简称为带宽或 $-6\ dB$ 带宽。有时 f_1 和 f_u 也取幅度比峰值低 $3\ dB$ 时的频率值，这时带宽成为 $-3\ dB$ 带宽。脉冲越短，则频带越宽。

中心频率 f_c 为 f_1 和 f_u 的算术平均值。

2.3 波的叠加、干涉和衍射

2.3.1 波的叠加与干涉

1. 波的叠加原理

当几列波在同一介质中传播时，如果在空间某处相遇，则相遇处质点的振动是各列波引起振动的合成，在任意时刻该质点的位移是各列波引起位移的矢量和。几列波相遇后仍保持自己原有的频率、波长、振动方向等特性并按原来的传播方向继续前进，好像在各自的途中没有遇到其他波一样，这就是波的叠加原理，又称波的独立性原理。

波的叠加现象可以从许多事实观察到，如两石子落水，可以看到两个以石子入水处为中心的圆形水波的叠加情况和相遇后的传播情况。又如乐队合奏或几个人谈话，人们可以分辨出各种乐器和每个人的声音，这些都可以说明波传播的独立性。

2. 波的干涉

两列频率相同、振动方向相同、相位相同或相位差恒定的波相遇时，介质中某些地方的振动互相加强，而另一些地方的振动互相减弱或完全抵消的现象叫做波的干涉现象。产生干涉现象的波叫相干波，其波源称为相干波源。

波的叠加原理是波的干涉现象的基础，波的干涉是波动的重要特征。在超声检测中，由于波的干涉，使超声波源附近出现声压极大、极小值。

如图 2—18 所示，点波源 S_1、S_2 在 M 点引起的振动为：

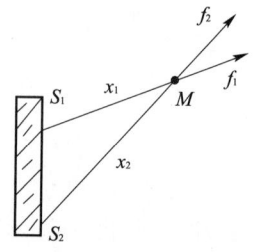

图 2—18 波的干涉

$$y_1 = A_1\cos\omega(t - x_1/c)$$
$$y_2 = A_2\cos\omega(t - x_2/c)$$

质点 M 的合振动为：
$$y = A\cos(\omega t + \varphi)$$

其振幅
$$A = \sqrt{A_1^2 + A_2^2 + 2A_1A_2\cos\frac{2\pi}{\lambda}\delta} \qquad (2—12)$$

式中　A_1、A_2——S_1、S_2 分别在 M 点引起的振幅；
　　　A——M 点的合振幅；
　　　λ——波长；
　　　δ——波程差，$\delta = x_2 - x_1$。

由上式可知：

(1) 当 $\delta = n\lambda$（n 为整数）时，$A = A_1 + A_2$。这说明当两相干波的波程差等于波长的整数倍时，二者互相加强，合振幅最大。

(2) 当 $\delta = (2n+1)\lambda/2$（n 为整数）时，$A = |A_1 - A_2|$。这说明当两相干波的波程差等于半波长的奇数倍时，二者互相抵消，合振幅最小。若 $A_1 = A_2$，则 $A = 0$，即二者完全抵消。

2.3.2 驻波

两列振幅相同的相干波在同一直线上沿相反方向传播时互相叠加而成的波，称为驻波。如连续波的反射波和入射波互相叠加（全反射）就会形成驻波。另外脉冲波在薄层中的反射也会形成驻波。驻波是波动干涉的特例。驻波形成的示例如图 2—19 所示。

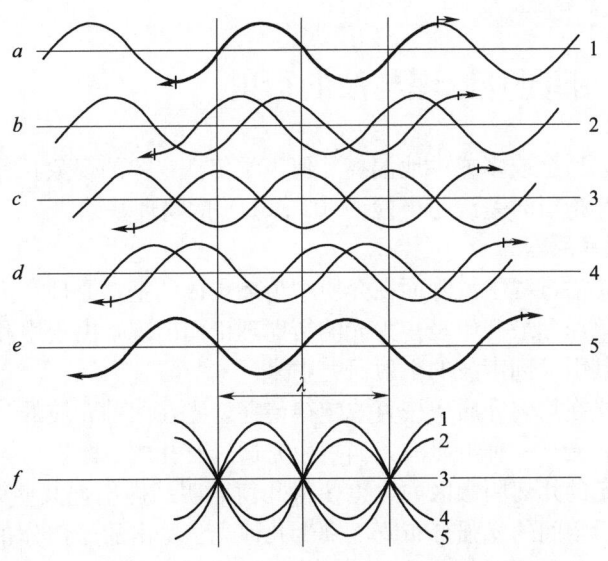

图 2—19　相对传播的两列波形成的驻波

设入射波和反射波的波动方程分别为：
$$y_\text{入} = A\cos 2\pi(ft - x/\lambda)$$
$$y_\text{反} = A\cos 2\pi(ft + x/\lambda)$$

则驻波的波动方程为：
$$y = y_\text{入} + y_\text{反} = 2A\cos(2\pi x/\lambda)\cos(2\pi ft) \tag{2—13}$$

由驻波方程可知：

(1) 驻波波线上各点作振幅为 $|2A\cos 2\pi x/\lambda|$ 的谐振动，x 值满足 $|\cos 2\pi x/\lambda| = 0$ 的那些点，振幅恒为 0，即这些点始终静止不动，称为波节。x 值满足 $|\cos 2\pi x/\lambda| = 1$ 的那些点，振幅最大为 $2A$，称为波腹。波线上其余各点的振幅在 0 和 $2A$ 之间。可见，驻波波线上各点似乎在作分段振动。

(2) 驻波波线上波节和波腹的位置是特定的，相邻两波节或波腹的间距可用下述方法求得。

对于波节处 $\cos 2\pi x/\lambda = 0$ 有 $2\pi x/\lambda = (2n+1)\pi/2$
所以，波节的位置：$x = (2n+1)\lambda/4$
于是相邻两波节的间距为
$$\Delta x = [2(n+1)+1]\lambda/4 - (2n+1)\lambda/4 = \lambda/2$$

同理可得，相邻两波腹的间距也等于 $\lambda/2$。

由于波节与波腹相间出现，所以相邻波节与波腹的距离为 $\lambda/4$。

由此可见，对于两端固定的弦线，只有当弦线长度等于半波长 $\lambda/2$ 的整数倍时，才能形成驻波，这就是超声探头中压电晶片（波源）的设计依据，即晶片的厚度一般为 $\lambda/2$。

(3) 形成驻波时，在界面处产生波节还是波腹，与两种介质的疏密程度有关，当波从波疏介质垂直入射到波密介质，在界面反射处产生波节；反之，则在界面反射处产生波腹。如超声波垂直入射到水/钢界面，就会在水/钢界面处形成波节；超声波垂直入射到钢/水界面，就会在钢/水界面处形成波腹。

2.3.3 惠更斯－菲涅耳原理与波的衍射

声波遇到障碍物以后会或多或少地偏离几何声学传播定律的现象，称为波的衍射或波的绕射。波的衍射现象是衍射时差法超声检测（TOFD）的物理基础。

1. 惠更斯－菲涅耳原理

该原理是说明波传播过程中波阵面在介质中传播规律的基本原理，可作为求解波传播问题的一种近似方法。该原理最开始是作为光的衍射理论而出现，由于声和光具有共同的波动性，所以后来渐渐将其引入到声波的衍射研究中来。

几何光学表明，光在均匀介质中按直线定律传播，光在两种介质的分界面按反射定律和折射定律传播。但是，光是一种电磁波，当一束光通过有孔的屏障以后，其强度可以波及到按直线传播定律所划定的几何阴影区内，也使得几何照明区内出现某些暗斑或暗纹。总之，衍射效应使得障碍物后空间的光强分布既区别于几何光学给出的光强分布，又区别于光波自由传播时的光强分布，衍射光强有了一种重新分布。衍射使得一切几何影像失去了明锐的边缘。意大利物理学家和天文学家格里马尔迪在 17 世纪首先精确地描述了光的衍射现象，150

年以后，法国物理学家菲涅耳于19世纪最早阐明了这一现象。

1690年，荷兰物理学家惠更斯在创立光的波动学时首先提出：行进中的波阵面上任一点都可看作是新的次波源，而从波阵面上各点发出的许多次波所形成的包络面，就是原波面在一定时间内所传播到的新波阵面。例如，如图2—20中所示，由S发出通过开孔的瞬间波动$W—W$，则$W—W$上不同点发出圆形次波，以半径r作圆（r表示波动在时间t内传播的距离），这些次波的包络面$W'—W'$就表示时间t后的波动。根据惠更斯原理，可以说明波的折射和反射定律等传播情况，但不能说明衍射现象。1815年，菲涅耳引入波的相干性，即各次波到达某点的作用要考虑到次波间的相位关系，补充了惠更斯原理。

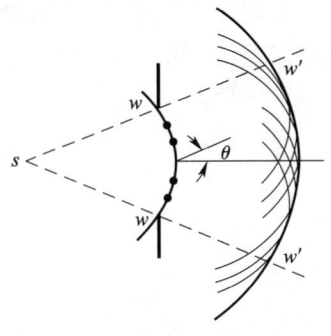

图2—20　惠更斯－菲涅耳原理

根据惠更斯—菲涅耳原理，任一点波的振动，可视为到达该点的所有次波干涉的结果，据此可以说明波的衍射现象。

对于惠更斯—菲涅耳原理，可以这么理解：波动是振动状态的传播，如果介质是连续的，那么介质中任何质点的振动都将引起邻近质点的振动，邻近质点的振动又会引起较远质点的振动，因此波动中任何质点都可以看作是新的波源，在其后任意时刻这些子波的包迹就决定了新的波阵面。

利用惠更斯—菲涅耳原理可以确定波前的几何形状和波的传播方向，以及解释波的反射、折射和衍射等现象。

如图2—21所示，波源作活塞振动，以波速c向周围辐射超声波。先以波源表面各点为中心，以ct为半径画出各球形子波，作切于各子波的包迹得波阵面S_1。再以S_1表面各点为中心，以$c\Delta t$为半径画出各球形子波，作切于各子波的包迹得波前S_2。由波线垂直于波阵面便可确定波的传播方向。

2. 波的衍射（绕射）

如图2—22所示，超声波在介质中传播时，若遇到缺陷AB，据惠更斯—菲涅耳原理，缺陷边缘A、B可以看作是发射子波的波源，使波的传播方向改变，从而使缺陷背后的声影缩小，反射波降低。波的绕射和障碍物尺寸D_f及波长λ的相对大小有关。当$D_f \ll \lambda$时，波的绕射强，反射弱，缺陷回波很低，容易漏检。超声检测灵敏度约为$\lambda/2$，这是一个重要原因。当$D_f \gg \lambda$时，反射强，绕射弱，声波几乎全反射。

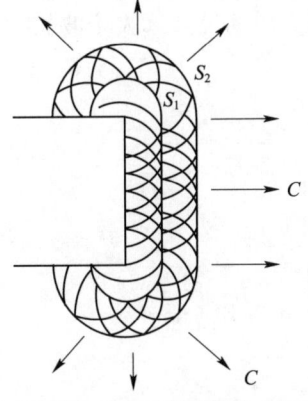

图2—21　惠更斯—菲涅耳原理用于声学的原理图

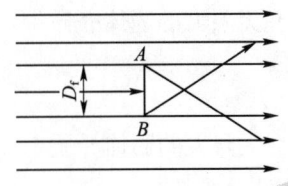

图2—22　波的衍射

如图 2—23 所示，平面波在介质中传播时，遇到缺陷 AB，据惠更斯—菲涅耳原理，缺陷边缘 A、B 可以看作是发射子波的波源，声波向各个方向衍射，从而使衍射时差法超声检测成为可能。

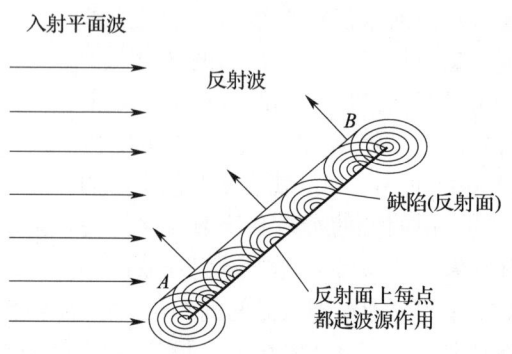

图 2—23　缺陷处的超声波衍射现象

波的衍射对检测既有利又不利。由于波的绕射，使超声波产生晶粒绕射顺利地在介质中传播；由于波的衍射，可以采用衍射波检测缺陷，这是有利的。但同时由于波的绕射，使一些小缺陷回波显著下降，以致造成漏检，这又是不利的。

2.4　超声波的传播速度

超声波波型不同时，介质弹性变形形式不同，声速也不一样。同一波型的超声波在介质中的传播速度还与介质的弹性模量和密度有关。对特定的介质，弹性模量和密度为常数，故声速也是常数。不同的介质，有不同的声速。超声波在介质中的传播速度是表征介质声学特性的重要参数。

2.4.1　固体介质中的声速

固体介质不仅能传播纵波，而且还可以传播横波和表面波等，但它们的声速是不同的。此外介质尺寸的大小对声速也有一定的影响，无限大介质与细长棒中的声速也不一样。

1.　无限大固体介质中的声速

无限大固体介质是相对于波长而言的，当介质的尺寸远大于波长时，就可以视为无限大介质。

在无限大的固体介质中，纵波声速为：

$$c_\mathrm{L} = \sqrt{\frac{E}{\rho}} \sqrt{\frac{1-\sigma}{(1+\sigma)(1-2\sigma)}} \tag{2—14}$$

在无限大的固体介质中，横波声速为：

$$c_\mathrm{S} = \sqrt{\frac{G}{\rho}} = \sqrt{\frac{E}{\rho}} \sqrt{\frac{1}{2(1+\sigma)}} \tag{2—15}$$

在无限大的固体介质中，表面波声速为：

$$c_R = \frac{0.87+1.12\sigma}{1+\sigma}\sqrt{\frac{E}{\rho}\cdot\frac{1}{2(1+\sigma)}} \qquad (2-16)$$

式中 E——介质的杨氏弹性模量；
　　　G——介质的剪切弹性模量；
　　　ρ——介质的密度；
　　　σ——介质的泊松比，所有固体介质的泊松比 σ 都在 0~0.5 之间。

由以上三式可知：

(1) 固体介质中的声速与介质的密度和弹性模量等有关，不同的介质，声速不同；介质的弹性模量越大，密度越小，则声速越大。

(2) 声速还与波的类型有关，在同一固体介质中，纵波、横波和表面波的声速各不相同，并且相互之间有以下关系：

$$\frac{c_L}{c_S}=\sqrt{\frac{2(1-\sigma)}{1-2\sigma}}>1 \qquad 即 c_L>c_S$$

$$\frac{c_R}{c_S}=\frac{0.87+1.12\sigma}{1+\sigma}<1 \qquad 即 c_S>c_R$$

所以 $c_L>c_S>c_R$。

这表明，在同一种固体材料中，纵波声速大于横波声速，横波声速大于表面波声速。

对于钢材，$\sigma\approx0.28$，$c_L\approx1.8c_S$，$c_R\approx0.9c_S$，即 $c_L:c_S:c_R=1.8:1:0.9$。

2. 细长棒中的纵波声速 c_{Lb}

在细长棒中（棒径 $d\leqslant\lambda$）轴向传播的纵波声速与无限大介质中纵波声速不同，细长棒中的纵波声速为：

$$c_{Lb}=\sqrt{\frac{E}{\rho}} \qquad (2-17)$$

常用固体材料中的密度、声速与声阻抗（声阻抗的概念见 2.5.2）见表 2—2。

表 2—2　　　　　　　　　常用固体的密度、声速与声阻抗

种类	ρ (g/cm³)	σ	c_{Lb} (m/s)	c_L (m/s)	c_S (m/s)	$z=\rho c_L$ ($\times 10^6$ g/cm²·s)
铝（Al）	2.7	0.34	5 040	6 260	3 080	1.69
铁（Fe）	7.7	0.28	5 180	5 850~5 900	3 230	4.50
铸铁	6.9~7.3			3 500~5 600	2 200~3 200	2.5~4.2
钢	7.8	0.28		5 880~5 950	3 230	4.53
铜（Cu）	8.9	0.35	3 710	4 700	2 260	4.18
有机玻璃	1.18	0.324		2 730	1 460	0.32
聚苯乙烯	1.05	0.341		2 340~2 350	1 150	0.25
环氧树脂	1.1~1.25			2 400~2 900	1 100	0.27~0.36
尼龙	1.1~1.2			1 800~2 200		0.198~0.264

3. 声速与温度、应力、均匀性的关系

固体介质中的声速与介质温度、应力、均匀性有关。

一般固体中的声速随介质温度升高而降低。

纯铁中的声速与温度的关系如下：

T (℃)	26	100	200	300
c_s (m/s)	3 229	3 185	3 154	3 077

有机玻璃、聚乙烯中的声速与温度的关系如图 2—24 所示。

固体介质的应力状况对声速有一定的影响，当应力方向与声波传播方向一致时，若应力为压应力，则应力增加，声速加快；反之，若应力为拉应力，则声速减慢。例如，对于 26℃下的纯铁，压应力 $P = 1\,000$ Pa 时，$c_s = 3\,219$ m/s；压应力 $P = 9\,000$ Pa 时，$c_s = 3\,252$ m/s。

固体材料组织均匀性对声速的影响在铸铁中表现较为突出。铸铁表面与中心，由于冷却速度不同而具有不同的组织，表面冷却快，晶粒细，声速大；中心冷却慢，晶粒粗，声速小。此外，铸铁中石墨含量和尺寸对声速也有影响，石墨含量和尺寸增加，声速减小。

4. 兰姆波声速

兰姆波分为对称型（S）和非对称型（A）两类。由于兰姆波传播时受到上下界面的影响，因此其声速与纵波、横波、表面波不同，它不仅与介质的性质有关，而且与板厚、频率等有关。对于特定的板厚和频率组合，还可有多个对称型和非对称型的振动模式，每个模式具有不同的波速。

兰姆波声速分为相速度和群速度。相速度是振动相位传播的速度，是对单一频率连续谐振波定义的传播速度，群速度是指多个相差不多的频率的波在同一介质中传播时互相合成后的包络线的传播速度。相速度与群速度的关系如图 2—25 所示。

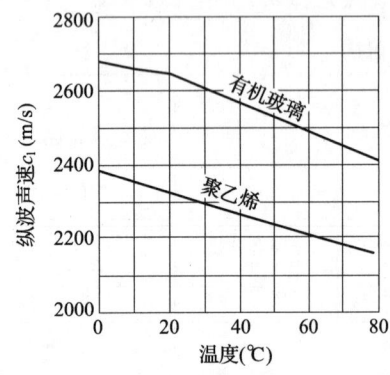

图 2—24　高分子物质声速随温度的变化　　图 2—25　相速度与群速度的关系

兰姆波波速与频率 f、板厚 d 的关系符合下述频率方程：

对称型（S）：
$$\frac{\tan\pi fd\left(\frac{|c_s^2 - c_p^2|}{c_s^2 \times c_p^2}\right)^{\frac{1}{2}}}{\tan\pi fd\left(\frac{|c_L^2 - c_p^2|}{c_L^2 \times c_p^2}\right)^{\frac{1}{2}}} = \frac{4\left[\left(1 - \frac{c_p^2}{c_L^2}\right)\left(1 - \frac{c_p^2}{c_s^2}\right)\right]^{\frac{1}{2}}}{\left(2 - \frac{c_p^2}{c_s^2}\right)^2} \qquad (2-18)$$

反对称型（A）：
$$\frac{\tan\pi fd\left(\frac{|c_s^2-c_p^2|}{c_s^2\times c_p^2}\right)^{\frac{1}{2}}}{\tan\pi fd\left(\frac{|c_L^2-c_p^2|}{c_L^2\times c_p^2}\right)^{\frac{1}{2}}}=\frac{\left(2-\frac{c_p^2}{c_s^2}\right)^2}{4\left[\left(1-\frac{c_p^2}{c_L^2}\right)\left(1-\frac{c_p^2}{c_s^2}\right)\right]^{\frac{1}{2}}} \quad (2-19)$$

式中 f——声波频率；

d——板厚；

c_s——无限大介质中横波声速；

c_L——无限大介质中纵波声速；

c_p——兰姆波相速度。

由以上两式可知，兰姆波声速 c_p 与 $f\cdot d$、c_s、c_L 有关。对于确定的介质，c_s、c_L 为定值，因此 c_p 仅是 $f\cdot d$ 的函数。对于某一个 c_p 值对应有无数个 $f\cdot d$ 值。

实际应用中，若是频率单一的连续波，那么兰姆波声速就是相速度；若是脉冲波，那么兰姆波声速就是群速度。由于群速度求解非常困难和繁杂。因此为了方便起见，把脉冲波中振幅最大的频率及其附近频率成分的群速度作为脉冲波的群速度。群速度与相速度一样与 $f\cdot d$、c_s、c_L 有关。

兰姆波的相速度 c_p、群速度 c_g 求解计算困难，往往通过查相应速度图来确定。

钢板中的相速度与 $f\cdot d$ 的关系如图 2—26 所示，群速度与 $f\cdot d$ 的关系如图 2—27 所示。图中 S_0、S_1、S_2、…表示不同类型的对称型兰姆波，图中 A_0、A_1、A_2、…表示不同类型的非对称型兰姆波。

由图 2—26 所示可知，当 $f\cdot d$ 一定时，不同类型的兰姆波相速度 c_p 不同。例如，当 $f\cdot d=10$ MHz·mm 时，c_p $(S_1)\approx 3\,600$ m/s，c_p $(S_2)\approx 5\,300$ m/s，c_p $(A_2)\approx 4\,100$ m/s。

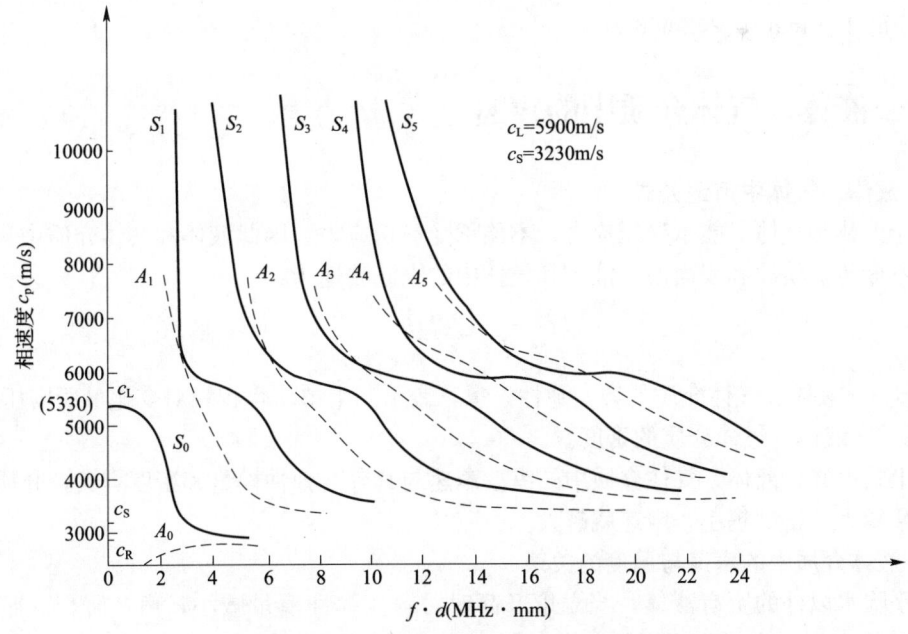

图 2—26 钢板的相速度与频率、板厚的关系

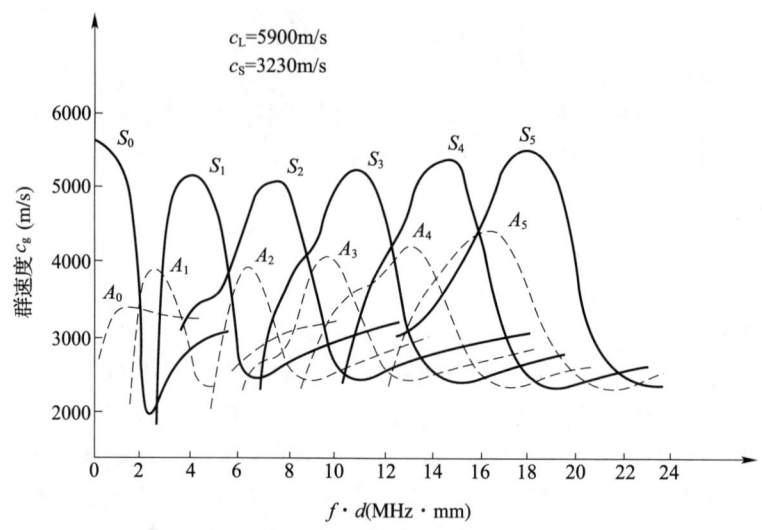

图 2—27　钢板的群速度与频率、板厚的关系

当兰姆波的波型一定时，改变 $f·d$，c_p 随之改变。例如，用兰姆波 S_1 检测 $d=3$ mm 薄板，当 $f=2$ MHz 时，$fd=6$ MHz·mm，$c_p≈5\,000$ m/s；当 $f=3$ MHz 时，$f·d=9$ MHz·mm，$c_p=3\,800$ m/s。

由图 2—27 可知，当 $f·d$ 一定时，不同类型的兰姆波群速度 c_g 不同。例如，当 $f·d=6$ MHz·mm 时，$c_g(S_1)≈2\,600$ m/s，$c_g(S_2)≈4\,200$ m/s，$c_g(A_1)≈2\,600$ m/s，$c_g(A_2)≈3\,700$ m/s。当兰姆波类型一定时，改变 $f·d$，c_g 随之改变。例如，用兰姆波 S_1 检测 $d=2$ mm 薄板，当 $f=2$ MHz 时，$f·d=4$ MHz·mm，$c_g=5\,100$ m/s；当 $f=4$ MHz，$f·d=8$ MHz·mm，$c_g≈2\,600$ m/s。

2.4.2　液体、气体介质中的声速

1. 液体、气体中声速公式

由于液体和气体只能承受压应力，不能承受剪切应力，因此液体和气体介质中只能传播纵波，不能传播横波和表面波。液体和气体中的纵波波速为：

$$c=\sqrt{\frac{B}{\rho}} \tag{2—20}$$

式中　B——液体、气体介质的容变弹性模量，表示产生单位容积相对变化量所需压强；

ρ——液体、气体介质的密度。

由上式可知，液体、气体介质中的纵波声速与其容变弹性模量和密度有关，介质的容变弹性模量越大、密度越小，声速就越大。

2. 液体介质中的声速与温度的关系

几乎除水以外的所有液体，当温度升高时，容变弹性模量减小，声速降低。唯有水例外，温度在 74℃ 左右时声速达最大值，当温度低于 74℃ 时，声速随温度升高而增加；当温度高于 74℃ 时，声速随温度升高而降低。水中声速与温度的关系如下：

$$c_L = 1557 - 0.0245(74-t)^2 \qquad (2-21)$$

式中 t——水的温度（℃）。

不同温度下水中声速见表2—3。常见液体与气体中的声速见表2—4。

表2—3　　　　　　　　　　不同温度下水中声速

温度（℃）	10	20	25	30	40	50	60	70	80
声速（m/s）	1448	1483	1497	1510	1530	1544	1552	1555	1554

表2—4　　　　　　常见液体、气体的密度、声阻抗及其中的声速

种类	ρ (g/cm³)	c_L (m/s)	ρc (×10⁶ g/cm²·s)
轻油	0.810	1324	0.107
变压器油	0.859	1425	0.122
汽油	0.805	1250	0.101
煤油	0.825	1295	0.106
酒精	0.790	1440	0.114
水（20℃）	0.997	1480	0.148
甘油：100%	1.270	1880	0.238
33%（体积）水溶液	1.084	1670	0.180
20%（体积）水溶液	1.050	1600	0.168
10%（体积）水溶液	1.025	1560	0.158
水玻璃：100%	1.70	2350	0.399
33%（体积）水溶液	1.26	1720	0.217
20%（体积）水溶液	1.14	1600	0.182
10%（体积）水溶液	1.06	1560	0.166
空气	0.0013	344	0.00004

2.4.3　声速的测量

声速是衡量材料声学性质的重要参数。实际检测中有时需要测量材料中的声速。下面简单介绍测量声速的几种常用方法。

1. 超声检测仪器测量法

对检测人员来说，用检测仪器测量声速是最简便的。用这种方法测量，可用单探头反射法，也可用双探头穿透法。可用于测量纵波声速，也可用于测量横波声速。

(1) 检测仪按时间刻度　对于按时间刻度或带时标的检测仪,测量声速的方法如下:将探头对准大平底,调节仪器使始波与底波分别对准不同刻度,测出工件厚度,则声速按下式计算:

反射法:
$$c = \frac{2d}{t}$$

穿透法:
$$c = \frac{d}{t}$$

式中　d——工件厚度;

　　　t——始波与底波之间的时间差;

　　　c——待测工件中的声速。

(2) 检测仪按深度刻度　对于按深度刻度的检测仪,不能直接从示波屏上读出时间,这时需要采用比较法来测量声速。

测试时,先把探头对准待测工件的底面,调节仪器使底面回波对准某一刻度 τ,如图 2—28b 所示。这时超声波通过工件的时间为:

$$t = \frac{2d}{c_1}$$

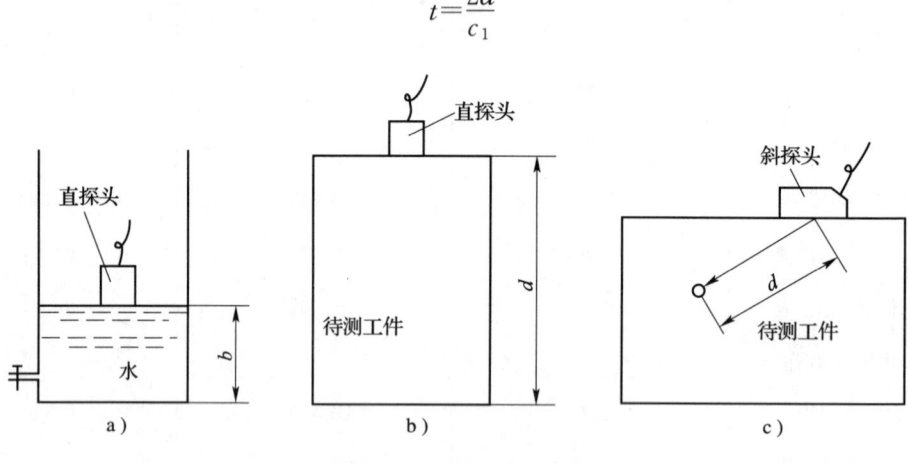

图 2—28　对比法测声速

然后将探头放在水中,调节探头位置使水层底面回波对准同一水平刻度 τ,如图 2—28a 所示,这时超声波通过水层的时间为:

$$t = \frac{2b}{c_2}$$

由于二者水平刻度相同,即二者时间相同,所以有:

$$\frac{c_1}{c_2} = \frac{d}{b} \text{ 即 } c_1 = c_2 \frac{d}{b} \tag{2—22}$$

式中　c_2——水中声速,$c_2 = 1\,480$ m/s;

　　　d——工件厚度;

　　　b——水层厚度;

　　　c_1——待测工件中的声速。

上述测定纵波声速的方法同样适用于横波声速的测量。测横波声速不同的是:先换上横波探头,并用标准试块校准"0"点,然后使探头对准待测工件上的横孔,调节仪器使横孔回波对准某一水平刻度 τ，如图 2—28c 所示。再换上直探头，调节探头在水中的位置，使水层底波对准水平刻度 τ，这时横波声速为：

$$c_S = c_2 \frac{d}{b} \tag{2—23}$$

式中　d——横波探头入射点至横孔反射点的距离。

上述方法测量声速，精度不高，影响误差的主要原因是：直探头前面有一层保护膜，声波在里面传播有一段时间。另外 d、b 的测量存在误差。还有工件底波和水层底波前沿不一定完全重合。

2. 测厚仪测量法

常用测厚仪分为共振式和脉冲反射式两种，利用这两种测厚仪来测量声速的方法也有所不同。

（1）共振式测厚仪　由驻波理论可知，当工件厚度为 $\frac{\lambda}{2}$ 的整数倍时，入射波与反射波在工件内形成驻波，产生共振，据共振原理得声速计算公式为：

$$c = 2f_n \frac{d}{n} \tag{2—24}$$

式中　d——工件的厚度；
　　　f_n——共振频率；
　　　n——共振次数。

（2）脉冲反射式测厚仪　用脉冲反射式测厚仪测量声速的原理及方法与用超声检测仪测量声速的方法相同，这里不再赘述。

3. 示波器测量法

示波器的水平坐标是按时间刻度的，因此按图 2—29 所示将检测仪与示波器连接以后，就可以从示波器荧光屏上直接读取始脉冲与底波之间的时间差，从而计算出声速：

$$c = \frac{2d}{t} \tag{2—25}$$

式中　d——工件厚度；
　　　t——始波与底波之间的时间差；
　　　c——待测工件中的声速。

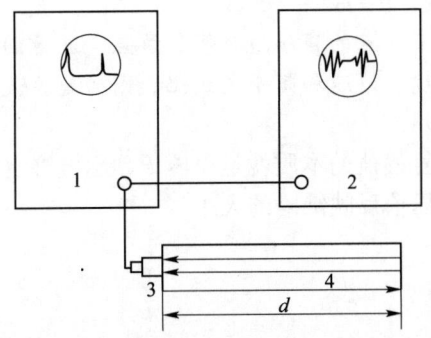

图 2—29　用示波器测定超声波通过材料的时间

1—检测仪　2—示波器　3—探头　4—被测材料

2.5 超声场的特征值

充满超声波的空间或超声振动所波及的部分介质,叫超声场。超声场具有一定的空间大小和形状,只有当缺陷位于超声场内时,才有可能被发现。描述超声场的特征值(即物理量)主要有声压、声强和声阻抗。

2.5.1 声压 P

超声场中某一点在某一时刻所具有的压强 P_1 与没有超声波存在时的静态压强 P_0 之差,称为该点的声压,用 P 表示。

$$P = P_1 - P_0$$

声压单位:帕斯卡(Pa)、微帕斯卡(μPa)

$$1\ \text{Pa} = 1\ \text{N/m}^2 \qquad 1\ \text{Pa} = 10^6\ \mu\text{Pa}$$

如图 2—30 所示,设超声场中面积元上声压为 P,则面积元上的压力为:$F = Pds$。以 dx 表示超声波在 dt 时间内所传播的距离,质点振动速度为 u,体积元质量 $m = \rho ds dx$。

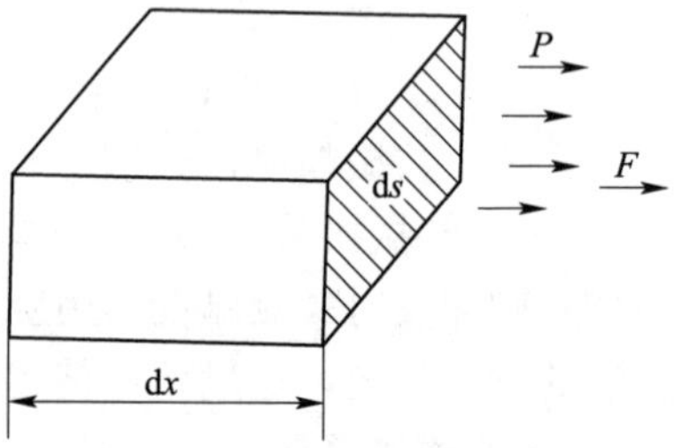

根据动量守恒定律则有:$F\Delta t = m\Delta u$

设初速为零,并取微分形式:

$$Pdsdt = \rho u ds dx$$

即 $P = \rho u dx/dt$

由波动方程 $y = A\cos\omega(t - x/c)$ 得:

$$u = dy/dt = -\omega A \sin\omega(t - x/c)$$

所以 $\qquad P = -\rho c\omega A \sin\omega(t - x/c)$

则声压幅值 $\qquad P_m = \rho c\omega A = \rho c u \qquad (2\text{—}26)$

式中 ρ——介质的密度;
$\qquad c$——波速,$c = dx/dt$;
$\qquad u$——质点的振动速度,$u = \omega A = 2\pi f A$。

图 2—30 声压推导图

由上式可知,超声场中某一点的声压随时间和该点至波源的距离按正弦函数周期性地变化。声压的幅值与介质的密度、波速和频率成正比。因为超声波的频率远高于声波,因此超声波的声压远大于声波的声压。

超声检测仪器显示的信号幅值的本质就是声压 P,示波屏上的波高与声压成正比。在超声检测中,就缺陷而论,声压值反映缺陷的大小。

2.5.2 声阻抗 Z

超声场中任一点的声压与该处质点振动速度之比称为声阻抗,常用 Z 表示。

$$Z = P/u = \rho c u / u = \rho c \qquad (2\text{—}27)$$

声阻抗的单位为克/厘米²·秒（g/cm²·s）或千克/米²·秒（kg/m²·s）。

由上式可知，声阻抗的大小等于介质的密度与波速的乘积。由 $u=P/Z$ 不难看出，在同一声压下，Z 增加，质点的振动速度下降。因此声阻抗 Z 可理解为介质对质点振动的阻碍作用。这类似于电学中的欧姆定律 $I=U/R$，电压一定，电阻增加，电流减小。

声阻抗是表征介质声学性质的重要物理量。超声波在两种介质组成的界面上的反射和透射情况与两种介质的声阻抗密切相关。

材料的声阻抗与温度有关，一般材料的声阻抗随温度升高而降低。这是因为声阻抗 $Z=\rho c$，而大多数材料的密度 ρ 和声速 c 随温度增加而减小。

常用材料的声阻抗见表 2—2 和表 2—4。

2.5.3 声强 I

单位时间内垂直通过单位面积的声能称为声强，常用 I 表示。单位是瓦/厘米²（W/cm²）或焦耳/厘米²·秒（J/cm²·s）。

当超声波传播到介质中某处时，该处原来静止不动的质点开始振动，因而具有动能。同时该处介质产生弹性变形，因而也具有弹性位能，其总能量为二者之和。

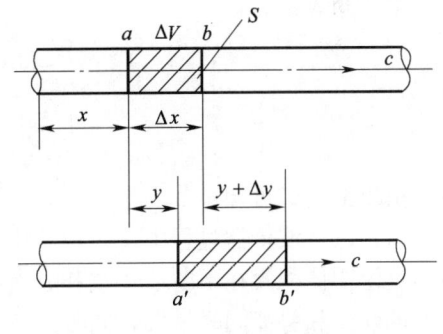

图 2—31 声强推导图

下面以平面余弦纵波在固体细棒中的传播为例来说明声强的推导，如图 2—31 所示。当超声波传播到体积元 $\Delta V=S\cdot\Delta x$ 时，引起振动和形变，产生位移 y 和形变量 Δy。

超声波传播到体积元引起的振动动能 W_κ 为：

$$W_\kappa=\frac{1}{2}mu^2$$

式中 $m=\rho\cdot\Delta V$

$u=\mathrm{d}y/\mathrm{d}t=-\omega A\sin\omega(t-x/c)$

所以
$$W_\kappa=\frac{1}{2}\rho\Delta V A^2\omega^2\sin^2\omega(t-x/c)$$

超声波传播到体积元引起的弹性变形位能 W_P 为：

$$W_P=\frac{1}{2}K(\Delta y)^2$$

根据胡克定律 $F=\dfrac{ES}{\Delta x}=\Delta y$ 得：

$$K=\frac{ES}{\Delta x}$$

由波动方程 $y=A\cos\omega(t-x/c)$ 得：

$$\frac{\partial y}{\partial x}=A\frac{\omega}{c}\sin\omega(t-x/c)$$

由细棒中的波速 $c=\sqrt{E/\rho}$ 得：$E=c^2\rho$

所以
$$W_P = \frac{1}{2}K(\Delta y)^2$$
$$= \frac{1}{2}\frac{ES}{\Delta x}(\Delta y)^2$$
$$= \frac{1}{2}ES \cdot \Delta x \left(\frac{\Delta y}{\Delta x}\right)^2$$
$$= \frac{1}{2}c^2\rho\Delta V \frac{A^2\omega^2}{c^2}\sin^2\omega(t-x/c)$$
$$= \frac{1}{2}\rho\Delta V A^2\omega^2 \sin^2\omega(t-x/c)$$

该体积元具有的总能量为：
$$W = W_k + W_P = \rho\Delta V A^2\omega^2 \sin^2\omega(t-x/c)$$

该体积元的平均能量为：
$$\overline{W} = \frac{1}{2}\rho A^2\omega^2 \Delta V$$

其平均声强为：
$$I = \frac{\overline{W}}{S\Delta t} = \frac{1}{2}\rho A^2\omega^2 \frac{\mathrm{d}x}{\mathrm{d}t} = \frac{1}{2}\rho c A^2\omega^2$$
$$= \frac{1}{2}Zu^2 = \frac{1}{2}\frac{P^2}{Z} \tag{2—28}$$

由以上公式可知：

(1) 超声波传播过程中，单位体积元所具有的总能量周期性地变化，时而最大，时而为零。这说明体积元在不断地接收和放出能量，超声波的能量是一层接一层地传播出去的。体积元的动能和势能同时最大，同时为零，这与单独的振动系统完全不同，单独的振动系统符合机械能守恒，动能最大时，势能为零，势能最大时，动能为零，动能与势能之和等于常数。这是因为机械能守恒的条件是系统只受到重力或弹性力作用。而这里介质中质点除受到弹性力外，还受到质点间摩擦力，因此不符合机械能守恒。

(2) 由于超声波的声强与频率平方成正比，而超声波的频率远大于可引起听觉的声波。因此超声波的声强也远大于之。这是超声波能用于检测的重要原因。

例如，大炮的声强为 10^{-4} W/cm^2，已震耳欲聋，而超声波的声强可达 10^5 W/cm^2，等于大炮声强的 10^9 倍，又如一个 600 W/cm^2 超声波发生器，10 min 可烧开一壶水，其能量相当于 700 万人集中在一起讲话 1.5 小时所释放出来的能量总和。

(3) 在同一介质中，超声波的声强与声压的平方成正比。

2.5.4 分贝与奈培

1. 分贝与奈培的概念

在生产和科学实验中，所遇到的声强数量级往往相差悬殊，如引起听觉的声强范围为 $10^{-16} \sim 10^{-4}$ W/cm^2，最大值与最小值相差 12 个数量级。显然采用绝对值来度量是不方便的，但如果对其比值（相对量）取对数来比较计算则可大大简化运算。分贝与奈培就是两个同量纲的量之比取对数后的单位。

通常规定引起听觉的最弱声强为 $I_1=10^{-16}$ W/cm² 作为声强的标准，另一声强 I_2 与标准声强 I_1 之比的常用对数称为声强级，单位为贝（尔）（B）。

$$\Delta = \lg(I_2/I_1)(B)$$

实际应用贝尔太大，故常取其 1/10 即分贝（dB）来作单位：

$$\Delta = 10\lg(I_2/I_1) = 20\lg(P_2/P_1)(dB) \tag{2—29}$$

通常说某处的噪声为多少分贝，就是以 10^{-16} W/cm² 为标准利用上式计算得到的。几种声音的声强及声强级大致如下：

声音	声强	声强级
引起听觉的声音	10^{-16} W/cm²	0 dB
树叶沙沙声	10^{-15} W/cm²	10 dB
耳语	10^{-14} W/cm²	20 dB
谈话	10^{-11} W/cm²	50 dB
大炮声	10^{-6} W/cm²	100 dB
超声波	10^{4} W/cm²	200 dB

在超声检测中，当超声检测仪的垂直线性较好时，仪器示波屏上的波高与声压成正比。这时有：

$$\Delta = 20\lg(P_2/P_1) = 20\lg(H_2/H_1)(dB) \tag{2—30}$$

这里声压基准 P_1 或波高基准 H_1 可以任意选取。

当 $H_2/H_1=1$ 时，$\Delta=0$ dB，说明两波高相等时，二者的分贝差为零。

当 $H_2/H_1=2$ 时，$\Delta=6$ dB，说明 H_2 为 H_1 的 2 倍时，H_2 比 H_1 高 6 dB。

当 $H_2/H_1=1/2$ 时，$\Delta=-6$ dB，说明 H_2 为 H_1 的 1/2 时，H_2 比 H_1 低 6 dB。

H_2/H_1 或 P_2/P_1 与 dB 值的换算关系如图 2—32 所示。常用声压比（波高比）对应的 dB 值列于表 2—5。

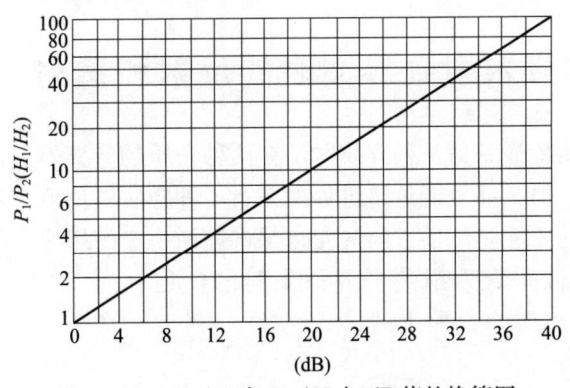

图 2—32　P_2/P_1 或 H_2/H_1 与 dB 值的换算图

表 2—5　　　　　　常用声压比（波高比）对应的 dB 值

P_2/P_1 或 H_2/H_1	10	4	2	1	1/2	1/4	1/10
dB	20	12	6	0	−6	−12	−20

若对 P_2/P_1 或 H_2/H_1 取自然对数，则其单位为奈培（NP）。

$$\Delta = \ln(P_2/P_1) = \ln(H_2/H_1)(\text{NP}) \tag{2—31}$$

令 $P_2/P_1 = e$ 代入式（2—31）得：

$$\Delta = \ln(P_2/P_1) = \ln e = 1(\text{NP})$$

将 $P_2/P_1 = e$ 代入式（2—30）得：

$$\Delta = 20\lg(P_2/P_1) = 20\lg e = 8.68(\text{dB})$$

所以，1 NP=8.68 dB　1 dB=0.115 NP

2. 分贝与奈培的应用

分贝与奈培用于表示两个相差很大的量之比，显得很方便，在声学和电学中都得到广泛的应用，特别是在超声检测中应用更为广泛。例如示波屏上两波高的比较就常常用 dB 表示。

例 1，示波屏上一波高为 80 mm，另一波高为 20 mm，问前者比后者高多少 dB？

解：$\Delta = 20\lg(H_2/H_1) = 20\lg 80/20 = 12$（dB）

答：前者比后者高 12 dB。

例 2，示波屏上有 A、B、C 三个波，其中 A 波比 B 波高 3 dB，C 波比 B 波低 3 dB，已知 B 波高为 50 mm，求 A、C 的波高各为多少？

解：由已知得 $\Delta = 20\lg A/B = 3$

所以，$A = 10^{0.15} \times B = 1.4 \times 50 = 70$（mm）

又，$\Delta = 20\lg(C/B) = -3$

所以，$C = 10^{-0.15} \times B = 0.7 \times 50 = 35$（mm）

答：A、C 波高分别为 70 mm 和 35 mm。

用分贝值表示回波幅度的相互关系，不仅可以简化运算，而且在确定基准波高以后，可直接用仪器衰减器的读数表示缺陷波相对波高。因此，分贝概念的引用对超声检测有很重要的实用价值。此外在超声波的定量计算中和衰减系数的测定中也常常用到分贝。

2.6　超声波垂直入射到界面时的反射和透射

超声波从一种介质传播到另一种介质时，在两种介质的分界面上，一部分能量反射回原介质内，称为反射波；另一部分能量透过界面在另一种介质内传播，称为透射波。在界面上声能（声压、声强）的分配和传播方向的变化都将遵循一定的规律。

本节先讨论超声波垂直入射到平界面上时的反射和透射情况，重点是声能的分配比例。

2.6.1　单一平界面的反射率与透射率

当超声波垂直入射到光滑平界面时，将在第一介质中产生一个与入射波方向相反的反射波，在第二介质中产生一个与入射波方向相同的透射波，如图 2—33 所示。

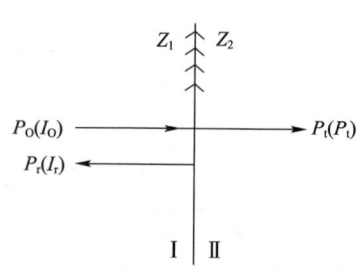

图 2—33　垂直入射到单一平界面

反射波与透射波的声压（或声强）是按一定规律分配的。这个分配比例由声压反射率（或声强反射率）和透射率（或声强透射率）来表示。

设入射波的声压为 P_0（声强为 I_0），反射波的声压为 P_r（声强为 I_r）透射波的声压为 P_t（声强为 I_t）。

界面上反射波声压 P_r 与入射波声压 P_0 之比，称为界面的声压反射率，用 r 表示，即 $r=P_r/P_0$。

界面上透射波声压 P_t 与入射波声压 P_0 之比，称为界面的声压透射率，用 t 表示，即 $t=P_t/P_0$。

在界面两侧的声波，必须符合下列两个条件：

(1) 界面两侧的总声压相等，即 $P_0+P_r=P_t$。

(2) 界面两侧质点振动速度幅值相等，即 $(P_0-P_r)/Z_1=P_t/Z_2$。

由上述两边界条件和声压反射率、透射率定义得：

$$\begin{cases} 1+r=t \\ (1-r)/Z_1=t/Z_2 \end{cases}$$

解上述联立方程得声压反射率 r 和透射率 t 分别为：

$$\begin{cases} r=\dfrac{P_r}{P_0}=\dfrac{Z_2-Z_1}{Z_2+Z_1} & (2\text{—}32) \\ t=\dfrac{P_t}{P_0}=\dfrac{2Z_2}{Z_2+Z_1} & (2\text{—}33) \end{cases}$$

式中　Z_1——第一种介质的声阻抗；

Z_2——第二种介质的声阻抗。

界面上反射波声强 I_r 与入射波声强 I_0 之比，称为声强反射率，用 R 表示。

$$R=\frac{I_r}{I_0}=\frac{\dfrac{P_r^2}{2Z_1}}{\dfrac{P_0^2}{2Z_1}}=\frac{P_r^2}{P_0^2}=r^2=\left(\frac{Z_2-Z_1}{Z_2+Z_1}\right)^2 \qquad (2\text{—}34)$$

界面上透射波声强 I_t 与入射波声强 I_0 之比，称为声强透射率，用 T 表示。

$$T=\frac{I_t}{I_0}=\frac{\dfrac{P_t^2}{2Z_2}}{\dfrac{P_0^2}{2Z_1}}=\frac{Z_1}{Z_2}\times\frac{P_t^2}{P_0^2}=\frac{4Z_1Z_2}{(Z_2+Z_1)^2} \qquad (2\text{—}35)$$

以上各式说明超声波垂直入射到平界面上时，声压或声强的分配比例仅与界面两侧介质的声阻抗有关。

由以上几个公式可以导出：

$$T+R=1 \qquad t-r=1 \qquad (2\text{—}36)$$

下面讨论几种常见界面上的声压、声强反射和透射情况。

(1) 当 $Z_2>Z_1$ 时，$r=\dfrac{P_r}{P_0}=\dfrac{Z_2-Z_1}{Z_2+Z_1}>0$，反射波声压 P_r 与入射波声压 P_0 同相位。界面上反射波与入射波叠加类似驻波，合成声压振幅增大为 P_0+P_r，例如超声波平面波垂直入射到水/钢界面，如图 2—34 所示。

$Z_1=0.15\times10^6$ g/cm² · s，$Z_2=4.5\times10^6$ g/cm² · s，则：

$$r = \frac{P_r}{P_0} = \frac{Z_2 - Z_1}{Z_2 + Z_1} = \frac{4.5 - 0.15}{4.5 + 0.15} = 0.935$$

$$t = \frac{P_t}{P_0} = \frac{2Z_2}{Z_2 + Z_1} = \frac{2 \times 4.5}{4.5 + 0.15} = 1.935$$

$$R = r^2 = 0.935^2 = 0.875$$

$$T = \frac{4Z_1 Z_2}{(Z_2 + Z_1)^2} = \frac{4 \times 0.15 \times 4.5}{(4.5 + 0.15)^2} = 0.125$$

以上计算表明,超声波垂直入射到水/钢界面时,其声压反射率 $r=0.935$,声压透射率 $t=1.935$。粗略地看,$t>1$,似乎违反能量守恒,其实不然,因为声压是力的概念,而力只会平衡($P_0+P_r=P_t$),不会守恒,只有能量才会守恒。事实上,从声强方面看,$R+T=0.875+0.125=1$,说明符合能量守恒。

(2) 当 $Z_1>Z_2$ 时,$r=\frac{P_r}{p_0}=\frac{Z_2-Z_1}{Z_2+Z_1}<0$,即反射波声压 P_r 与入射波声压 P_0 相位相反,反射波与入射波合成声压振幅减小。例如超声波平面波垂直入射到钢/水界面。如图2—35所示。

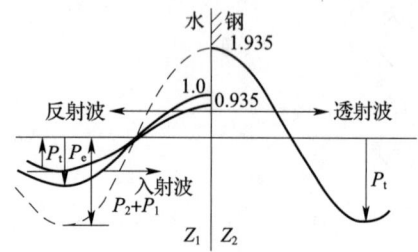

图2—34 平面波垂直到
水/钢界面($Z_2>Z_1$)

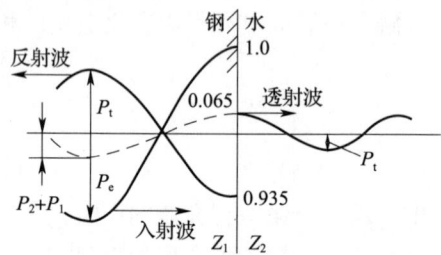

图2—35 平面波垂直入射
钢/水界面($Z_1>Z_2$)

$Z_1=4.5 \times 10^6$ g/cm²·s,$Z_2=0.15 \times 10^6$ g/cm²·s,则:

$$r = \frac{Z_2 - Z_1}{Z_2 + Z_1} = \frac{0.15 - 4.5}{0.15 + 4.5} = -0.935$$

$$t = \frac{2Z_2}{Z_2 + Z_1} = \frac{2 \times 0.15}{0.15 + 4.5} = 0.065$$

$$R = r^2 = 0.935^2 = 0.875$$

$$T = 1 - R = 1 - 0.875 = 0.125$$

以上计算表明,超声波垂直入射到钢/水界面时,声压透射率很低,声压反射率很高。声强反射率与透射率与超声波垂直入射到水/钢界面相同。由此可见,超声波垂直入射到某界面时的声强反射率与透射率与从何种介质入射无关。

(3) 当 $Z_1 \gg Z_2$ 时,(如钢/空气界面),$Z_1=4.5 \times 10^6$ g/cm²·s,$Z_2=0.00004 \times 10^6$ g/cm²·s,则:

$$r = \frac{P_r}{P_0} = \frac{Z_2 - Z_1}{Z_2 + Z_1} = \frac{0.00004 - 4.5}{0.00004 + 4.5} \approx -1$$

$$t = \frac{P_t}{P_0} = \frac{2Z_2}{Z_1 + Z_2} = \frac{2 \times 0.00004}{0.00004 + 4.5} \approx 0$$

$$R = r^2 = (-1)^2 \approx 1$$

$$T = 1 - R = 1 - 1 = 0$$

计算表明,当入射波介质声阻抗远大于透射波介质声阻抗时,声压反射率趋于-1,透射率领趋于0,即声压几乎全反射,无透射,只是反射波声压与入射波声压有180°相位变化。

检测中,探头和工件间如不施加耦合剂,则形成固(晶片)/气界面,超声波将无法进入工件。

(4) 当 $Z_1 \approx Z_2$ 时,即界面两侧介质的声阻抗近似相等时,$r = \dfrac{Z_2 - Z_1}{Z_2 + Z_1} \approx 0$;$t \approx 1$。如钢的淬火部分与非淬火部分及普通碳钢焊缝的母材与填充金属之间的声阻抗相差很小,一般为1%左右。设 $Z_1 = 1$,$Z_2 = 0.99$,则:

$$r = \frac{P_r}{P_0} = \frac{Z_2 - Z_1}{Z_2 + Z_1} = \frac{0.99 - 1.00}{0.99 + 1.00} = -0.005$$

$$t = \frac{P_t}{P_0} = \frac{2Z_2}{Z_2 + Z_1} = \frac{2 \times 0.99}{0.99 + 1.00} \approx 0.995$$

$$R = r^2 = (-0.005)^2 = 2.5 \times 10^{-5} \approx 0$$

$$T = 1 - R = 0.999\,975 \approx 1$$

这说明超声波垂直入射到两种声阻抗相差很小的介质组成的界面时,几乎全透射,无反射。因此在焊缝检测中,若母材与填充金属结合面没有任何缺陷,是不会产生界面回波的。

常用界面的纵波声压反射率列于表2—6。

表 2—6　　　　　　常用物质界面的纵波声压反射率 γ_B (%)

种类	声阻抗 Z (× 10^6 g/cm² · s)	空气 24℃	酒精	变压器油	水(20℃)	甘油	聚苯乙烯	环氧树脂	有机玻璃	铝	铜	钢
钢	4.53	100	95	94	94	90	88	87	86	45	4	0
铜	4.18	100	95	94	93	89	87	85	85	42	0	
铝	1.69	100	88	86	84	75	72	69	68	0		
有机玻璃	0.33	100	50	44	37	16	8	2	0			
环氧树脂	0.32	100	49	42	36	14	7	0				
聚苯乙烯	0.25	100	44	37	30	8	0					
甘油	0.24	100	37	30	23	0						
水(20℃)	0.15	100	15	7	0							
变压器油	0.13	100	8	0								
酒精	0.11	100	0									
空气(24℃)	0.000 04	0										

$$r = \frac{Z_2 - Z_1}{Z_2 + Z_1} \times 100\%$$

以上讨论的超声波纵波垂直到单一平界面上的声压、声强反射率和透射率公式同样适用于横波入射的情况,但必须注意的是在固体/液体或固体/气体界面上,横波全反射。因为横波不能在液体和气体中传播。

2.6.2 薄层界面的反射率与透射率

超声检测时，经常遇到耦合层和缺陷薄层等问题，这些都可归结为超声波在薄层界面的反射和透射问题。此时，超声波是由声阻抗为 Z_1 的第一介质入射到 Z_1 和 Z_2 界面，然后通过声阻抗为 Z_2 的第二介质薄层射到 Z_2 和 Z_3 界面，最后进入声阻抗为 Z_3 的第三介质。

超声波通过一定厚度的异质薄层时，反射和透射情况与单一的平界面不同。异质薄层很薄，进入薄层内的超声波会在薄层两侧界面引起多次反射和透射，形成一系列的反射波和透射波，如图 2—36a 所示。

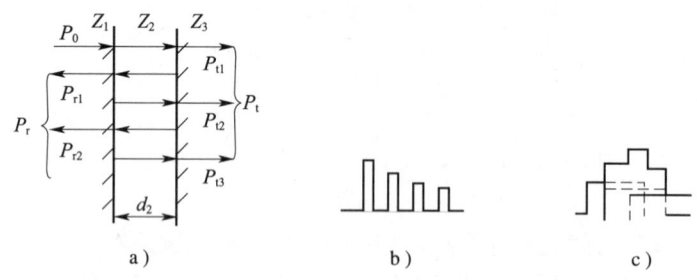

图 2—36 介质中薄层的反射与透射
a）薄层反射与透射 b）窄脉冲不干涉 c）宽脉冲干涉

当超声波脉冲宽度相对于薄层较窄时，薄层两侧的各次反射波、透射波互不干涉，如图 2—36b 所示。当脉冲宽度相对于薄层较宽时，薄层两侧的各次反射波、透射波就会互相叠加产生干涉，如图 2—36c 所示。由于上述原因，声压反射率和透射率的计算就比较复杂，本节不予介绍。一般说来，超声波通过异质薄层时的声压反射率和透射率不仅与介质声阻抗和薄层声阻抗有关，而且与薄层厚度同其波长之比 d_2/λ_2 有关。

1. 均匀介质中的异质薄层（$Z_1=Z_3 \neq Z_2$）

对于 $Z_1=Z_3 \neq Z_2$，即均匀介质中的异质薄层，其声压反射率与透射率为：

$$r = \sqrt{\frac{\frac{1}{4}\left(m-\frac{1}{m}\right)^2 \sin^2\frac{2\pi d_2}{\lambda_2}}{1+\frac{1}{4}\left(m-\frac{1}{m}\right)^2 \sin^2\frac{2\pi d_2}{\lambda_2}}} \quad (2-37)$$

$$t = \sqrt{\frac{1}{1+\frac{1}{4}\left(m-\frac{1}{m}\right)^2 \sin^2\frac{2\pi d_2}{\lambda^2}}} \quad (2-38)$$

式中 d_2——异质薄层厚度；

λ_2——异质薄层中的波长；

m——两种介质声阻抗之比，$m = \dfrac{Z_1}{Z_2}$。

由以上公式可知：

（1）当 $d_2 = n \times \dfrac{\lambda_2}{2}$（$n$ 为整数）时，$r \approx 0$，$t \approx 1$。这说明当薄层两侧介质声阻抗相等，薄层厚度为其半波长的整数倍时，超声波全透射，几乎无反射（$r \approx 0$），好像不存在异质薄层一样。这种透声层常称为半波透声层。

（2）$d_2 = (2n+1) \times \dfrac{\lambda_2}{4}$（$n$ 为整数）时，即异质薄层厚度等于其四分之一波长的奇数倍时，声压透射率最低，声压反射率最高。

图 2—37 与图 2—38 是由式（2—37）与式（2—38）得到的，分别表示在钢和铝中存在一个充满空气或水的缝隙时的声压反射率和声压透射率。由图 2—38 可知。

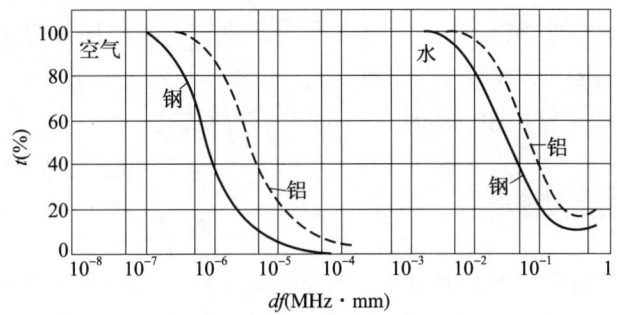

图 2—37　钢和铝中气隙、水隙声压透射率

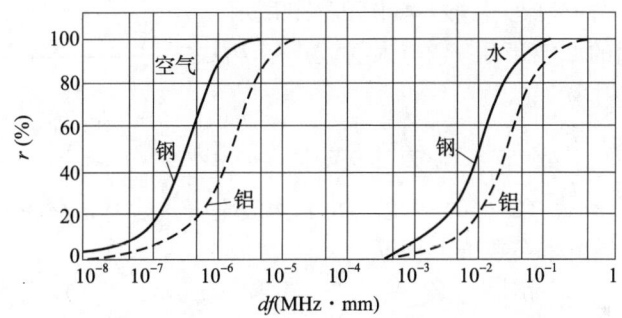

图 2—38　钢和铝中气隙、水隙声压反射率

1）当 $f=1$ MHz 时，钢中厚度为 $d=10^{-5}$ mm 的气隙几乎能 100％反射。两块紧贴在一起的十分精密的块规之间隙也有 10^{-5} mm。可见超声波对检测含有气体介质的裂纹等缺陷的灵敏度是很高的。

2）当材料中的气隙或水隙厚度一定时，频率增加，声压反射率也随着增加。例如对于钢中的气隙 $d=10^{-7}$ mm 时，$f=1$ MHz，$r=20\%$，$f=5$ MHz，$r=60\%$。可见提高超声检测频率对于提高检测灵敏度是有利的。

2. 薄层两侧介质不同的双界面

对于 $Z_1 \neq Z_2 \neq Z_3$，即非均匀介质中的薄层，例如晶片—保护膜—工件，其声强透射率为：

$$T = \dfrac{4Z_1 Z_3}{(Z_1+Z_3)^2 \cos^2 \dfrac{2\pi d_2}{\lambda_2} + \left(Z_2 + \dfrac{Z_1 Z_3}{Z_2}\right)^2 \sin^2 \dfrac{2\pi d_2}{\lambda_2}} \tag{2—39}$$

由上式可知：

（1）$d_2 = n \times \dfrac{\lambda_2}{2}$（$n$ 为整数）时：

$$T = \dfrac{4Z_1 Z_3}{(Z_1+Z_3)^2}$$

即超声波垂直入射到两侧介质声阻抗不同的薄层时,若薄层厚度等于半波长的整数倍,则通过薄层的声强透射率与薄层的性质无关,好像不存在薄层一样。

(2) $d_2 = (2n+1)\dfrac{\lambda_2}{4}$($n$ 为整数),且 $Z_2 = \sqrt{Z_1 Z_3}$ 时:

$$T = \dfrac{4Z_1 Z_3}{\left(Z_2 + \dfrac{Z_1 Z_3}{Z_2}\right)^2} = 1$$

表明超声波垂直入射到两侧介质声阻抗不同的薄层,若薄层厚度等于 $\lambda_2/4$ 的奇数倍,薄层声阻抗为其两侧介质声阻抗几何平均值时,即 $Z_2 = \sqrt{Z_1 Z_3}$,其声强透射率等于1,超声波全透射。这对于直探头保护膜的设计具有重要的指导意义。

2.6.3 声压往复透射率

在超声波单探头检测中,探头兼作发射和接收超声波。探头发出的超声波透过界面进入工件,在固/气底面产生全反射后再次通过同一界面被探头接收,如图2—39所示。

这时探头接收到的回波声压 P_a 与入射波声压 P_0 之比,称为声压往复透射率 $T_{往}$。

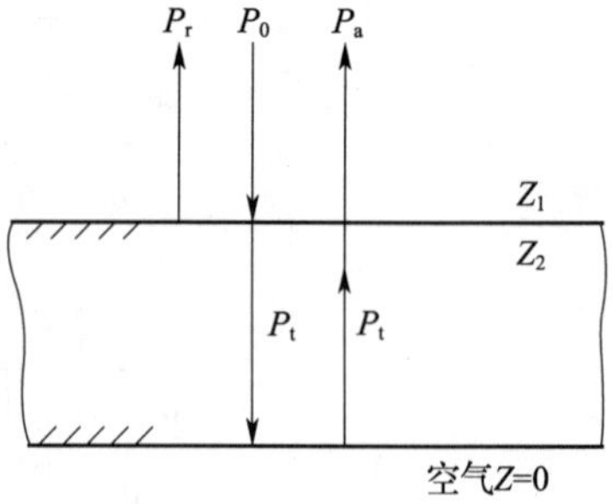

$$T_{往} = \dfrac{P_a}{P_0} = \dfrac{P_t}{P_0} \times \dfrac{P_a}{P_t} = \dfrac{4Z_1 Z_2}{(Z_2 + Z_1)^2} \quad (2-40)$$

图2—39 声压往复透射率

比较式(2—35)和式(2—40)可以看出超声波垂直入射时,在底面全反射的条件下声压往复透射率与声强透射率在数值上相等。

例如,用 PZT—5 晶片($Z_1 = 3.37 \times 10^6$ g/cm² · s)对钢制工件($Z_2 = 4.50 \times 10^6$ g/cm² · s)检测时,若耦合剂中声压全透射,钢制工件底面声压全反射,则其声压往复透射率为:

$$T = \dfrac{4Z_1 Z_2}{(Z_2 + Z_1)^2} = \dfrac{4 \times 3.37 \times 4.5}{(3.37 + 4.50)^2} = 97.8\%$$

又如水浸法检测钢制工件时,水中声阻抗 $Z_1 = 0.15 \times 10^6$ g/cm² · s,钢中声阻抗 $Z_2 = 4.5 \times 10^6$ g/cm² · s,若底面全反射,则超声波在水/钢界面的声压往复透射率为:

$$T = \dfrac{4Z_1 Z_2}{(Z_2 + Z_1)^2} = \dfrac{4 \times 0.15 \times 4.5}{(4.5 + 0.15)^2} = 12.5\%$$

常用物质界面纵波声压往复透射率列于表2—7。

表2—7　　　　常用物质界面纵波声压往复透射率 T(%)

种类	变压器油	水(20℃)	甘油	有机玻璃
钢	11	12.5	19	26
铜	12	13	22	29
铝	26	28	43	55
有机玻璃	80	84	98	100

由式（2—40）可知，声压往复透射率与界面两侧介质的声阻抗有关，与从何种介质入射到界面无关。界面两侧介质的声阻抗相差越小，声压往复透射率就越高，反之就越低。

声压往复透射率高低直接影响检测灵敏度高低，往复透射率高，检测灵敏度高。反之，检测灵敏度低。

2.7 超声波倾斜入射到界面时的反射和折射

2.7.1 波型转换与反射、折射定律

如图 2—40 所示，当超声波倾斜入射到界面时，除产生同种类型的反射和折射波外，还会产生不同类型的反射和折射波，这种现象称为波型转换。

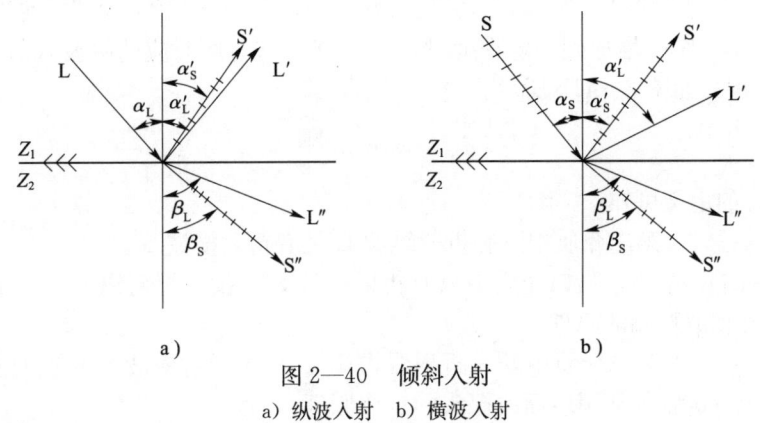

图 2—40 倾斜入射
a）纵波入射 b）横波入射

1. 纵波斜入射

当纵波 L 倾斜入射到界面时，除产生反射纵波 L′ 和折射纵波 L″ 外，还会产生反射横波 S′ 和折射横波 S″，如图 2—40a 所示。各种反射波和折射波方向符合反射、折射定律：

$$\frac{\sin \alpha_L}{c_{L1}} = \frac{\sin \alpha'_L}{c_{L1}} = \frac{\sin \alpha'_S}{c_{S1}} = \frac{\sin \beta_L}{c_{L2}} = \frac{\sin \beta_S}{c_{S2}} \tag{2—41}$$

式中 c_{L1}、c_{S1}——第一介质中的纵波、横波波速；

c_{L2}、c_{S2}——第二介质中的纵波、横波波速；

α_L、α'_L——纵波入射角、反射角；

β_L、β_S——纵波、横波折射角；

α'_S——横波反射角。

由于在同一介质中纵波波速不变，因此 $\alpha'_L = \alpha_L$。又由于在同一介质中纵波波速大于横波波速，因此 $\alpha'_L > \alpha'_S$，$\beta_L > \beta_S$。

(1) 第一临界角 α_I：由式（2—40）可以看出，$\frac{\sin \alpha_L}{c_{L1}} = \frac{\sin \beta_L}{c_{L2}}$，当 $c_{L2} > c_{L1}$ 时，$\beta_L > \alpha_L$，随着 α_L 增加，β_L 也增加，当 α_L 增加到一定程度时，$\beta_L = 90°$，这时所对应的纵波入射角称为第一临界角，用 α_I 表示，如图 2—41a 所示。

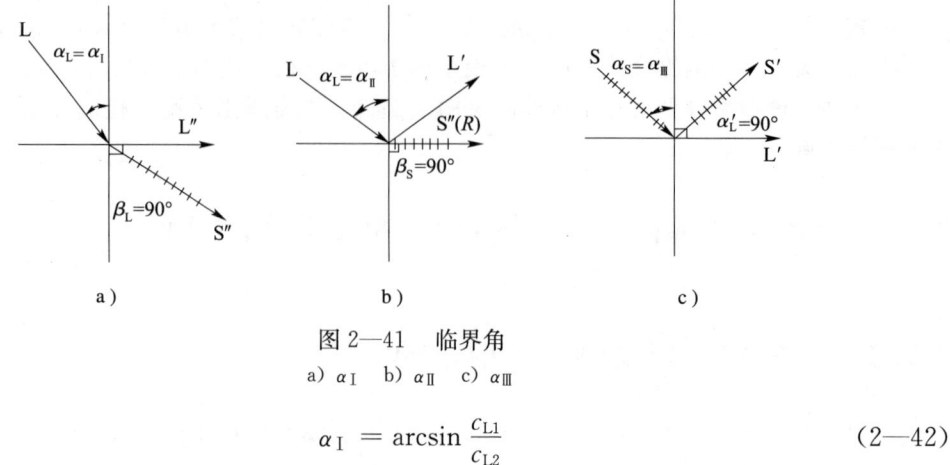

图 2—41 临界角
a) α_I b) α_{II} c) α_{III}

$$\alpha_I = \arcsin \frac{c_{L1}}{c_{L2}} \qquad (2\text{—}42)$$

(2) 第二临界角 α_{II}：由式 2—41 可得：$\frac{\sin \alpha_L}{c_L} = \frac{\sin \beta_S}{c_S}$，当 $c_{S2} > c_{L1}$ 时，$\beta_S > \alpha_L$，随着 α_L 增加，β_S 也增加，当 α_L 增加到一定程度时，$\beta_S = 90°$，这时所对应的纵波入射角称为第二临界角，用 α_{II} 表示，如图 2—41b 所示。

$$\alpha_{II} = \arcsin \frac{c_{L1}}{c_{S2}} \qquad (2\text{—}43)$$

由 α_I 和 α_{II} 的定义可知：

1) 当 $\alpha_L < \alpha_I$ 时，第二介质中既有折射纵波 L'' 又有折射横波 S''。

2) 当 $\alpha_L = \alpha_I \sim \alpha_{II}$ 时，第二介质中只有折射横波 S''，没有折射纵波 L''，这就是常用横波探头的制作和横波检测的原理。

3) 当 $\alpha_L \geqslant \alpha_{II}$ 时，第二介质中既无折射纵波 L''，又无折射横波 S''。这时在其介质的表面存在表面波 R，这就是常用表面波探头的制作原理。

例如，纵波倾斜入射到有机玻璃/钢界面时，有机玻璃中 $c_{L1} = 2\,730$ m/s，钢中：$c_{L2} = 5\,900$ m/s，$c_{S2} = 3\,230$ m/s。则第一、二临界角分别为：

$$\alpha_I = \arcsin \frac{c_{L1}}{c_{L2}} = \arcsin \frac{2\,730}{5\,900} = 27.6°$$

$$\alpha_{II} = \arcsin \frac{c_{L1}}{c_{S2}} = \arcsin \frac{2\,730}{3\,230} = 57.7°$$

由此可见，有机玻璃横波探头楔块角度 $\alpha_L = 27.6° \sim 57.7°$，有机玻璃表面波探头楔块角度 $\alpha_L \geqslant 57.7°$。

2. 横波斜入射

当横波倾斜入射到界面时，同样会产生波型转换，如图 2—40b 所示。各反射、折射波的方向符合反射、折射定律：

$$\frac{\sin \alpha_S}{c_{S1}} = \frac{\sin \alpha'_S}{c_{S1}} = \frac{\sin \alpha'_L}{c_{L1}} = \frac{\sin \beta_L}{c_{L2}} = \frac{\sin \beta_S}{c_{S2}} \qquad (2\text{—}44)$$

不难看出，横波倾斜入射时，同样存在第一、二临界角，由于在实际检测中无多大实际意义，故这里不再讨论，这里只讨论第三临界角 α_{III}。

由式 (2—44) 得，$\frac{\sin \alpha_S}{c_{S1}} = \frac{\sin \alpha'_L}{c_{L1}}$，因为 $c_{L1} > c_{S1}$，所以 $\alpha'_L > \alpha_S$，随 α_S 增加，α'_L 也增

加,当 $α_S$ 增加到一定程度时,$α'_L=90°$。这时所对应的横波入射角称为第三临界角,用 $α_{Ⅲ}$ 表示,如图 2—41c 所示,则:

$$α_{Ⅲ} = \arcsin \frac{c_{S1}}{c_{L1}} \tag{2—45}$$

当 $α_S \geqslant α_{Ⅲ}$ 时,在第一介质中只有反射横波,没有反射纵波,即横波全反射。

对于钢:$c_{L1}=5\ 900\ \text{m/s}$,$c_{S1}=3\ 230\ \text{m/s}$

$$α_{Ⅲ} = \arcsin \frac{c_{S1}}{c_{L1}} = \arcsin \frac{3\ 230}{5\ 900} = 33.2°$$

当 $α_S \geqslant 33.2°$ 时,钢中横波全反射。

2.7.2 声压反射率

超声波反射、折射定律只讨论了各种反射波、折射波的方向问题,未涉及声压反射率和透射率问题。由于倾斜入射时,声压反射率、透射率不仅与介质的声阻抗有关,而且还与入射角有关,其理论计算公式十分复杂,因此这里只介绍由理论计算结果绘制的曲线图形。

1. 纵波倾斜入射到钢/空气界面的反射

如图 2—42 所示,当纵波倾斜入射到钢/空气界面时,纵波声压反射率 $r_{LL}\left(r_{LL}=\dfrac{P_{rL}}{P_{oL}}\right)$ 与横波声压反射率 $r_{LS}\left(r_{LS}=\dfrac{P_{rS}}{P_{oL}}\right)$ 随入射角 $α_L$ 而变化。当 $α_L=60°$ 左右时,r_{LL} 很低,r_{LS} 较高。原因是纵波倾斜入射,当 $α_L=60°$ 左右时产生一个较强的变型反射横波。

2. 横波倾斜入射到钢/空气界面的反射

如图 2—43 所示,横波倾斜入射到钢/空气界面,横波声压反射率 $r_{SS}\left(r_{SS}=\dfrac{P_{rS}}{P_{oS}}\right)$ 与纵波声压反射率 $r_{SL}\left(r_{SL}=\dfrac{P_{rL}}{P_{oS}}\right)$ 随入射角 $α_S$ 而变化。当 $α_S=30°$ 左右时,r_{SS} 很低,r_{SL} 较高。当 $α_S \geqslant 33.2°(α_{Ⅲ})$ 时,$r_{SS}=100\%$ 即钢中横波全反射。

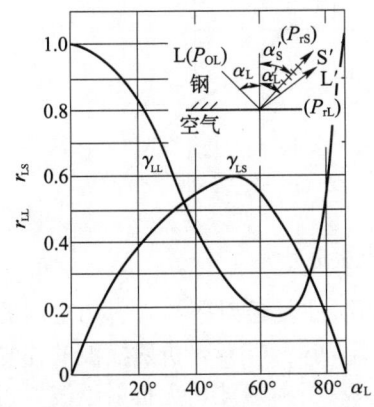
图 2—42　纵波 L 斜入射到钢/空气界面

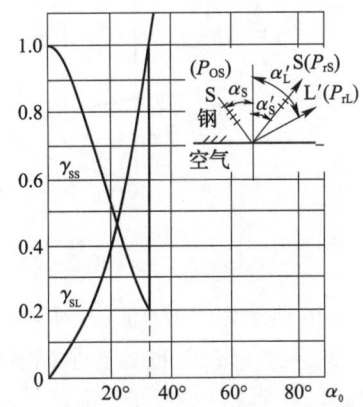
图 2—43　横波 S 斜入射到钢/空气界面

2.7.3 声压往复透射率

超声检测中,常常采用反射法,超声波往复透过同一检测面,因此声压往复透射率更具有实际意义。

如图 2—44 所示,超声波倾斜入射,折射波全反射,探头接收到的回波声压 P_a 与入射波声压 P_0 之比称为声压往复透射率,常用 T 表示,$T=P_a/P_0$。

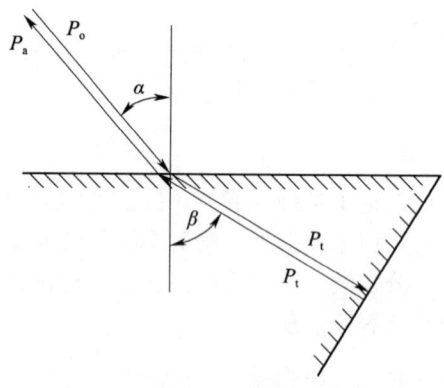

图 2—44 斜入射声压往复透射率

图 2—45 所示为纵波倾斜入射至水/钢界面时的声压往复透射率与入射角的关系曲线。当纵波入射角 $a_L<14.5°$(α_I)时,折射纵波的往复透射率 T_{LL} 不超过 13%,折射横波的往复透射率 T_{LS} 小于 6%。当 $a_L=14.5°\sim27.27°$(α_{II})时,钢中没有折射纵波,只有折射横波,其折射横波的往复透射率 T_{LS} 最高不到 20%。实际检测中水浸法检测钢材就属于这种情况。

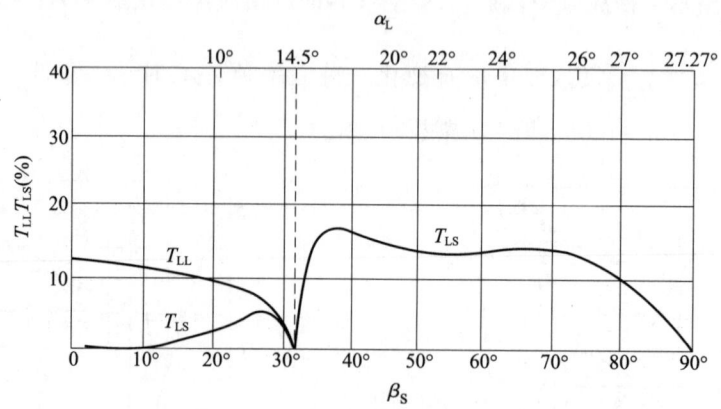

图 2—45 水/钢界面声压往复透射率

图 2—46 所示为纵波倾斜入射至有机玻璃/钢界面时往复透射率与入射角之间的关系曲线。当 $a_L<27.6°$(α_I)时,折射纵波的往复透射率 T_{LL} 小于 25%,折射横波的往复透射率 T_{LS} 小于 10%。当 $a_L=27.6°\sim57.7°$(α_{II})时,钢中只有折射横波,无折射纵波。折射横波的往复透射率最高不超过 30%,这时所对应的 $a_L\approx30°$,$\beta_S\approx37°$。实际检测中采用有机玻璃横波探头检测钢材就属于这种情况。

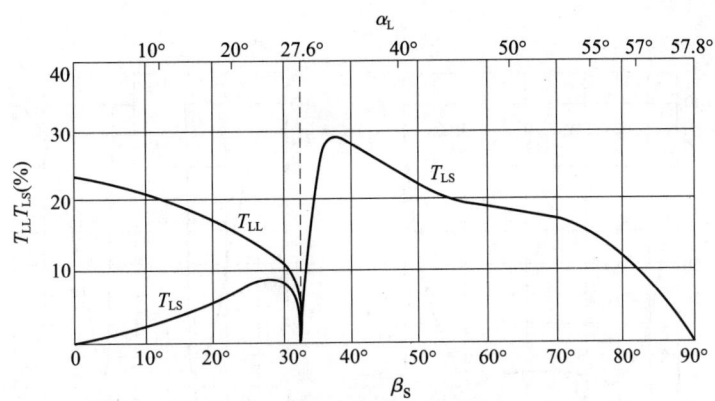

图 2—46 有机玻璃/钢界面上的声压往复透射率

2.7.4 端角反射

超声波在两个平面构成的直角内的反射叫做端角反射，如图 2—47 所示。在端角反射中，超声波经历了两次反射，当不考虑波型转换时，二次反射回波与入射波互相平行，即 L（S）//L′（S），且 $\alpha+\beta=90°$

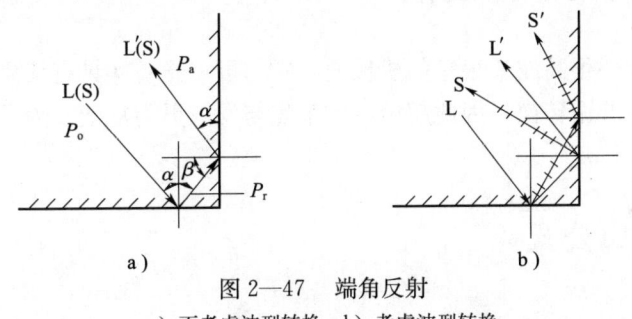

图 2—47 端角反射
a) 不考虑波型转换 b) 考虑波型转换

回波声压 P_a 与入射波声压 P_0 之比称为端角反射率，用 $T_端$ 表示。

$$T_端 = \frac{P_a}{P_0}$$

图 2—48 所示为钢/空气界面上钢中的端角反射率。

由图 2—48a 所示可知，纵波入射时，端角反射率都很低，这是因为纵波在端角的两次反射中分离出较强的横波。

由图 2—48b 所示可知，横波入射时，入射角 $\alpha_S=30°$ 或 60°附近时，端角反射率最低。$\alpha_S=35°\sim55°$ 时，端角反射率达 100%。实际工作中，横波检测焊缝根部未焊透或根部裂纹情况就类似于这种情况，当横波入射角 α_S（等于横波探头的折射角 β_S）=35°～55°，即 $K=\tan\beta_S=0.7\sim1.43$ 时，检测灵敏度较高。当 $\beta_S\geq56°$ 即 $K\geq1.5$ 时，检测灵敏度较低。

从图 2—48 所示还可以看出，α_L（α_S）在 0°或 90°附近时，无论是纵波还是横波，端角反射率理论上都很高，但实际上由于入射波、反射波在边界互相干涉而部分抵消，因此实际上这时检测灵敏度并不高。

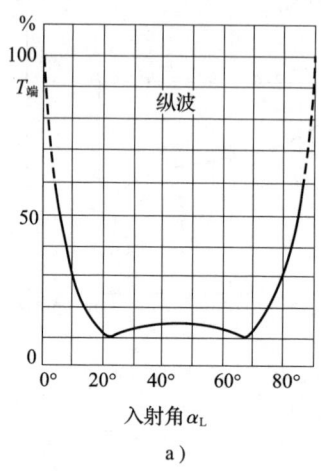 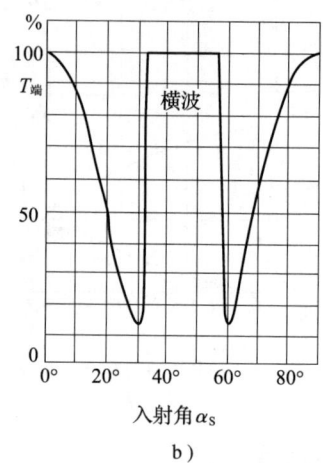

图 2—48　端角反射率
a) 纵波入射　b) 横波入射

2.8　超声波的聚焦与发散

超声波是一种频率很高波长很短的机械波,它与可见光一样具有聚焦和发散的特性。由于超声波还可能产生波型转换,因此超声波的聚焦与发散更为复杂。为了便于讨论,这里不考虑波型转换行为。

2.8.1　声压距离公式

1. 平面波

平面波波束不扩散,而是互相平行,因此声压不随距离而变化。

2. 球面波声压距离公式

球面波的波阵面为同心球面,球面波声场中的某处质点的振幅与该点至波源的距离成反比,而声压又与振幅成正比,因此球面波的声压与距离成反比。

$$P = \frac{P_1}{x} \tag{2—46}$$

式中　P_1——距离为单位 1 处的声压;
　　　x——某点至波源的距离。

3. 柱面波声压距离公式

柱面波的波阵面为同轴柱面,柱面波声场中某处质点的振幅与该点至波源的距离的平方根成反比,而声压与振幅成正比,因此柱面波的声压与距离的平方根成反比。

$$P = \frac{P_1}{\sqrt{x}} \tag{2—47}$$

2.8.2 球面波在平界面上的反射与折射

1. 单一的平界面上的反射

如图 2—49 所示,球面波入射到平界面上,其反射波仍为球面波,且波源与入射波源对称,反射波声压为:

$$P = r\frac{P_1}{x} \tag{2—48}$$

式中 r——声压反射率;
x——为从虚拟波源 O' 算起的距离。

2. 双界面的反射

如图 2—50 所示,球面波在互相平行的双界面间的多次反射仍符合球面波变化规律。当入射角较小,声压反射率 $r=1.0$ 时,对于脉冲波,双界面距离 d 较大时不产生干涉,这时前壁各次反射波声压比为:

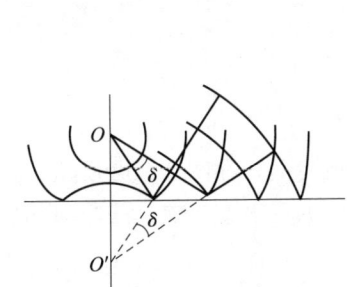

图 2—49 球面波在平界面上的反射

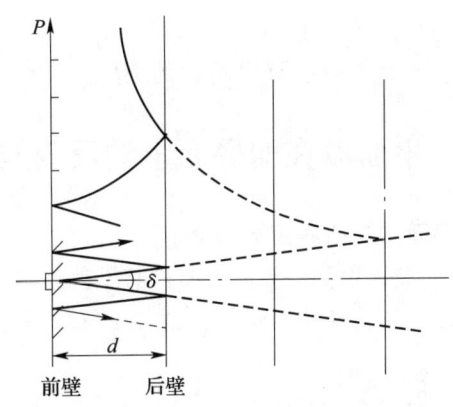

图 2—50 球面波在双平界面上的反射

$$\frac{P_1}{2d} : \frac{P_1}{4d} : \frac{P_1}{6d} : \cdots = 1 : \frac{1}{2} : \frac{1}{3} : \cdots$$

后壁各次波的声压比为

$$\frac{P_1}{d} : \frac{P_1}{3d} : \frac{P_1}{5d} : \cdots = 1 : \frac{1}{3} : \frac{1}{5} : \cdots$$

实际检测中,当 d 较大时,超声波探头发出的超声波可视为球面波,示波屏上各次底面反射波的高度之比近似符合 $1 : \frac{1}{2} : \frac{1}{3} : \cdots$ 的规律。

3. 单一平界面上的折射

如图 2—51 所示,球面波入射到平界面上时,其折射波不再是严格的球面波了。只有当其张角 δ_1 较小时,可视为近似的球面波,且有:

$$\frac{\delta_1}{\delta_2} \approx \frac{\sin\delta_1}{\sin\delta_2} = \frac{c_1}{c_2}$$

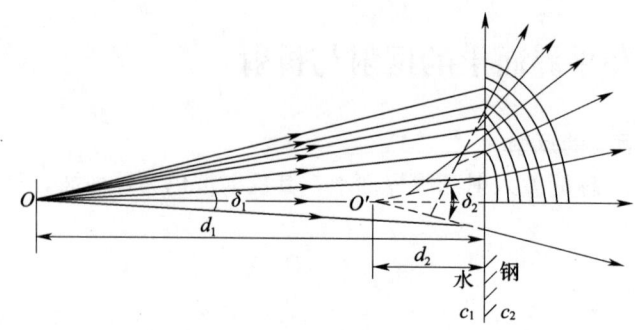

图 2—51 球面波在水/钢界面上的折射

对于水/钢界面：$\dfrac{\delta_1}{\delta_2} \approx \dfrac{c_1}{c_2} = \dfrac{1\,450}{5\,900} \approx \dfrac{1}{4}$

这说明球面波入射到水/钢界面时，其折射波更加发散。

折射波声压：
$$P = t\dfrac{P_1}{x}$$

式中　t——声压透射率；
　　　x——从折射波源 O' 算起的距离。

2.8.3　平面波在曲界面上的反射与折射

1. 平面波在曲界面上的反射

当平面波入射到曲界面上时，其反射波将发生聚焦或发散，如图 2—52 所示。反射波的聚焦或发散与曲面的凹凸（从入射方向看）有关。凹曲面的反射波聚焦，凸曲面的反射波发散。

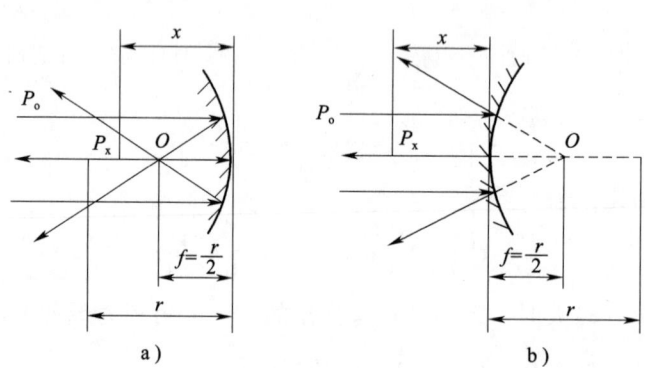

图 2—52　平面波在曲界面上的反射
a) 聚焦　b) 发散

（1）平面波入射到球面时，其反射波可视为从焦点发出的球面波。在曲面轴线上距曲面顶点 x 处的反射波声压为：

$$P_x = P_0 \left| \dfrac{f}{x \pm f} \right| \tag{2—49}$$

式中　f——焦距，$f=r/2$（r 为曲率半径）；
　　　x——轴线上某点至曲面顶点的距离；
　　　P_0——曲面顶点处入射波声压；
　　　"$\pm$"——"$+$"用于发散，"$-$"用于聚焦。

（2）平面波入射到柱面时，其反射波可视为从聚焦轴线发出的柱面波。在曲面轴线上距曲面顶点 x 处的反射波声压为：

$$P_x = P_0 \sqrt{\left|\frac{f}{x \pm f}\right|} \tag{2—50}$$

实际检测中球形、柱形气孔的反射就属于以上两种情况。

2. 平面波在曲界面上的折射

平面波入射到曲界面上时，其折射波也将发生聚焦或发散，如图 2—53 所示。这时折射波的聚焦或发散不仅与曲面的凹凸有关，而且与界面两侧介质中的波速有关。对于凹透镜，当 $c_1<c_2$ 时聚焦，当 $c_1>c_2$ 时发散；对于凸透镜，当 $c_1>c_2$ 时聚焦，当 $c_1<c_2$ 时发散。

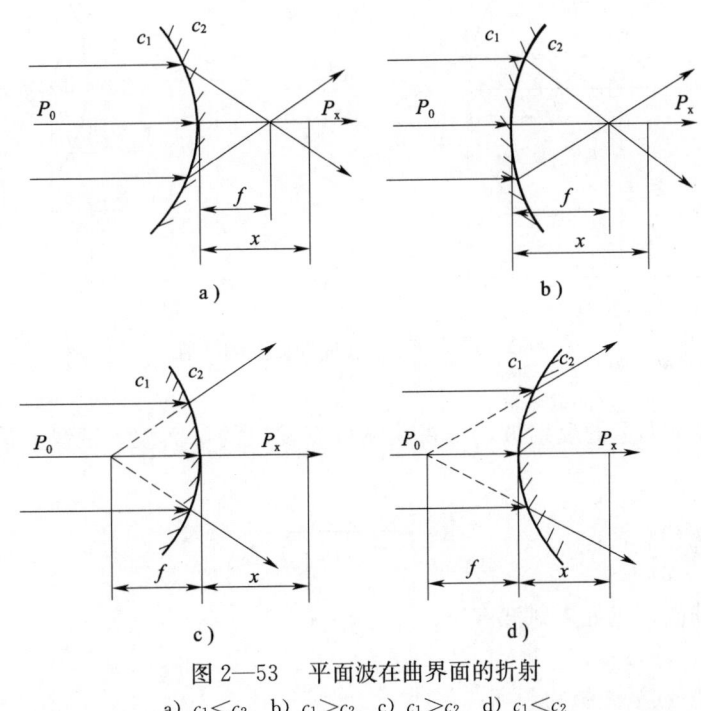

图 2—53　平面波在曲界面的折射
a）$c_1<c_2$　b）$c_1>c_2$　c）$c_1>c_2$　d）$c_1<c_2$

（1）平面波入射至球面透镜时，其折射波可视为从焦点发出的球面波，曲面轴线上距曲面顶点 x 处的折射波声压为：

$$P_x = tP_0 \left|\frac{f}{x \pm f}\right| \tag{2—51}$$

式中　t——声压透射率；
　　　f——焦距，$f=r/(1-c_2/c_1)$（r 为曲率半径）；
　　　"$\pm$"——"$+$"用于发散，"$-$"用于聚焦。

（2）平面波入射到柱面透镜，其折射波可视为从聚焦轴线发出的柱面波，轴线上 x 处的折射波声压为：

$$P_x = tP_0 \left| \frac{f}{x \pm f} \right| \qquad (2-52)$$

实际检测用的水浸聚焦探头就是根据平面波入射到 $c_1 > c_2$ 的凸透镜上，折射波发生聚焦的特点来设计的，如图 2—53b 所示，这样可以提高检测灵敏度。

2.8.4 球面波在曲界面上的反射与折射

1. 球面波在曲界面上的反射

球面波入射到曲界面上，其反射波将发生聚焦或发散，如图 2—54 所示。凹曲面的反射波聚焦，凸曲面的反射波发散。

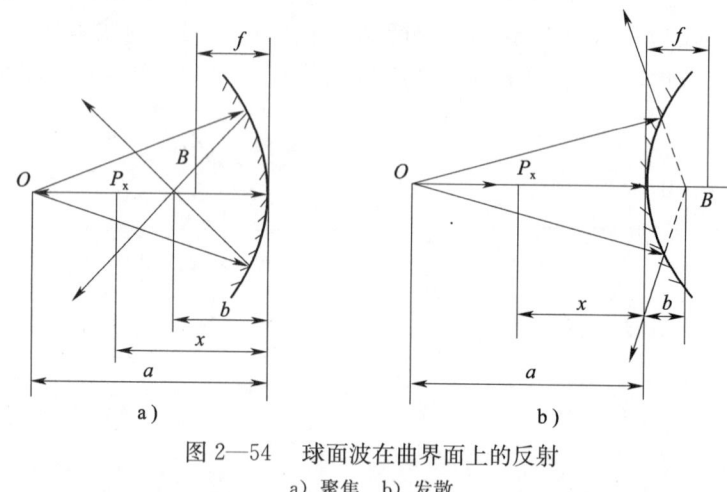

图 2—54 球面波在曲界面上的反射
a) 聚焦 b) 发散

（1）球面波在球面上的反射波，可视为从像点发出的球面波。轴线上距顶点为 x 处的反射波声压为：

$$P_x = \frac{P_1}{a} \left| \frac{f}{x \pm f\left(1 + \dfrac{x}{a}\right)} \right| \qquad (2-53)$$

式中　P_1/a——球面顶点处入射波声压；
　　　f——焦距，$f = r/2$；
　　　a——球面顶点至波源的距离；
　　　"$\pm$"——"$+$" 用于发散，"$-$" 用于聚焦。

实际检测中，至波源距离较远的球形气孔缺陷就属于球面波在凸球面上的反射。由于反射波进一步发散，因此其回波较低。这就是超声检测气孔灵敏度低的原因所在。

（2）球面波在柱面上的反射波，既不是单纯的球面波，也不是单纯的柱面波，而是近似为两个不同的柱面波叠加。轴线上距顶点为 x 处的反射波声压为：

$$P_x = \frac{P_1}{a} \sqrt{\left| \frac{f}{(1 + x/a)[x \pm f(1 + x/a)]} \right|} \qquad (2-54)$$

球面波在柱面上的反射，在实际检测中具有现实意义。例如超声波径向检测大型圆柱形锻件属于这种情况。

凹柱面反射波聚集于像点，使像点处的声压趋于很大。如果像点处存在一较小的缺陷，那么经底面反射至缺陷，再从缺陷反射至底面，最后由底面反射回到探头，形成路径似"W"的反射称为 W 反射，如图 2—55 所示。

W 反射时，示波屏上同时出现两个缺陷波，一前一后，一高一低，前者位于底波 B_1 之前，高度较低，为缺陷直接反射。后者位于 B_1 之后，高度较高，为 W 反射。检测时应根据前者来对缺陷进行定位和定量。

图 2—56 所示是超声波径向检测空心圆柱体的情况，类似于球面波在凸柱面上的反射，反射波发散。以 $x=a$，$f=r/2$ 代入式（2—54）式取"+"得到：

$$P_{柱} = \frac{P_1}{2a}\sqrt{\frac{r}{a+r}} = \frac{P_1}{2a}\sqrt{\frac{r}{R}} < \frac{P_1}{2a} \tag{2—55}$$

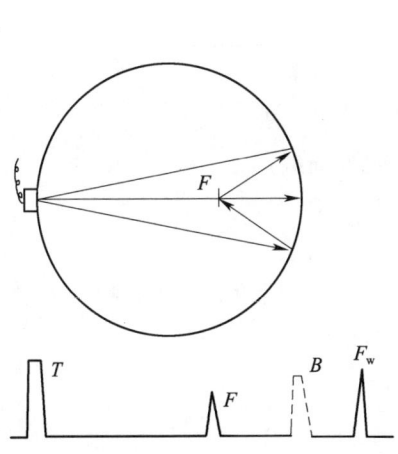

图 2—55　W 反射

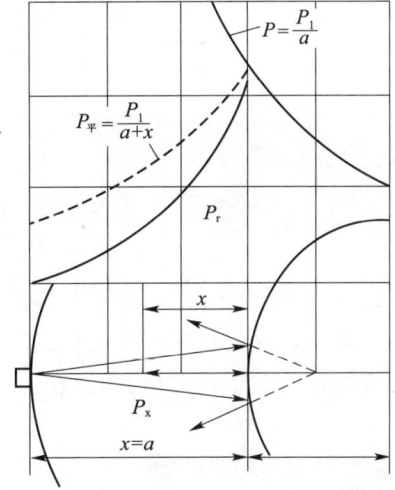

图 2—56　空心圆柱体反射波声压

这说明入射点处空心圆柱体的反射声压总是低于同距离的平底面的反射声压。这是由于凸曲面反射波发散的结果。另外还可看出，当圆柱体外直径（$2R$）一定时，内孔直径（$2r$）增加，其反射回波升高。

2. 球面波在曲界面上的折射

球面波入射到曲界面上，其折射波同样会发生聚焦和发散，如图 2—57 所示。轴线上距曲面顶点 x 处的折射波声压为：

球形界面：

$$P_x = t\frac{P_1}{a}\frac{f}{[x \pm f(1+xc_2/ac_1)]} \tag{2—56}$$

柱形界面：

$$P_x = t\frac{P_1}{a}\sqrt{\frac{f}{(1+xc_2/ac_1)[x \pm f(1+xc_2/ac_1)]}} \tag{2—57}$$

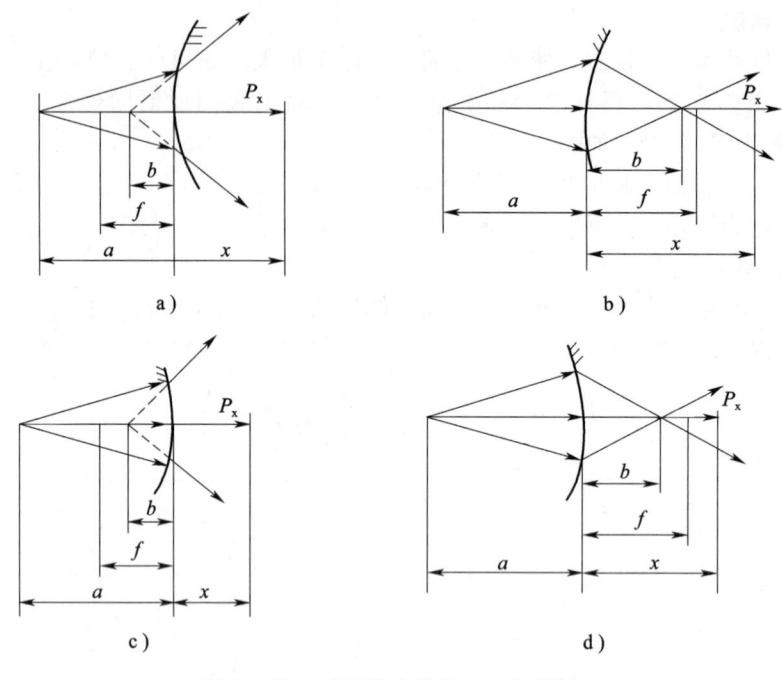

图 2—57 球面波在曲界面上的折射
a) $c_1<c_2$ b) $c_1>c_2$ c) $c_1>c_2$ d) $c_1<c_2$

式中 c_2/c_1——透射介质与入射介质中波速之比。

实际检测中,水浸检测柱形或球形工件就属于图 2—57a 所示。由于折射波发散,因此检测灵敏度很低,为了提高检测灵敏度,常常采用聚焦检测。

2.9 超声波的衰减

超声波在介质中传播时,随着距离的增加,超声波能量逐渐减弱的现象叫做超声波衰减。

2.9.1 衰减的原因

引起超声波衰减的主要原因是波束扩散、晶粒散射和介质吸收。

1. 扩散衰减

超声波在传播过程中,由于波束的扩散,使超声波的能量随距离增加而逐渐减弱的现象称为扩散衰减。超声波的扩散衰减仅取决于波阵面的形状,与介质的性质无关。平面波波阵面为平面,波束不扩散,不存在扩散衰减。柱面波波阵面为同轴圆柱面。波束向四周扩散,存在扩散衰减,声压与距离的平方根成反比。球面波波阵面为同心球面,波束向四面八方扩散,存在扩散衰减,声压与距离成反比。

2. 散射衰减

超声波在介质中传播时,遇到声阻抗不同的界面产生散乱反射引起衰减的现象,称为散射衰减。散射衰减与材质的晶粒密切相关,当材质晶粒粗大时,散射衰减严重,被散射的超声波沿着复杂的路径传播到探头，在示波屏上引起草状回波（又叫草波），使信噪比下降，严重时噪声会淹没缺陷波，如图 2—58 所示。

3. 吸收衰减

超声波在介质中传播时，由于介质中质点间内摩擦（即黏滞性）和热传导引起超声波的衰减，称为吸收衰减或黏滞衰减。

除了以上三种衰减外，还有位错引起的衰减，磁畴壁引起的衰减和残余应力引起的衰减等。

通常所说的介质衰减是指吸收衰减与散射衰减，不包括扩散衰减。

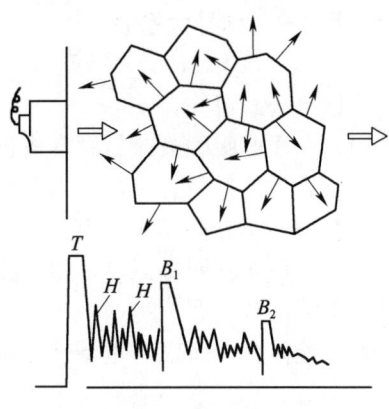

图 2—58　草状回波（草波）

2.9.2　衰减方程与衰减系数

1. 衰减方程

平面波不存在扩散衰减，只存在介质衰减，其声压衰减方程为：

$$P_x = P_0 e^{-\alpha x} \tag{2—58}$$

式中　P_0——波源的起始声压；

　　　P_x——至波源距离为 x 处的声压；

　　　x——至波源的距离；

　　　α——介质衰减系数，单位为 NP/mm；

　　　e——自然对数的底（$e = 2.718\cdots$）。

球面波与柱面波既存在扩散衰减，又存在介质衰减，它们的声压衰减方程分别为：

$$\text{球面波}: P_x = \frac{P_1}{x} e^{-\alpha x} \tag{2—59}$$

$$\text{柱面波}: P_x = \frac{P_1}{\sqrt{x}} e^{-\alpha x} \tag{2—60}$$

式中　P_1——至波源的距离为单位 1 处的声压。

2. 衰减系数

衰减系数 α 只考虑了介质的散射和吸收衰减，未涉及扩散衰减。对于金属材料等固体介质而言，介质衰减系数 α 等于散射衰减系数 α_s 和吸收衰减系数 α_a 之和。

$$\alpha = \alpha_a + \alpha_s \tag{2—61}$$

$$\alpha_a = c_1 f$$

$$\alpha_s = \begin{cases} c_2 F d^3 f^4 & d < \lambda \\ c_3 F d f^2 & d \approx \lambda \\ c_4 F/d & d > \lambda \end{cases} \tag{2—62}$$

式中　f——超声波频率；

　　　d——介质的晶粒直径；

　　　λ——波长；

F——各向异性系数;

c_1、c_2、c_3、c_4——常数。

由以上公式可知:

(1) 介质的吸收衰减与频率成正比。

(2) 介质的散射衰减与 f、d、F 有关,当 $d<\lambda$ 时,散射衰减系数与 f^4、d^3 成正比。在实际检测中,当介质晶粒较粗大时,若采用较高的频率,将会引起严重衰减,示波屏出现大量草波,使信噪比明显下降,超声波穿透能力显著降低。这就是晶粒较大的奥氏体钢和一些铸件检测的困难所在。

对于液体介质而言,主要是介质的吸收衰减。

$$\alpha = \alpha_a = \frac{8\pi^2 f^2 \eta}{2\rho c^3} \tag{2—63}$$

式中 η——介质的黏滞系数;

ρ——介质的密度;

c——波速。

由上式可知,液体介质的衰减系数 α 与介质的黏滞系数和频率平方成正比,与介质中的密度和波速立方成反比。

由于 η、ρ、c 与温度有关,所以 α 也与温度有关。一般是 α 随温度的升高而降低,是因为温度升高,分子热运动加剧,有利于超声波的传播。

以上讨论说明,介质的衰减与介质的性质密切相关,因此在实际工作中有时可根据底波的次数和幅度来衡量材料衰减情况,从而判定材料晶粒度大小、缺陷密集程度、石墨含量以及水中泥沙含量等。

2.9.3 衰减系数的测定

1. 薄板工件衰减系数的测定

对于厚度较小,上下底面互相平行,表面光洁的薄板工件或试块。可用直探头放在薄板表面,使声波在上下表面来回反射,在示波屏上出现多次底波。由于介质衰减和反射损失,使底波高度依次减少,如图 2—59 所示。其介质衰减系数按下式计算:

$$\alpha = \frac{20\lg(B_m/B_n) - \delta}{2(n-m)x} (\text{dB/mm}) \tag{2—64}$$

式中 m、n——底波的反射次数;

B_m、B_n——第 m、n 次底波高度;

δ——反射损失,每次反射损失约为 (0.5～1.0) dB。

x——薄板的厚度。

式 (2—64) 没有考虑扩散衰减,因此现场应用时应根据薄板厚度来确定波的次数,使声波的传播距离在波束未扩散区内。

2. 厚板或粗圆柱体衰减系数的测定

对于厚度大于 200 mm 的板材或轴类零件,可根据第一、第二次底波 B_1、B_2 高度来测定衰减系数,如图 2—60 所示。图中 B_1、B_2 高度差由扩散衰减、介质衰减、反射损失引起。

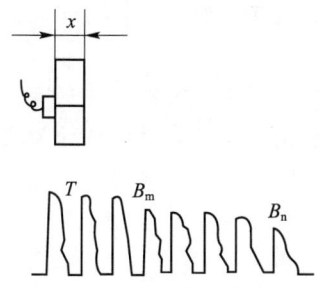
图 2—59 薄板工件衰减系数的测定

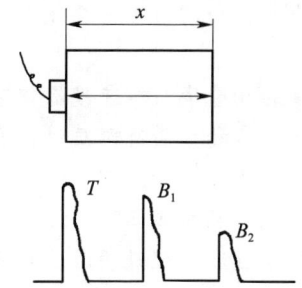
图 2—60 厚板工件衰减系数的测定

这时介质衰减系数 α 按下式计算：

$$\alpha = \frac{20\lg(B_1/B_2) - 6 - \delta}{2x} \tag{2—65}$$

式中 B_1、B_2——第一、二次底波高度；

6——扩散衰减引起的分贝差；

δ——反射损失，每次反射损失约为（0.5～1.0）dB；

x——工件厚度。

举例：某工件厚度 $x=500$ mm，测得 $B_1=80\%$，$B_2=20\%$，反射损失 $\delta=0.5$ dB，则工件的衰减系数为

$$\alpha = \frac{20\lg(B_1/B_2) - 6 - \delta}{2x}$$
$$= \frac{20\lg(80/20) - 6 - 0.5}{2 \times 500} = 0.005 \text{(dB/mm)}$$

复习思考题

1. 什么是机械振动和机械波？二者有何关系？
2. 什么是振动周期和振动频率？二者有何关系？
*3. 什么是谐振动、阻尼振动和受迫振动？三者有何不同？超声检测中的压电晶片在发射或接收超声波时产生何种振动？
4. 写出谐振动表达式，并说明式中各参数的物理意义？
5. 什么是弹性介质？简述超声波在弹性介质中的传播过程。
6. 什么是波动频率、波速和波长？三者有何关系？
7. 什么是超声波？产生超声波的条件是什么？在超声检测中应用了超声波的哪些主要性质？
8. 何谓纵波、横波、表面波和板波？在固体和液体介质中各可以传播何种类型的波？为什么？
9. 什么是波线、波阵面和波前？它们之间有何关系？
10. 什么是平面波、柱面波和球面波？各有何特点？实际应用的超声波探头发出的波属于什么波？

11. 超声波在介质中的传播速度与哪些因素有关？钢中纵波、横波和表面波的波速有何关系？

*12. 板波的相速度与群速度有何不同？它们与哪些因素有关？

*13. 测量声速的方法有哪几种？各有何优缺点？简要说明每种方法的原理。

14. 什么是波的叠加原理？什么是波的干涉现象？两列波相遇时，在什么情况下互相加强？在什么情况下互相减弱？

*15. 什么是驻波？试说明驻波在超声检测中的应用。

16. 什么是波的绕射（衍射）？波的绕射对超声检测影响如何？

17. 什么是超声场？描述超声场的物理量有哪些？

18. 什么是声压？声压的常用单位是什么？

19. 什么是声强？声强的常用单位是什么？声强与哪些因素有关？

20. 什么是声阻抗？声阻抗的常用单位是什么？声阻抗与哪些因素有关？

21. 什么是分贝和奈培？二者有何关系？平常说某人讲话的声音为 50 dB 是相对于什么而言的？

22. 什么是声压反射率和透射率？超声波垂直入射到 Z_1/Z_2 界面时，其声压反射率和透射率与哪些因素有关？在什么情况下声压反射率最高？

23. 超声波垂直入射到 $Z_1<Z_2$ 的 Z_1/Z_2 界面时，其声压透射率 $t>1$ 是否违反能量守恒原理？为什么？

24. 什么是声压往复透射率？声压往复透射率与哪些因素有关？

25. 超声波垂直入射到均匀介质中的异质薄层（如水中钢板、钢中裂纹）时，在什么情况下声压反射率最高（或最低）？

26. 超声波垂直入射到薄层两侧介质不同的界面（如晶片 Z_1/保护膜 Z_2/工件 Z_3）时，在什么情况下声压往复透射率最高？

27. 何谓波型转换？产生波型转换的条件是什么？

28. 说明超声波反射、折射定律和式中各参数的物理意义。

29. 什么是第一、第二临界角？产生第一、二临界角的条件是什么？并说明常用横波和表面波探头的制作原理。

30. 什么是第三临界角？第三临界角与哪些因素有关？

31. 超声波倾斜入射到界面的声压反射率和透射率（折射率）与哪些因素有关？

32. 什么是端角反射？端角反射有何特点？超声波检测单面焊根部未焊透等缺陷时，探头的 K 值（$K=\tan\beta s$）应在什么范围内？

33. 平面波入射到曲面上时，其反射波和折射波在什么情况下聚集？在什么情况下发散？试说明常用水浸聚集探头中声透镜的设计原理。

*34. 试说明公式 $P_x=\dfrac{P_1}{a}\sqrt{\dfrac{f}{(1+x/a)[x\pm f(1+x/a)]}}$ 中各参数的物理意义及该公式的应用条件。并由此导出径向检测实心圆柱体、空心圆柱体的回波声压公式以及长横孔的回波声压公式。

35. 什么是超声波的衰减？引起超声波衰减的主要原因是什么？平常所说的介质衰减是指什么衰减？

36. 超声波介质衰减系数与哪些因素有关？试分析说明超声波检测奥氏体不锈钢的困难所在。

37. 试说明测定较厚工件（$x \geq 3N$）材质衰减系数的方法。

38. 画图说明纵波、横波垂直入射到固/液、固/固界面上时的反射波和透射波。

39. 画图说明纵波倾斜入射到固/固、固/液、液/固、液/液界面上时的反射波和折射波。

40. 画图说明横波倾斜入射到固/固、固/液界面上时的反射波和折射波。

41. 画出第一、第二、第三临界角对应的入射波、折射波和折射波。

42. 某碳钢的声阻抗比不锈钢高1%，求超声波垂直入射到该碳钢/不锈钢界面时的声压反射率和透射率。（−0.005，1.005）。

43. 已知有机玻璃中纵波波速 $c_L=2\,730$ m/s，钢中纵波波速 $c_L=5\,900$ m/s，横波波速 $c_S=3\,230$ m/s。

①求纵波倾斜入射到有机玻璃/钢界面时的 α_1 和 α_{II}。（27.6°，57.7°）

②试指出检测钢材用有机玻璃横波和表面波探头入射角 α_L 的范围。（S：$\alpha_L=27.6° \sim 57.7°$，R：$\alpha_L=57.7°$）。

44. 已知钢中 $c_S=3\,230$ m/s，某硬质合金中 $c_S=4\,000$ m/s，铝中 $c_S=3\,080$ m/s，求用检测钢的K1.0横波探头检测该硬质合金和铝时的实际K值为多少？（1.8，0.9）

45. 已知钢中 $c_L=5\,900$ m/s，$c_S=3\,230$ m/s，水中 $c_L=1\,480$ m/s，超声波倾斜入射到水/钢界面。

①求 $\alpha_L=10°$ 时对应的 β_L 和 β_S（43.8°，22.3°）。

②求 $\beta_S=45°$ 时对应的 α_L 和 β_L（18.9°，不存在）。

③求 α_I 和 α_{II}（14.5°，27.3°）。

46. 已知钢中 $c_L=5\,900$ m/s，$c_S=3\,230$ m/s，有机玻璃中 $c_L=2\,730$ m/s，求以有机玻璃为斜楔的K1横波探头的入射角 α_L？（36.7°）

47. 已知超声检测仪示波屏上有A、B、C三个波，其中A波高为满刻度的80%，B波为50%，C波为20%。

①设A波为基准（0 dB），那么B、C波高各为多少dB？（−4 dB，−12 dB）

②设B波为基准（10 dB），那么A、C波高各为多少dB？（14 dB，2 dB）

③设C波为基准（−8 dB），那么A、B波高各为多少dB？（4 dB，0 dB）

48. 示波屏上有一波高为满刻度的100%，但不饱和。问衰减多少dB后，该波正好为10%？（20 dB）

49. 示波屏上有一波高为80 mm，另一波高比它低16 dB，问另一波高为多少mm？（12.7 mm）

50. 示波屏上有一波高为40%，若衰减12 dB以后该波高为多少？若增益6 dB以后波高又为多少？（10%，80%）

51. 用2.5 MHz、φ20 mm的探头测定500 mm厚的饼形锻件的衰减系数，现测得完好区域的 $B_1=80\%$，$B_2=35\%$，求此锻件的介质衰减系数 α 为多少？（不计反射损失）（1.18×10^{-3} dB/mm）

52. 用5 MHz、φ20 mm探头测定厚为15 mm的钢板的介质衰减系数。已知 $B_1=80\%$，$B_4=50\%$，每次反射损失为1 dB，不计扩散衰减损失，求此钢板的介质衰减系数 α 为多少？（0.012 dB/mm）

第 3 章 超声波发射声场与规则反射体的回波声压

超声波探头（波源）发射的超声场，具有特殊的结构。只有当缺陷位于超声场内时，才有可能被发现。

由于液体介质中的声压可以进行线性叠加，并且测试比较方便，因此对声场的理论分析研究常常从液体介质入手，然后在一定条件下过渡到固体介质。

又由于实际检测中广泛应用反射法，因此本章在讨论了超声波发射声场以后，还讨论了各种规则反射体的回波声压。

3.1 纵波发射声场

3.1.1 圆盘波源辐射的纵波声场

1. 波源轴线上声压分布

在连续简谐纵波且不考虑介质衰减的条件下，图 3—1 所示的液体介质中圆盘源上一点波源 ds 辐射的球面波在波源轴线上 Q 点引起的声压为：

$$\mathrm{d}P = \frac{P_0 \mathrm{d}s}{\lambda r}\sin(\omega t - kr)$$

式中 P_0——波源的起始声压；
  $\mathrm{d}s$——点波源的面积；
  λ——波长；
  r——点波源至 Q 点的距离；
  k——波数，$k = \omega/c = 2\pi/\lambda$；
  ω——圆频率，$\omega = 2\pi f$；
  t——时间。

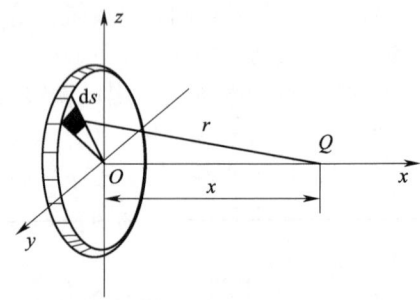

图 3—1　圆盘源轴线上声压推导图

根据波的叠加原理，作活塞振动的圆盘波源上各点波源在轴线上 Q 点引起的声压可以线性叠加，所以对整个波源面积进行积分就可以得到波源轴线上的任意一点声压为：

$$P = \iint_s \mathrm{d}P = 2P_0 \sin\frac{\pi}{\lambda}(\sqrt{R_s^2 + x^2} - x)\sin(\omega t - kx)$$

其声压幅值为：

$$P = 2P_0 \sin\frac{\pi}{\lambda}(\sqrt{R_s^2 + x^2} - x) \qquad (3—1)$$

式中　R_s——波源半径；

　　　x——轴线上 Q 点至波源的距离。

上述声压公式比较复杂，使用不便，特作如下简化：

当 $x \geqslant 2R_s$ 时，根据牛顿二项式 $(1+x)^m = 1 + mx + \frac{m(m-1)}{2!}x^2 + \cdots + x^m$，由于 $\frac{R_s}{x} \leqslant \frac{1}{2}$，将式 (3—1) 简化为：

$$P = 2P_0 \sin \frac{\pi x}{\lambda}\left(\sqrt{1+\left(\frac{R_s}{x}\right)^2} - 1\right) \approx 2P_0 \sin\left(\frac{\pi}{2} \times \frac{R_s^2}{\lambda x}\right) \tag{3—2}$$

当 $x \geqslant 3R_s^2/\lambda$ （即 $\pi R_s^2/2\lambda x \leqslant \pi/6$）时，根据 $\sin\theta \approx \theta$（$\theta$ 很小时）上式可简化为：

$$P \approx \frac{P_0 \pi R_s^2}{\lambda x} = \frac{P_0 F_s}{\lambda x} \tag{3—3}$$

式中　F_s——波源面积，$F_s = \pi R_s^2 = \pi D_s^2/4$（$D_s$ 为波源直径）。

式 (3—3) 表明，当 $x \geqslant 3R_s^2/\lambda$ 时，圆盘源轴线上的声压与距离成反比，与波源面积成正比。

波源轴线上的声压随距离变化的情况如图 3—2 中实线所示。

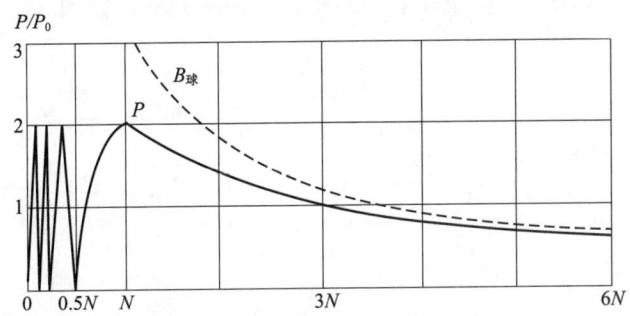

图 3—2　圆盘源轴线上声压分布

（1）近场区　波源附近由于波的干涉而出现一系列声压极大极小值的区域，称为超声场的近场区，又叫菲涅耳区。近场区声压分布不均，是由于波源各点至轴线上某点的距离不同，存在波程差，互相叠加时存在相位差而互相干涉，使某些地方声压互相加强，另一些地方互相减弱，于是就出现声压极大极小值的点。

波源轴线上最后一个声压极大值至波源的距离称为近场区长度，用 N 表示。

当 $\sin\frac{\pi}{\lambda}\left(\sqrt{\frac{D_s^2}{4}+x^2}-x\right) = \sin(2n+1)\frac{\pi}{2} = 1$ 时，声压 P 有极大值，化简得极大值对应的距离为：

$$x = \frac{D_s^2 - \lambda^2(2n+1)^2}{4\lambda(2n+1)}$$

式中 $n = 0, 1, 2, 3, \cdots < (D_s - \lambda)/2\lambda$ 的正整数，共有 $n+1$ 个极大值，其中 $n=0$ 为最后一个极大值。因此近场长度为：

$$N = \frac{D_s^2 - \lambda^2}{4\lambda} \approx \frac{D_s^2}{4\lambda} = \frac{R_s^2}{\lambda} = \frac{F_s}{\pi \lambda} \tag{3—4}$$

当 $\sin\dfrac{\pi}{\lambda}\left(\sqrt{\dfrac{D_s^2}{4}+x^2}-x\right)=\sin n\pi=0$ 时，声压 P 有极小值，化简得极小值对应的距离为：

$$x=\dfrac{D_s^2-(2n\lambda)^2}{8n\lambda}$$

式中　$n=1,2,3,\cdots<D_s/2\lambda$ 的正整数，共有 n 个极小值。

由式（3—4）可知，近场区长度与波源面积成正比，与波长成反比。

在近场区检测定量是不利的，处于声压极小值处的较大缺陷回波可能较低，而处于声压极大值处的较小缺陷回波可能较高，这样就容易引起误判，甚至漏检，因此应尽可能避免在近场区检测定量。

（2）远场区　波源轴线上至波源的距离 $x>N$ 的区域称为远场区。远场区轴线上的声压随距离增加单调减小。当 $x>3N$ 时，声压与距离成反比，近似球面波的规律，$P=P_oFs/\lambda x$，如图 3—2 中虚线所示。这是因为距离 x 足够大时，波源各点至轴线上某一点的波程差很小，引起的相位差也很小，这时干涉现象可略去不计。所以远场区轴线上不会出现声压极大极小值。

2. 超声场横截面声压分布

超声场近场区与远场区各横截面上的声压分布是不同的，如图 3—3、图 3—4、图 3—5 所示。

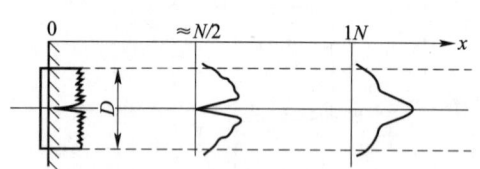

图 3—3　圆盘源（$D/\lambda=16$）近场中在 $x=0$，N/2，N 横截面上声压的分布

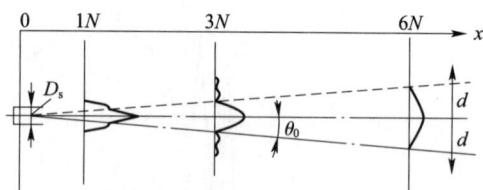

图 3—4　圆盘源（$D/\lambda=16$）远场中在 $x=N$，3 N，6 N 横截面上声压的分布

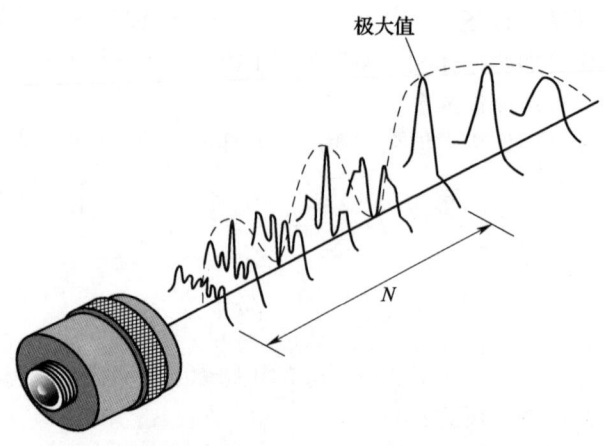

图 3—5　圆盘源声场声压沿轴线和横截面分布图

在 $x<N$ 的近场区内，存在中心轴线上声压为 0 的截面，如 $x=0.5N$ 的截面，中心声压为 0，偏离中心声压较高。在 $x \geq N$ 的远场区内，轴线上的声压最高，偏离中心声压逐渐降低，且同一横截面上声压的分布是完全对称的。实际检测中，测定探头波束轴线的偏离和横波斜探头的 K 值时，规定要在 $2N$ 以外进行就是这个原因。

3. 波束指向性和半扩散角

至波源充分远处任意一点的声压如图 3—6 所示。

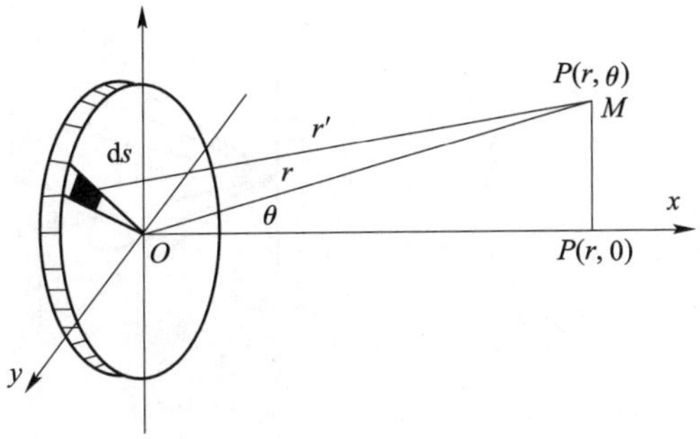

点波源 ds 在至波源距离充分远处任意一点 $M(r, \theta)$ 处引起的声压为：

$$dP = \frac{P_o ds}{\lambda r} \sin(\omega t - kr')$$

整个圆盘源在点 $M(r, \theta)$ 处引起的总声压幅值为：

$$P = \frac{P_o F_s}{\lambda r}\left[\frac{2J_1(kR_s \sin\theta)}{kR_s \sin\theta}\right] \quad (3—5)$$

图 3—6 远场中任意一点声压推导图

式中　r——点 $M(r, \theta)$ 至波源中心的距离；
　　　θ——r 与波源轴线的夹角；
　　　J_1——第一阶贝赛尔函数。

$$J_1(y) = \sum_{k=0}^{\infty}(-1)^K \frac{y^{2k+1}}{2^{2k+1}k!(k+1)!}$$

波源前充分远处任意一点的声压 $P(r, \theta)$ 与波源轴线上同距离处声压 $P(r, 0)$ 之比，称为指向性系数，用 D_c 表示。

$$D_c = \frac{P(r,\theta)}{P(r,0)} = \frac{2J_1(kR_s \sin\theta)}{kR_s \sin\theta} \quad (3—6)$$

令 $y = kR_s \sin\theta$，则：

$$D_c = \frac{2J_1(y)}{y} = 1 - \frac{y^2}{2^3 \times 1!} + \frac{y^4}{2^5 \times 3!} - \cdots$$

D_c 与 y 的关系如图 3—7 所示，可知：

(1) $D_c = P(r, \theta)/P(r, 0) \leq 1$。这说明超声场中至波源充分远处同一横截面上各点的声压是不同的，以轴线上的声压为最高。实际检测中，只有当波束轴线垂直于缺陷时，缺陷回波最高就是这个原因。

(2) 当 $y = kR_s \sin\theta = 3.83, 7.02, 10.17, \cdots$ 时，$D_c = P(r, \theta)/P(r, 0) = 0$，即 $P(r, \theta) = 0$。这说明圆盘源辐射的声束截面声场中存在一些声压为零的点。由 $y = kR_s \sin\theta_0 = 3.83$ 得：

$$\theta_0 = \arcsin 1.22\lambda/D_s \approx 70\lambda/D_s(°) \quad (3—7)$$

式中　θ_0——圆盘源辐射的纵波声场的第一零值发散角，又称半扩散角。

此外对应于 $y = 7.02, 10.17, \cdots$ 的发散角称为第二、三、…零值发散角。

(3) 当 $y > 3.83$，即 $\theta > \theta_0$ 时，$|D_c| < 0.15$。这说明半扩散角 θ_0 以外的声场声压很低，超声波的能量主要集中在半扩散角 θ_0 以内。因此可以认为半扩散角限制了波束的范围。

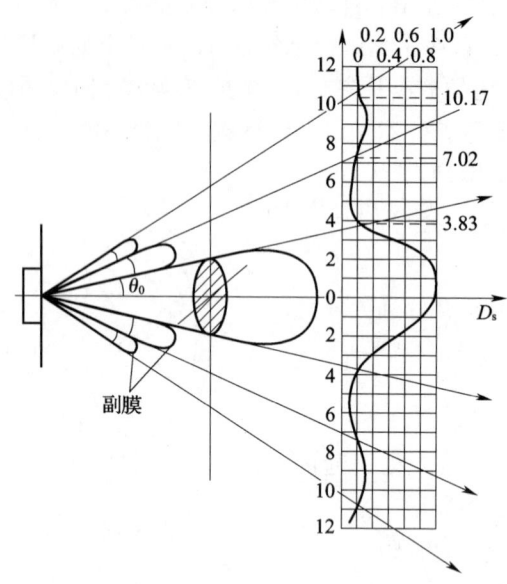

图 3—7 圆盘源波束指向性图

$2\theta_0$ 以内的波束称为主波束,只有当缺陷位于主波束范围时,才容易被发现。以确定的扩散角向固定的方向辐射超声波的特性称为波束指向性。

(4) 在超声波主波束之外尚存在一些副瓣,但由于副瓣能量很低和介质对超声波的衰减作用,从波源附近开始传播后衰减很快。

(5) 与声压幅值有关的半扩散角 γ

在某些时候,特别是在衍射时差法(TOFD)超声检测中,人们往往对声束截面上声压的变化情况感兴趣,比如声压幅度从轴线上的最大值下降 3 dB、6 dB 或 12 dB 时声束的半扩散角为多大,如图 3—8 所示。为此引入与声压幅值有关的半扩散角 γ 的概念,应注意与第一零值发散角 θ_0 的区别。其理论推导较复杂,下面给出在远场中的经验公式:

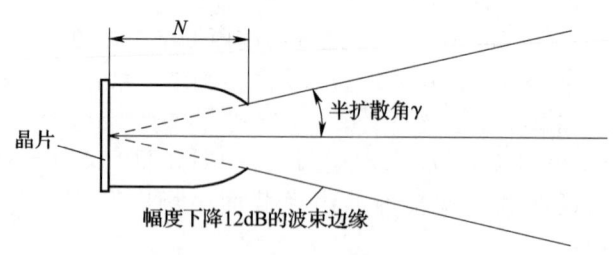

图 3—8 主波束的扩散

$$\sin\gamma = F\lambda/D_S \tag{3—8}$$

式中 λ——介质中的波长;
D_S——晶片直径;

F——常数因子，与截取的幅度降低值有关，下降 6 dB 时，$F=0.51$；下降 12 dB 时，$F=0.7$；下降 20 dB 时，$F=1.08$。

表 3—1 中给出了几个典型 TOFD 探头的楔块中的波长和波束半扩散角 γ，已知楔块材料为环氧树脂，声速为 2 400 m/s，F 取 0.7（幅度下降 12 dB）。

表 3—1　　　　　　　　　　楔块中的声束半扩散角 γ

频率 f (MHz)	λ (mm)	半扩散角 γ		
		$D_S=15$ mm	$D_S=10$ mm	$D_S=6$ mm
3	0.8	2.14	3.21	5.35
5	0.4	1.28	1.92	3.21
10	0.24	0.64	0.96	1.6

（6）由 $\theta_0=70\lambda/D_s$ 和 $\gamma=\arcsin(F\lambda/D_s)$ 可知，增加探头直径 D_s，提高检测频率 f，半扩散角 θ_0 和 γ 将减小，即可以改善波束指向性，使超声波的能量更集中，有利于提高检测灵敏度；但由 $N=D_s^2/4\lambda$ 可知，增大 D_s 和 f，近场区长度 N 增加，对检测不利。对于衍射时差法超声检测而言，这同时意味着检测范围的缩小。因此在实际检测中要综合考虑所使用的超声技术以及 D_s 和 f 对 θ_0 及 N 的影响，合理选择 D_s 和 f。一般是在保证检测灵敏度的前提下尽可能减少近场区长度。

4. 波束未扩散区与扩散区

超声波波源辐射的超声波是以特定的角度向外扩散出去的，但并不是从波源开始扩散的，而是在波源附近存在一个未扩散区 b，其理想化的形状如图 3—9 所示。

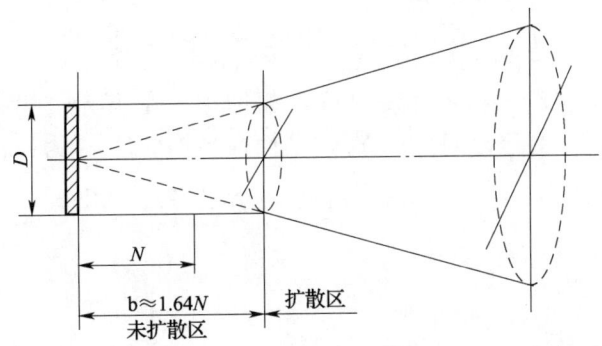

图 3—9　圆盘源理想化声场中的波束未扩散区和扩散区

由 $\sin\theta_0=1.22\dfrac{\lambda}{D_s}=\dfrac{D_s/2}{\sqrt{b^2+(D_s/2)^2}}$ 得：

$$b\approx\dfrac{D_s^2}{2.44\lambda}=1.64N \tag{3—9}$$

在波束未扩散区 b 内，波束不扩散，不存在扩散衰减，各截面平均声压基本相同。因此对于薄板前几次底波相差无几。

到波源的距离 $x>b$ 的区域称为扩散区，扩散区内波束扩散，存在扩散衰减。

举例：若用 $f=2.5$ MHz，$D_s=20$ mm 的直探头检测钢工件（声速 $c_L=5\,900$ m/s），那

么近场区长度 N、半扩散角 θ_0 和未扩散区长度 b 分别为：

$$N = \frac{D_s^2}{4\lambda} = \frac{D_s^2 f}{4c_L} = \frac{20^2 \times 2.5 \times 10^6}{4 \times 5\,900 \times 10^3} = 42.4(\text{mm})$$

$$\theta_0 = 70\frac{\lambda}{D_s} = 70\frac{C_L}{D_s f} = 70 \times \frac{5\,900 \times 10^3}{20 \times 2.5 \times 10^6} = 8.26°$$

$$b = 1.64N = 1.64 \times 42.4 = 69.5(\text{mm})$$

3.1.2 矩形波源辐射的纵波声场

如图 3—10 所示，矩形波源作活塞振动时，在液体介质中辐射的纵波声场同样存在近场区和未扩散角。近场区内声压分布复杂，理论计算困难。远场区声源轴线上任意一点 Q 处的声压用液体介质中的声场理论可以导出，其计算公式为：

$$P(r,\theta,\varphi) = \frac{P_0 F_s}{\lambda r} \cdot \frac{\sin(Ka\sin\theta\cos\varphi)}{Ka\sin\theta\cos\varphi} \cdot \frac{\sin(Kb\sin\varphi)}{Kb\sin\varphi} \quad (3—10)$$

式中 F_s——矩形波源面积，$F_s = 4ab$。

当 $\theta = \varphi = 0°$ 时，由式（3—10）得远场轴线上某点的声压为：

$$P(r,0,0) = \frac{P_0 F_s}{\lambda r} \quad (3—11)$$

当 $\theta = 0°$ 时，则式（3—10）得 YOZ 平面内远场某点的声压为：

$$P(r,0,\varphi) = \frac{P_0 F_s}{\lambda r} \cdot \frac{\sin(Kb\sin\varphi)}{Kb\sin\varphi} \quad (3—12)$$

这时在 YOZ 平面内的指向性系数 D_r 为：

$$D_r = \frac{P(r,0,\varphi)}{P(r,0,0)} = \frac{\sin(Kb\sin\varphi)}{Kb\sin\varphi} = \frac{\sin y}{y} \quad (3—13)$$

由式（3—13）得 $D_r - y$ 的关系曲线，如图 3—11 所示。由图 3—11 可知，当 $y = Kb\sin\varphi = \pi$ 时，$D_r = 0$。这时对应的 YOZ 平面内半扩散角 φ_0 为：

$$\varphi_0 = \arcsin\frac{\lambda}{2b} \approx 57\frac{\lambda}{2b}(°) \quad (3—14)$$

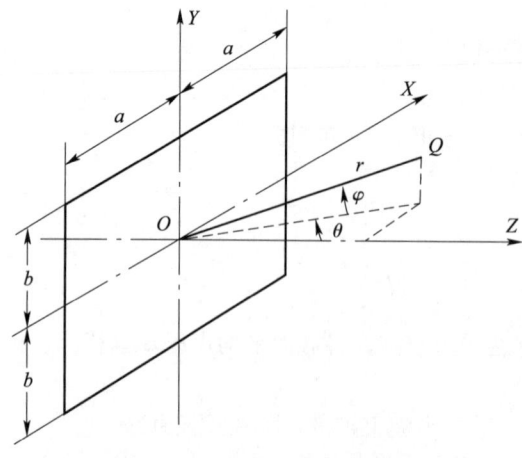

图 3—10 矩形源声场的坐标系数

图 3—11 矩形源 $D_r - y$ 关系曲线图

同理可导出 XOZ 平面内的半扩散角 θ_0 为：

$$\theta_0 = \arcsin \frac{\lambda}{2a} \approx 57 \frac{\lambda}{2a}(°) \tag{3—15}$$

由以上论述可知，矩形波源辐射的纵波声场与圆盘源不同，矩形波源有两个不同的半扩散角，其声场为矩形，如图 3—12 所示。

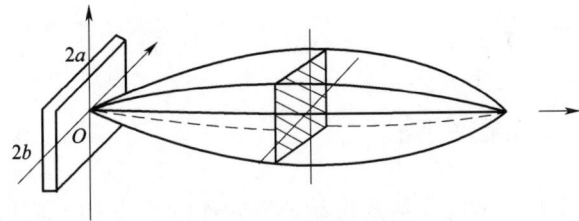

图 3—12 矩形波源声场

矩形波源的近场区长度为：

$$N = \frac{F_s}{\pi \lambda} \tag{3—16}$$

3.1.3 纵波声场近场区在两种介质中的分布

公式 $N = D_s^2/4\lambda$ 只适用均匀介质。实际检测中，有时近场区分布在两种不同的介质中，如图 3—13 所示的水浸检测，超声波是先进入水，然后再进入钢中。当水层厚度较小时，近场区就会分布在水、钢两种介质中。

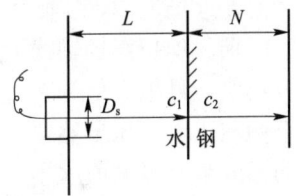

图 3—13 近场区在两种介质中的分布

设水层厚度为 L，则钢中剩余近场区长度 N' 为：

基于钢中近场区计算，则：$N' = N_2 - L\dfrac{c_1}{c_2} = \dfrac{D_s^2}{4\lambda_2} - L\dfrac{c_1}{c_2}$

(3—17)

若基于水中近场区计算，则：$N' = (N_1 - L)\dfrac{c_1}{c_2} = \left(\dfrac{D_s^2}{4\lambda_1} - L\right)\dfrac{c_1}{c_2}$ (3—18)

式中 N_1——介质Ⅰ水中近场长度；

N_2——介质Ⅱ钢中近场长度；

c_1——介质Ⅰ水中波速；

c_2——介质Ⅱ钢中波速；

λ_1——介质Ⅰ水中波长；

λ_2——介质Ⅱ钢中波长。

例如，用 2.5 MHz、ϕ14 mm 纵波直探头水浸法检测钢板，已知水层厚度为 20 mm，水中 $c_1 = 1\,480$ m/s，钢中 $c_2 = 5\,900$ mm/s，求钢中近场区长度 N。

解：(1) 采用公式 (3—17)：

钢中纵波波长 $\lambda_2 = \dfrac{c}{f} = \dfrac{5.9}{2.5} = 2.36$ (mm)

钢中近场区长度 $N = \dfrac{D_s^2}{4\lambda_2} - L\dfrac{c_1}{c_2} = \dfrac{14 \times 14}{4 \times 2.36} - \dfrac{20 \times 1\,480}{5\,900} = 15.7$（mm）

（2）采用公式（3—18）：

水中纵波波长 $\lambda_1 = \dfrac{c_1}{f} = \dfrac{1.48}{2.5} = 0.592$（mm）

钢中近场区长度 $N = \left(\dfrac{D_s^2}{4\lambda_1} - L\right)\dfrac{c_1}{c_2} = \left(\dfrac{14 \times 14}{4 \times 0.59} - 20\right)\dfrac{1\,480}{5\,900} = 15.7$（mm）

3.1.4　实际声场与理想声场比较

以上讨论的是液体介质，波源作活塞振动，辐射连续波等理想条件下的声场，简称理想声场。实际检测往往是固体介质，波源非均匀激发，辐射脉冲波声场，简称实际声场。它与理想声场是不完全相同的。

由图3—14可知，实际声场与理想声场在远场区轴线上声压分布基本一致。这是因为，当至波源的距离足够远时，波源各点至轴线上某点的波程差明显减小，从而使波的干涉大大减弱，甚至不产生干涉。

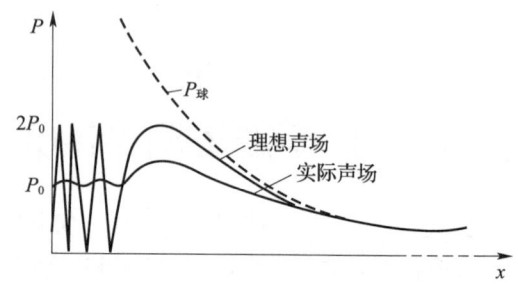

图3—14　实际声场与理想声场声压比较

但在近场区内，实际声场与理想声场存在明显区别。理想声场轴线上声压存在一系列极大极小值，且极大值为 $2P_0$，极小值为零。实际声场轴线上声压虽然也存在极大极小值，但波动幅度小，极大值远小于 $2P_0$，极小值也远大于零，同时极值点的数量明显减少。这可以从以下几方面来分析其原因。

（1）近场区出现声压极值点是由于波的干涉造成的。理想声场是连续波，波源各点辐射的声波在声场中某点产生完全干涉。实际声场是脉冲波，脉冲波持续时间很短，波源各点辐射的声波在声场中某点产生不完全干涉或不产生干涉。从而使实际声场近场区轴线上声压变化幅度小于理想声场，极值点减少。

（2）根据付里叶级数，脉冲波可以视为常数项和无限个 n 倍基频的正弦波、余弦波之和，设脉冲波函数为 $f(t)$，则：

$$f(t) = \dfrac{a_0}{2} + \sum_{n=1}^{\infty}[a_n\cos n\omega t + b_n\sin n\omega t] \tag{3—19}$$

式中　t——时间；

　　　　n——正整数，1，2，3，…；

　　　　ω——圆频率，$\omega = 2\pi f = 2\pi/T$；

　　　　a_0，a_n，b_n——由 $f(t)$ 决定的常数。

由于脉冲波是由许多不同频率的正弦波、余弦波所组成，每种频率的波决定一个声场，因此总声场就是各不同声场的叠加。

由 $P = 2P_0\sin\dfrac{\pi}{\lambda}(\sqrt{R_s^2 + x^2} - x)$ 可知，波源轴线上的声压极值点位置随波长 λ 而变化，

不同 f 的声场极值点不同,它们互相叠加后总声压就趋于均匀,使近场区声压分布不均的情况得到改善。

脉冲波声场某点的声压可用下述方法来求得。设声场中某处的总声强为 I,则:
$$I = I_1 + I_2 + I_3 + \cdots + I_n$$

即:
$$\frac{1}{2}\frac{P^2}{Z} = \frac{1}{2}\frac{P_1^2}{Z} + \frac{1}{2}\frac{P_2^2}{Z} + \frac{1}{2}\frac{P_3^2}{Z} + \cdots + \frac{1}{2}\frac{P_n^2}{Z}$$

所以超声场中该处的总声压 P 为:
$$P = \sqrt{P_1^2 + P_2^2 + P_3^2 + \cdots P_n^2}$$

式中 I_n——频率为 f_n 的谐波引起的声强;
P_n——频率为 f_n 的谐波引起的声压。

(3) 实际声场的波源是非均匀激发,波源中心振幅大,边缘振幅小。由于波源边缘引起的波程差较大,对干涉影响也较大。因此这种非均匀激发的实际波源产生的干涉要小于均匀激发的理想波源。当波源的激发强度按高斯曲线变化时,近场区轴线上的声压将不会出现极大极小值,这就是高斯探头的优越性。

(4) 理想声场是针对液体介质而言的,而实际检测对象往往是固体介质。在液体介质中,液体内某点的压强在各个方向上的大小是相同的。波源各点在液体中某点引起的声压可视为同方向而进行线性叠加。在固体介质中,波源某点在固体中某点引起的声压方向在二者连线上。对于波源轴线上的点,由于对称性,使垂直于轴线方向的声压分量互相抵消,使轴线方向的声压分量互相叠加。显然这种叠加干涉要小于液体介质中的叠加干涉,这也是实际声场近场区轴线上声压分布较均匀的一个原因。

3.2 横波发射声场

3.2.1 假想横波波源

目前常用的横波探头,是使纵波倾斜入射到界面上,通过波形转换来实现横波检测的。当入射角大于第一临界角 α_I 且小于第二临界角 α_{II} 时,纵波全反射,第二介质中只有折射横波。

横波探头辐射的声场由第一介质中的纵波声场与第二介质中的横波声场两部分组成,两部分声场是折断的,如图 3—15 所示,为了便于理解计算,可将第一介质中的纵波波源转换为轴线与第二介质中横波波束轴线重合的假想横波波源,这时整个声场可视为由假想横波波源辐射出来的连续的横波声场。

当实际波源为圆形时,其假想横波波源为椭圆形,椭圆的长轴等于实际波源的直径 D_s,短轴 D_s' 为:
$$D_s' = D_s \frac{\cos\beta}{\cos\alpha} \tag{3—20}$$

式中 β——横波折射角;
α——纵波入射角。

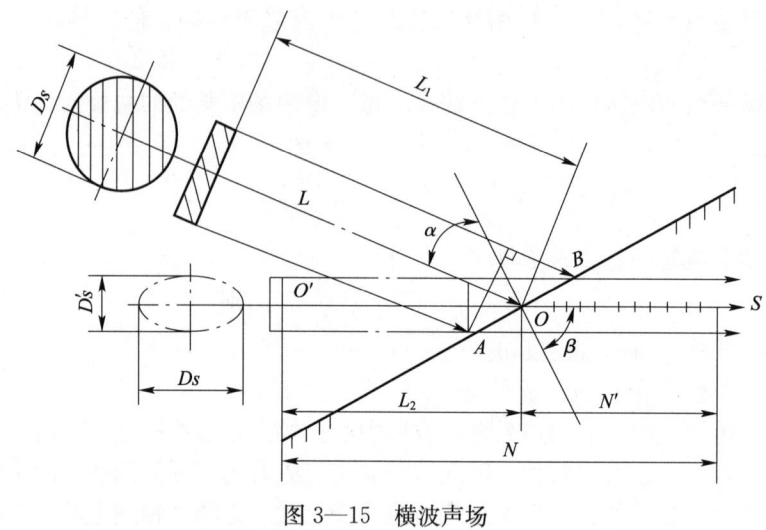

图 3—15 横波声场

3.2.2 横波声场的结构

1. 波束轴线上的声压

横波声场同纵波声场一样,由于波的干涉存在近场区和远场区。当 $x \geqslant 3N$ 时,横波声场波束轴线上的声压为:

$$P = \frac{KF_s}{\lambda_{s2}x} \frac{\cos\beta}{\cos\alpha} \tag{3—21}$$

式中　K——系数;
　　　F_s——波源的面积;
　　　λ_{s2}——第二介质中横波波长;
　　　x——轴线上某点至假想波源的距离。

由式(3—21)可知,横波声场中,当 $x \geqslant 3N$ 时,波束轴线上的声压与波源面积成正比,与至假想波源的距离成反比,类似纵波声场。

2. 近场区长度

横波声场近场区长度为:

$$N = \frac{F_s}{\pi\lambda_{s2}} \frac{\cos\beta}{\cos\alpha} \tag{3—22}$$

式中　N——近场区长度,由假想波源 O' 算起。

由式(3—22)可知,横波声场的近场区长度和纵波声场一样,与波长成反比,与波源面积成正比。

横波声场中,第二介质中的近场区长度 N' 为:

$$N' = N - L_2 = \frac{F_s}{\pi\lambda_{s2}} \frac{\cos\beta}{\cos\alpha} - L_1 \frac{\tan\alpha}{\tan\beta} \tag{3—23}$$

式中　F_s——波源面积;
　　　λ_{s2}——介质Ⅱ中横波波长;

L_1——入射点至波源的距离；

L_2——入射点至假想波源的距离。

我国横波探头常采用 K 值（$K=\tan\beta_s$）来表示横波折射角的大小，常用 K 值为 1.0，1.5，2.0 和 2.5 等。为了便于计算近场区长度，特将 K 与 $\cos\beta/\cos\alpha$、$\tan\alpha/\tan\beta$ 的关系列于表 2—2。

表 2—2　　　　　　　　$\cos\beta/\cos\alpha$、$\tan\alpha/\tan\beta$ 与 K 值的关系

K 值	1.0	1.5	2.0	2.5
$\cos\beta/\cos\alpha$	0.88	0.78	0.68	0.6
$\tan\alpha/\tan\beta$	0.75	0.66	0.58	0.5

【例 1】 试计算 2.5 MHz、14 mm×16 mm 方晶片 $K1.0$ 和 $K2.0$ 横波探头的近场区长度 N（钢中 $c_{s2}=3\,230$ m/s）。

解：
$$\lambda_{s2}=\frac{c_{s2}}{f}=\frac{3.23}{2.5}\approx 1.29 \text{ mm}$$

$$N_1(K1.0)=\frac{ab}{\pi\lambda_{s2}}\frac{\cos\alpha_1}{\cos\alpha_1}=\frac{14\times 16}{3.14\times 1.29}\times 0.88$$
$$\approx 48.7 \text{ mm}$$

$$N_2(K2.0)=\frac{ab}{\pi\lambda_{s2}}\frac{\cos\beta_2}{\cos\alpha_2}=\frac{14\times 16}{3.14\times 1.29}\times 0.68$$
$$\approx 37.7 \text{ mm}$$

由上计算表明，横波探头晶片尺寸一定，K 值增大，近场区长度将减小。

【例 2】 有一 2.5 MHz、10 mm×12 mm 方晶片 $K2.0$ 横波探头，其有机玻璃中入射点至晶片的距离为 12mm，求此探头在钢中的近场区长度 N'（钢中 $c_{s2}=3\,230$ m/s）。

解：
$$\lambda_{s2}=\frac{c_{s2}}{f}=\frac{3.23}{2.5}\approx 1.29 \text{ mm}$$

$$N'=\frac{ab}{\pi\lambda_{s2}}\frac{\cos\beta}{\cos\alpha}-L_1\frac{\tan\alpha}{\tan\beta}$$
$$=\frac{10\times 12}{3.14\times 1.29}\times 0.68-12\times 0.58$$
$$\approx 13 \text{ mm}$$

3. 半扩散角

从假想横波声源辐射的横波声束同纵波声场一样，具有良好的指向性，可以在被检材料中定向辐射，只是声束的对称性与纵波声场有所不同，如图 3—16 所示。

(1) 纵波斜入射在第二介质中产生横波声场，其声束不再对称于声束轴线，而是存在上下两个半扩散角，其中上半扩散角 $\theta_上$ 大于声束下半扩散角 $\theta_下$。

$$\theta_上=\beta_2-\beta$$
$$\theta_下=\beta-\beta_1$$
$$\sin\beta_1=a-b, \sin\beta_2=a+b \qquad (3-24)$$

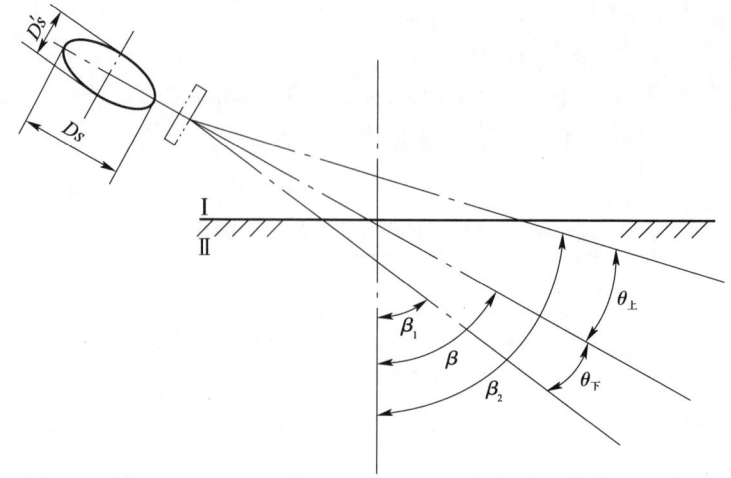

图 3—16 横波声场半扩散角

$$a = \sin\beta\sqrt{1-\left(\frac{1.22\lambda_{L1}}{D_s}\right)^2}$$

$$b = \frac{1.22\lambda_{L1}c_{s2}}{Dsc_{L1}}\cos\alpha$$

(2) 横波垂直入射时,其声束对称于轴线,这时半扩散角 θ_0 可按下式计算。

对于圆片形声源: $\qquad \theta_0 = \arcsin 1.22\dfrac{\lambda_{s2}}{Ds} \approx 70\dfrac{\lambda_{s2}}{Ds}$ (3—25)

对于矩形正方形声源: $\qquad \theta_0 = \arcsin\dfrac{\lambda_{s2}}{2a} \approx 57\dfrac{\lambda_{s2}}{2a}$ (3—26)

下面举例说明横波和纵波声场半扩散角的比较。

【例 1】 用 2.5 MHz、ϕ12 mm $K2$ 横波斜探头检测钢制工件,已知探头中有机玻璃纵波声速 $c_{L1}=2\,730$ m/s,钢中横波声速 $c_{s2}=3\,230$ m/s,求钢中横波声场的半扩散角。

解: ①有机玻璃中纵波波长:

$$\lambda_{L1} = \frac{c_{L1}}{f} = \frac{2.73}{2.5} \approx 1.09 \text{ mm}$$

②钢中横波波长:

$$\lambda_2 = \frac{c_{s2}}{f} = \frac{3.23}{2.5} \approx 1.29 \text{ mm}$$

③过轴线与入射平面垂直的平面内:

$$\theta_0 = 70\frac{\lambda_{s2}}{Ds} = 70\times\frac{1.29}{12} \approx 7.5°$$

④入射平面内半扩散角 $\theta_上$、$\theta_下$:

由 $K=\tan\beta=2$ 得:$\beta=63.4°$

由 $\dfrac{\sin\alpha}{\sin\beta}=\dfrac{c_{L1}}{c_{S2}}$ 得:$\alpha=\arcsin\left(\dfrac{2.73}{3.23}\times\sin63.4°\right)=49.1°$

$$a = \sin\beta\sqrt{1-\left(\frac{1.22\lambda_{L1}}{D_s}\right)^2} = 0.895\times\sqrt{1-\left(\frac{1.22\times1.09}{12}\right)^2} = 0.889$$

$$b = \frac{1.22\lambda_{L1}c_{s2}}{D_s c_{L1}}\cos\alpha = \frac{1.22 \times 1.09 \times 3.23}{12 \times 2.73} \times \cos 49.1° = 0.086$$

$$\beta_1 = \arcsin(a-b) = \arcsin(0.889 - 0.086) = 53.4°$$

$$\beta_2 = \arcsin(a+b) = \arcsin(0.889 + 0.086) = 77.2°$$

$$\theta_{上} = \beta_2 - \beta = 77.2° - 63.4° = 13.8°$$

$$\theta_{下} = \beta - \beta_1 = 63.4° - 53.4° = 10°$$

计算结果如图 3—17 所示。

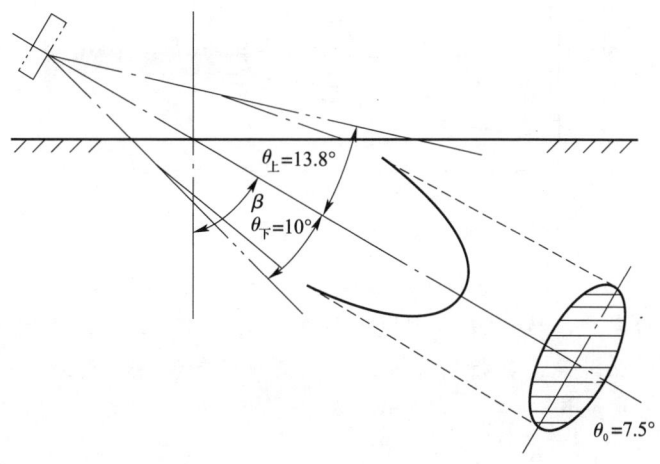

图 3—17　2.5 MHz、ϕ12 mm K_2 斜探头半扩散角

【例 2】　用 2.5 MHz、ϕ12 mm 纵波直探头检测钢工件,钢中 $c_L = 5\,900$ m/s,求其半扩散角。

解：$\lambda_L = \dfrac{c_L}{f} = \dfrac{5.9}{2.5} = 2.36$ mm

$$\theta_0 = 70\frac{\lambda_L}{D_s} = 70 \times \frac{2.36}{12} \approx 13.8°$$

由上述两个例子可以看出,在其他条件相同时,横波声束的指向性比纵波好,横波能量更集中一些。

3.3　聚焦声源发射声场

3.3.1　聚焦声场的形成

常规的纵波声场或横波声场,声束是以一定的角度向外扩散出去的,能量不集中,缺陷定量精度不高,对粗晶材料检测困难大,20 世纪 60 年代发展起来的聚焦声源发射的声场具有声束细,能量集中,分辨力和灵敏度高等优点。用聚焦探头测定大型缺陷的面积或指示长度比常规探头精确。用聚焦探头检测粗晶材料也有了较大的进展。

聚焦探头分为液浸聚焦和接触聚焦两大类。其中液浸聚焦技术发展得比较完善,接触聚焦目前也发展得很快。采用聚焦理论研制的接触聚焦直、斜探头用于实际检测，收到了较为满意的效果。

液浸聚焦如图 3—18 所示，它是利用平面波入射到 $c_1 > c_2$ 的凸透镜（从入射方向看）上其折射波聚焦的原理制成的。当声透镜为球面镜时，获得点聚焦；当声透镜为柱面镜时，获得线聚焦。

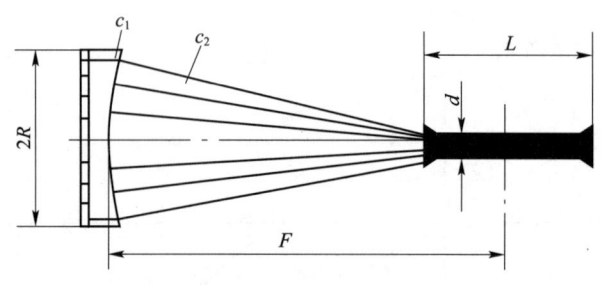

图 3—18　液浸聚焦

接触聚焦如图 3—19 所示，它与液浸聚焦不同的是：在声透镜前面加了一个透声楔块，并且要求声透镜中的声速 c_1 大于透声楔块中的声速 c_2，即 $c_1 > c_2$。由图可知，它是利用平面波入射到 $c_1 > c_2$ 的凸透镜上其折射波聚焦，该聚焦折射波再入射到 $c_2 < c_3$ 的平界面上其折射波在工件内进一步聚焦。

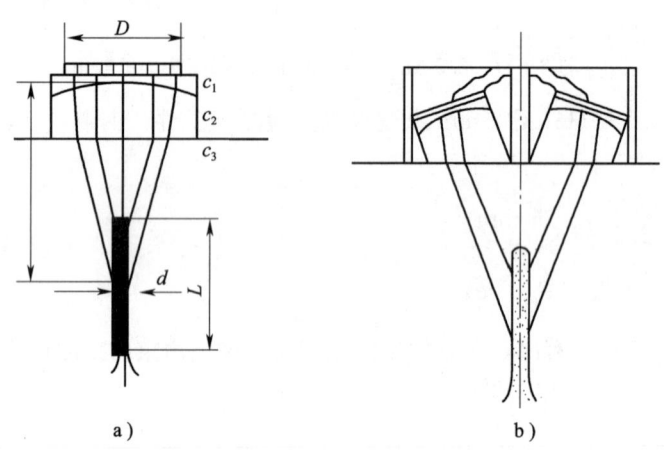

图 3—19　接触聚焦
a) 单片接触聚焦　b) 双片接触聚焦

3.3.2　聚焦声场的特点与应用

下面以水浸聚焦为例来说明聚焦声场的情况。

1. 聚焦声束轴线上的声压分布

设聚焦声源半径为 R，在声程 $x > R$，焦距 $F > R$ 的条件下，聚焦声束轴线上的声压近似表达式为：

$$P = 2P_0 \sin\left[\frac{\pi}{2} B \frac{F}{x}\left(1-\frac{x}{F}\right)\right] \Big/ \left(1-\frac{x}{F}\right) \qquad (3-27)$$

式中　P_0——波源起始声压；

　　　F——焦距，$F=c_1r/(c_1-c_2)$，其中 r 为声透镜曲率半径，c_1 为声透镜中声速，c_2 为水中声速；

　　　x——至波源的距离；

　　　B——参数，$B=R^2/\lambda F=N/F$，R 为波源半径。

在焦点处，$x=F$，上式可简化为：

$$P = \pi B P_0 \qquad (3-28)$$

由式（3—28）可知，焦点处的声压随 B 值增加而升高。当 $B=10$ 时，$P=31.4P_0$，可见焦点处的声压之高。

由式（3—27）可得图 3—20 所示的聚焦声束轴线上焦点附近的声压变化情况。不难看出，焦距 F 越小，B 值就越大，聚焦效果就越好，当焦距 F 大于或等于近场区长度 N 时，$B=N/F\leqslant 1$，这时几乎没有聚焦作用。因此焦距应选在近场区长度以内，否则就失去了聚焦的意义。

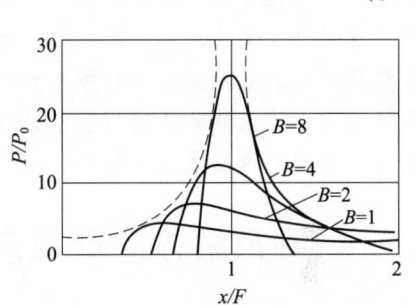

图 3—20　聚焦声束轴线上的声压分布

2. 焦柱的几何尺寸

以上讨论的聚焦声场是从几何声学理论出发在理想条件下得到的，聚焦声束最后会聚于一点（或线），实际上这种情况是不存在的，因为几何声学忽略了声波的波动性，在焦点附近，声波存在干涉。此外声透镜存在一定的球差，并非完全会聚于一点。因此聚焦声束的焦点是一个聚焦区，该聚焦区呈柱形，其焦柱直径与长度可用以下近似公式表示：

$$d \approx \lambda F/2R \qquad (3-29)$$
$$L \approx \lambda F^2/R^2 \qquad (3-30)$$
$$L/d = 2F/R \qquad (3-31)$$

式中　d——焦柱直径，以焦点处最大声压降低 6 dB 来测定；

　　　L——焦柱长度，以焦点处最大声压降低 6 dB 来测定；

　　　λ——波长；

　　　F——焦距；

　　　R——波源半径；

由以上公式可知，焦柱直径 d 及长度 L 与波长 λ、焦距 F、波源半径 R 有关。当 R 一定时，d、L 随 λ、F 增加而增大。二者的比值 L/d 为一常数，即为焦距与波源半径之比的两倍。

3. 聚焦探头的应用

聚焦探头具有声束细、灵敏度高等优点，在铸钢件及奥氏体钢检测、缺陷面积或指示长度的测定和裂纹高度的测定等方面得到较好的应用。

铸钢件及奥氏体钢晶粒粗大、衰减严重，常规探头检测散射显著，容易产生草状回波，信噪比低，缺陷判别困难大。采用聚焦探头检测，由于声束细，产生散射的概率小，因此信噪比高，灵敏度，有利于缺陷的检出。

随着断裂力学的发展，对缺陷定量的要求日益提高，然而常规探头测定的缺陷面积或指示长度往往与缺陷实际尺寸相差较大。实验证明，使用聚焦探头利用多重分贝法（如 6 dB，12 dB 等）来测定缺陷面积或指示长度要比常规探头精确得多。

裂纹是最危险的缺陷，测定裂纹高度已引起检测界的高度重视。人们曾设想采用各种方法来测定裂纹的高度，但测试精度较低。近年来采用聚焦探头利用端点衍射回波法来测定裂纹的高度，获得较好的效果，精度明显提高。

同时聚焦探头因其声束细，每次扫查范围小，故检测效率低。另外，探头的通用性较差，每只探头仅适用于检测某一深度范围内的缺陷。

应用聚焦探头检测和测定缺陷尺寸的方法已在实际生产中得到应用。例如，法国已利用水浸聚焦检测装置检测核反应堆压力壳，美国也已制成汽轮机转子内孔聚焦检测装置。我国也广泛利用水浸聚焦方法对钢管进行自动超声检测，在对某些奥氏体不锈钢、铸钢件进行检测和测量缺陷自身高度方面取得较好的成效。

3.4 规则反射体的回波声压

前面讨论的是超声波发射声场中声压分布情况，实际检测中常用反射法。反射法是根据缺陷反射回波声压的高低来评价缺陷的大小。然而工件中的缺陷形状、性质各不相同，目前的检测技术还难以确定缺陷的真实大小和形状。回波声压相同的缺陷的实际大小可能相差很大，为此特引用当量法。当量法是指在同样的检测条件下，当自然缺陷回波与某人工规则反射体回波等高时，则该人工规则反射体的尺寸就是此自然缺陷的当量尺寸。自然缺陷的实际尺寸往往大于当量尺寸。

超声波检测中常用的规则反射体有平底孔、长横孔、短横孔、球孔和大平底面等，下面分别讨论以上各种规则反射体的回波声压。

3.4.1 平底孔回波声压

如图 3—21 所示，在 $x \geqslant 3N$ 的圆盘波源轴线上存在一平底孔（圆片形）缺陷，设波束轴线垂直于平底孔，超声波在平底孔上全反射，平底孔直径较小，表面各点声压近似相等。根据惠更斯原理可以把平底孔当做一个新的圆盘源，其起始声压就是入射波在平底孔处的声压 $P_x = \dfrac{P_0 F_s}{\lambda x}$，探头接收到的平底孔回波声压 P_f 为：

$$P_f = \frac{P_x F_f}{\lambda x} = \frac{P_0 F_s F_f}{\lambda^2 x^2} \tag{3—32}$$

式中　P_0——探头波源的起始声压；

F_s——探头波源的面积，$F_s = \pi D_s^2/4$；

F_f——平底孔缺陷的面积，$F_f = \pi D_f^2/4$；

λ——波长；

x——平底孔至波源的距离。

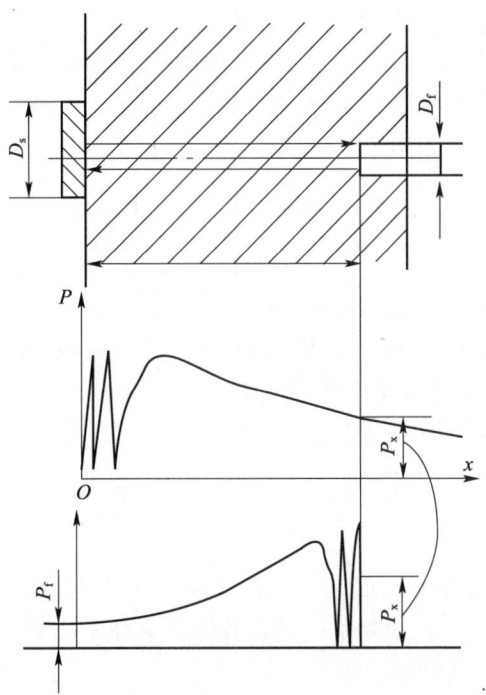

图 3—21 平底孔回波声压

由式（3—32）可知，当检测条件（F_S，λ）一定时，平底孔缺陷的回波声压或波高与平底孔面积成正比，与距离平方成反比。任意两个距离直径不同的平底孔回波声压之比为：

$$\frac{H_{f1}}{H_{f2}} = \frac{P_{f1}}{P_{f2}} = \frac{x_2^2 D_{f1}^2}{x_1^2 D_{f2}^2}$$

二者回波分贝差为：

$$\Delta_{12} = 20\lg\frac{P_{f1}}{P_{f2}} = 40\lg\frac{D_{f1} x_2}{D_{f2} x_1} \tag{3—33}$$

(1) 当 $D_{f1}=D_{f2}$，$x_2=2x_1$ 时：
$$\Delta_{12} = 20\lg(P_{f1}/P_{f2}) = 40\lg(x_2/x_1) = 40\lg 2 = 12 \text{ dB}$$
这说明平底孔直径一定，距离增加一倍，其回波下降 12 dB。

(2) 当 $x_1=x_2$，$D_{f1}=2D_{f2}$ 时：
$$\Delta_{12} = 20\lg(P_{f1}/P_{f2}) = 40\lg(D_{f1}/D_{f2}) = 40\lg 2 = 12 \text{ dB}$$
这说明平底孔距离一定，直径增加一倍，其回波升高 12 dB。

3.4.2 长横孔回波声压

如图 3—22 所示，在 $x \geqslant 3N$ 的圆盘波源轴线上有一长横孔，长横孔直径较小，长度大于波束截面尺寸，超声波垂直入射到长横孔上全反射，类似于球面波在柱面上的反射。

以 $a=x$，$f=D_f/4$，$P_1/a=P_0F_s/\lambda x$ 代入式（2—54），取"+"，并考虑到 $D_f \ll x$，从而得到长横孔回波声压 P_f 为：

$$P_f = \frac{P_1}{a}\sqrt{\frac{f}{(1+x/a)[x+f(1+x/a)]}}$$

$$= \frac{P_0F_s}{2\lambda x}\sqrt{\frac{D_f}{D_f+2x}} \approx \frac{P_0F_s}{2\lambda x}\sqrt{\frac{D_f}{2x}} \quad (3-34)$$

式中 D_f——长横孔的直径。

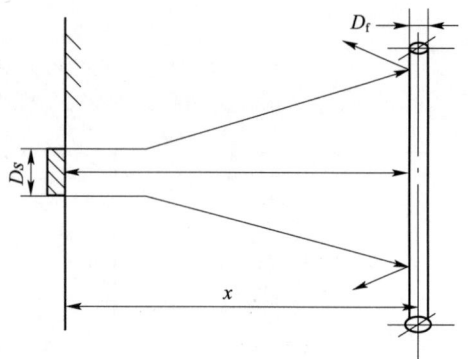

图 3—22　长横孔回波声压

由上式可知，检测条件（F_s、λ）一定时，长横孔回波声压与长横孔的直径平方根成正比，与距离的二分之三次方成反比。任意两个距离、直径不同的长横孔回波分贝差为：

$$\Delta_{12} = 20\lg\frac{P_{f1}}{P_{f2}} = 10\lg\frac{D_{f1}x_2^3}{D_{f2}x_1^3} \quad (3-35)$$

(1) 当 $D_{f1}=D_{f2}$，$x_2=2x_1$ 时：

$$\Delta_{12} = 20\lg(P_{f1}/P_{f2}) = 30\lg(x_2/x_1) = 30\lg2 = 9 \text{ dB}$$

这说明长横孔直径一定，距离增加一倍，其回波下降 9 dB。

(2) 当 $x_1=x_2$，$D_{f1}=2D_{f2}$ 时：

$$\Delta_{12} = 20\lg(P_{f1}/P_{f2}) = 10\lg(D_{f1}/D_{f2}) = 10\lg2 = 3 \text{ dB}$$

这说明长横孔距离一定，直径增加一倍，其回波上升 3 dB。

3.4.3　短横孔回波声压

短横孔是长度明显小于波束截面尺寸的横孔，设短横孔直径为 D_f，长度为 l_f。当 $x \geqslant 3N$ 时，超声波在短横孔上的反射回波声压为：

$$P_f = \frac{P_0F_s}{\lambda x}\frac{l_f}{2x}\sqrt{\frac{D_f}{\lambda}} \quad (3-36)$$

由式（3—36）可知，当检测条件（F_s、λ）一定时，短横孔回波声压与短横孔的长度成正比，与直径的平方根成正比，与距离的平方成反比。任意两个距离、长度和直径不同短横孔的回波分贝差为：

$$\Delta_{12} = 20\lg\frac{P_{f1}}{P_{f2}} = 10\lg\frac{l_{f1}^2}{l_{f2}^2} \times \frac{x_2^4}{x_1^4} \times \frac{D_{f1}}{D_{f2}} \quad (3-37)$$

(1) 当 $D_{f1}=D_{f2}$，$l_{f1}=l_{f2}$，$x_2=2x_1$ 时：

$$\Delta_{12} = 20\lg(P_{f1}/P_{f2}) = 40\lg(x_2/x_1) = 40\lg2 = 12 \text{ dB}$$

这说明短横孔直径和长度一定，距离增加一倍，其回波下降 12 dB，与平底孔变化规律相同。

(2) 当 $D_{f1}=D_{f2}$，$x_1=x_2$，$l_{f1}=2l_{f2}$ 时：

$$\Delta_{12} = 20\lg(P_{f1}/P_{f2}) = 20\lg(l_{f1}/l_{f2}) = 20\lg2 = 6 \text{ dB}$$

这说明短横孔直径和距离一定，长度增加一倍，其回波上升 6 dB。

(3) 当 $x_1=x_2$，$l_{f1}=l_{f2}$，$D_{f1}=2D_{f2}$ 时：
$$\Delta_{12} = 20\lg(P_{f1}/P_{f2}) = 10\lg(D_{f1}/D_{f2}) = 10\lg2 = 3 \text{ dB}$$
这说明短横孔长度和距离一定，直径增加一倍，其回波升高 3 dB。

3.4.4 球孔回波声压

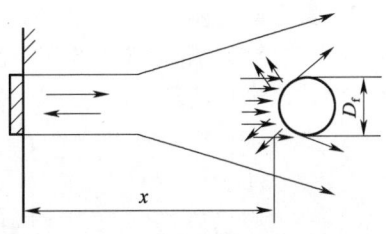

图 3—23 球孔回波声压

如图 3—23 所示，设球孔直径为 D_f，超声波垂直入射，全反射，D_f 足够小。当 $x \geq 3N$ 时，超声波在球孔上的反射就类似于球面波在球面上的反射，以 $a=x$，$f=D_f/4$，$P_1/a=P_0F_S/\lambda x$ 代入式（2—53），取"＋"，并考虑到 $D_f \ll x$，从而得到球孔回波声压为：

$$P_f = \frac{P_1}{a}\left[\frac{f}{x+f(1+x/a)}\right]$$
$$= \frac{P_0F_S}{\lambda x} \frac{D_f}{4(x+D_f/2)} \approx \frac{P_0F_S}{\lambda x}\frac{D_f}{4x} \tag{3—38}$$

由式（3—38）可知，当检测条件（F_S、λ）一定时，球孔回波声压与球孔的直径成正比，与距离的平方成反比。任意两个直径、距离不同的球孔的回波分贝差为：

$$\Delta_{12} = 20\lg\frac{P_{f1}}{P_{f2}} = 20\lg\frac{D_{f1}x_2^2}{D_{f2}x_1^2} \tag{3—39}$$

(1) 当 $D_{f1}=D_{f2}$，$x_2=2x_1$ 时：
$$\Delta_{12} = 20\lg(P_{f1}/P_{f2}) = 40\lg(x_2/x_1) = 40\lg2 = 12 \text{ dB}$$
这说明球孔直径一定，距离增加一倍，其回波下降 12 dB，与平底孔变化规律相同。

(2) 当 $x_1=x_2$，$D_{f1}=2D_{f2}$ 时：
$$\Delta_{12} = 20\lg(P_{f1}/P_{f2}) = 20\lg(D_{f1}/D_{f2}) = 20\lg2 = 6 \text{ dB}$$
这说明球孔距离不变，直径增加一倍，其回波上升 6 dB。

3.4.5 大平底面回波声压

如图 3—24 所示，当 $x \geq 3N$ 时，超声波在与波束轴线垂直、表面光洁的大平底面上的反射就是球面波在平面上的反射，其回波声压 P_B 为：

$$P_B = \frac{P_0F_S}{2\lambda x} \tag{3—40}$$

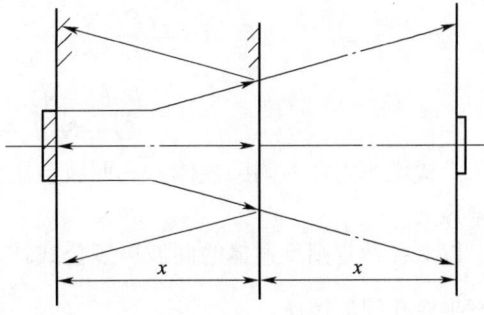

由上式可知，当检测条件（F_S、λ）一定时，大平底面的回波声压与距离成反比。两个不同距离的大平底面回波分贝差为：

$$\Delta_{12} = 20\lg\frac{P_{B1}}{P_{B2}} = 20\lg\frac{x_2}{x_1} \tag{3—41}$$

当 $x_2=2x_1$ 时：

图 3—24 大平底面回波声压

$$\Delta_{12} = 20\lg(P_{B1}/P_{B2}) = 20\lg(x_2/x_1) = 20\lg2 = 6 \text{ dB}$$

这说明大平底面距离增加一倍，其回波下降 6 dB。

3.4.6 圆柱曲底面回波声压

1. 实心圆柱体

超声波径向检测 $x \geqslant 3N$ 的实心圆柱体，类似于球面波在凹柱曲底面上的反射。以 $a=x$，$f=D_f/4$，$P_1/a=P_0F_s/\lambda x$ 代入式（2—54），取"—"，得实心圆柱凹曲底面的回波声压为：

$$\begin{aligned} P_B &= \frac{P_1}{a}\sqrt{\frac{f}{(1+x/a)[x-f(1+x/a)]}} \\ &= \frac{P_0F_s}{2\lambda x} \end{aligned} \quad (3\text{—}42)$$

这说明实心圆柱体回波声压与大平底面回波声压相同。

2. 空心圆柱体

探头置于外圆周径向检测空心圆柱体，$x \geqslant 3N$，类似于球面波在凸柱面上的反射，如图3—25 所示探头 A 位置，以 $a=x=(D-d)/2$，$f=d/4$，$P_1/a=P_0F_s/\lambda x$ 代入式（2—54），并取"+"，得外圆检测空心圆柱体凸柱曲底面的回波声压为：

$$\begin{aligned} P_B &= \frac{P_1}{a}\sqrt{\frac{f}{[(1+x/a)[x+f(1+x/a)]}} \\ &= \frac{P_0F_s}{2\lambda x}\sqrt{\frac{d}{D}} \end{aligned} \quad (3\text{—}43)$$

上式说明外圆检测空心圆柱体，其回波声压低于同距离大平底面回波声压。因为凸柱面反射波发散。

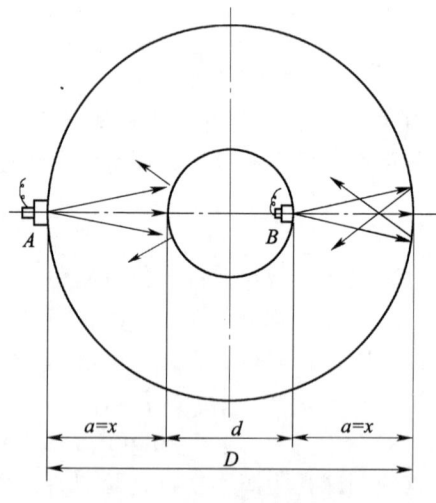

图 3—25 空心圆柱体回波声压

探头置于圆柱体内侧，从内孔检测圆柱体，类似于球面波在凹柱面上的反射，如图3—25 所示探头 B 位置，以 $a=x=(D-d)/2$，$f=D/4$，$P_1/a=P_0F_s/\lambda x$ 代入式（2—54），取"—"，得回波声压为：

$$\begin{aligned} P_B &= \frac{P_1}{a}\sqrt{\frac{f}{(1+x/a)[x-f(1+x/a)]}} \\ &= \frac{P_0F_s}{2\lambda x}\sqrt{\frac{D}{d}} \end{aligned} \quad (3\text{—}44)$$

上式说明内孔检测圆柱体，其回波声压大于同距离大平底面回波声压，因为凹柱面反射波聚焦。

以上各种规则反射体的回波声压公式均未考虑介质衰减，如果考虑介质衰减，则有

平底孔回波声压：
$$P_f = \frac{P_0F_sF_f}{\lambda^2 x^2}e^{\frac{-2\alpha x}{8.68}} \quad (3\text{—}45)$$

长横孔回波声压: $$P_\text{f}=\frac{P_0 F_\text{s}}{2\lambda x}\sqrt{\frac{D_\text{f}}{2x}}e^{\frac{-2ax}{8.68}} \quad (3\text{—}46)$$

短横孔回波声压: $$P_\text{f}=\frac{P_0 F_\text{s}}{\lambda x}\frac{l_\text{f}}{2x}\sqrt{\frac{D_\text{f}}{\lambda}}e^{\frac{-2ax}{8.68}} \quad (3\text{—}47)$$

球孔回波声压: $$P_\text{f}=\frac{P_0 F_\text{s}}{\lambda x}\frac{D_\text{f}}{4x}e^{\frac{-2ax}{8.68}} \quad (3\text{—}48)$$

大平底与实心圆柱体回波声压: $$P_\text{B}=\frac{P_0 F_\text{s}}{2\lambda x}e^{\frac{-2ax}{8.68}} \quad (3\text{—}49)$$

空心圆柱体外圆检测回波声压: $$P_\text{B}=\frac{P_0 F_\text{s}}{2\lambda x}\sqrt{\frac{d}{D}}e^{\frac{-2ax}{8.68}} \quad (3\text{—}50)$$

空心圆柱体内孔检测回波声压: $$P_\text{B}=\frac{P_0 F_\text{s}}{2\lambda x}\sqrt{\frac{D}{d}}e^{\frac{-2ax}{8.68}} \quad (3\text{—}51)$$

式中 x——反射体至探头的距离，$x \geqslant 3N$；

F_s——探头波源的面积；

L_f——短横孔长度；

D_f——平底孔或长、短横孔或球孔的直径；

D——空心圆柱体外径；

d——空心圆柱体内径；

a——介质单程衰减系数，dB/mm。

3.5 AVG 曲线

AVG 曲线是描述规则反射体的距离（A）、回波高度（V）及当量尺寸（G）之间关系的曲线。A、V、G 是德文的字头缩写。英文中缩写为 DGS。AVG 曲线可用于对缺陷定量和灵敏度调整。

AVG 曲线有多种类型，根据通用性分为通用 AVG 和实用 AVG；根据波型不同分为纵波 AVG 和横波 AVG；根据反射体不同分为平底孔 AVG 和横孔 AVG 等。

下面以平底孔为例来说明纵波平底孔 AVG 曲线的原理和绘制方法。

3.5.1 纵波平底孔 AVG 曲线

1. 通用 AVG

当 $x \geqslant 3N$，不考虑介质衰减时，大平底面与平底孔回波声压分别为：

大平底声压: $$P_\text{B}=\frac{P_0 F_\text{s}}{2\lambda x}$$

平底孔声压: $$P_\text{f}=\frac{P_0 F_\text{s} F_\text{f}}{\lambda^2 x^2}$$

当仪器的垂直线性良好时，示波屏上波高与声压成正比。

大平底: $$\frac{H_\text{B}}{H_0}=\frac{P_\text{B}}{P_0}=\frac{F_\text{s}}{2\lambda x}$$

平底孔：
$$\frac{H_f}{H_0}=\frac{P_f}{P_0}=\frac{F_s F_f}{\lambda^2 x^2}$$

为了简化计算，对上式进行归一化处理。令 $A=\frac{x}{N}=\frac{\pi\lambda x}{F_s}$，$G=\frac{D_f}{D_s}=\sqrt{\frac{F_f}{F_s}}$，并代入上式得：

大平底：
$$\frac{H_B}{H_0}=\frac{P_B}{P_0}=\frac{\pi}{2A}$$

平底孔：
$$\frac{H_f}{H_0}=\frac{P_f}{P_0}=\frac{\pi^2 G^2}{A^2}$$

若用 dB 表示相对波高，则有：

$$V_1=[B]-[T]=20\lg(H_B/H_0)=20\lg(\pi/2A) \tag{3—52}$$

$$V_2=[f]-[T]=20\lg(H_f/H_0)=40\lg(\pi G/A) \tag{3—53}$$

式中　A——归一化距离；
　　　G——归一化缺陷当量大小；
　　　V_1——大平底面回波与始波高度 dB 差；
　　　V_2——平底孔回波与始波高度 dB 差。

以横坐标表示 A，纵坐标表示 V_1、V_2，由式（3—52）得大平底面回波高度与距离之间的关系曲线，如图 3—26 所示中 B 曲线。由式（3—53）得一簇不同 G 值的平底孔回波高度与距离之间的关系曲线，如图 3—26 所示中的其他曲线。

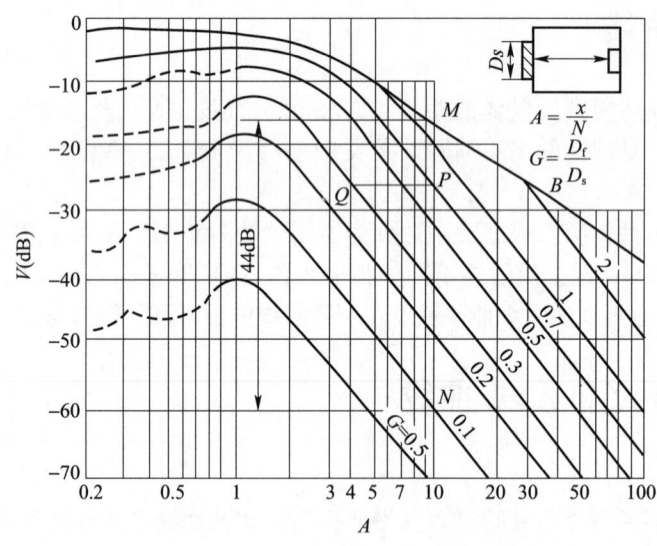

图 3—26　平底孔通用 AVG 曲线

图中 V 均为负 dB 值，说明各底波与平底孔回波均比始波低，需要增益相应 dB 值，才能达到与始波等高。

在 $A<3$ 的区域内，由于理论公式不适用，因此该区域的曲线一般不绘出或由实测得到。

由图 3—26 所示的平底孔缺陷通用 AVG 曲线可见，当 $A<1$ 时，由于波的干涉，使平

底孔回波声压趋于复杂化，出现极大极小值。但对于大平底而言，其回波几乎不随距离变化，在这个区域内的入射波可视为平面波的一部分，平均声压为常数。

通用 AVG 曲线由于采用了归一化距离和归一化缺陷当量大小，因此通用性好，适用不同规格的探头。

通用 AVG 曲线可以用来调整检测灵敏度和对缺陷进行定量，下面举例说明之。

【例】用 2.5 MHz、$\phi 20$ mm 直探头检测厚为 400 mm 钢制饼形锻件，已知钢中 $c_L = 5\,900$ m/s。检测中在 170 mm 处发现一缺陷，其回波比底波低 10 dB。(1) 如何利用底波调整 $\phi 2$ 平底孔灵敏度？(2) 求此缺陷的当量平底孔尺寸为多少？

解：(1) 调灵敏度

① 求 N：

$$\lambda = \frac{c}{f} = \frac{5.9}{2.5} = 2.36 \text{ mm}$$

$$N = \frac{D_s^2}{4\lambda} = \frac{20^2}{4 \times 2.36} \approx 42.4 \text{ mm}$$

② 求 A 和 G：

$$A = \frac{x}{N} = \frac{400}{42.4} \approx 9.4$$

$$G = \frac{D_f}{D_s} = \frac{2}{20} = 0.1$$

③ 查 AVG 曲线

如图 3—26 所示，过 $A=9.4$ 处作垂线交 $G=0.1$ 线于 N，交 B 线于 M，则 MN 所对应的分贝值为 400 mm 处大平底与 $\phi 2$ 平底孔的回波分贝差：

$$\Delta = B - \phi 2 = 44 \text{ dB}$$

④ 调整 $\phi 2$ 灵敏度

调节仪器使第一次底波 B_1 达基准波高，对于增益型仪器，增加 44 dB；对于衰减型仪器，衰减掉 44 dB。至此 $\phi 2$ 灵敏度调好，即这时 400 mm 处 $\phi 2$ 平底孔回波正好达基准波高。

(2) 对缺陷定量

① 求 A_f：

$$A_f = \frac{x_f}{N} = \frac{170}{42.4} \approx 4$$

② 求 G_f：

如图 3—26 所示，过 $A=4$ 作垂线，从比 M 点低 10 dB 的 P 点作水平线，相交于 Q 点，则 Q 点对应的 G 值为所求：$G_f = 0.3$。

③ 求缺陷的当量尺寸：

$$D_f = G_f D = 0.3 \times 20 = 6 \text{ mm}$$

由以上例子看到，通用 AVG 曲线虽然通用性较好，但使用中要进行归一化换算，不大方便，为此引入了适用于特定探头的专用 AVG 曲线，常称实用 AVG 曲线。

2. 实用 AVG 曲线

以横坐标表示实际声程，纵坐标表示规则反射体相对波高，用来描述距离、波幅、当量尺寸之间的关系曲线，称为实用 AVG 曲线，如图 3—27 所示。

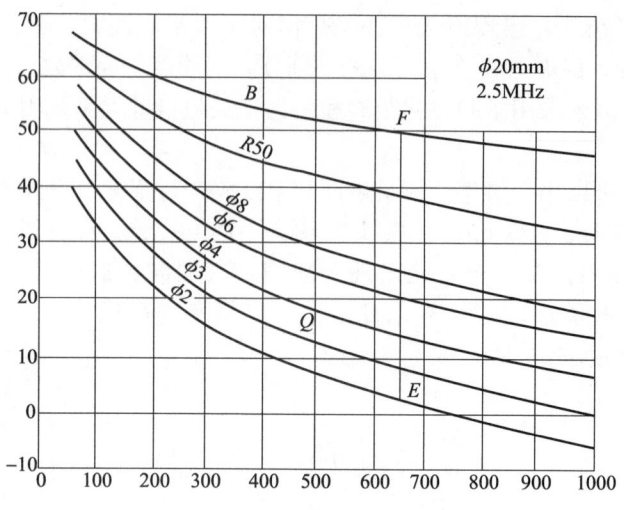

图 3—27 平底孔实用 AVG 曲线

实用 AVG 曲线可由以下公式得到。

不同距离的大平底回波 dB 差：

$$\Delta = 20\lg\frac{P_{B1}}{P_{B2}} = 20\lg\frac{x_2}{x_2} \tag{3—54}$$

不同距离的不同大小平底孔回波 dB 差：

$$\Delta = 20\lg\frac{P_{f1}}{P_{f2}} = 40\lg\frac{D_{f1}x_2}{D_{f2}x_1} \tag{3—55}$$

同距离的大平底与平底孔回波 dB 差：

$$\Delta = 20\lg\frac{P_B}{P_f} = 20\lg\frac{2\lambda x}{\pi D_f^2} \tag{3—56}$$

实用 AVG 曲线中 $x \geqslant 3N$ 部分的不同大小平底孔回波 dB 差，可由理论公式计算得到，还可由实测 CS-Ⅱ 试块得到或由通用 AVG 进行转换得到，但 $x<3N$ 的区域只能通过实测得到。

下面以晶片直径 $D=20$ mm，频率 $f=2.5$ MHz 的纵波直探头为例，介绍利用如上公式计算绘制在钢中的实用 AVG 曲线，如图 3—27 所示。

(1) 首先要确定一个统一的灵敏度基准。例如，图 3—27 所示确定的基准为：距离 $x=750$ mm 时，$\phi 2$ 平底孔回波高度为 0 dB。

(2) 计算不同距离处同一大小平底孔的回波 dB 差

根据式 (3—55)，此时 $D_{f1}=D_{f2}$，则有：$\Delta=40\lg\dfrac{x_2}{x_1}$

代入 $x_2=750$ mm，分别计算 $x_1=150, 200, \cdots$ 时的 Δ 值，以 Δ 为纵坐标，x_1 为横坐标画曲线，即可得到图 3—27 中 $\phi 2$ 平底孔的距离幅度曲线。

(3) 计算同距离处不同大小平底孔的回波 dB 差

根据式 (3—55)，此时 $x_2=x_1$，则有：$\Delta=40\lg\dfrac{D_{f2}}{D_{f1}}$

代入 $D_{f1}=2$ mm，分别计算 $D_{f2}=3, 4, \cdots$ 时的 Δ 值。将 $\phi 2$ 平底孔曲线分别向上平移相

应的 dB 值，就得到 $\phi 3$、$\phi 4 \cdots \phi 8$ 的距离幅度曲线。

(4) 计算 $\phi 2$ 平底孔回波与同距离大平底面回波高度的 dB 差

根据式（3—55），$\Delta = 20\lg \dfrac{P_B}{P_f} = 20\lg \dfrac{2\lambda x}{\pi D_f^2} = -8.5 + 20\lg x$

计算出不同 x 值对应的 Δ 值，将 $\phi 2$ 平底孔曲线分别向上平移相应的 dB 值，就得到图 3—27 所示中的曲线 B。

由于实用 AVG 曲线是由特定探头实测和计算得到的，因此实用 AVG 曲线也只适用于特定探头。在实用 AVG 曲线中要注明探头的尺寸和频率。

对于垂直线性良好的仪器，回波高度与声压成正比，将 AVG 曲线直接绘制在仪器示波屏面板上，称为 AVG 面板曲线，其纵坐标表示波高，横坐标表示距离，如图 3—28 所示。图中虚线表示底波衰减 10 dB、20 dB、30 dB 以后的波高。

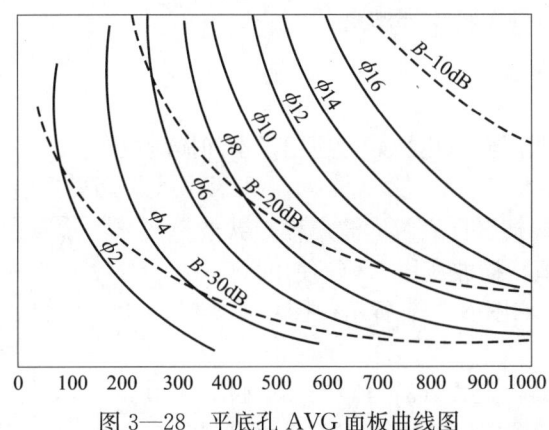

图 3—28 平底孔 AVG 面板曲线图

利用 AVG 面板曲线来调整检测灵敏度和对检测中发现的缺陷定量十分方便。

实用 AVG 曲线同样可用于调整检测灵敏度和对缺陷定量，而且比通用 AVG 曲线方便。

【例】用 2.5 MHz、$\phi 20$ mm 直探头检测饼形钢锻件，锻件厚 650 mm，检测中在 500 mm 处发现一缺陷，缺陷波高比大平底回波低 31 dB。问：(1) 如何利用底波调整 $\phi 2$ 灵敏度？(2) 求缺陷的当量大小？

解： (1) 灵敏度的调整

如图 3—27 所示，在 $x = 650$ mm 处作垂线交 $\phi 2$ 曲线于 E、交 B 曲线于 F，则 EF 对应的分贝值 $\Delta = 48$ dB 就表示该处大平底与 $\phi 2$ 平底孔回波分贝差。然后再按前面所述灵敏度的调整方法进行调整。

(2) 对缺陷定量

如图 3—27 所示，在 $x_f = 500$ mm 处作垂线与比 F 点低 31 dB 的水平线相交于 Q 点，则 Q 点所对应的曲线的当量尺寸 $\phi 4$ 就是所求缺陷的当量大小。

3.5.2 横波平底孔 AVG 曲线

1. 通用 AVG

一般横波声场由有机玻璃中的纵波声场和工件中的横波声场两部分组成，引进假想波源后则成为连续的横波声场。当 $x \geq 3N$ 时，横波声场波束轴线上的声压分布与纵波情况相似，因此纵波平底孔 AVG 曲线图 3—26 原则上可用于横波。只不过这时要作如下变换。

$$N = \frac{F_s}{\pi \lambda_{s2}} \frac{\cos\beta}{\cos\alpha} \tag{3—57}$$

$$A = \frac{L_2 + x}{N} \tag{3—58}$$

$$G = \frac{D_f}{D_s} \frac{\cos\alpha}{\cos\beta} \tag{3—59}$$

式中　α——横波斜探头中的纵波入射角；

β——横波检测时工件中的横波折射角；

L_2——入射点至假想波源的距离，$L_2 = L_1 \frac{\tan\alpha}{\tan\beta}$，$L_1$ 为入射点至波源的距离；

x——从入射点算起工件中的距离；

D_f——平底孔直径；

D_s——波源的直径。

横波通用 AVG 曲线同样通用性好，适用于不同横波探头。

2. 实用 AVG 曲线

横波实用 AVG 曲线横坐标表示横波声程，纵坐标表示相对波高的 dB 值。横波实用 AVG 使用方便，但只适用于特定探头，如图 3—29 所示。图中距离由假想波源算起。

横波实用 AVG 曲线可由式（3—43）、（3—44）、（3—45）计算得到，也可根据横波通用 AVG 曲线转换得到，还可通过实测平底孔三角试块得到。

以上讨论的平底孔 AVG 曲线，在锻件检测中得到应用。在焊缝检测中，一般是采用描述一定直径横孔回波高与距离之间关系的波幅—距离曲线。这种曲线常常通过实测得到，它是实用 AVG 曲线的特例。

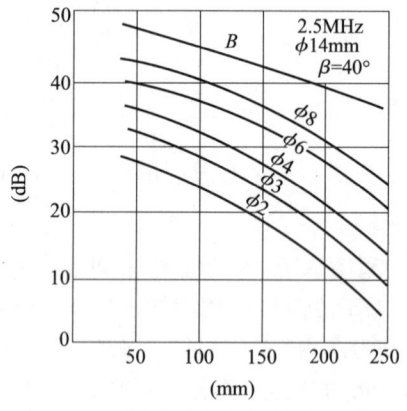

图 3—29　横波平底孔实用 AVG 曲线

复习思考题

1. 写出圆盘源轴线上的声压公式，并说明式中各参数的物理意义和公式建立的条件。
2. 什么是超声场的近场区和近场区长度？近场区长度与哪些因素有关？为什么要尽量避免在近场区检测定量？
3. 什么是超声场的远场区？远场区内波源轴线上的声压变化有何特点？
4. 近场区内存在声压极大极小值，为什么薄板试块前几次底波却相差无几？
5. 什么是波束指向性？什么是主波束和副波束？为什么副波束总是出现在波源的附近？
6. 什么是半扩散角？半扩散角与哪些因素有关？为什么半扩散角以外的缺陷都难以发

现？

7. 实际声场（固体介质中的脉冲波声场）波源轴线上的声压分布与理想声场（液体介质中的连续声场）有何不同？为什么？

8. 简述超声波纵波声场与横波声场的异同。

*9. 试说明聚焦声源辐射的声场的结构特点、分类及应用。

*10. 聚焦声场的焦柱直径及长度与哪些因素有关？如何确定焦柱直径与长度？

11. 什么是缺陷的当量尺寸？在超声波检测中为什么要引进当量的概念？

12. 写出大平底、平底孔、长横孔和球孔的回波声压公式，说明式中各参数的物理意义和公式建立的条件。并分别指出它们各与哪些因素有关？

13. 什么是AVG曲线？AVG曲线中的A、V、G各代表什么？AVG曲线可分为哪几类？

14. 什么是通用AVG曲线？并举例说明通用AVG曲线的应用和优缺点。

15. 什么是实用AVG曲线？并举例说明实用AVG曲线的应用和优缺点。

16. 已知钢中 $c_L=5\,900$ m/s，水中 $c_L=1\,480$ m/s，求 2.5 MHz、$\phi 20$ mm 纵波直探头在钢和水中辐射的纵波声场的近场区长度 N、半扩散角 θ_0 和未扩散区长度 b 各为多少（钢：42.4 mm，8.26°，69.5 mm，水：168.9 mm，2.07°，277 mm）。

17. 用 2.5 MHz、$\phi 20$ mm 的纵波直探头水浸检测钢板，已知水层厚度为 20 mm，钢中 $c_L=5\,900$ m/s，水中 $c_L=1\,480$ m/s，求钢中近场长度为多少？（37.4 mm）

18. 用 2.5 MHz、$\phi 20$ mm 纵波直探头水浸检测铝板，已知铝中近场区长度为 20 mm，铝中 $c_L=6\,260$ m/s，水中 $c_L=1\,480$ m/s，求水层厚度为多少（84.6 mm）

19. 试分别计算 2.5 MHz、14 mm×16 mm 的 K1.0 和 K2.0 有机玻璃横波斜探头在钢中的近场区长度。已知有机玻璃中 $c_L=2\,730$ m/s，钢中 $c_{s2}=3\,230$ m/s，探头入射点至实际波源的距离为 15 mm。（37.4 mm，28.9 mm）

20. 用 2.5 MHz、$\phi 20$ mm 的直探头检测厚为 150 mm 的饼形锻件，已知示波屏上同时出现三次底波，其中 $B_2=50\%$，衰减器读数为 20 dB，若不考虑介质衰减，求 B_1 和 B_3 达 50% 高时衰减器的读数各为多少 dB？（26 dB，16.5 dB）

21. 已知 $x\geqslant 3N$，200 mm 处 $\phi 2$ 平底孔回波高为 24 dB，求 400 mm 处 $\phi 4$ 平底孔和 800 mm 处 $\phi 2$ 平底孔回波高各为多少 dB？（26 dB，0 dB）

22. 用 2.5 MHz、$\phi 20$ mm 直探头测定钢中不同类型反射体的回波高。已知钢中 $c_L=5\,900$ m/s，400 mm 处 $\phi 2$ 平底孔回波高为 12 dB。

①求 400 mm 处 $\phi 2$ 长横孔和球孔的回波高各为多少 dB？（29.5 dB，3.5 dB）

②求 400 mm 处大平底面的底波高为多少 dB？（55.5 dB）

第 4 章　超声检测设备与器材

超声检测设备与器材包括超声检测仪、探头、试块、耦合剂和机械扫查装置等，其中仪器和探头对超声检测系统的能力起关键性作用。了解其原理、构造和作用及其主要性能，是正确选择检测设备与器材并进行有效检测的保证。

4.1　超声检测仪

超声检测仪是超声检测的主体设备，它的作用是产生电振荡并施加于换能器（探头）上，激励探头发射超声波，同时接收来自于探头的电信号，将其放大后以一定方式显示出来，从而得到被检工件中有关缺陷的信息。

4.1.1　超声检测仪的分类

1. 概述

超声检测仪按照其指示的参量可以分为以下三类：

第一类指示声的穿透能量，称为穿透式检测仪。这类仪器发射频率不变（或在小范围内周期性变化）的超声连续波，根据透过工件的超声波强度变化判断工件中有无缺陷及缺陷大小。这种仪器灵敏度低，且不能确定缺陷深度位置，须从两侧接近工件，目前已很少使用。

第二类指示频率可变的超声连续波在工件中形成驻波的情况，可用于共振测厚，但目前已很少使用。此类仪器可通过探头向工件中发射连续的频率周期性变化的超声波，根据发射波与反射波的差频变化情况判断工件中有无缺陷。以往的调频式路轨检测仪便采用这种原理。但由于只适宜检查与检测面平行的缺陷，所以这种仪器也大多被脉冲波检测仪所代替。

第三类指示脉冲波的幅度和运行时间，称为脉冲波检测仪。这类仪器通过探头向工件周期性地发射一持续时间很短的电脉冲，激励探头发射脉冲超声波，并接收从工件中反射回来的脉冲波信号，通过检测信号的返回时间和幅度判断是否存在缺陷和缺陷大小等情况，称为脉冲反射式超声检测仪。目前还出现了采用一发一收双探头方式，接收从工件中衍射回来的脉冲波信号，通过检测信号的返回时间来判断是否存在缺陷和缺陷大小等情况，称为衍射时差法超声检测仪，目前也在迅速的发展之中。脉冲波检测仪的信号显示方式可分为 A 型显示和超声成像显示，其中超声成像显示又可分为 B、C、D、S、P 型显示等类。其中 A 型脉冲反射式超声检测仪是使用范围最广、最基本的一种类型。

除了上述按照原理的差异分类以外，根据采用的信号处理技术，超声检测仪还可分为模拟式和数字式仪器，目前广泛使用的超声波检测仪如 CTS—22、CTS—23 等是 A 型显示脉冲反射式模拟检测仪，而 HS—600、CTS3000 等则是 A 型显示脉冲反射式数字检测仪。按照不同的用途，人们制造了非金属检测仪、超声测厚仪等。按超声波的通道数，分为单通道和多通道。

2. A 型显示、B 型显示与 C 型显示

A 型显示是一种波形显示，是将超声信号的幅度与传播时间的关系以直角坐标的形式显示出来，如图 4—1 所示。横坐标代表声波的传播时间，纵坐标代表信号幅度。如果超声波在均质材料中传播，声速是恒定的，则传播时间可转变为传播距离。从声波的传播时间可以确定缺陷位置，由回波幅度可以估算缺陷当量尺寸。

图 4—1 所示为脉冲反射法检测的典型 A 型显示图形，左侧的幅度很高的脉冲 T 称为始脉冲或始波，是发射脉冲直接进入接收电路后，在屏幕上的起始位置显示出来的脉冲信号；右侧的高回波 B 称为底波或底面回波，是超声波传播到与入射面相对的工件底面产生的反射波；中间的回波 F 则为缺陷的反射回波。

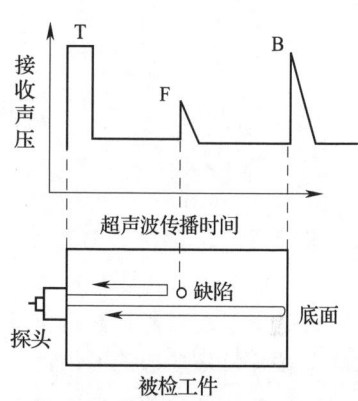

图 4—1 A 型显示原理
T—始波　F—缺陷波　B—底波

A 型显示具有检波与非检波两种形式（见图 4—2）。非检波信号又称射频信号，是探头输出的脉冲信号的原始形式，可用于分析信号特征；检波形式是探头输出的脉冲信号经检波后显示的形式。由于检波形式可将时基线从屏幕中间移到刻度板底线，可观察的幅度范围增加了一倍，同时，图形较为清晰简单，便于判断信号的存在及读出信号幅度。但检波形式与非检波形式相比，失去了其中的相位信息。

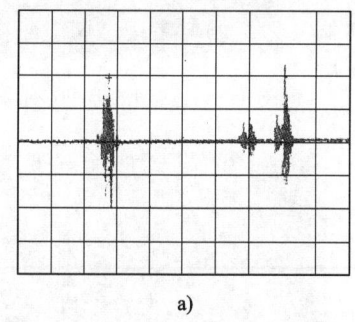
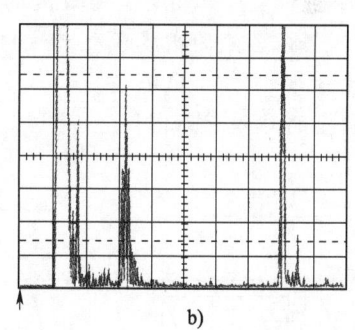

a)　　　　　　　　　　　　　　b)

图 4—2 A 型显示波形
a) 射频波形（未检波）　b) 视频波形（检波后）

B 型显示是工件的一个二维截面图，将探头在工件表面沿一条线扫查时的距离作为一个轴的坐标，另一个轴的坐标是声传播的时间（或距离）。图 4—3 所示为 B 型显示原理图。

早期的 B 型显示，是在每个探头位置上，记录下脉冲信号出现的深度位置（传播时间），在相应的位置上以亮点显示出信号的存在，没有回波脉冲的位置则无显示。随着计算

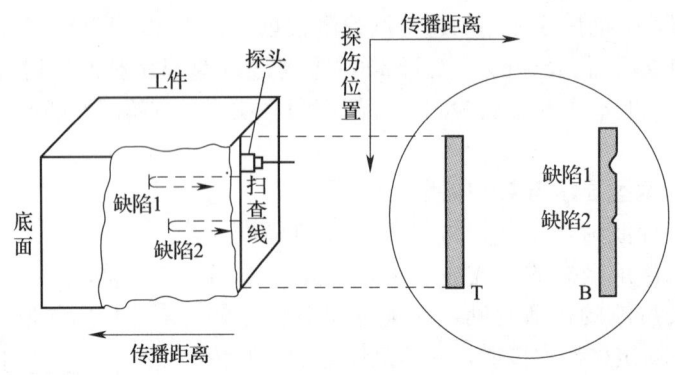

图 4—3 B 型显示原理

机技术的应用,现在的 B 型显示通常将时间轴上不同深度的信号幅值全部采集下来,在每个探头移动位置沿时间轴用不同的亮度(或颜色)显示出信号的幅度。将上下表面回波也包含在时间轴显示范围以内,则可以从图中看出缺陷在该截面的位置、取向与深度。由信号的亮度(或颜色)可以获得缺陷信号幅度的信息。图 4—4 所示为典型的 B 型显示图像。

C 型显示是工件的一个平面投影图,探头在工件表面作二维扫查,显示屏的二维坐标对应探头的扫查位置。在每一探头移动位置,将某一深度范围的信号幅度用电子门选出,用亮度或颜色代表信号的幅度大小,显示在对应的探头位置上,则可得到某一深度范围缺陷的二维形状与分布(见图 4—5)。若以各点的亮度代表回波传播时间,则又可得到缺陷深度分布,称为 TOF(Time Of Flight)图。图 4—6 所示为典型的 C 型显示图。

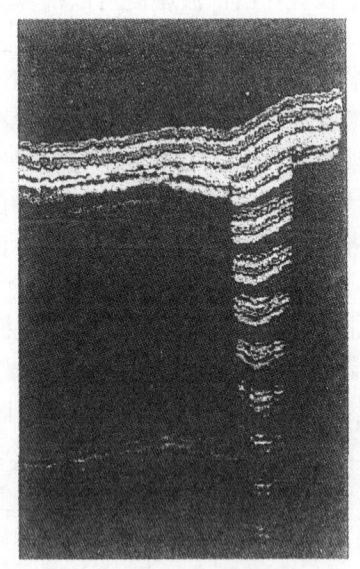

图 4—4 典型的 B 型显示图像

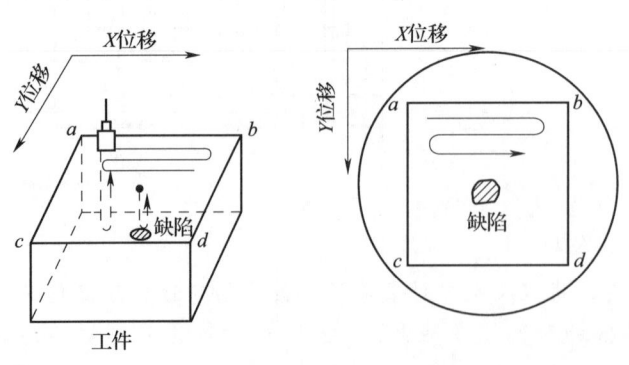

图 4—5 C 型显示原理

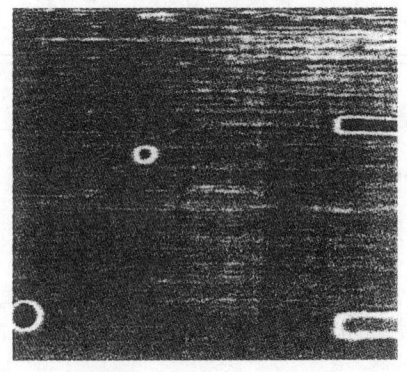

图 4—6 典型的 C 型显示图

B型和C型显示是在A型显示的基础上实现的,在A型显示图上,确定好需采集的信号范围,采用电子门提取出所需信号。目前,B型和C型显示多采用计算机,将信号经A/D转换处理后,显示在计算机屏幕上,图像与数据可存储并可进一步用软件对缺陷进行分析评价。

4.1.2 模拟式超声检测仪

1. 仪器电路方框图和工作原理

A型脉冲反射式模拟超声检测仪的主要组成部分是:同步电路、扫描电路、发射电路、接收放大电路、显示电路和电源电路等。电路方框图如图4—7所示。

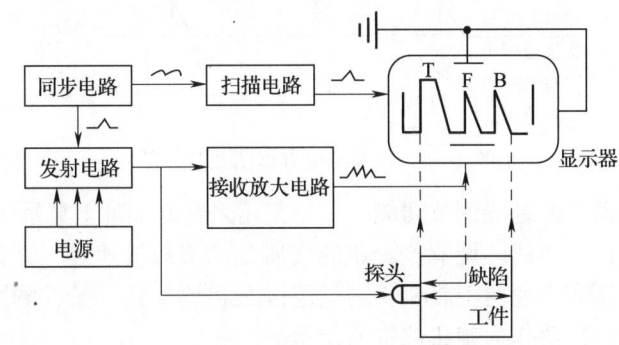

图4—7 A型脉冲反射式模拟超声检测仪电路方框图

除此之外,检测仪还有延时电路、报警电路、深度补偿电路、标记电路、跟踪及记录等附加装置。

仪器工作原理:同步电路产生的触发脉冲同时加至扫描电路和发射电路,扫描电路受触发开始工作,产生锯齿波扫描电压,加至示波管水平偏转板,使电子束发生水平偏转,在荧光屏上产生一条水平扫描线。与此同时,发射电路受触发产生高频脉冲,施加至探头,激励压电晶片振动,在工件中产生超声波,超声波在工件中传播,遇缺陷或底面产生反射,返回探头时,又被压电晶片转变为电信号,经接收电路放大和检波,加至示波管垂直偏转板上,使电子束发生垂直偏转,在水平扫描线的相应位置上产生缺陷回波和底波。

2. 仪器主要组成部分的作用

(1) 同步电路 同步电路又称触发电路,主要由振荡器和微分电路等组成。其作用是每秒钟产生数十至数千个周期性的同步脉冲,作为发射电路、扫描电路以及其他辅助电路的触发脉冲,使各电路在时间上协调一致工作。

每秒钟内发射同步脉冲的次数称为重复频率。同步脉冲的重复频率决定了超声检测仪的发射脉冲重复频率,即决定了每秒钟向被检工件内发射超声脉冲的次数。在一些仪器上设有重复频率调节旋钮供使用者选择。

选择重复频率对自动化检测很重要。自动化检测的优势之一就是可以自动记录超声信号,因而可以实现高速扫查,这就需要有高重复频率以保证不漏检。但是,高重复频率使两次脉冲间隔时间变短,有可能使未充分衰减的多次反射进入下一周期,形成所谓的"幻象波",造成缺陷误判。因此,自动化检测的扫描速度也是受到可用的最大重复频率限制的。在手工检测目视观察的情况下,提高重复频率可使波形显示亮度增加,便于观察。

(2) 扫描电路 扫描电路又称时基电路,用来产生锯齿波电压,施加到示波管水平偏转板上,使示波管荧光屏上的光点沿水平方向从左至右作等速移动,产生一条水平扫描时基线。改变扫描速度(锯齿波的斜率)即可改变显示在屏幕上的时间范围,也就是超声波传播的声程范围。扫描电路的方框图及其波形如图4—8所示。

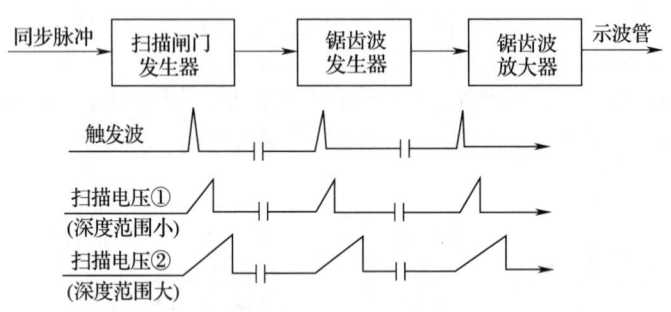

图4—8 扫描电路方框图及其波形

仪器上通常提供两个时基线调节功能,一个是用来改变屏幕上显示的时间(距离)范围的大小,称为测量范围或声速,调节该旋钮的实质是调节扫描速度(锯齿波的斜率)。有的仪器同时设置测量范围和声速两个旋钮,测量范围是粗调旋钮,按检测距离的大范围分挡,声速是细调旋钮,以声速值作为旋钮位置的指示。

另一个时基线调节功能是调节屏幕上显示的时间范围的起点,也就是时基电路触发的延迟时间,称为延迟。延迟由延迟电路实现,延迟电路的作用就是将同步信号延迟一段时间后再去触发扫描电路,使扫描延迟一段时间再开始,这样就可以以较快的时基扫描速度,将声传播方向上某一小段的波形展现在整个屏幕上,以便更仔细地观察。在水浸法检测时,可以用来将水中传播距离移出屏幕左端。

(3) 发射电路 发射电路是一个电脉冲信号发生器,可以产生100~400 V的高压电脉冲,施加到压电晶片上产生脉冲超声波。有些高能型仪器也提供高达1 000 V的高压电脉冲,以适应一些特殊情况的检测要求。

发射电路通常可分为调谐式和非调谐式两种,图4—9所示为两种发射电路的原理图。调

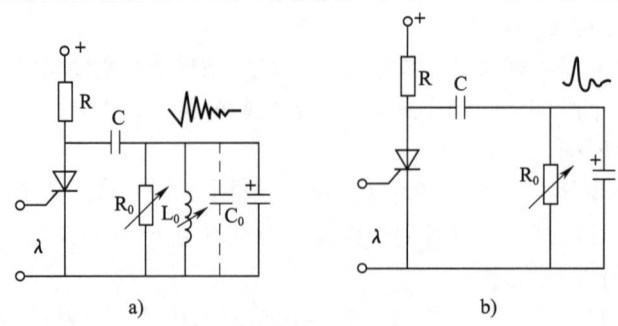

图4—9 发射电路原理
a) 调谐式 b) 非调谐式

谐式电路谐振频率由电路中的电感、电容决定，发出的超声脉冲频带较窄。谐振频率通常调谐到与探头的固有频率一致。这种电路常用于为了穿透高衰减材料而需激发宽脉冲的情况。

非调谐式电路发射一短脉冲，脉冲形状有尖脉冲、方波等不同形式，脉冲频带较宽，可适应不同频带范围的探头。目前常见的超声检测仪多采用非调谐式电路。

发射电脉冲的频率特性将被传递到整个检测系统，首先是探头，转换为超声脉冲后进入被检件，之后又回到探头，进入接收电路，最后到达显示器。因此，最终显示在屏幕上的信号可以看作是发射脉冲经过一系列过程被处理后的结果。目前的超声检测仪接收电路通常是宽带的，很多常用探头也是宽带的，因此，发射电路的频率特性对最终的 A 显示图形影响很大。为了使探头的能量转换效率达到最高，并保证发射的超声波具有所要求的频谱，通常要求发射脉冲频带范围要包含探头自身的频带范围。频带越宽，发射脉冲越窄，可能达到的分辨力也越好。

超声检测仪中多设置有发射强度调节旋钮或阻尼旋钮，通过改变发射电路中的阻尼电阻，由使用者调节发射脉冲的电压幅度和脉冲宽度。通常电压越高、脉冲越宽，则发射能量越大，但同时，也增大了盲区，使深度分辨力变差。因此，使用时需根据检测对象的特点加以调节，以适应对穿透能力和分辨力的不同要求。

(4) 接收电路　超声信号经压电晶片转换后得到的微弱电脉冲，被输入到接收电路。接收电路对其进行放大、检波，使其能在显示屏上得到足够的显示。接收电路通常由衰减器、高频放大器、检波器和视频放大器等组成。接收电路的性能对检测仪性能影响极大，它直接影响到检测仪的垂直线性、动态范围、检测灵敏度、分辨力等重要技术指标。

接收电路的方框图及其波形如图 4—10 所示。

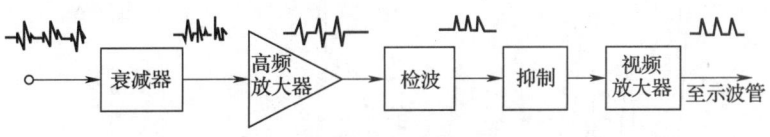

图 4—10　接收电路及其波形

由缺陷回波引起的压电晶片产生的射频电压通常只有几十毫伏到数百毫伏，而示波管显示所需电压需上百伏，所以接收电路必须具有约 10^5 的放大能力。一般把放大器的电压放大倍数用 dB（分贝）来表示：

$$K_V = 20\lg\frac{U_{出}}{U_{入}}(\text{dB}) \tag{4—1}$$

式中 K_V 为电压放大倍数的分贝值，$U_{出}$ 为放大器的输出电压，$U_{入}$ 为放大器的输入电压。一般检测仪的电压放大倍数可达 $10^4 \sim 10^5$ 倍，相当于 $80 \sim 100$ dB。

为了对信号幅度进行定量评定，首先要求放大器的输出电压与输入电压呈线性关系。为了能够测量幅度的变化值，先使信号进入已校准的衰减器，以便对信号幅度定量调节，给出不同信号幅度差的精确读数，用于不同信号幅度的比较。同时衰减器还可将超出显示器幅度范围的过大的信号衰减到显示器可显示的幅度。然后，信号进入高频放大器，将信号电压放大到一定的倍数，之后进行检波，再经视频放大器将检波信号放大到示波管显示所需的足够的电压。

检波电路是将探头接收的射频信号转变成视频信号,以检波的形式显示出来。检波包括全波检波、正检波和负检波。全波检波可将视频信号正、负半周均转换为正电压全部显示出来;正或负检波则仅显示视频信号正半周或负半周。检波电路常带有滤波电路。通常仪器中均设置有射频或视频显示方式的旋钮。

为了抑制噪声信号,接收电路中通常设计有抑制电路,用于将幅度较小的一部分信号截去,不在显示屏上显示。使用抑制时,仪器的垂直线性和动态范围均会下降。因此需慎重使用。

接收电路的频带宽度也极其重要,关系到能否不失真的将接收到的信号转换到显示屏上和读取,因此要和探头的频带相匹配。

在用单晶片探头以脉冲反射方式进行检测时,发射脉冲在激励探头的同时也直接进入接收电路,形成始波。由于发射脉冲电压很高,在短时间内放大器的放大倍数会降低,甚至没有放大作用,这种现象称为阻塞。由于发射脉冲自身有一定的宽度,加上放大器的阻塞现象,在靠近始波的一段时间范围内,所要求发现的缺陷往往不能发现,具体到被检工件中,这段时间所对应的由入射面进入工件的深度距离,称为盲区。

(5) 显示电路 显示电路主要由示波管及外围电路组成。

示波管用来显示检测图形,示波管由电子枪、偏转系统和荧光屏等三部分组成,其基本结构如图4—11所示。

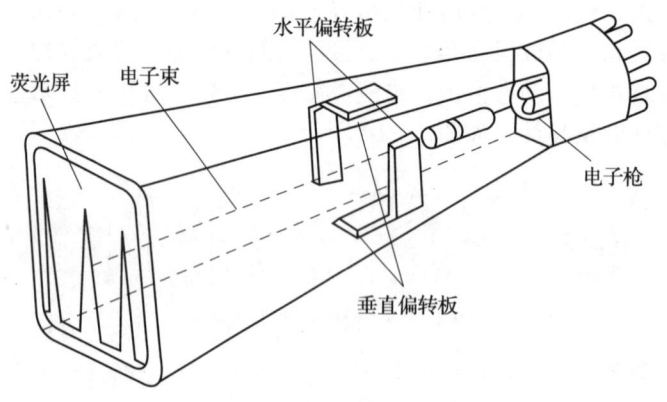

图 4—11 示波管的基本结构

电子枪发射的聚束电子以很高的速度轰击荧光屏时,使荧光物质发光,在荧光屏上形成亮点。扫描电路的扫描电压和接收电路的信号电压分别加至水平偏转板和垂直偏转板,使电子束发生偏转,因而亮点就在荧光屏上移动,扫描出图形。

当重复扫描相同图像的频率很高时,由于人眼的视觉暂留作用,图像看起来是静止不动的,所以,当探头稳定地放在工件表面时,看到的是静止的回波波形,便于对信号进行评定。当探头移动速度很快时,图像是闪烁变化的,因此,在采用目视观察波形进行检测时,必须限制扫查速度,以保证缺陷波能够产生重复图像,使人眼捕捉到缺陷波。

示波管前通常装有刻度板,便于读出回波位置和高度。

(6) 电源 电源的作用是给检测仪各部分电路提供适当的电能,使整机电路工作。一般检测仪用 220 V 或 110 V 交流电源。小型便携式检测仪多用蓄电池供电,用充电器给蓄电池充电。

3. 仪器主要开关旋钮的作用及其调整

检测仪面板上有许多开关和旋钮，用于调节检测仪的功能和工作状态。图4—12所示为CTS—22型检测仪的面板示意图，下面以这种仪器为例，说明各主要开关的作用及调整方法。

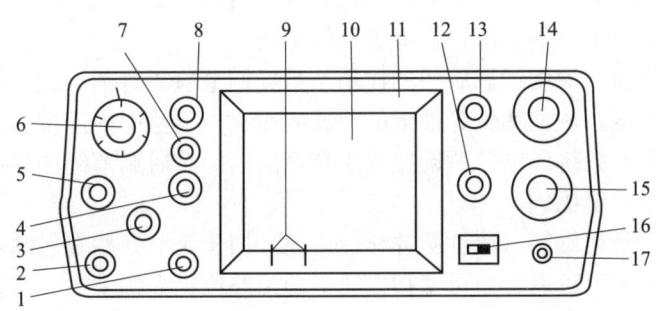

图4—12 CTS—22型检测仪面板示意图

1—发射插座 2—接收插座 3—工作方式选择 4—发射强度 5—粗调衰减器 6—细调衰减器
7—抑制 8—增益 9—定位游标 10—示波管 11—遮光罩 12—聚焦 13—深度范围
14—深度细调 15—脉冲移位 16—电源电压指示器 17—电源开关

（1）工作方式选择旋钮 工作方式选择旋钮的作用是选择检测方式，即"双探"或"单探"方式。当开关置于位置"双探"时，为双探头一发一收工作状态，可用一个双晶探头或两个单探头检测，发射探头和接收探头分别连接到发射插座和接收插座。当开关置于位置"单探"时，为单探头自发自收工作状态，此时发射插座和接收插座从内部连通，探头可插入任一插座。

检测仪"单探"方式有两个位置，一个位置为中等发射强度挡，旋钮置于该位置时，发射强度不可变，仪器具有较高的灵敏度和分辨力。另一个位置的发射强度是可变的，旋钮置于该位置时，可用发射强度旋钮调节仪器发射强度，同时改变仪器的灵敏度和分辨力。

（2）发射强度旋钮 发射强度旋钮的作用是改变仪器发射脉冲功率，从而改变仪器的发射强度。增大发射强度时，可提高仪器灵敏度，但脉冲变宽，分辨力变差。因此，在检测灵敏度能满足要求的情况下，发射强度旋钮应尽量放在较低的位置。

（3）衰减器 衰减器的作用是调节检测灵敏度和测量回波振幅。调节灵敏度时，衰减读数大，灵敏度低；反之，衰减读数小，灵敏度高。测量回波振幅时，衰减读数大，回波幅度高；反之，衰减读数小，回波幅度低。一般检测仪的衰减器分粗调和细调两种，粗调每挡10 dB或20 dB，细调每挡2 dB或1 dB，总衰减量为80 dB左右。

（4）增益旋钮 增益旋钮也称增益细调旋钮，其作用是改变接收放大器的放大倍数，进而连续改变检测仪的灵敏度。使用时将反射波高度精确地调节到某一指定高度，仪器灵敏度确定以后，检测过程中一般不再调整增益旋钮。

（5）抑制旋钮 抑制的作用是抑制荧光屏上幅度较低或认为不必要的杂乱反射波，使之不予显示，从而使荧光屏显示的波形清晰。

值得注意的是使用抑制时，仪器垂直线性和动态范围将被改变。抑制作用越大，仪器动态范围越小,从而在实际检测中容易漏掉小的缺陷,因此,除非十分必要,一般不使用抑制。

(6) 深度范围旋钮 深度范围旋钮也称深度粗调旋钮,其作用是粗调荧光屏扫描线所代表的检测范围,调节深度范围旋钮,可较大幅度地改变时间扫描线的扫描速度。从而使荧光屏上回波间距大幅度地压缩或扩展。

粗调旋钮一般都分为若干挡,检测时应视被探工件厚度选择合适挡位。厚度大的工件,选择数值较大的挡;厚度小的工件,选择数值较小的挡。

(7) 深度细调旋钮 深度细调旋钮的作用是精确调整检测范围。调节细调旋钮,可连续改变扫描线的扫描速度,从而使荧光屏上的回波间距在一定范围内连续变化。

调整检测范围时,先将深度粗调旋钮置于合适的挡,然后调节细调旋钮,使反射波的间距与反射体的距离成一定比例。

(8) 延迟旋钮 延迟旋钮(或称脉冲移位旋钮)用于调节开始发射脉冲时刻与开始扫描时刻之间的时间差。调节延迟旋钮可使扫描线上的回波位置大幅度左右移动,而不改变回波之间的距离。

调节检测范围时,用延迟旋钮可进行零位校正,即用深度粗调和细调旋钮调节好回波间距后,再用延迟旋钮将反射波调至正确位置,使声程原点与水平刻度的零点重合。水浸检测中,用延迟旋钮可将不需要观察的图形(水中部分)调到荧光屏外,以充分利用荧光屏的有效观察范围。

(9) 聚焦旋钮 聚焦旋钮的作用是调节电子束的聚焦程度,使荧光屏显示的波形清晰。除聚焦旋钮外,许多仪器还有辅助聚焦旋钮。当调节聚焦旋钮不能使波形清晰时,可配合调节"聚焦"与"辅助聚焦",使波形最清晰为止。

(10) 频率选择旋钮 宽频带检测仪的放大器频率范围宽,覆盖了整个检测所需的频率范围,检测仪面板上没有频率选择旋钮,检测频率由探头频率决定。

窄频带检测仪设有频率选择开关,用以使发射电路与所用探头相匹配,并改变放大器的通频带,使用时开关指示的频率范围应与所选用探头相一致。

(11) 水平旋钮 水平旋钮也称零位调节旋钮,用于调节水平旋钮,可使扫描线连扫描线上的回波一起左右移动一段距离,但不改变回波间距。调节检测范围时,用深度粗调和细调旋钮调好回波间距,用水平旋钮进行零位校正。

(12) 重复频率旋钮 重复频率旋钮的作用是调节脉冲重复频率,即改变发射电路每秒钟发射脉冲的次数。重复频率低时,荧光屏图形较暗,仪器灵敏度有所提高;重复频率高时,荧光屏图形较亮,这对露天检测观察波形是有利的。应该指出,重复频率要视被探工件厚度进行调节,厚度大,应使用较低的重复频率;厚度小,可使用较高的重复频率。但重复频率过高时,易出现幻象波。有些检测仪的重复频率开关与深度范围旋钮联动,调节深度范围旋钮时,重复频率随之调节到适合于所探厚度的数值。

(13) 垂直旋钮 垂直旋钮用于调节扫描线的垂直位置。调节垂直旋钮,可使扫描线上下移动。

(14) 辉度旋钮 辉度旋钮用于调节波形的亮度。当波形亮度过高或过低时,可调节辉度旋钮,使亮度适中,但要兼顾聚焦性能。一般辉度调整后应重新调节聚焦和辅助聚焦等旋钮。

(15) 深度补偿开关　有些检测仪设有深度补偿开关或"距离振幅校正"(DAC)旋钮，它们的作用是改变放大器的性能，使位于不同深度的相同尺寸缺陷的回波高度差异减小。

(16) 显示选择开关　显示选择开关用于选择"检波"或"不检波"显示。开关置于"检波"位置时，荧光屏显示为检波信号显示（或称视频显示）；开关置于"不检波"位置，荧光屏显示为不检波信号显示（或称射频显示）。便携式检测仪大多不具备这种开关。

4.1.3　数字式超声检测仪

数字式超声检测仪是计算机技术和超声检测仪技术相结合的产物。它是在传统的超声检测仪的基础上，采用计算机技术实现仪器功能的精确和自动控制、信号获取和处理的数字化和自动化、检测结果的可记录性和可再现性。因此，它具有传统的超声检测仪的基本功能，同时又增加了数字化带来的数据测量、显示、存储与输出功能。近年来，数字式仪器发展很快，有逐步替代模拟式仪器的趋势。

所谓数字式超声检测仪，主要是指发射、接收电路的参数控制和接收信号的处理、显示均采用数字化方式的仪器。不同的制造商生产的数字式仪器，可能会采用不同的电路设置，保留的模拟电路部分也不相同。但最主要的一点，是探头接收的随时间变化的超声信号，需经模-数转换、数字处理后显示出来。

1. 数字式超声检测仪与模拟式超声检测仪的异同

(1) 基本组成　图4—13所示是典型A型脉冲反射式数字式超声检测仪的电路框图。从它的基本构成来看，数字式仪器发射电路与模拟式仪器是相同的，接收放大电路的前半部分，包括衰减器和高频放大器等，与模拟式仪器也是相同的。但信号经放大到一定程度后，则由模-数转换器将其变为数字信号，由微处理器进行处理后，在显示器上显示出来。对于传统仪器上的检波、滤波、抑制等功能数字式仪器可以通过对数字信号进行数字处理完成，也可在模-数转换前采用模拟电路完成。数字式仪器的显示是二维点阵式的，与模拟式仪器的显示方式有很大的不同，不再像模拟式仪器由单行扫描线经幅度调节显示波形，而是由微处理器通过程序来控制显示器实现逐行逐点扫描。发射电路和模数转换器的同步控制不再需要同步电路，而是由微处理器通过程序来协调各部分的工作。

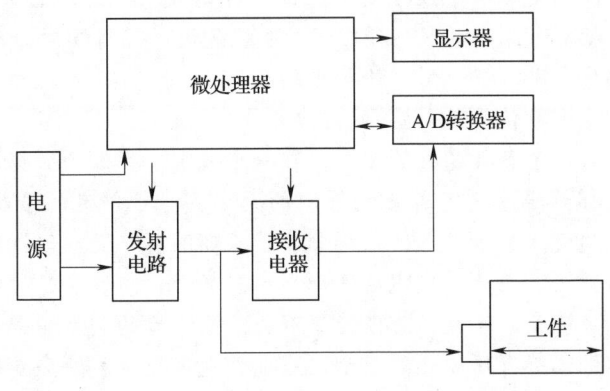

图4—13　数字式超声检测仪电路框图

(2) 仪器的功能　从基本功能来看，数字式仪器可提供模拟式仪器具有的所有功能，但是，各部分功能的控制方式是不同的。在模拟式仪器中，操作者直接拨动开关对仪器的电路进行调整，而在数字式仪器中，则要通过人机对话，用按键或菜单的方式，将控制数据输入给微处理器，然后，由微处理器发出信号控制各电路的工作。微处理器还可按照预先设定的程序，自动对仪器进行调整，这就给自动检测系统提供了极大的方便。

此外，数字化控制使得控制参数可以存储，可以自动按存储的参数重新对仪器进行调整，从而方便了检测过程的重复再现。检测波形的数字化使得仪器可进一步提供波形的记录与存储、波形参数的自动计算与显示（波高、距离等）、距离波幅曲线的自动生成、时基线比例的自动调整以及频谱分析等附加功能。

(3) 仪器的性能　从影响仪器性能的最基本的部分——发射电路和接收电路来看，数字式仪器与模拟式仪器是相同的，因此，仪器的灵敏度、分辨力、放大线性等与模拟仪器差别不大。最主要的差别是数字式仪器中的模—数转换、信号处理和显示部分。这部分的性能决定着显示的信号是否失真。失真严重时，会影响缺陷的判定，造成漏检、误检。仪器这部分性能的主要影响参数有模—数转换器的模—数转换频率、字长和存储深度，以及显示器的刷新频率。

模—数转换（又称 A/D 转换）是通过对连续变化的模拟信号进行高速度、等间隔的采样，将其变换为一列大小变化的数字量的过程（见图 4—14）。对这些数字量可以进行计算、处理、显示。如果以数字的大小作为幅度，将这列数字仍按相同的间隔在直角坐标系中描绘出来，则重新构成了一个由分离的点组成的曲线，这就是数字化的波形。可见，若要重建的波形不失真，则需尽可能地增加采样密度，或者说，提高采样频率。模—数转换器的模—

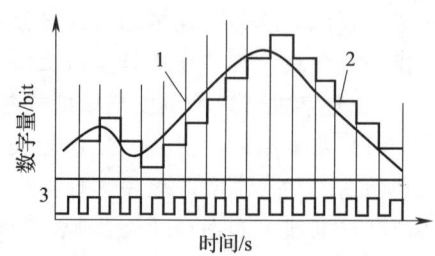

图 4—14　模—数转换示意图
1—模拟信号　2—数字输出　3—时钟脉冲

数转换频率，也就是每秒钟时钟脉冲的个数，是固定的。这个频率决定了可采集的超声波信号的最高频率。若模—数转换频率与超声波频率的比值不够大，则可能采集不到最大峰值，严重时可引起漏检。

模—数转换器的字长是指一个数字量用几位二进制数来表达，它决定幅度读数的精度。一个 8 位的模—数转换器可表示的数字是 256，也就是说，可将幅度分为 256 个等级。采用数字检波后，半波幅度为 128 级，则理论精度约为 1%。但实际上，由于数字化过程的幅度误差，实际精度要比这个数值要差一些。

模—数转换器的另一个参数是存储深度，即一个波形可存储的数据点的多少，或称数据长度。这个参数与采样频率，决定着检测范围的大小。对于一定的检测范围，采样频率越高，则要求存储深度越大。对于一定的采样频率，存储深度越大，则检测范围也越大。

模—数转换后的数据，经计算处理后送到显示器显示，能否实时的把超声信号全部显示出来，与显示器的响应速度以及数据处理速度有关。显示器的刷新频率应与超声脉冲重复频率相一致，这样才能保证所有信号得到显示，否则，也可能造成缺陷漏检。这个问题在早期的数字式仪器上表现得比较严重。

2. 数字式超声检测仪的优势与问题

综上所述，数字式仪器与模拟式仪器相比的优势在于：接收信号的数字化使超声信号的存储、记录、再现十分方便，改变了传统超声检测缺乏永久记录的缺点；同时，也方便了信号的分析与处理，从而可从接收的超声信号中得到更多的量化信息；显示器不需要传统的示波管，使得仪器更便于小型化；仪器参数的数字式控制使检测参数可以存储、检测过程的重现更方便；还便于实现遥控等功能，为自动检测系统提供了更方便的条件。数字化使仪器功能可用软件不断扩展，使一台仪器满足不同使用者的需求。

但是，数字式仪器也有一些不利因素，因其模一数转换器的采样频率、数据长度、显示器的分辨率、刷新速度等带来的信号失真，可能对检测信号的评价带来一定的影响。在使用数字式仪器时，必须对这些因素加以考虑，以免造成缺陷的漏检、误检等问题。

4.1.4 仪器的维护保养

超声检测仪是一种比较精密的电子仪器，为减少仪器故障的发生，延长仪器使用寿命，使仪器保持良好的工作状态，应注意对仪器的维护保养，仪器的维护应注意以下几点：

1. 使用仪器前，应仔细阅读仪器使用说明书，了解仪器的性能特点，熟悉仪器各控制开关和旋钮的位置、操作方法和注意事项，严格按说明书要求操作。
2. 搬动仪器时应防止强烈震动，现场检测尤其高空作业时，应采取可靠保护措施，防止仪器摔碰。
3. 尽量避免在靠近强磁场、灰尘多、电源波动大、有强烈振动及温度过高或过低的场合使用仪器。
4. 仪器工作时应防止雨、雪、水、机油等进入仪器内部，以免损坏仪器线路和元件。
5. 连接交流电源时，应仔细核对仪器额定电源电压，防止错接电源，烧毁元件。使用蓄电池供电的仪器，应严格按说明书进行充电操作。放电后的蓄电池应及时充电，存放较久的蓄电池也应定期充电，否则会影响蓄电池容量甚至无法重新充电。
6. 转或按旋钮时不宜用力过猛，尤其是旋钮在极端位置时更应注意，否则会使旋钮错位甚至损坏。
7. 拔接电源插头或探头插头时，应用手抓住插头壳体操作，不要抓住电缆线拔插。探头线和电源线应理顺，不要弯折扭曲。
8. 仪器每次用完后，应及时擦去表面灰尘、油污，放置在干燥地方。
9. 在气候潮湿地区或潮湿季节，仪器长期不用时，应定期接通电源开机一次，开机时间约半小时，以驱除潮气，防止仪器内部短路或击穿。
10. 仪器出现故障，应立即关闭电源，及时请维修人员检查修理。切忌随意拆卸，以免故障扩大和发生事故。

4.1.5 自动检测设备

传统的接触法手工扫查超声检测具有简便灵活、成本低等优点，但其检测过程受人为因素影响较大。为了提高检测可靠性，对一定批量生产的具有特定形状规格的材料和零件，越来越多地采用自动扫查、自动记录的超声检测系统。在能使探头相对于工件作快速扫查方面，非接触的水浸或喷水检测方式具有很大的优势，因此，大多数自动检测系统均采用水浸法检测。由于超声检测要求扫查到整个工件表面，且在扫查过程中需保持探头相对于入射面的角度和距离不变，因此，应针对不同形状、规格的工件设计专用的机械扫查装置。

一个超声自动检测系统通常由超声检测仪与探头、机械扫查器（带有探头操纵装置）、扫查电气控制、水槽、显示与记录装置等构成。随着计算机技术的发展，目前的检测系统中，检测仪器设置、扫查过程的控制和结果的记录与分析，统一由计算机软件协调进行。常见的扫查系统类型有：针对平面件的简单三轴扫查系统，扫描器可带动探头沿 X、Y、Z 三个方向运动；针对盘轴件的带转盘的系统；针对大型复合材料构件的穿透法喷水检测系统；专用于管、棒材的旋转行进的系统等。不同的系统在机械装置、扫查方式和记录方式上可有很大的不同。很多系统可以同时显示 A 扫描、B 扫描和 C 扫描图形。有些生产线上的自动检测系统还带有自动上、下料的机械手。

4.1.6 超声波测厚仪

测厚的方法很多，除了常规的机械方法（卡尺、千分尺等）外，还有其他一些方法，如超声波测量、射线测厚、磁性测厚、电流法测厚等。这些方法中，目前应用最广的是超声波测厚。因为超声波测厚仪体积小，质量轻，速度快，精度高，携带使用方便。超声波测厚仪分为共振式、脉冲反射式和兰姆波式 3 种。下面分别予以简介。

1. 共振式测厚仪

从超声波理论可知，超声波（连续波）垂直入射到平板工件底面，全反射。当工件厚度为 $\frac{\lambda}{2}$ 的整数倍时，反射波与入射波互相叠加，形成驻波，产生共振。这时工件厚度与波速、频率的关系为：

$$\delta = n\frac{\lambda}{2} = n\frac{c}{2f_n}$$

即

$$f_n = \frac{nc}{2\delta}$$

式中　δ——工件厚度；

　　　λ——工件中波长；

　　　c——工件中波速；

　　　f_n——工件中第 n 次共振频率；

当 $n=1$ 时，所得 f 为工件的基频。测得两个相邻的共振频率后，可由下式得到工件的厚度：

$$\delta = \frac{c}{2(f_n - f_{n-1})} \tag{4—2}$$

共振式测厚仪原理如图 4—15 所示。测厚时，调节原理图中的调谐电容 C，改变振荡频率。由频率振荡器输出的交变电信号加到超声波探头上，产生超声波在工件中传播。当超声波在工件中产生共振时，探头负载阻抗减小，通过电流表 A 的板极电流达极大值，这时的频率为共振频率。再次调节电容 C，改变频率，测出相邻的另一共振频率，进而利用式（4—2）求出工件厚度。

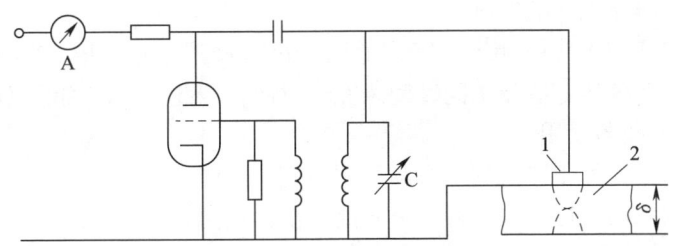

图 4—15 共振式测厚仪原理图
1—探头；2—工件

共振式测厚仪可测厚度下限小，最小可达 0.1 mm；测试精度较高，可达 0.1%。但使用不太方便，不能直读，需用公式计算工件厚度。另外还要求被测工件上下表面平整光洁。

2. 脉冲反射式测厚仪

脉冲反射式测厚仪是通过测量超声波在工件上下底面之间往返一次传播的时间来求得工件的厚度，其计算公式如下：

$$\delta = \frac{1}{2} ct \tag{4—3}$$

式中　c——工件中的波速；

　　　t——超声波在工件中往返一次传播的时间。

脉冲反射式测厚仪原理方框图如图 4—16 所示。发射电路发出脉冲很窄的周期性电脉冲，通过电缆加到探头上，激励探头中压电晶片产生超声波。该超声波在工件上下底面产生多次反射。反射波被探头接收，转变为电信号经放大器放大后输入计算电路，由计算电路测出超声波在工件上下底面往返一次传播的时间，最后再换算成工件厚度显示出来。

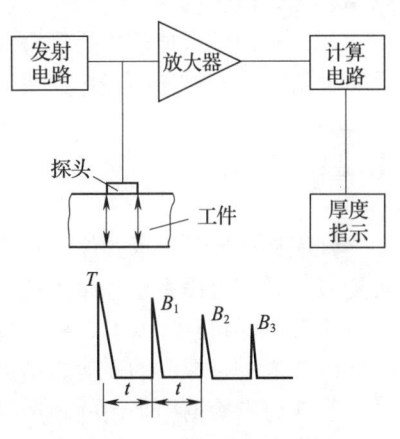

测量往返时间 t 有以下两种方法：

（1）测量发射脉冲 T 与第一次底波 B_1 之间的时间。这种方法发射脉冲宽度大，盲区大，一般测量厚度下限受限制，约 1～1.5 mm。但这种方法的仪器原理简单，成本低廉。

图 4—16 脉冲反射式超声波测厚仪原理方框图

（2）测量第一次底波 B_1 与第二次底波 B_2 之间的时间或任意两次相邻底波之间的时间。这种方法底波脉冲宽度窄，盲区小，测量下限值小，最小可达 0.25 mm。但这种方法仪器线路复杂，成本较高。

脉冲反射式测厚仪发展非常快，近年来由于采用集成电路，因此其体积重量大大减小，精度也明显提高，达±0.01 mm，是目前应用最广的一种超声波测厚仪。通常使用的测厚仪为双晶直探头脉冲反射式测厚仪，与 A 型脉冲反射式超声检测仪原理相同。

3. 兰姆波测厚仪

兰姆波是超声波在薄板中传播的一种波。当超声波频率、入射角与工件厚度成一定关系时，便在薄板工件中产生兰姆波。改变探头入射角或频率，使得出现兰姆波，然后根据探头的入射角或频率来测定工件的厚度。

兰姆波测厚仪适用于薄板测厚，特别适用于小直径薄壁管测厚，如 $\phi 13\ \text{mm}\times 0.2\ \text{mm}$ 的管子等。但由于兰姆波有些技术问题尚未完全解决，因此兰姆波测厚仪应用较少。

4. 测厚仪的调整与使用

测厚仪有多种，各种测厚仪的调整与使用不完全相同。一般在使用前，要认真阅读说明书，按说明书要求使用。这里以脉冲反射式测厚仪为例简要说明之。

（1）用测厚仪测厚前，要先校准仪器的下限和线性。仪器的测量下限要用一块厚度为下限的试块来校准。例如下限为 1 mm 的仪器要有一块 1 mm 厚的试块。调整时将探头对准该试块底面，使仪器显示厚度为 1 mm 即可。仪器的线性要用厚度不同的试块来校正。调整时将探头分别对准厚度不同的试块底面，使仪器显示相应的试块厚度。

（2）选择测厚方法。首先要根据工件厚度情况和精度要求来选择探头。工件较薄时宜选用双晶探头或带延迟块探头，工件较厚时宜选用单晶探头。

（3）测量时先对工件进行表面处理。

（4）测厚时，探头放置要平稳、压力要适当。每个测试位置尽量在互相垂直的方向各测试一次。

（5）对于高温工件，要用高温探头和特殊耦合剂。

（6）对于管道中的沉积物，当沉积物声阻抗与工件相差不大时，要先用小锤敲击几下管壁后再测，以免误判。

（7）当使用水玻璃作为耦合剂时，用后要及时用湿布擦去探头表面的水玻璃，以免干结后不便清除，有时还会损坏探头。

4.2 探头

凡能将任何其他形式能量转换成超音频振动形式能量的器件均可用来发射超声波，具有可逆效应时又可用来接收超声波，这类元件称为超声换能器。以换能器为主要元件组装成具有一定特性的超声波发射、接收器件，常称为探头。超声波探头是组成超声检测系统的最重要的组件之一。探头的性能直接影响超声检测能力和效果。

当前超声检测中采用的超声换能器主要有压电换能器、磁致伸缩换能器、电磁声换能器和激光超声换能器。其中最常用的是压电换能器探头，其关键部件是压电晶片，是一个具有压电特性的单晶或多晶体薄片，其作用是将电能转换为声能，并将声能转换为电能。本节主要讨论压电换能器探头。

4.2.1 压电效应与压电材料

某些晶体材料在交变拉压应力作用下，产生交变电场的效应称为正压电效应。反之，当晶体材料在交变电场作用下，产生伸缩变形的效应称为逆压电效应。正、逆压电效应统称为压电效应。

超声波探头中的压电晶片具有压电效应，当高频电脉冲激励压电晶片时，发生逆压电效应，将电能转换为声能（机械能），探头发射超声波。当探头接收超声波时，发生正压电效应，将声能转换为电能。

具有压电效应的材料称为压电材料，压电材料分为单晶材料和多晶材料，常用的单晶材料有石英（SiO_2）、硫酸锂（Li_2SO_4）、铌酸锂（$LiNbO_3$）等。常用的多晶材料有钛酸钡（$BaTiO_3$）、锆钛酸铅（$PbZrTiO_3$，缩写为 PZT）、钛酸铅（$PbTiO_3$）等，多晶材料又称压电陶瓷。

压电单晶体是各向异性的，其产生压电效应的机理与其特定方向上的原子排列方式有关。当晶体受到特定方向的压力而变形时，可使带有正、负电荷的原子位置沿某一方向改变，而使晶体的一侧带有正电荷，另一侧带有负电荷。

图 4—17 所示为石英晶体的方位示意图。它有 3 个 x 轴，沿 x 方向施加压力时，产生的压电效应最显著，且电压沿 x 方向形成；沿 y 方向压缩晶体时，电压仍在 x 方向形成。对于逆压电效应也是如此。因此，垂直于 x 轴切割晶片，使晶片法线平行于 x_1、x_2、x_3 中的任一轴时，在晶片两面施加电压可产生垂直于晶片的振动，形成纵波，这样的晶片称为 x 切割晶片；使晶片法线平行于 y 轴进行切割，称为 y 切割晶片，这时，在晶片两面施加电压可产生平行于晶片的振动。x 切割晶片具有纵向压电性，y 切割晶片具有横向压电性。利用 y 切割晶片的横向压电性，可以制作声束垂直于工件表面入射的接触式横波探头。

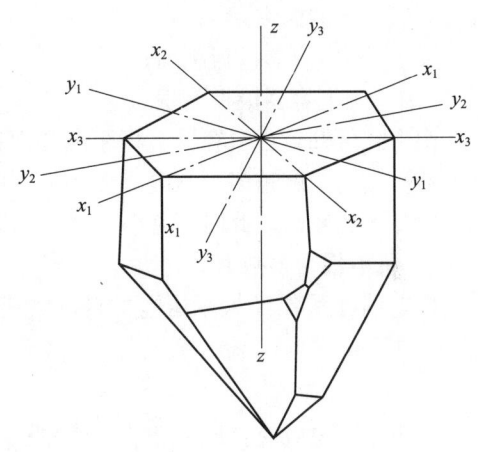

图 4—17 石英晶体的方位示意图

压电多晶体是各向同性的。为了使整个晶片具有压电效应，必须对陶瓷多晶体进行极化处理，即在一定温度下以强外电场施加在多晶体的两端，使多晶体中的各晶胞的极化方向重新取向，从而获得总体上的压电效应。

4.2.2 压电材料的主要性能参数

1. 压电应变常数 d_{33}

压电应变常数表示在压电晶体上施加单位电压时所产生的应变大小：

$$d_{33} = \frac{\Delta t}{U}(\text{m/V}) \tag{4—4}$$

式中　U——施加在压电晶片两面的电压；
　　　Δt——晶片在厚度方向的变形量。

压电应变常数 d_{33} 是衡量压电晶体材料发射性能的重要参数。d_{33} 值大，发射性能好，发射灵敏度高。

2. 压电电压常数 g_{33}

压电电压常数表示作用在压电晶体上单位应力所产生的电压梯度大小：

$$g_{33} = \frac{U_P}{P}(\text{V} \cdot \text{m/N}) \tag{4—5}$$

式中　P——施加在压电晶片两面的应力;

　　　U_P——晶片表面产生的电压梯度,即电压 U 与晶片厚度 t 之比,$U_P = U/t$。

压电电压常数 g_{33} 是衡量压电晶体材料接收性能的重要参数。g_{33} 值大,接收性能好,接收灵敏度高。

3. 介电常数 ε

$$\varepsilon = C\frac{t}{A} \tag{4—6}$$

式中　C——电容器电容;

　　　t——电容器极板距离;

　　　A——电容器极板面积。

由上式可知,当电容器极板距离和面积一定时,介电常数 ε 越大,电容 C 也就越大,即电容器所储电量就越多。压电晶体的 ε 应根据不同用途来选取。超声检测用的压电晶体,频率一般要求比较高,此时 ε 应小一些。因为 ε 小,C 就小,电容器充放电时间短,频率高。

4. 机电耦合系数 K

机电耦合系数 K 表示压电材料机械能(声能)与电能之间的转换效率。

$$K = \frac{\text{转换的能量}}{\text{输入的能量}}$$

对于正压电效应:$K = \dfrac{\text{转换的电能}}{\text{输入的机械能}}$

对于逆压电效应:$K = \dfrac{\text{转换的机械能}}{\text{输入的电能}}$

探头晶片振动时,同时产生厚度方向和径向两个方面的伸缩变形,因此机电耦合系数分为厚度方向 K_t 和径向 K_p。K_t 大,检测灵敏度高;K_p 大,低频谐振波增多,发射脉冲变宽,导致分辨力降低,盲区增大。

5. 机械品质因子 θ_m

压电晶片在谐振时储存的机械能 $E_储$ 与在一个周期内损耗的能量 $E_损$ 之比称为机械品质因子 θ_m:

$$\theta_m = \frac{E_储}{E_损}$$

压电晶片振动损耗的能量主要是由内摩擦引起的。θ_m 值对分辨力有较大的影响,θ_m 值大,表示损耗小,晶片持续振动时间长,脉冲宽度大,分辨力低。反之,θ_m 值小,表示损耗大,脉冲宽度小,分辨力高。

6. 频率常数 N

由驻波理论可知,压电晶片在高频电脉冲激励下产生共振的条件是:

$$t = \frac{\lambda_L}{2} = \frac{c_L}{2f_0}$$

式中　t——晶片厚度;

　　　λ_L——晶片中纵波波长;

c_L——晶片中纵波波速；

f_0——晶片固有（谐振）频率。

由上式可知：

$$N_t = tf_0 = \frac{c_L}{2}（常数）\tag{4—7}$$

这说明压电晶片的厚度与固有频率的乘积是一个常数，这个常数叫做频率常数，用 N_t 表示。因此，同样的材料，制作高频探头时，晶片厚度较小；制作低频探头时，晶片厚度较大。从式（4—7）可知，发射超声波的频率主要取决于晶片的厚度和晶片中的声速。

7. 居里温度 T_c

压电材料与磁性材料一样，其压电效应与温度有关。它只能在一定的温度范围内产生，超过一定的温度，压电效应就会消失。使压电材料的压电效应消失的温度称为压电材料的居里温度，用 T_c 表示。例如，石英 $T_c=570℃$，钛酸钡 $T_c=115℃$。

常用压电材料性参数见表 4—1。

表 4—1　　　　超声波探头常用压电材料主要性能参数

	名称	d_{33}（$\times 10^{-12}$ m/V）	g_{33}（$\times 10^{-3}$ V·m/N）	K_t	c (m/s)	Z（$\times 10^5$ g/cm²·s）	θ_m	T_c (℃)	N_t (MHz·mm)
单晶材料	石英	2.31	5.0	0.1	5 740	15.2	10^{4-6}	550	2.87
	硫酸锂	16	17.5	0.3	5 470	11.2	—	75	2.73
	碘酸锂	18.1	32	0.51	4 130	18.5	<100	256	2.06
	铌酸钡	6.0	2.3	0.49	7 400	34.8	>10^5	1 200	3.70
多晶材料	钛酸钡	190	1.8	0.38	5 470	30.0	300	115	2.6
	钛酸铅	58	3.3	0.43	4 240	32.8	1 050	460	2.12
	PZT—4	289	2.6	0.51	4 000	30.0	500	328	2.0
	PZT—5	374	2.48	0.49	4 350	33.7	75	365	1.89
	PZT—8	225	2.5	0.48	4 580	33	1 000	300	2.07

超声波探头对晶片的一般要求：

(1) 机电耦合系数 K 较大，以便获得较高的转换效率。

(2) 机械品质因子 θ_m 较小，以便获得较高的分辨力和较小的盲区。

(3) 压电应变常数 d_{33} 和压电电压常数 g_{33} 较大，以便获得较高的发射灵敏度和接收灵敏度。

(4) 频率常数 N_t 较大，介电常数 ε 较小，以便获得较高的频率。

(5) 居里温度 T_c 较高，声阻抗 Z 适当。

4.2.3　探头的结构

压电换能器探头一般由压电晶片、阻尼块、接头、电缆线、保护膜和外壳组成。斜探头中通常还有一个使晶片与入射面成一定角度的斜楔块。图 4—18 所示为探头的基本结构。

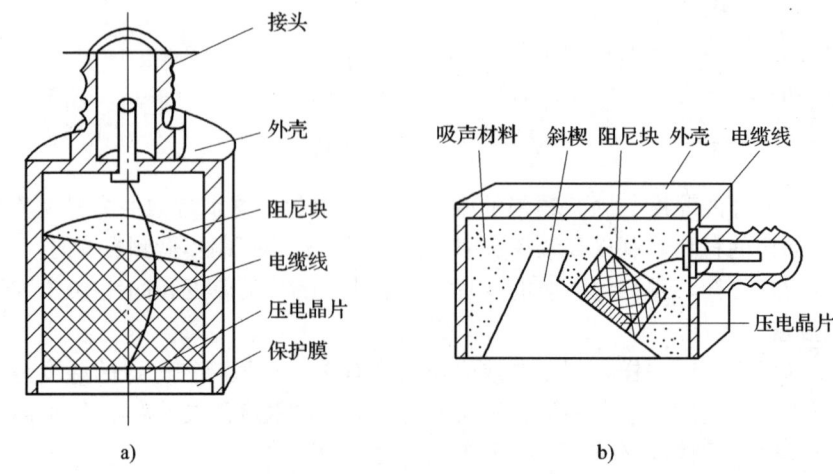

图 4—18 压电换能器探头的基本结构
a) 直探头　b) 斜探头

各组成部分的作用：

1. 压电晶片

压电晶片的作用是发射和接收超声波，实现电声换能。晶片的性能决定着探头的性能。晶片的尺寸和谐振频率，决定发射声场的强度、距离波幅特性与指向性。晶片制作质量的好坏，也关系着探头的声场对称型、分辨力、信噪比等特性。

晶片可制成圆形、方形或矩形。晶片的两面需敷上银层（或金层、铂层）作为电极，以使晶片上的电压能均匀分布。

2. 阻尼块和吸声材料

阻尼块是由环氧树脂和钨粉等按一定比例配成的阻尼材料，其声阻抗应尽可能接近压电晶片的声阻抗，紧贴在压电晶片或楔块后面。阻尼块对压电晶片的振动起阻尼作用，一是可使晶片起振后尽快停下来，从而使脉冲宽度减小，分辨力提高；二是阻尼块还可以吸收晶片向其背面发射的超声波；三是对晶片起支承作用。

斜探头中，晶片前面已粘贴在斜楔上，背面可不加阻尼块。但斜楔内的多次反射波会形成一系列杂乱信号，故需在斜楔周围加上吸声材料，以减小噪声。

3. 保护膜

保护膜的作用是保护压电晶片不致磨损或损坏。保护膜分为硬、软保护膜。硬保护膜适用于表面较光洁的工件检测。软保护膜可用于表面较粗糙的工件检测。当保护膜的厚度为 $\lambda_2/4$ 的奇数倍，且保护膜的声阻抗 Z_2 为晶片声阻抗 Z_1 和工件声阻抗 Z_3 的几何平均值（$Z_2=\sqrt{Z_1Z_3}$）时，超声波全透射。

保护膜会使始波宽度增大，分辨力变差，灵敏度降低。在这方面，硬保护膜比软保护膜更严重。石英晶片不易磨损，可不加保护膜。

4. 斜楔

斜楔是斜探头中为了使超声波倾斜入射到检测面而装在晶片前面的楔块。斜楔使探头的晶片与工件表面形成一个严格的夹角，以保证晶片发射的超声波按设定的倾斜角斜入射到斜楔与工件的界面，从而能在界面处产生所需要的波型转换，以便在工件内形成特定波型和角度的声束。同时，有了斜楔在晶片前面，就不再需要保护膜了。

斜楔中的纵波波速须小于工件中的纵波波速，具有适当的衰减系数，且耐磨、易加工。一般斜楔用有机玻璃制成，近年来有些探头用尼龙、聚合物等其他新材料制作做斜楔，效果不错。有些斜楔在前面开槽，或者将斜楔做成牛角形，使反射波进入牛角而不返回晶片，从而减少杂波。

5. 电缆线

探头与检测仪间的连接需采用高频同轴电缆，这种电缆可消除外来电波对探头的激励脉冲及回波脉冲的影响，并防止这种高频脉冲以电波形式向外辐射。

图4—19所示为同轴电缆的截面图。电缆线的中心是单股或多股芯线。芯线的外面是聚乙烯隔层。聚乙烯隔层的外面是金属丝编织的屏蔽层。电缆线的最外层是外皮。

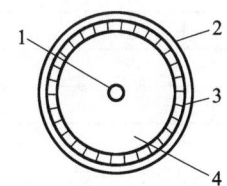

图4—19 同轴电缆截面图
1—芯线 2—外皮
3—金属丝屏蔽层
4—聚乙烯隔层

对于石英、硫酸锂等介电常数很低的压电晶片制成的探头，电缆的长度、种类的变化会引起探头与检测仪间阻抗匹配情况的较大改变，从而影响检测灵敏度，因此，应选用专用电缆，且在检测过程中不可任意更换，如果更换，应考虑重新进行仪器状态调整。同轴电缆比一般电缆脆弱，弯曲过大时容易损坏，因此，使用探头电缆线要注意，应将电缆线理顺，不可扭折电缆线。

6. 外壳

外壳的作用在于将各部分组合在一起，并保护之。

4.2.4 探头的主要种类

超声波检测用探头的种类很多，根据波型不同，可分为纵波探头、横波探头、表面波探头、板波探头等。根据耦合方式分为接触式探头和液（水）浸探头。根据波束分为聚焦探头与非聚焦探头。根据晶片数不同分为单晶探头、双晶探头等。此外还有高温探头、微型探头等特殊用途的探头。下面介绍几种典型探头。

1. 接触式纵波直探头

直探头用于发射垂直于探头表面传播的纵波，以探头直接接触工件表面的方式进行垂直入射纵波检测，简称纵波直探头。直探头主要用于检测与检测面平行或近似平行的缺陷，如板材、锻件检测等。

纵波直探头的主要参数是频率和晶片尺寸。

2. 接触式斜探头

接触式斜探头可分为纵波斜探头（$\alpha_L < \alpha_I$），横波斜探头（$\alpha_L = \alpha_I \sim \alpha_{II}$）、表面波探头（$\alpha_L \geq \alpha_{II}$）、兰姆波探头及可变角探头等。如图4—18b所示，其共同特点是：压电晶片贴在一斜楔上，晶片与探头表面成一定倾角。

纵波斜探头是入射角$\alpha_L < \alpha_I$的探头。目的是：利用小角度的纵波进行缺陷检测，或在横波衰减过大的情况下，利用纵波穿透能力强的特点进行纵波斜入射检测。使用时应注意工件中同时存在的横波的干扰。

横波斜探头是入射角 $\alpha_L=\alpha_I\sim\alpha_{II}$ 且折射波为纯横波的探头，横波斜探头实际上是直探头加斜楔组成的。主要用于检测与检测面成一定角度的缺陷，如焊缝检测、汽轮机叶轮检测等。横波斜探头的标称方式有三种：一是以纵波入射角 α_L 来标称，常用 $\alpha_L=30°$，40°，45°，50°等，如前苏联和我国有些探头。二是以横波折射角 β_s 来标称，常用 $\beta_s=40°$，45°，50°，60°，70°等，如西方国家和日本。三是以钢中折射角的正切值 $K=\tan\beta_s$ 来标称，常用$K=0.8$，1.0，1.5，2.0，2.5等，这是我国提出来的，在计算钢中缺陷位置时比较方便。目前国产横波斜探头大多采用 K 值标称系列。横波斜探头上的主要参数为工作频率、晶片尺寸和 K 值。

K 值与 α_L、β_s 的换算关系见表 4—2。注意此表只适用于有机玻璃/钢界面。

表 4—2　　　　　常用 K 值对应的 β_s 和 α_L（有机玻璃/钢）

K 值	1.0	1.5	2.0	2.5	3.0
β_s	45°	56.3°	63.4°	68.2°	71.6°
α_L	36.7°	44.6°	49.1°	51.6°	53.5°

表面波（瑞利波）探头入射角需在产生瑞利波的临界角附近，通常比 α_{II} 略大。表面波探头用于对表面或近表面缺陷进行检测。表面波探头的结构与横波斜探头一样，唯一的区别是斜楔块角度不同。

兰姆波探头的角度根据板厚、频率和所选定的兰姆波模式而定，主要用于薄板中缺陷的检测。

可变角探头的入射角是可变的，其结构如图 4—20 所示。转动压电晶片可使入射角连续变化，一般变化范围为 0°～70°，可实现纵波、横波、表面波或兰姆波检测。

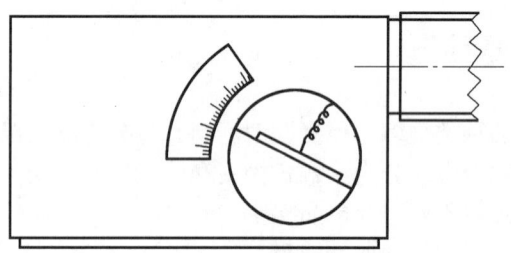

图 4—20　可变角探头结构示意图

3. 双晶探头（分割探头）

双晶探头有两块压电晶片，一块用于发射超声波，另一块用于接收超声波，中间夹有隔声层。根据入射角 α_L 不同，分为双晶纵波探头（$\alpha_L<\alpha_I$）和双晶横波探头（$\alpha_L=\alpha_I\sim\alpha_{II}$）。

双晶探头的结构如图 4—21 所示。

双晶探头具有以下优点：

（1）灵敏度高　双晶探头的两块晶片，一发一收，发射晶片用发射灵敏度高的压电材料制成，如 PZT。接收晶片由接收灵敏度高的压电材料制成，如硫酸锂。这样探头发射和接收

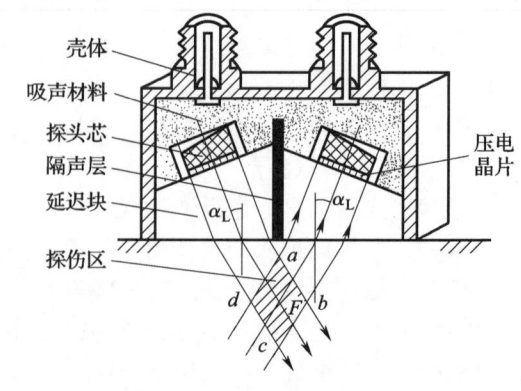

图 4—21　双晶探头结构图

灵敏度都高，这是单晶探头无法比拟的。

（2）杂波少盲区小　双晶探头的发射与接收分开，消除了发射压电晶片与延迟块之间的反射杂波。同时由于始脉冲未进入放大器，克服了阻塞现象，使盲区大大减小，为检测近表面缺陷提供了有利条件。

（3）工件中近场区长度小　双晶探头采用了延迟块，缩短了工件中的近场区长度，这对检测是有利的。

（4）检测范围可调　双晶探头检测时，对于位于棱形 abcd 内的缺陷灵敏度较高。而棱形 abcd 是可调的，可以通过改变入射角 α_L 来调整。α_L 增大，棱形 abcd 向表面移动，在水平方向变扁。α_L 减小，棱形向内部移动，在垂直方向变扁。

双晶探头主要用于检测近表面缺陷和已知缺陷的定点测量。

双晶探头的主要参数为频率、晶片尺寸和声束汇聚区的范围。

4. 接触式聚焦探头

聚焦探头种类较多。根据焦点形状不同分为点聚焦和线聚焦。点聚焦的理想焦点为一点，其声透镜为球面；线聚焦的理想焦点为一条线，其声透镜为柱面。根据耦合情况不同分为水浸聚焦与接触聚焦。水浸聚焦以水为耦合介质，探头不与工件直接接触。

接触聚焦是探头通过薄层耦合介质与工件接触。接触聚焦据聚焦方式不同又分为透镜式聚焦、反射式聚焦和曲面晶片式聚焦，如图 4—22 所示。透镜式聚焦是平面晶片发射超声波通过声透镜和透声楔块来实现聚集，如图 4—22a 所示。反射式聚焦是平面晶片发射超声波

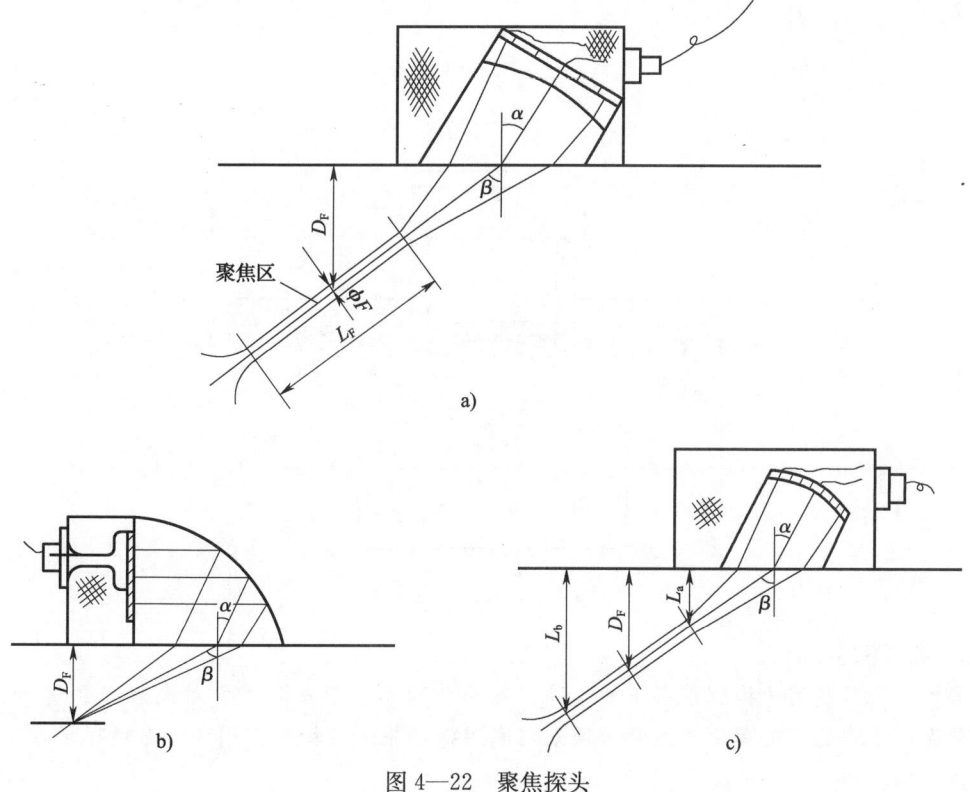

图 4—22　聚焦探头
a) 透镜式　b) 反射式　c) 曲面晶片式

通过曲面楔块反射来实现聚焦,如图 4—22b 所示。曲面晶片式聚集探头的晶片为曲面,通过曲面楔块实现聚焦,如图 4—22c 所示,但曲面晶片很难制作,目前已很少采用。

接触式聚焦探头的主要参数为频率、晶片尺寸和焦距。

5. 水浸平探头和水浸聚焦探头

水浸平探头相当于可在水中使用的纵波直探头,用于水浸法检测。当改变探头倾角使声束从水中倾斜入射至工件表面时,也可通过折射在工件中产生纯横波。

在水浸平探头前加上声透镜则可产生聚焦声束,称为水浸聚焦探头。水浸聚焦探头的结构如图 4—23 所示。声透镜的作用就是实现声束聚焦。焦距 F 与声透镜的曲率半径 r 之间关系为:

$$F = \frac{c_1 r}{c_1 - c_2} = \frac{nr}{n-1} \tag{4—8}$$

式中 n——透镜与耦合介质波速比,$n=c_1/c_2$。

对于有机玻璃声透镜和水,$n=2730/1480=1.84$,这时
$$F = 2.2r$$

聚焦探头检测工件时,实际焦距 F' 会变小。
$$F' = F - L(c_3/c_2 - 1) \tag{4—9}$$

式中 L——工件中焦点至工件表面的距离;
c_2——耦合剂中波速;
c_3——工件中波速。

这时水层厚度为:
$$H = F - Lc_3/c_2 \tag{4—10}$$

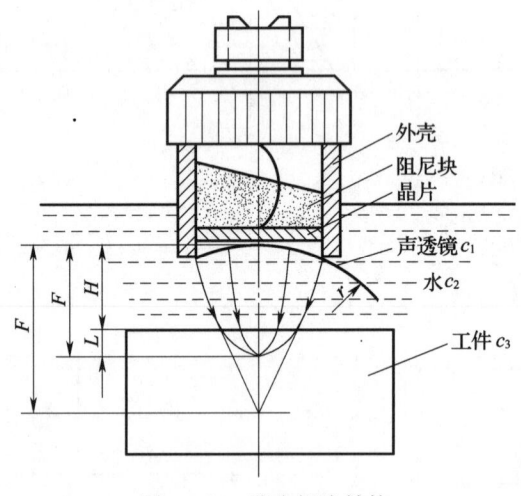

图 4—23 聚焦探头结构

6. 高温探头

常规探头只能用于检测常温下的工件,然而实际生产中有时需要对高温工件进行检测。如原子反应堆中的某些部件,这时必须采用高温探头来进行检测,图 4—22 所示为高温探头的一种结构。

高温探头中的压电晶片需选用居里温度较高的铌酸锂（1 200℃）、石英（550℃）、钛酸铅（460℃）来制作，外壳与阻尼块为不锈钢，电缆为无机物绝缘体高温同轴电缆，前面壳体与晶片之间采用特殊钎焊使之形成高温耦合层。这种探头可在 400～700℃高温下进行检测。

7. 电磁超声探头

电磁超声探头如图 4—25 所示，其物理结构由高频线圈和磁铁两部分组成，高频线圈用于产生高频激发磁场；磁铁用来提供外加磁场，它可以是永久磁铁或直流电磁铁，也可以是交流电磁铁或脉冲电磁铁。当置于工件表面上的高频线圈通过高频电流时，它在工件的趋肤层内产生涡流（或感应磁场，相当于电动机的转子），此涡流在外加磁场（相当于电机定子磁场）的作用下，也会像电动机那样受到机械力的作用，产生高频振动，于是在工件中形成了超声波波源。在接收超声波时，如同发电机的转子在定子的磁场中旋转，会在转子中产生感应电流一样，工件表面的振荡也会在外加磁场力的作用下，在高频线圈中感出电压而被仪器接收。

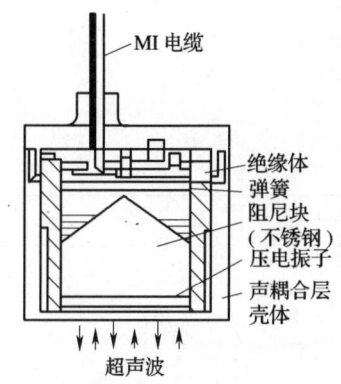

图 4—24 原子反应堆高温探头的结构

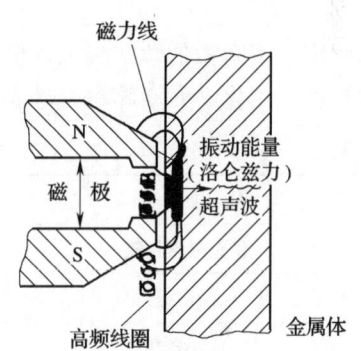

图 4—25 电磁超声探头

8. 爬波探头

爬波是指表面下纵波。当纵波以第一临界角 α_I 附近的角度入射到界面时，就会在第二介质中产生表面下纵波，即爬波。这时第二介质中除爬波外，还有其他波形，但速度均较爬波慢。爬波与表面波不同，表面波是入射角大于或等于第二临界角时产生的，是表面下的横波，波速较低。

理论研究表明，爬波在自由表面的位移有垂直分量，不是纯粹的纵波。

爬波探头的结构与横波斜探头类似，只有入射角不同。爬波探头辐射的声场如图 4—26 所示。在入射平面内存在一系列波瓣，第一波瓣幅度极大值对应的折射角为 θ_{max} 随入射角 α 增大而增大，但第一波瓣的极大值随之下降。另外 θ_{max} 还与频率 f 及晶片直径 D 的乘积 ($f \cdot D$) 有关，θ_{max} 随 ($f \cdot D$) 增加而增加。如图 4—27 所示。

一般爬波探头的入射角 $\alpha = \alpha_I$，可通过改变 $f \cdot D$ 来改变 θ_{max}，以便检测不同深度的缺陷。爬波受工件表面刻痕、不平整、凹陷等的干扰较少，同时爬波衰减比表面波小，检测深度较表面波大，因此常用于表面较粗糙的工件的表层和近表层缺陷检测。近年来开始出现采用爬波探头配合衍射时差法（TOFD）超声检测的综合检测方式，以解决 TOFD 的表面盲区问题。

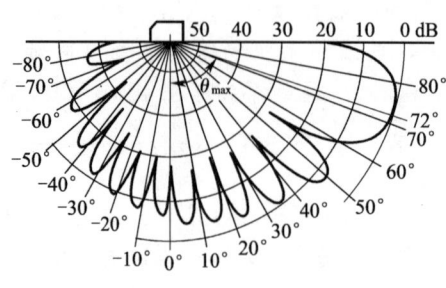 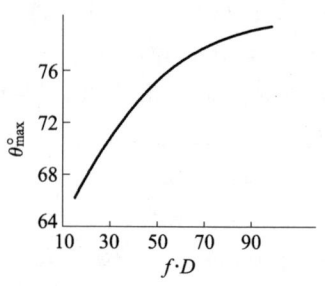

图 4—26 爬波探头辐射的声场　　　　图 4—27 θ_{max} 与 $f \cdot D$ 的关系

4.2.5 探头型号

1. 探头型号的组成项目

探头型号组成项目及排列顺序如下：

基本频率 → 晶片材料 → 晶片尺寸 → 探头种类 → 探头特征

基本频率：用阿拉伯数字表示，单位为 MHz。

晶片材料：用化学元素缩写符号表示，见表 4—3。

表 4—3　　　　　　　　　晶片材料代号

压 电 材 料	代　　号
锆钛酸铅陶瓷	P
钛酸钡陶瓷	B
钛酸铅陶瓷	T
铌酸锂单晶	L
碘酸锂单晶	I
石英单晶	Q
其他压电材料	N

晶片尺寸：用阿拉伯数字表示，单位为 mm。其中圆晶片用直径表示；矩形晶片用长×宽表示；双晶探头为圆形的用分割前的直径表示，两片矩形晶片用长×宽×2 表示。

探头种类：用汉语拼音缩写字母表示，见表 4—4。直探头也可不标出。

表 4—4　　　　　　　　　探头种类代号

种　　类	代　　号
直探头	Z
斜探头（用 K 值表示）	K
斜探头（用折射角表示）	X

续表

种　　类	代　　号
分割探头	FG
水浸聚焦探头	SJ
表面波探头	BM
可变角探头	KB

探头特征：斜探头钢中折射角正切值（K 值）用阿拉伯数字表示。钢中折射角用阿拉伯数字表示，单位为"°"。双晶探头钢中声束汇聚区深度用阿拉伯数字表示，单位为 mm。水浸聚焦探头水中焦距用阿拉伯数字表示，单位为 mm。DJ 表示点聚焦，XJ 表示线聚焦。

2. 举例

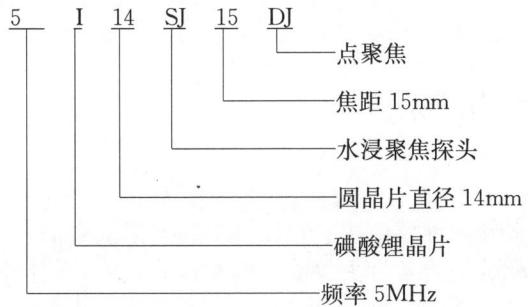

4.3　耦合剂

4.3.1　耦合剂的作用

超声耦合是指超声波在检测面上的声强透射率。声强透射率高，超声耦合好。为了改善探头与工件间声能的传递，而加在探头和检测面之间的液体薄层称为耦合剂。在液浸法检测中，通过液体实现耦合，此时液体也是耦合剂。

当探头和工件之间有一层空气时，超声波的反射率几乎为100%，即使很薄的一层空气也可以阻止超声波传入工件。因此，排除探头和工件之间的空气非常重要。耦合剂可以填充探头与工件间的空气间隙，使超声波能够传入工件，这是使用耦合剂的主要目的。除此之外，耦合剂有润滑作用，可以减小探头和工件之间的摩擦，防止工件表面磨损探头，并使探头便于移动。

4.3.2　常用耦合剂

常用耦合剂有水、甘油、机油、变压器油、化学糨糊等。

水的优点是来源方便，缺点是容易流失，容易使工件生锈，有时不易润湿工件。液浸检测中最常使用水作耦合剂，使用时可加入润湿剂和防腐剂等。

甘油的优点是声阻抗大，耦合效果好，缺点是要用水稀释，容易使工件形成腐蚀坑，价格较贵。

机油和变压器油的附着力、黏度、润湿性都较适当，也无腐蚀性，价格又不贵，因此是最常用的耦合剂。

化学糨糊的耦合效果比较好，也是一种常用的耦合剂。

4.4 试块

与一般的测量方式一样，为了保证检测结果的准确性、可重复性和可比性，必须用一个具有已知固定特性的试样对检测系统进行校准。这种按一定用途设计制作的具有简单几何形状人工反射体或模拟缺陷的试样，通常称为试块。试块和仪器、探头一样，是超声检测中的重要器材。

4.4.1 试块的分类和作用

1. 试块的分类

超声检测用试块通常分为标准试块、对比试块和模拟试块三大类。

（1）标准试块　标准试块通常是由权威机构制定的试块，其特性与制作要求有专门的标准规定。标准试块通常具有规定的材质、形状、尺寸及表面状态。标准试块用于仪器探头系统性能测试校准和检测校准，如 IIW 试块。JB/T 4730.3—2005 标准中采用的标准试块有：钢板用标准试块 CBⅠ，CBⅡ；锻件用标准试块 CSⅠ，CSⅡ，CSⅢ；焊接接头用标准试块 CSK-ⅠA，CSK-ⅡA，CSK-ⅢA，CSK-ⅣA。

（2）对比试块　对比试块是以特定方法检测特定工件时采用的试块，含有意义明确的人工反射体（平底孔、槽等）。它与被检工件材料声学特性相似，其外形尺寸应能代表被检工件的特征，试块厚度应与被检工件的厚度相对应。对比试块主要用于检测校准以及评估缺陷的当量尺寸，以及将所检出的不连续信号与试块中已知反射体产生的信号相比较。

（3）模拟试块　模拟试块是含模拟缺陷的试块，可以是模拟工件中实际缺陷而制作的样件，或者是在以往检测中所发现含自然缺陷的样件。模拟试块主要用于检测方法的研究、无损检测人员资格考核和评定、评价和验证仪器探头系统的检测能力和检测工艺等。

2. 人工反射体

试块中的人工反射体应按其使用目的选择，应尽可能与需检测的缺陷特征接近。常用的人工反射体主要有长横孔、短横孔、横通孔、平底孔、V形槽和其他线切割槽等。

（1）横通孔和长横孔具有轴对称特点，反射波幅比较稳定，有线性缺陷特征，适用于各种 K 值探头。一般代表工件内部有一定长度的裂纹、未焊透、未熔合和条状夹渣。通常使用在对接接头、堆焊层的超声检测中，也有用在螺栓件和铸件检测的。

（2）短横孔在近场区表现为线状反射体特征，在远场区表现为点状反射体特征。主要用于对接焊接接头检测。适用于各种 K 值探头。

（3）平底孔一般具有点状面积型反射体的特点，主要用于锻件、钢板、对接焊接接头、复合板、堆焊层的超声检测。通常适用于直探头和双晶探头的校准和检测。

（4）V形槽和其他切割槽具有表面开口的线性缺陷的特点。适用于钢板、钢管、锻件等工件的横波检测，也可模拟其他工件或对接接头表面或近表面缺陷以调整检测灵敏度。检测或校准时，通常采用K1斜探头，根据需要，也可采用其他K值探头。

4.4.2 标准试块

1. 标准试块的基本要求

标准试块的材质应均匀，内部杂质少，无影响使用的缺陷。加工容易，不易变形和锈蚀，具有良好的声学性能。试块的平行度、垂直度、粗糙度和尺寸精度都应经过严格检验并符合一定的要求。

标准试块要用平炉镇静钢或电炉软钢制作，如20号碳钢。

标准试块检测面粗糙度一般不低于$R_a=1.6~\mu m$，尺寸公差±0.05 mm。

试块上的平底孔应检验其直径、孔底表面粗糙度、平面度等。常用下述检查方法：先用无腐蚀性溶剂清洗孔并干燥，然后用注射器将硅橡胶液注入孔内，抽出注射器，插入大头针，待橡胶凝固后借助大头针将橡胶模型取出，在光学投影仪上检查孔底粗糙度和平整程度。

2. 常用标准试块

（1）IIW试块　IIW是国际焊接学会的英文缩写。该试块是荷兰代表首先提出来的，故称荷兰试块。该试块形状似船形，因此又叫船形试块。IIW试块结构尺寸如图4—28所示。

IIW试块材质相当于我国20号钢，正火处理，晶粒度7～8级。

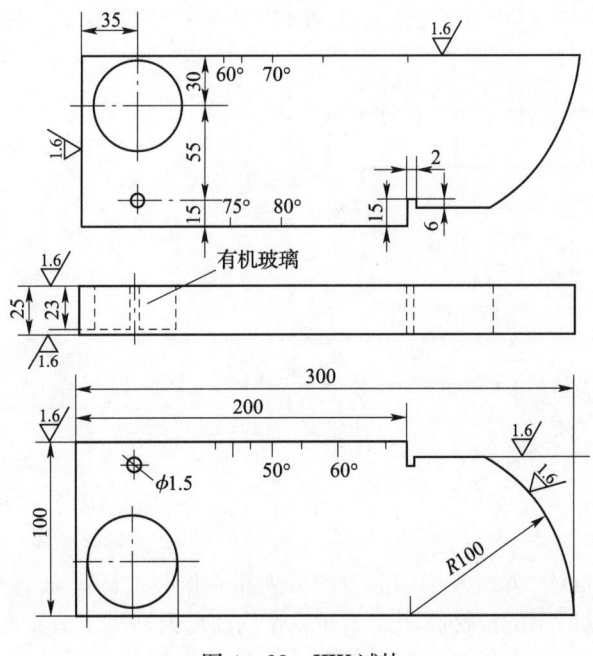

图4—28　IIW试块

IIW 试块的主要用途如下：

1) 调整纵波检测范围和扫描速度（时基线比例）：利用试块上 25 mm 和 100 mm 尺寸。

2) 校验仪器的水平线性、垂直线性和动态范围：利用试块上 25 mm 或 100 mm 尺寸。

3) 测定直探头和仪器组合的远场分辨力：利用试块上 85、91 和 100 mm 尺寸。

4) 测定直探头和仪器组合后的最大穿透能力：利用 ϕ50 mm 有机玻璃块底面的多次反射波。

5) 测定直探头与仪器组合的盲区：利用试块上 ϕ50 mm 有机玻璃圆弧面至侧面间距 5 mm 和 10 mm。

6) 测定斜探头的入射点：用 $R$100 圆弧面。

7) 测定斜探头的折射角：折射角在 35°~76° 范围内用 ϕ50 mm 孔测，折射角在 74°~80° 范围内用 ϕ1.5 mm 圆孔测。

8) 测定斜探头和仪器组合的灵敏度余量：利用试块 $R$100 或 ϕ1.5 mm。

9) 调整横波检测范围和扫描速度：由于纵波声程 91 mm 相当于横波声程 50 mm，因此可以利用试块上 91 mm 来调整横波的检测范围和扫描速度。例如横波 1：1，先用直探头对准 91 底面，使底波 B_1、B_2 分别对准 50、100，然后换上横波探头并对准 $R$100 圆弧面，找到最高回波，并调至 100 即可。

10) 测定斜探头声束轴线的偏离：利用试块的直角棱边测。

IIW 试块用途较广，但也有一些不足，对此一些国家做了小的修改作为本国的标准试块。如德国和日本在 $R$100 圆心处两侧加开宽为 0.5 mm，深为 2 mm 的沟槽，借以获得 $R$100 圆弧面的多次反射，这就克服了 IIW 试块调整横波检测围和扫描速度不便的缺点。

(2) IIW2 试块　IIW2 试块也是荷兰代表提出来的国际焊接学会标准试块，由于外形类似牛角，故又称牛角试块。与 IIW 试块相比，IIW2 试块质量轻、尺寸小、形状简单、容易加工和便于携带，但功能不及 IIW 试块。IIW2 试块的材质同 IIW，结构尺寸和反射特点如图 4—29 所示。

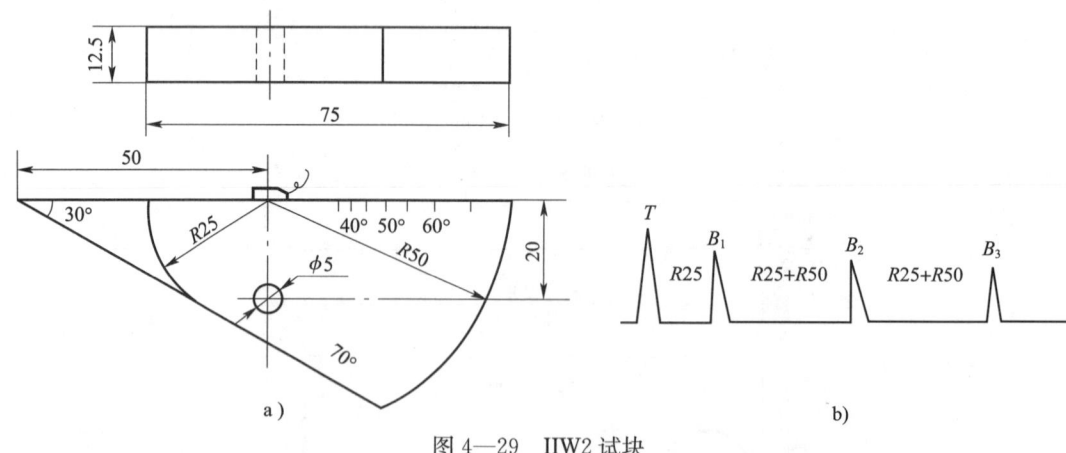

图 4—29　IIW2 试块

当斜探头对准 $R$25 时，$R$25 反射回波一部分被探头接收，显示 B_1，另一部分反射至 $R$50，然后又返回探头，但这时不能被接收因此无回波。当此反射波再次经 $R$25 反射回到探头时才能被接收，这时显示 B_2，它与 B_1 的间距为 $R$25+$R$50。以后各次回波间距均为 $R$25+$R$50。

IIW2试块的主要用途如下:

1) 测定斜探头的入射点:利用$R25$与$R50$圆弧反射面测。

2) 测定斜探头的折射角:利用$\phi 5$ mm横通孔测。

3) 测定仪器水平、垂直线性和动态范围:利用厚度12.5测。

4) 调整检测范围和扫描速度:纵波直探头利用12.5底面的多次反射波调整,横波斜探头利用$R25$和$R50$调整。

5) 测定仪器和探头的组合灵敏度:利用$\phi 5$ mm或$R50$圆弧面测。

(3) CSK-IA试块 CSK-IA试块是我国承压设备无损检测标准JB/T 4730—2005中规定的标准试块,是在IIW试块基础上改进后得到的,其结构及主要尺寸如图4—30所示。CSK-IA试块有三点改进:

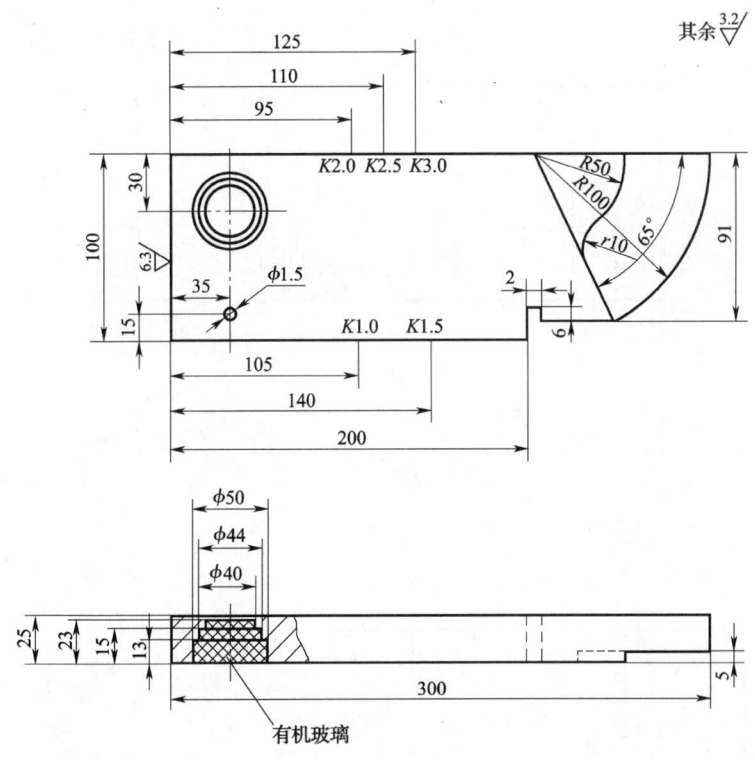

图4—30 CSK-IA试块

1) 将直孔$\phi 50$ mm改进$\phi 50$ mm、$\phi 44$ mm、$\phi 40$ mm台阶孔,以便于测定横波斜探头的分辨力。

2) 将$R100$改为$R100$、$R50$阶梯圆弧,以便于调整横波扫描速度和检测范围。

3) 将试块上标定的折射角改为K值($K=\tan\beta_s$),从而可直接测出横波斜探头的K值。CSK-IA试块的其他功能同IIW试块,材质一般同被检工件。

(4) CSK-IIA,CSK-IIIA和CSK-IVA标准试块 CSK-IIA,CSK-IIIA,CSK-IVA试块是JB/T 4730—2005标准中规定采用的焊缝超声波检测用的横孔标准试块。CSK-IIA结构如图4—31所示;CSK-IIIA结构如图4—32所示;CSK-IVA结构如图4—33所示。

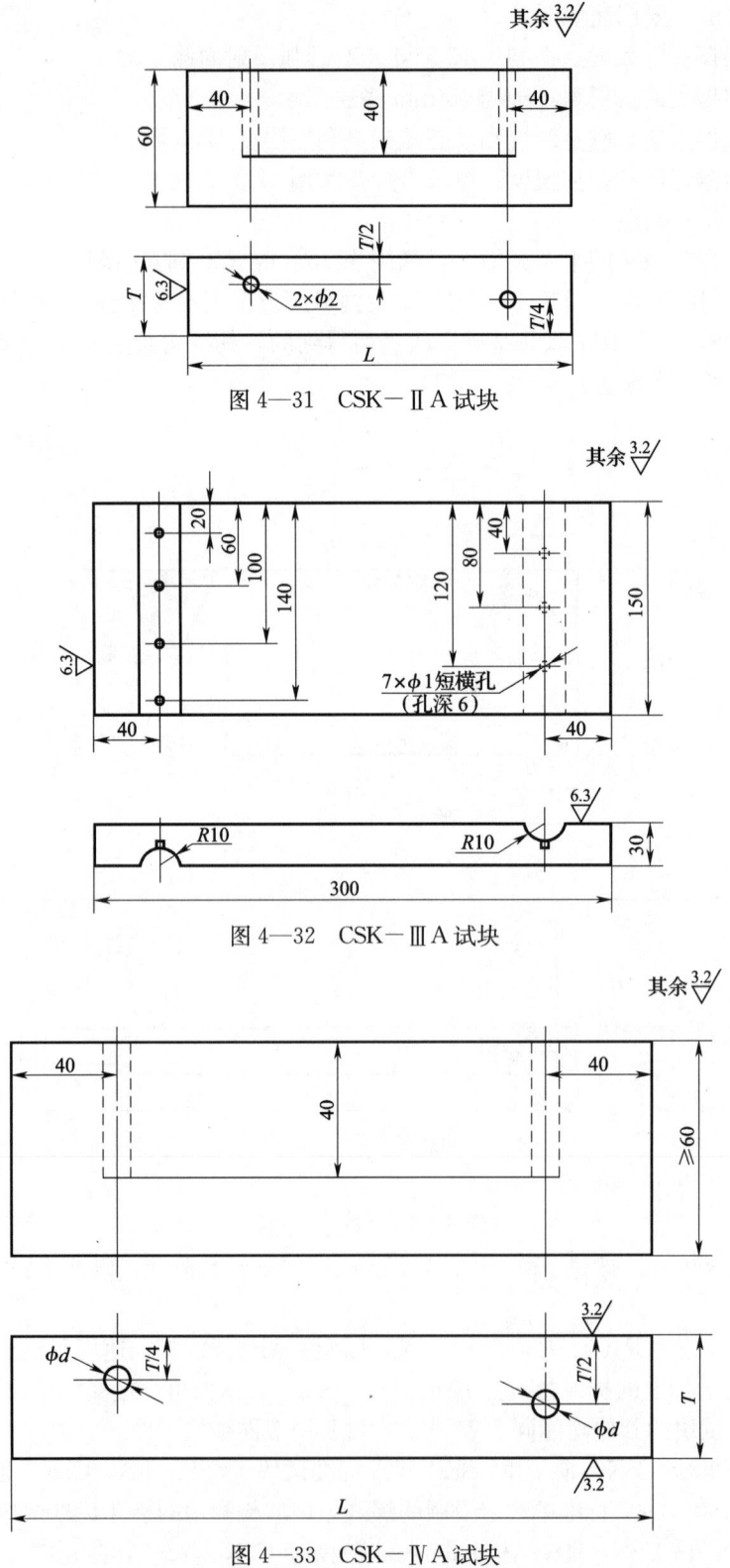

图 4—31 CSK-ⅡA 试块

图 4—32 CSK-ⅢA 试块

图 4—33 CSK-ⅣA 试块

我国的 CSK 系列标准试块比较特殊，要求试块材质与工件相同或相近。CSK－ⅡA，CSK－ⅢA，CSK－ⅣA 试块主要用于测定横波距离—波幅曲线、斜探头的 K 值和调整横波扫描速度和灵敏度等。其中 CSK－ⅡA 和 CSK－ⅢA 适用于壁厚范围为 8～120 mm 的焊缝，CSK－ⅣA 系列试块用于壁厚范围 120～400 mm 的焊缝。

(5) 美国 ASME 试块　ASME 试块是美国机械工程学会标准试块。试块的形状与尺寸如图 4—34 所示。试块厚度 T 由被探工件厚度决定，其关系见表 4—5。

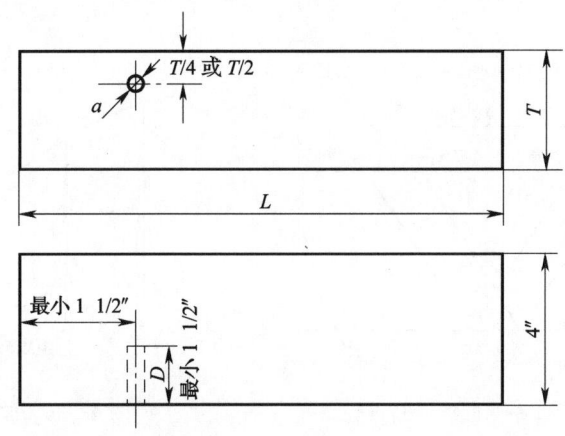

图 4—34　ASME 试块

表 4—5　　　　　　　　　　　ASME 标准试块尺寸

工件厚度 t [in（mm）]	试块厚度 T [in（mm）]	孔的位置	孔的直径 [in（mm）]
1（25.4）以下	3/4（19.1）或 t	$T/2$	3/32（2.4）
2≥t＞1 （50.8≥t＞25.4）	11/2（38.1）或 t	$T/4$	1/8（3.2）
4≥t＞2 （101.6≥t＞50.8）	3（76.2）或 t	$T/4$	3/16（4.8）
6≥t＞4 （152.4≥t＞101.6）	5（127）或 t	$T/4$	1/4（6.4）
8≥t＞6 （203.2≥t＞152.4）	7（177.8）或 t	$T/4$	5/16（8.0）
10≥t＞8 （254≥t＞203.2）	9（228.6）或 t	$T/4$	3/8（9.6）
t＜10 （t＞254）	t	$T/4$	见 ASME 规定

ASME 试块的用途与我国 CSK－ⅡA 试块相似，可用于绘制斜探头的距离——波幅曲线，调节仪器时基线比例与检测灵敏度，测定斜探头的折射角等。

试块上的横孔位置与工件厚度有关,当工件厚度小于或等于 1 in(25.4 mm)时,取 $T/2$ 时;当工件厚度大于 1 in(25.4 mm)时,取 $T/4$。

下面以横孔位于 $T/4$ 时的情况为例说明使用 ASME 标准试块绘制波幅——距离曲线的方法。如图 4—35 所示,首先使 3/8 跨距处回波高达示波屏满幅度的 75%,然后在灵敏度不变的条件下,测 5/8、7/8 跨距等处回波高。以跨距(水平距离)为横坐标,波高为纵坐标绘制波幅——距离曲线,如图 4—36 所示的 a 曲线。将 a 曲线下降 50%、80% 得 b、c 曲线。

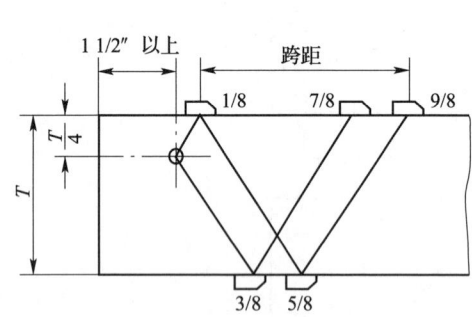

图 4—35 波幅—距离曲线绘制方法

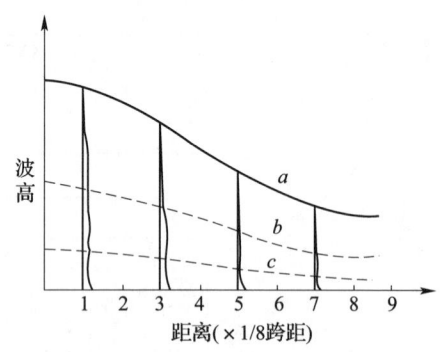

图 4—36 波幅—距离曲线
a—以 3/8 跨距处的回波波高达荧光屏满刻度的 75% 为测试灵敏度所测出的曲线;
b—50% 的对比基准线;
c—20% 的对比基准线

(6) 英国 BS 试块 BS 试块是英国国家标准试块。BS 试块有 BS—A_1,BS—A_2,BS—A_3 等几种。其中 BS—A_2 与 IIW 试块类似,不再赘述。这里仅介绍 BS—A_1,BS—A_3 试块。

1) BS—A_1 试块 BS—A_1 试块如图 4—37 所示。材质相当于我国 20 钢,制作要求与 IIW 试块相同。

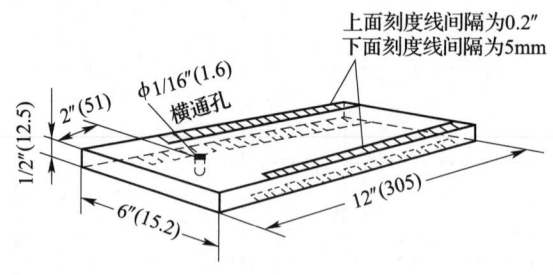

图 4—37 BS—A_1 试块(括号内尺寸单位为 mm)

BS—A_1 试块的主要用途如下:

①校验仪器时基线性:将探头放在图 4—38 所示的位置,测出位置 1 时波高 H_1 的水平刻度 τ_1。后移探头分别测出位置 2,3,4,5 时的 τ_2,τ_3,τ_4,τ_5,然后根据 $\tau_2-\tau_1$,$\tau_3-\tau_2$,$\tau_4-\tau_3$,$\tau_5-\tau_4$ 的差是否相等来评价仪器的时基线性。

②测定斜探头入射点与折射角,分别测出图 4—38 所示中探头在 1,2,3,4,5 等位置

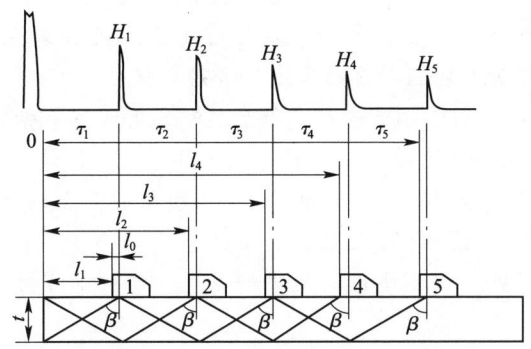

图 4—38 校验时基线性的方法

时探头前沿至试块端面的距离 L_1，L_2，L_3，L_4，L_5，则探头前沿长度 L_0 和折射角 β 分别为：

$$L_0 = \frac{L_3 - 3L_1}{3} \tag{4—11}$$

$$\tan\beta = \frac{L_1 + L_0}{t}$$

式中　t——BS—A_1 试块厚度。

此外，BS—A_1 试块还可用于调整仪器时基线比例和检测灵敏度等。

2）BS—A_3 试块　BS—A_3 试块如图 4—39 所示，制作要求及材质与ⅡW 试块基本相同。其主要用途如下：

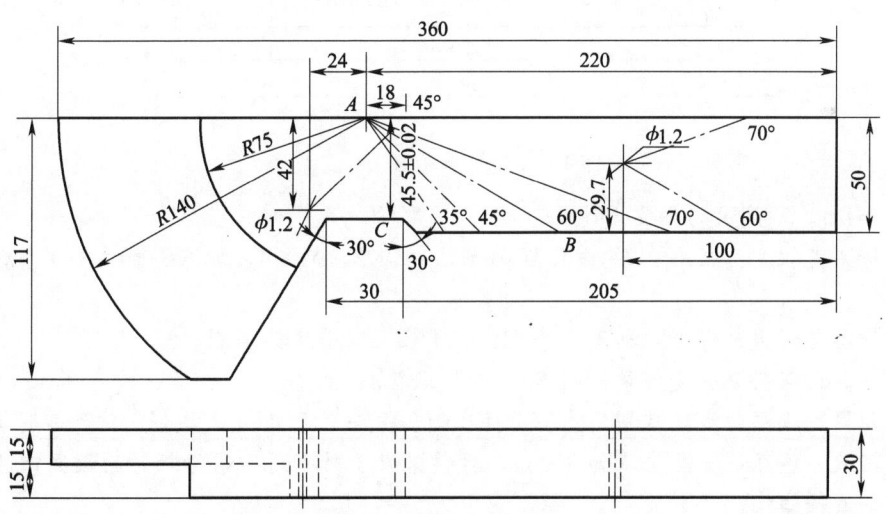

图 4—39　BS—A_3 试块

①调节时基线比例：以横波 1∶1 为例。将探头放在 A 位置上，利用 $R75$、$R140$ 两圆弧调节。使两圆弧回波 B_1、B_2 分别对准水平刻度 35、100，然后调节[脉冲移位]使 B_1 对准 75 即可。也可将直探头放在 C 处，使 45.5 mm 底波 B_1、B_2 分别对准水平刻度 25、50，这时纵波比例为 1∶1.82，然后换上斜探头，对准 $R75$，调[脉冲移位]使 B_1 对准 75，这时横波 1∶1 就调好了，并且"0"点也校好了。

②测定斜探头入射点：探头置于 A 处，方法同ⅡW试块。

③测定斜探头折射角：探头置于 B 处，波束轴线经 A 处反射至圆弧再回到探头，移动探头使回波最高，这时探头入射点对应的角度为折射角。

此外，BS—A_3 试块还可用于调节检测灵敏度，测定探头波束轴线偏离程度等。

(7) 日本JIS试块　JIS试块是日本工业标准试块。JIS试块有JIS—STB—A_1，JIS—STB—A_2，JIS—STB—A_3 等几种。JIS—STB—A_1 试块与ⅡW试块类似，不同赘述。下面仅介绍JIS—STB—A_2 与JIS—STB—A_3 试块。

1) JIS—STB—A_2 试块　该试块形状尺寸如图4—40所示，材质类似我国20钢，正火回火处理。

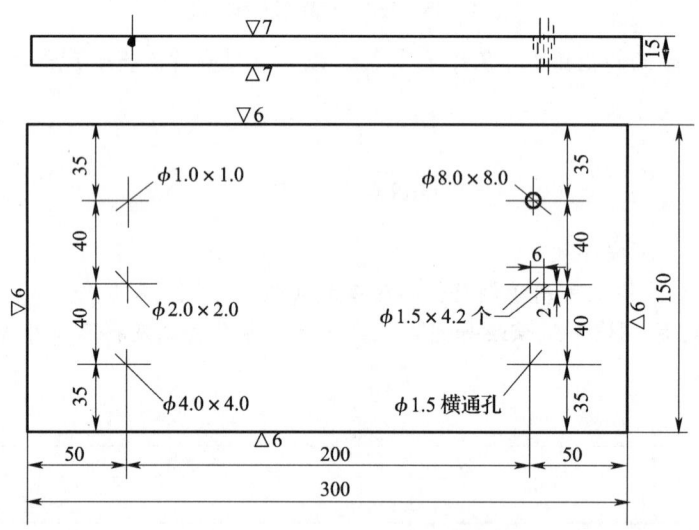

图4—40　JIS—STB—A_2 试块

JIS—STB—A_2 试块的主要用途如下：

①调检测灵敏度：利用 $\phi 1.5$ 横孔与 $\phi 1 \times 1$，$\phi 2 \times 2$，$\phi 4 \times 4$，$\phi 8 \times 8$ 等柱孔（平底孔）进行调整。

②测仪器与探头分辨力：利用两个 $\phi 1.5 \times 4$ 柱孔（平底孔）测。

③测仪器与探头灵敏度余量：利用 $\phi 1.5$ 横通孔测。

④测距离—波幅曲线：常利用 $\phi 4 \times 4$ 柱孔测。探头置于 A 处，找到1倍跨距时 $\phi 4 \times 4$ 柱孔的最高回波，调至某一高度（如80%），后移探头分别找到不同跨距时的最高回波，然后绘制距离—波幅曲线。

2) JIS—STB—A_3 试块　该试块形状与ⅡW试块类似，如图4—41所示。但尺寸较小，因此质量轻，携带方便，适用于现场检测。材质、用途与ⅡW试块相似。

(8) 德国DIN试块　DIN试块是德国标准试块，DIN试块有DIN54120 1号标准试块和DIN54122 2号标准试块。其中DIN54120 1号标准试块与ⅡW试块相似。不同的地方是在 $R100$ 圆心处开有 $0.5 \, mm \times 430 \, mm$ 的小槽，用于横波检测时调节仪器的时基线比例。DIN54122 2号标准试块与ⅡW2试块相同。

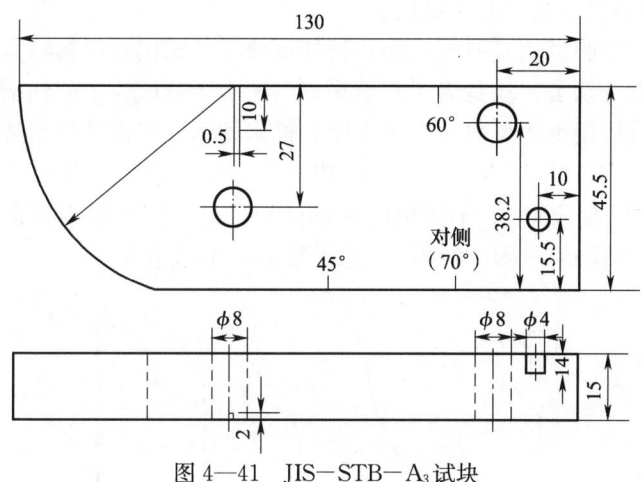

图 4—41 JIS—STB—A_3试块

4.4.3 对比试块

1. 对比试块的基本要求

对比试块材料的透声性、声速、声衰减等应尽可能与被检工件相同或相近。一般情况下，对比试块材质尽可能与被检工件相同或相近。低合金钢、碳钢和工具钢的声性能相差不大，以一种材料来制作对比试块基本可以代用。但不锈钢、镍基合金、钴基合金应采用工件本身的材料来制作。制作时应保证材质均匀、无杂质、无影响使用的缺陷。

对比试块的外形应尽可能简单，并能代表被检工件的特征；对比试块厚度应与被检工件的厚度要相对应；对比试块粗糙度与被检工件相同或相近。如果涉及两种或两种以上不同厚度部件焊接接头的检测，对比试块的厚度应由其最大厚度来确定。对比试块一般采用人工反射体，常用的人工反射体有长横孔、短横孔、横通孔、平底孔、V形槽和其他线切割槽等。

加工好的试块应测试其外形尺寸公差，并采用硅橡胶覆型的方法观测孔底的形状和尺寸误差。对于成套距离幅度试块，也需要测试其距离幅度曲线。

2. 常用对比试块

JB/T 4730.3—2005 标准中规定和采用的对比试块主要有：

a. 钢板横波检测对比试块；
b. 锻件横波检测对比试块；
c. 无缝钢管横波检测用对比试块：纵向人工缺陷试块、横向人工缺陷试块；
d. 声能传输损耗超声检测对比试块；
e. T形焊接接头超声检测对比试块；
f. 铝焊接接头超声检测对比试块；
g. 钢制压力管道和管子焊接接头超声检测对比试块；
h. 铝及铝合金压力管道和管子焊接接头超声检测对比试块；
i. 钛焊接接头超声检测对比试块；
j. T1，T2，T3 型堆焊层超声检测对比试块；

k. 奥氏体不锈钢对接接头对比试块。

（1）半圆试块 半圆试块是我国广为流行的试块，其结构和反射特点如图 4—42 所示。有时试块圆弧部分切去一块是为了安放平稳。图中半圆试块中心切槽是为了产生多次反射，在示波屏上形成等距离的反射波。由于中心槽未切通，切槽处反射波间距均为 R，而未切槽处反射波间距为 R、$2R$、$2R$、…，二者相互叠加使示波屏上奇次波高，偶次波低，如图 4—42a 所示。此外还一种中心不切槽的半圆试块，这种试块反射波间距为 R、$2R$、$2R$、…，波形如图 4—42b 所示。常用半圆试块的半径为 $R40$ 或 $R50$。

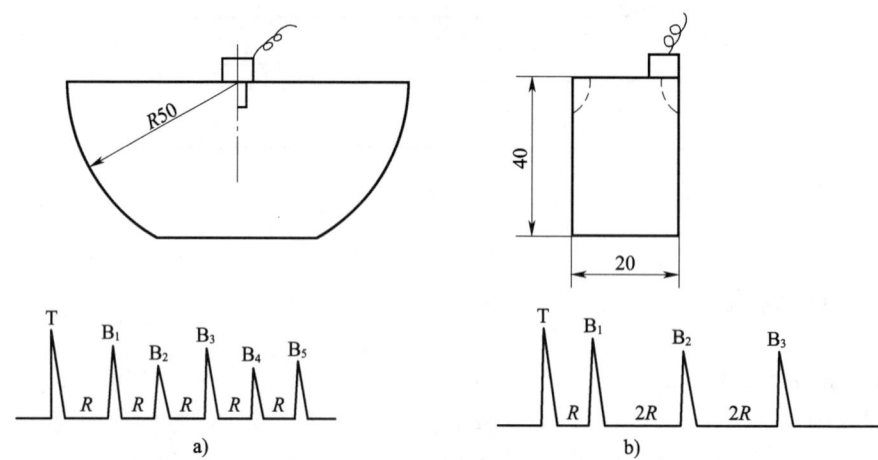

图 4—42 半圆试块
a）中心切槽波形 b）中心不切槽波形

半圆试块的主要用途如下：
1）测定斜探头的入射点：利用 $R50$ 测。
2）调整横波扫描速度和检测范围：利用 $R50$ 调。
3）调整纵波扫描速度和检测范围：利用厚度 20 调。
4）测定仪器的水平、垂直线性和动态范围：利用厚度 20 调。
5）调整灵敏度：利用 $R50$ 圆弧面调。

半圆试块基本可以代替牛角试块的功能，且加工简便，便于携带，便于采用与被检件相同的材料制作，可根据被检工件情况改变圆的半径。

（2）无缝钢管横波检测对比试块 图 4—43 所示试块是 JB/T 4730.3—2005 标准中规定的无缝钢管横波检测用对比试块，主要针对纵向缺陷。对比试块应选取与被检钢管规格相同，材质、热处理工艺和表面状况相同或相似的钢管制备。对比试块不得有大于或等于 $\phi2$ mm 当量的自然缺陷。对比试块的长度应满足检测方法和检测设备要求。

试块的尺寸、V 形槽和位置如图 4—43 所示和表 4—6。

（3）RB—1、2、3 试块 RB—1、2、3 试块是 GB 11345—1989《钢焊缝手工超声波探伤方法和探伤结果分级》中规定的焊缝检测用对比试块。试块的形状和尺寸如图 4—44、图 4—45、图 4—46 所示。试块的材质与被检材料的声学性能相同或相近。

RB—1 试块主要用于厚度为 8～25 mm 的对接焊缝检测；RB—2 试块主要用于厚度为 8～100 mm 的对接焊缝检测；RB—3 试块主要用于厚度为 8～150 mm 的对接焊缝检测。

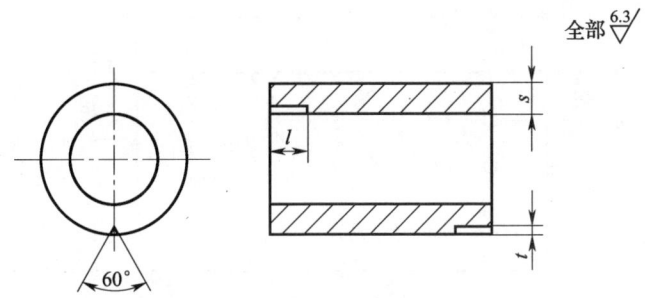

图 4—43　无缝钢管对比试块

表 4—6　　　　　　　　　　对比试块上人工缺陷尺寸

级　　别	长度 l，mm	深度 t 占壁厚的百分比，%
Ⅰ	40	5（0.2 mm≤t≤1 mm）
Ⅱ	40	8（0.2 mm≤t≤2 mm）
Ⅲ	40	10（0.2 mm≤t≤3 mm）

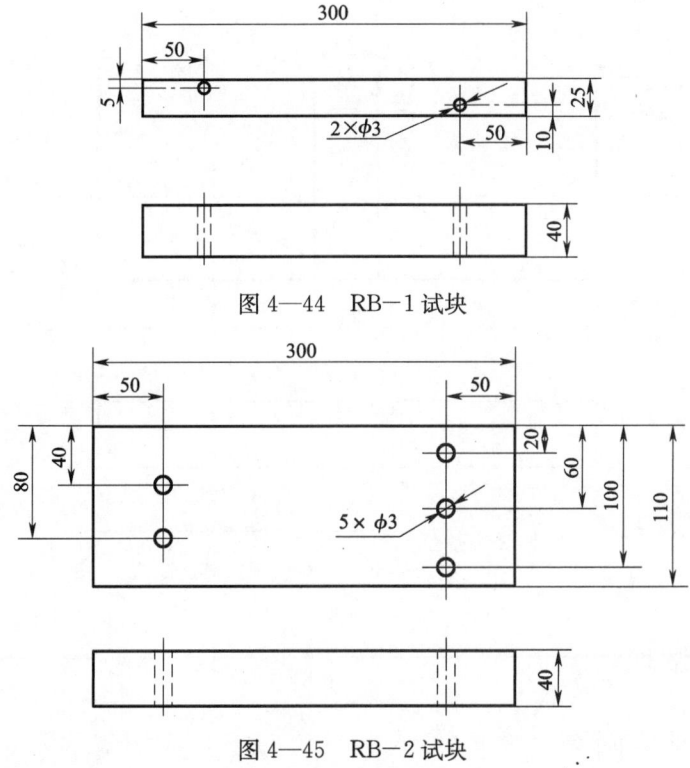

图 4—44　RB-1 试块

图 4—45　RB-2 试块

试块的主要用途：
1）调节时基线比例和检测范围。
2）测定斜探头的 K 值。
3）测定横波 AVG 曲线。
4）调节检测灵敏度。
5）进行缺陷定量。

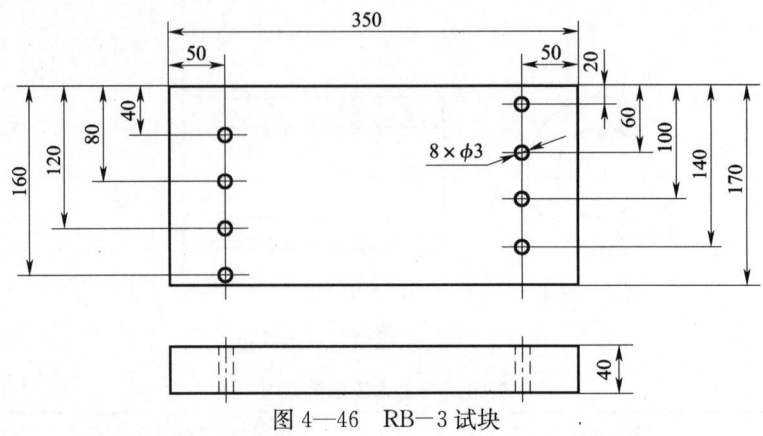

图 4—46　RB-3 试块

（4）奥氏体不锈钢对接接头对比试块　图 4—47 所示是 JB/T 4730.3—2005 标准中规定的奥氏体不锈钢对接接头对比试块。对比试块的材料应与被检工件材料相同，不得存在大于或等于 $\phi 2$ mm 平底孔当量直径的缺陷。试块的中部为对接焊接接头，该焊接接头应与被检焊接接头相似，并采用同样的焊接工艺制成。

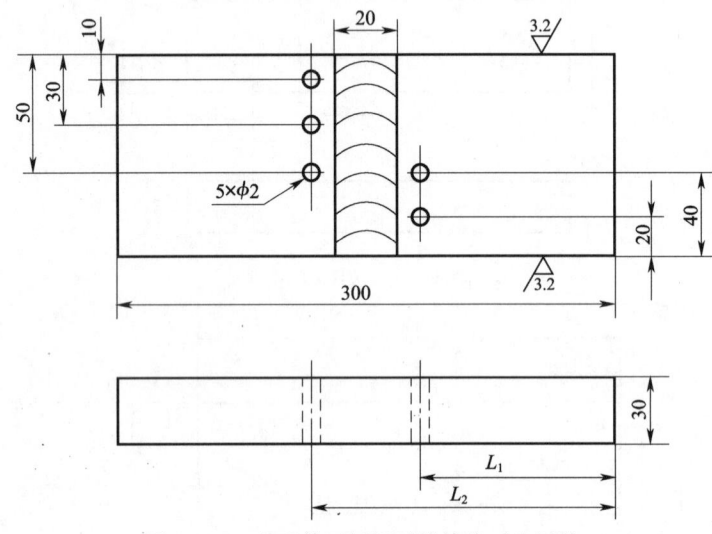

图 4—47　奥氏体不锈钢对接接头对比试块

4.4.4　模拟试块

1. 模拟试块的基本要求

模拟试块材料应尽可能与被检工件相同或相近，制作时应保证材质均匀、无杂质、无影响用途的其他缺陷。

模拟试块的外形尺寸应尽可能与被检工件一致，试块厚度应与被检工件的厚度相对应，试块表面条件应与被检工件相同或相近，对于焊缝试块，应采用与被检工件同样的焊接工艺制成。模拟试块一般应采用模拟缺陷，可以是模拟工件中实际缺陷而制作的样件，或者是在以往检测中所发现含自然缺陷的样件。

模拟试块可用于检测方法的研究、无损检测人员资格考核和评定、评价和验证仪器探头系统的检测能力和检测工艺等。在特种设备行业中，由于制作统一的自然缺陷试块较困难，各单位自制的试块又可能因相互的差异从而导致相应的质量异议，因此应慎重使用模拟试块。

目前关于模拟试块的使用越来越受到重视，比如美国 ASME 关于自动超声检测的规范案例 2235 中就规定：若使用自动超声检测替代射线检测，要求之一即需在模拟试块上进行检测能力演示，而且规定试块上应至少设置 3 个平行于焊缝熔合线的缺陷，2 个分别位于内外表面（若试块可倒置，则可用 1 个表面缺陷代替 2 个内外表面缺陷），1 个为埋藏缺陷。

2. 典型模拟试块举例

为研究电站锅炉中 $\phi 108 \sim 250$ mm（外径）、壁厚 $\geqslant 8$ mm 的 T 形接管全焊透对接焊缝的超声检测方法，按实际接管和集箱的规格和主要焊接缺陷，考虑典型性和覆盖性，应研制模拟试块。

模拟试块之一：

试块规格材料应与实际产品一致，即接管规格为 $\phi 108$ mm×12 mm、材料为 20G；集箱规格为 $\phi 219$ mm×40 mm、材料为 SA106B。

试块结构为 T 形接管安放式结构形式。

模拟缺陷类型主要为根部未焊透、坡口未熔合（坡口两侧）和夹渣。

图 4—48 所示为该模拟试块外形尺寸。

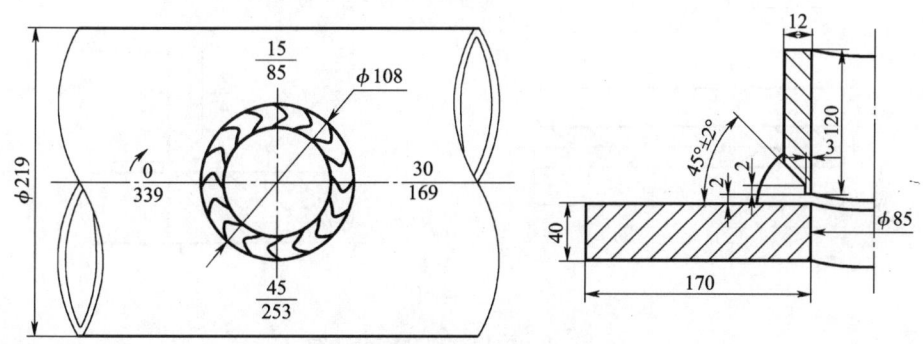

图 4—48 模拟试块外形尺寸

图 4—49 所示为该模拟试块缺陷设计图。

4.4.5 试块的使用和维护

1. 试块应在适当部位编号，以防混淆。
2. 试块在使用和搬运过程中应注意保护，防止碰伤或擦伤。
3. 使用试块时应注意清除反射体内的油污和锈蚀。常用蘸油细布将锈蚀部位抛光，或用合适的去锈剂处理。平底孔在清洗干燥后用尼龙塞或胶合剂封口。
4. 注意防止试块锈蚀，使用后停放时间长，要涂敷防锈剂。
5. 要注意防止试块变形，如避免火烤，平板试块尽可能立放防止重压。

超声检测

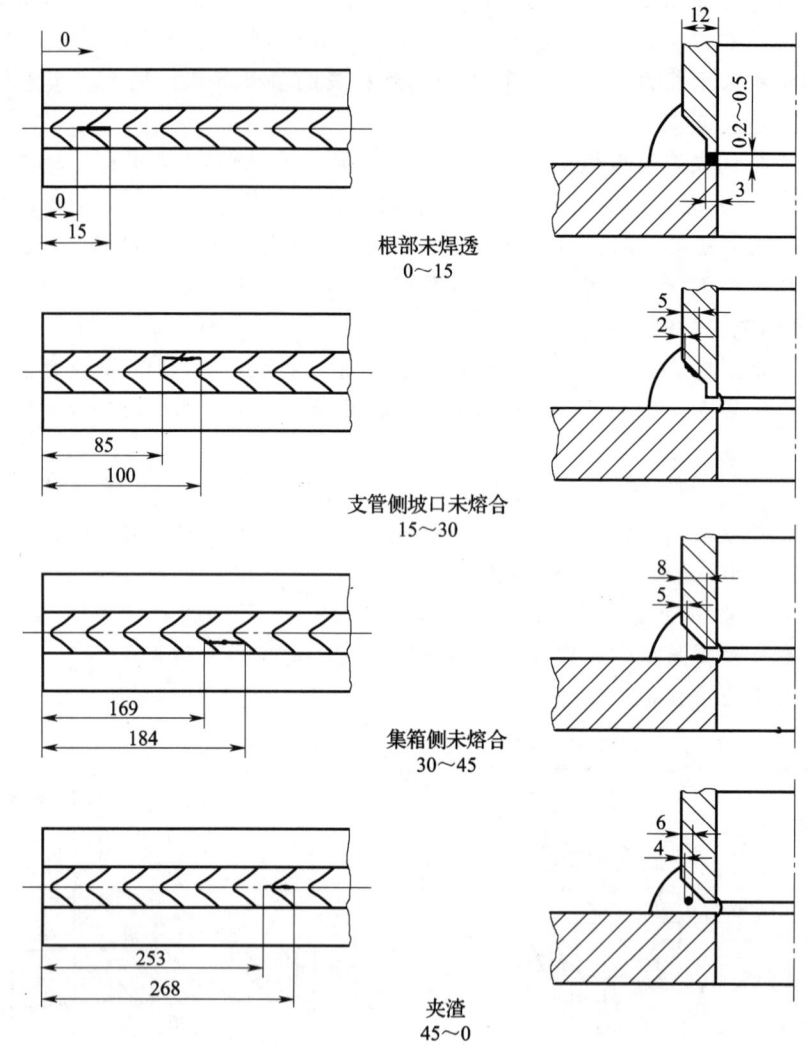

图 4—49 模拟试块缺陷设计图

4.5 仪器和探头的性能及其测试

仪器和探头的性能包括仪器的性能、探头的性能以及仪器与探头的组合性能。了解这些性能,并定期进行测试和校验,对正确选用检测设备,确保检测结果的可靠性,保证超声检测工作的质量,是十分必要的。

4.5.1 超声检测仪、探头的主要性能及其组合性能

1. 超声检测仪的主要性能

超声检测仪各部分电路的主要性能见表 4—7。

表 4—7　　　　　　　　　　　　超声检测仪器的主要性能

项　　目	具 体 性 能
脉冲发射部分	脉冲重复频率
	发射脉冲频谱
	发射电压（发射脉冲幅度）
	脉冲上升时间
	脉冲持续时间
接收部分（包括与示波管结合的性能）	垂直线性
	频率响应
	噪声电平
	最大使用灵敏度
	衰减器准确度
	垂直偏转极限
	垂直线性范围
	动态范围
	水平线性
	水平偏转极限
	水平线性范围
数字超声仪器额外的性能	数字采样率和采样位数
	数字采样误差
	A 型显示的像素数量
	数字式超声仪器的响应时间

（1）脉冲发射部分　这部分性能主要有发射电压、发射脉冲上升时间、发射脉冲宽度和发射脉冲频谱。其中脉冲频谱与前几个参数是相关的。脉冲上升时间直接与频谱的带宽相关，脉冲上升时间越短，则频带越宽。在仪器技术指标中，常给出发射电压幅度和脉冲上升时间，作为发射部分的性能指标。

发射电压幅度也就是发射脉冲幅度，它的高低主要影响发射的超声波能量；脉冲上升时间则与可用的超声波频率有关，上升时间短，频带宽，频率上限也高，则可配用的探头频率相应也高。同时，脉冲上升时间短，脉冲宽度也可减小，从而可减小盲区，提高分辨力。

（2）接收部分　接收部分的性能主要有垂直线性、频率响应、噪声电平、最大使用灵敏度、衰减器准确度以及与示波管结合的性能，包括垂直偏转极限、线性范围和动态范围。

垂直线性是指输入到超声检测仪接收电路的信号幅度与其在超声检测仪显示器上所显示的幅度成正比关系的程度。在用波幅评定缺陷尺寸的时候，垂直线性对测试准确度影响较大。

频率响应又称接收电路带宽，常用频带的上、下限频率表示。采用宽带探头时，接收电路的频带要包含探头的频带，才能保证波形不失真。

噪声电平是指空载时最大灵敏度下的电噪声的幅度。它的大小会限制仪器可用的最大灵敏度。

最大使用灵敏度是指信噪比大于 6 dB 时可检测的最小信号的峰值电压。它表示的是系统接收微弱信号的能力。

衰减器准确度反映的是衰减器读数的增减与显示的信号幅度变化之间的对应关系。它对仪器灵敏度调整、缺陷当量的评定均有重要意义。

垂直偏转极限是指示波管上 Y 偏转最大时，对应的刻度值。通常要求大于满刻度值（100%）。

垂直线性范围是在规定了垂直线性误差值后，垂直线性在误差范围内的显示屏上的信号幅度范围。通常用上、下限刻度值（%）表示。

动态范围是指在增益不变的情况下，超声检测仪可运用的一段信号幅度范围，在此范围内信号不过载或畸变，也不至过小而难以观测。动态范围通常用满足上述条件的最大输入信号与最小输入信号之比的分贝值表示。

（3）时基部分　时基部分的性能包括水平线性、脉冲重复频率以及与示波管结合的性能，包括水平偏转极限和线性范围。

水平线性又称时基线性，或者扫描线性。水平线性指的是输入到超声检测仪中的不同回波的时间间隔与超声检测仪显示屏时基线上回波的间隔成正比关系的程度。水平线性主要取决于扫描电路产生的锯齿波的线性。水平线性影响缺陷位置确定的准确度。

脉冲重复频率在 4.1.2 节中已有描述。

水平偏转极限是示波管上 X 偏转最大时，对应的刻度值。通常要求大于满刻度值（100%）。

水平线性范围是水平线性在规定误差范围内的时基线刻度范围。在使用时可根据水平线性范围调整仪器的时基线，使要测量的信号位于该范围内。

2. 探头的主要性能

探头的主要性能包括频率响应、相对灵敏度、时间域响应、电阻抗、距离幅度特性、声束扩散特性、斜探头的入射点和折射角、声轴偏斜角和双峰等。

频率响应是在给定的反射体上测得的探头的脉冲回波频率特征。在用频谱分析仪测试频率特性时，所得频谱如图 2—17 所示。从图中可得到，探头的中心频率、峰值频率、带宽等参数。

相对灵敏度是以脉冲回波方式，在规定的介质、声程和反射体上，衡量探头电声转换效率的一种度量。具体表达方式在不同标准中有不同的规定，如 GB/T 18694—2002《无损检测　超声检验　探头及其声场的表征》中规定为探头输出的回波电压峰—峰值与施加在探头上的激励电压峰—峰值之比；而 JB/T 10062—1999（原 ZBY231—1984）《超声检测用探头性能测试方法》中则规定为被测探头在规定的反射体上的回波幅度与石英晶片固定试块回波幅度之比。

时间域响应是通过回波脉冲的形状、脉冲宽度（长度）、峰数等特征来评价探头的性能。脉冲宽度与峰数是以不同形式来表示所接收回波信号的持续时间。脉冲宽度为在低于峰值幅度的规定水平上所测得的脉冲（回波）前沿和后沿之间的时间间隔。峰数为在所接收信号的波形持续时间内，幅度超过最大幅度的 20%（—14 dB）的周数。脉冲宽度越窄，峰数越少，则探头阻尼效果越好。这样的探头分辨力好，但灵敏度略低。

距离幅度特性、声束扩散特性、声轴偏斜角和双峰，均属于探头的声场特性。第三章中已介绍了近场长度、扩散角和远场区声压分布的公式，但由于介质衰减以及探头频率成分的非单一性等原因，实际声场测量结果与理论计算结果会有所差异，因此，进行声场的实际测量是有必要的。

距离幅度特性是探头声轴上规定反射体回波声压随距离变化的曲线。距离幅度特性可测出声场的最大峰值距探头的距离、远场区幅度随距离下降的快慢等。

声束扩散特性是指不同距离处横截面上声压下降至声轴上声压值的 -6 dB 时的声束宽度。由于声束扩散，所以不同距离处声束宽度也不同。相同距离处不同探头的声束宽度变化情况与半扩散角有关。

声轴偏斜角反映的是声束轴线与探头的几何轴线偏斜的程度。双峰是指声束轴线沿横向移动时，同一反射体产生两个波峰的现象。声轴偏斜角和双峰均是与声束横截面上的声压分布相关的性能，反映的是最大峰值偏离探头中心轴线的情况。此性能将会影响到缺陷水平位置的确定。

斜探头的入射点和折射角是实际超声检测中经常用到的参数，每次检测时均要进行测量。入射点指斜楔中纵波声轴入射到探头底面的交点；折射角的标称值指钢中横波的折射角，由斜楔的角度决定。两者均是探头制作完成时的固定参数，但随着使用中探头斜楔的磨损，两个参数均会改变。

3. 超声检测仪和探头的组合性能

组合性能包括灵敏度（或灵敏度余量）、分辨力、信噪比和频率等。

（1）灵敏度　超声检测中灵敏度广义的含义是指整个检测系统（仪器与探头）发现最小缺陷的能力。发现的缺陷越小，灵敏度就越高。

仪器与探头的灵敏度常用灵敏度余量来衡量。灵敏度余量是指仪器最大输出时（增益、发射强度最大，衰减和抑制为零），使规定反射体回波达基准高所需衰减的衰减总量。灵敏度余量大，说明仪器与探头的灵敏度高。灵敏度余量与仪器和探头的综合性能有关，因此又叫仪器与探头的综合灵敏度。

（2）分辨力　超声检测系统的分辨力是指能够对一定大小的两个相邻反射体提供可分离指示时两者的最小距离。由于超声脉冲自身有一定宽度，在深度方向上分辨两个相邻信号的能力有一个最小限度（最小距离），称为纵向分辨力。在工件的入射面和底面附近，可分辨的缺陷和相邻界面间的距离，称为入射面分辨力和底面分辨力，又称上表面分辨力和下表面分辨力。实际检测时，入射面分辨力和底面分辨力与所用的检测灵敏度有关，检测灵敏度高时，界面脉冲或始波宽度会增大，使得分辨力变差。探头平移时，分辨两个相邻反射体的能力称为横向分辨力。横向分辨力取决于声束的宽度。

（3）信噪比　信噪比是指示波屏上有用的最小缺陷信号幅度与无用的最大噪声幅度之比。由于噪声的存在会掩盖幅度低的小缺陷信号，容易引起漏检或误判，严重时甚至无法进行检测。因此，信噪比对缺陷的检测起关键作用。

（4）频率　频率是超声仪器和探头组合后的一个重要参数，很多物理量的计算都与频率有关，例如超声场近场区长度、半扩散角、规则反射体的回波声压等。探头的公称频率是制造厂在探头上标出的频率，该频率是根据驻波共振理论设计的，由 $f_0 = \dfrac{N_t}{t} = \dfrac{c_L}{2t}$ 计算得到。

超声检测

仪器和探头的组合频率取决于仪器的发射电路与探头的组合性能,与公称频率之间往往存在一定的差值。为衡量该差值,实践中往往采用回波频率误差表征。回波频率误差是指当仪器与探头组合使用时,经工件底面反射回的超声波的频率与探头公称频率间的误差极限。

4.5.2 超声检测仪、探头及其组合性能的测试方法

1. 仪器使用性能的测试方法

仪器的基本性能主要由制造商在仪器出厂前进行测试,并提供给用户。对于使用者来说,更关心的是那些与检测直接相关的基本性能,主要包括垂直线性、水平线性、动态范围和衰减器准确度。这些指标的测量方法较为简单,通常不需要连接特殊的电路或仪器。在定期的仪器检定中,以及在日常工作中确认仪器状态时,均需对这些指标进行测量,因此,这些指标又称仪器的使用性能。关于这些技术指标的具体量值要求,需根据超声检测的具体对象和目的进行规定。

(1) 垂直线性 接收电路中影响垂直线性的有衰减器、高频放大器、视频放大器等。不同的标准中,规定了不同的测试方法。一种简单的测试方法是采用规定的人工反射体产生的脉冲回波,用仪器上的衰减器改变屏幕上显示的回波高度,以测得的回波高度值与相应衰减量对应的理论波高的最大差值作为垂直线性误差。这种方法测得的垂直线性误差综合了衰减器和放大器等接收电路各部分的误差值。

垂直线性误差的测试步骤如下:

1) 抑制旋钮至"0",衰减器保留 30 dB 衰减余量。

2) 直探头通过耦合剂置于ⅡW(或其他试块)上,对准 25 mm 底面,并用压块恒定压力。

3) 调节仪器使试块上某次底波位于示波屏的中间,并达满幅度 100%,但不饱和,作为"0" dB。

4) 固定增益旋钮和其他旋钮,调衰减器,每次衰减 2 dB,并记下相应的波高 H_i 填入表 4—8 中,直到底波消失。

表 4—8

	衰减量 ΔdB	0	2	4	6	8	10	12	14	16	18	20	22	24
回波高度	实测 绝对波高 H_i													
	实测 相对波高%													
	理想相对波高%	100	79.4	63.1	50.1	39.8	31.6	25.1	19.9	15.8	12.6	10	7.9	6.3
	偏差%													

注:实测相对波高% = $\dfrac{H_i (衰减 \Delta_i dB 后波高)}{H_0 (衰减 0 dB 时波高)} \times 100\%$

理想相对波高% = $10 - \dfrac{\Delta_i}{20} \times 100\%$ ($20\lg \dfrac{H_i}{H_0} = -\Delta_i$)

5) 计算垂直线性误差:

$$D = (|d_1| + |d_2|)\% \tag{4—12}$$

式中 d_1——实测值与理想值的最大正偏差；

d_2——实测值与理想值的最大负偏差。

JB/T 10061—1999《A 型脉冲反射式超声波探伤仪通用技术条件》规定仪器垂直线性误差 $D\leqslant 8\%$，JB/T 4730 中进一步规定垂直线性误差$\leqslant 5\%$。

为了要区分衰减器误差与其他电路的误差，一种方法是先用标准衰减器测出仪器上衰减器的准确度，在衰减器符合要求的情况下，再进行上述测量；另一种方法是采用两个成比例的信号，调节增益（或衰减器）使信号在屏幕上的波高改变为不同的值，观察两个信号幅度比的变化情况。由于衰减器对两个信号的衰减量是一样的，因此幅度比的变化基本排除了衰减器的影响，可代表放大电路的线性情况。在确认放大器线性满足要求的情况下，仍可用衰减器调节量与回波高度的对应关系来测定衰减器的准确度。

可按下列简易方法大致测出衰减误差：在探头远场区，同声程平底孔的孔径相差一倍，其反射回波的理论差值为 12 dB。据此，可以用直探头检测试块内同声程的 $\phi 2$ mm 和 $\phi 4$ mm 平底孔（如 CS—1 型 5 号和 15 号试块），用衰减器将它们的回波调至同一高度（如垂直刻度的 80%），此时衰减器的调节量（dB）值与 12 dB 的差值即为衰减误差。由于检测仪衰减器旋钮刻度只有整数值，难以调节到基准高度的回波余额可折算。对于垂直线性好的仪器，可按下列方法进行。

①使 $\phi 2$ mm 平底孔的最大反射波高为适当高度，记为 H_1。

②使同声程的 $\phi 4$ mm 平底孔最大反射波出现在荧光屏上，并衰减 12 dB，记下此时高度为 H_2，则衰减误差 N 可按下式估算：

$$N(\text{dB}) = 20\lg(H_1/H_2) \tag{4—13}$$

JB/T 10061—1999 标准中规定：任意相邻 12 dB 误差$\leqslant \pm 1$ dB，JB/T 4730 中进一步规定最大累计误差$\leqslant 1$ dB。

(2) 水平线性　水平线性的测试可利用任何表面光滑、厚度适当，并具有两个相互平行的大平面的试块，用纵波直探头获得多次反射回波，并将规定次数的两个回波调整到与两端的规定刻度线对齐，之后，观察其他的反射回波位置与水平刻度线相重合的情况。

以直探头和 IIW 试块为例，按 JB/T 10061—1999《A 型脉冲反射式超声波探伤仪通用技术条件》的方法进行的测试步骤如下：

1）将直探头置于 IIW（或其他试块）上，对准 25 mm 厚的大平底面，如图 4—50a 所示。

2）调微调、水平或脉冲移位等旋钮，使示波屏上出现五次底波 B_1 到 B_5，且使 B_1 对准 2.0，B_5 对准 10.0，如图 4—50b 所示。

3）观察和记录 B_2，B_3，B_4 与水平刻度值 4.0、6.0、8.0 的偏差值 a_2，a_3，a_4。

4）计算水平线误差：

$$\delta = \frac{|a_{\max}|}{0.8b} \times 100\% \tag{4—14}$$

式中 $a_{\max}$——a_2，a_3，a_4 中最大者；

b——示波屏水平满刻度值。

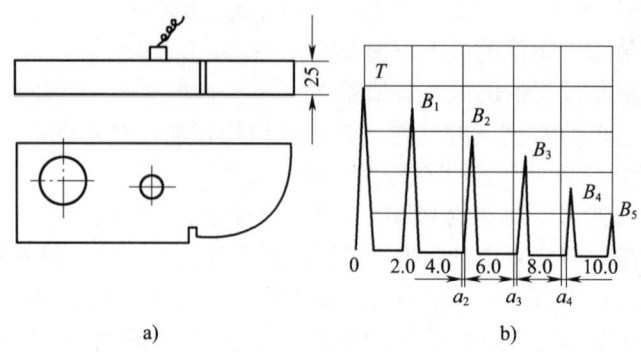

图 4—50 水平线性的测试
a) 试块 b) 显示

JB/T 10061—1999 标准中规定仪器的水平线性误差≤2%，JB/T 4730 中进一步规定仪器的水平线性误差≤1%。

(3) 动态范围 动态范围的测量通常采用直探头，将试块上反射体的回波高度调节到垂直刻度的 100%，用衰减器将回波幅度由 100% 下降到刚能辨认的最小值时，该调节量即为仪器的动态范围。注意这时抑制旋钮为"0"。

JB/T 10061—1999 标准中规定仪器的动态范围不小于 26 dB。

2. 探头的性能及其测试

多数探头性能不仅与探头晶片本身的特性有关，还与探头的阻尼、耦合介质特性、测试时激励信号的特性有关。很多性能必须通过脉冲回波来反映，因此，测试时往往要规定测试激励信号、耦合介质以及脉冲反射法时的反射体，以使需检测的探头性能以外的其他影响因素被排除或保持不变，使检测结果具有可比性。

前面所述的探头性能是探头制造商进行探头质量评价时需要检测的项目。对于使用者而言，测试的目的主要是对探头性能的定期校验，以及斜探头入射点与折射角等易变参数的常规测试。下面仅介绍常用的频率特性、距离幅度特性、声束特性、斜探头的入射点与折射角、声束偏斜角与双峰的测试方法。

(1) 频率响应 测试探头频率响应时，要求激励脉冲频带和接收电路的带宽足以包含探头的频带范围；产生回波的反射体应为足够大的平面；传声介质衰减应尽可能小。测量的方法有利用频谱仪测量回波脉冲频谱的方法和利用回波脉冲的射频波形测量回波频率的方法。两种方法均需在规定的反射体上获取回波脉冲。频谱法用闸门将回波提取出来，送给频谱仪进行分析，可以得到探头的中心频率、峰值频率、带宽等特征参数。射频波形测

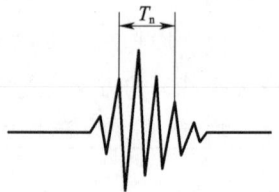

图 4—51 回波频率的测量

量方法需用示波器将回波脉冲展开，如图 4—51 所示，通过读取多个周期的总时间（T_n）和周期数（n），可以计算出回波频率 f：

$$f = \frac{n}{T_n} \tag{4—15}$$

对于宽频带探头，由于阻尼效果较强，脉冲形状不再是均匀的多个周期，不适合采用读取周期的方法测定频率特性。

(2) 距离幅度特性　接触法纵波直探头距离幅度特性的测定需要采用一套含不同深度的平底孔的试块，测量每个深度的平底孔的幅度，绘制成幅度与距离的关系曲线。横波距离幅度曲线可采用不同深度的横孔进行测定。水浸法探头的距离幅度曲线采用水中钢球反射波幅随距离的变化来表示。

(3) 斜探头入射点和前沿长度　可采用 IIW 试块或 CSK-ⅠA 试块测定。测定方法如下：

将斜探头放在试块上，如图 4—52 所示。

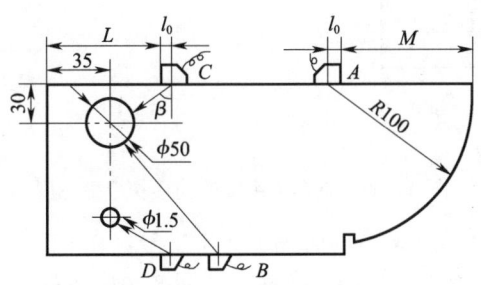

图 4—52　入射点与 K 值测定

在检测面中心位置移动（探头声束轴线与试块两侧平行），使 R100 圆柱曲底面回波达最高，此时，R100 圆弧的圆心所对应探头上的点就是该探头的入射点。

量出探头前端至试块圆弧边缘的距离 M（mm）。则该探头的前沿长度为：

$$l_0 = 100 - M$$

注意试块上 R 应大于钢中近场区长度 N，因为近场区内轴线上的声压不一定最高，测试误差大。

(4) 测定斜探头 K 值或折射角 β_s。斜探头的 K 值常用 IIW 试块或 CSK-IA 试块上的 $\phi 50$ mm 和 $\phi 1.5$ mm 横孔来测定，如图 4—52 所示。测定方法如下：

当探头置于 B 位置时，可测定 β_s 为 35°～75°（K=0.7～1.73）；

当探头置于 C 位置时，可测定 β_s 为 60°～75°（K=1.73～3.73）；

当探头置于 D 位置时，可测定 β_s 为 75°～80°（K=3.73～5.67）。

下面以 C 位置为例说明 K 值的测试方法。探头对准试块上 $\phi 50$ mm 横孔，找到最高回波，并测出探头前沿至试块端面的距离 L，则有：

$$K = \tan\beta_s = \frac{L + l_0 - 35}{30} \tag{4—16}$$

式中　β_s 由下式求得：$\beta_s = \arctan K$

值得注意的是：测定探头的 K 值或 β_s 也应在大于 2N 进行。因为近场区内，声压最高点不一定在声束轴线上，测试误差大。

(5) 声轴的偏移和声束宽度　直探头和斜探头都可能存在声轴的偏移，下面以直探头为例说明之。

a. 在试块上选取深度约为 2 倍被测探头近场长度的横通孔。

b. 标出探头的参考方向，将探头的几何中心轴对准横通孔的中心轴，如图 4—53a 所示，然后使探头沿 x 方向在试块的中心线移动，测出横通孔回波幅度最高点时探头的移动距离 Dx，

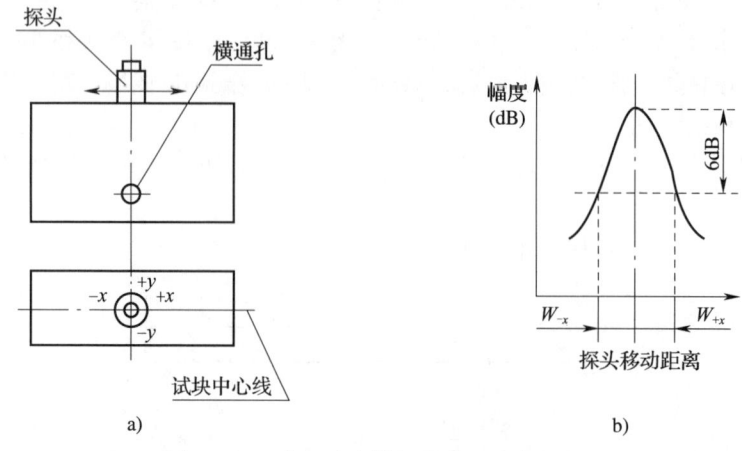

图 4—53　直探头声轴的偏移和声束宽度

其中横通孔回波幅度最高点在 $+x$ 方向时加上（＋）号，在 $-x$ 方向时加上（－）号。

c. 继续沿 x 方向移动探头，分别测出横通孔回波幅度最高点至孔波幅度下降 6 dB 时探头的移动距离 W_{+x} 和 W_{-x}，如图 4—53b 所示。

d. 使探头旋转 90°后沿 x 方向对准试块中心线移动，按 b 和 c 条测出 Dy，W_{+y} 和 W_{-y}。

Dx，Dy 表示了声轴的偏移。W_{+x}，W_{-x}，W_{+y} 和 W_{-y} 表示声束宽度，读数精确到 1 mm。

（6）探头双峰　探头双峰常用横孔试块来测定，如图 4—54a 所示。探头对准横孔，并前后平行移动，当示波屏上出现图 4—54b 所示的双峰波形时，说明探头具有双峰现象。

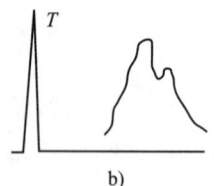

图 4—54　探头双峰测定

3. 仪器与探头组合性能测试

组合性能测试包括灵敏度（或灵敏度余量）、分辨力和信噪比。

（1）灵敏度余量　仪器与直探头组合的灵敏度余量测试方法如下：

1) 仪器增益旋钮至最大，抑制旋钮至"0"，发射强度旋钮至"强"，连接探头，并使探头悬空，调衰减器使电噪声电平≤10%，记下此时的衰减器的读数 N_1 dB。

2) 将探头对准图 4—55a 所示的 200 mm 声程处的 ϕ2 mm 平底孔。调衰减器使 ϕ2 mm 平底孔回波高度为 50%，记下此时衰减器读数 N_2 dB。则仪器与探头的灵敏度余量 N 为：

$$N = N_2 - N_1 (\text{dB})$$

仪器与斜探头组合的灵敏度余量的测试：

1) 增益旋钮至最大，抑制旋钮至"0"，发射强度旋钮至"强"，连接探头并悬空，记下电噪声电平≤10%的衰减量 N_1。

2) 探头置于 IIW 试块或 CSK—ⅠA 试块上，如图 4—55b 所示，记下使 R100 圆弧面的第一次反射波最高达 50%时的衰减量 N_2。则仪器与斜探头的灵敏度余量 N 为：

$$N = N_2 - N_1 (\text{dB})$$

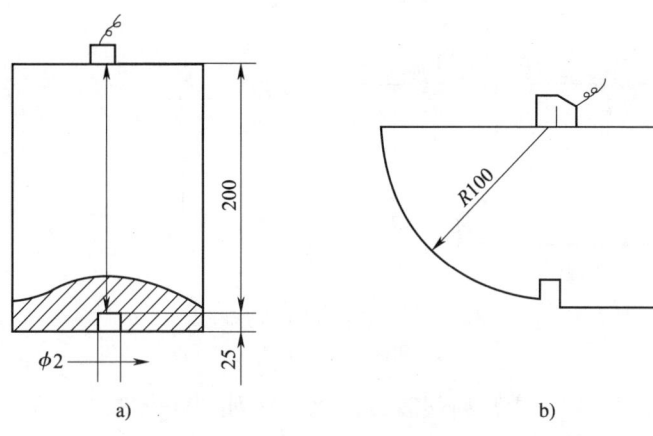

图 4—55 灵敏度余量测定
a) 直探头 b) 斜探头

（2）盲区与始脉冲宽度　盲区是指从检测面到能发现缺陷的最小距离。盲区的大小与仪器的阻塞时间和始脉冲宽度有关。

始脉冲宽度测定方法：按规定调好灵敏度并调至标准"0"点，如图 4—56 所示，示波屏上始脉冲达 20％高处至水平刻度"0"点的距离 W_n，即为始脉冲宽度。

JB/T 4730—2005 中规定，仪器和直探头组合的始脉冲宽度（在基准灵敏度下）：对于频率为 5 MHz 的探头，宽度不大于 10 mm；对于频率为 2.5 MHz 的探头，宽度不大于 15 mm。

盲区的测定可在盲区试块上进行，如图 4—57 所示。在示波屏上能清晰地显示 $\phi1$ mm 平底孔独立回波的最小距离即为所测的盲区。

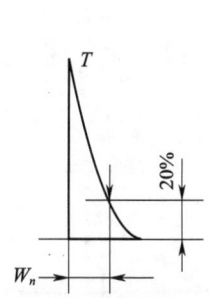

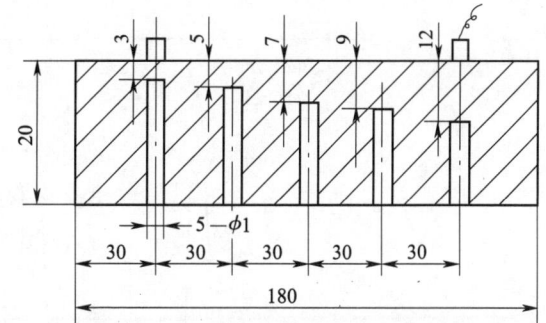

图 4—56　始脉冲宽度　　　　　图 4—57　用盲区试块测盲区

如果没有盲区试块，也可利用 IIW 或 CSK－IA 试块来估计盲区的范围，如图 4—58 所示。若探头置于Ⅰ处有独立回波，则盲区小于或等于 5 mm。若Ⅰ处无独立回波，Ⅱ处有独立回波，则盲区在 5～10 mm 之间。若Ⅱ处仍无独立回波，则盲区大于 10 mm。

（3）远场分辨力

1）仪器与直探头远场分辨力的测定

①抑制旋钮至"0"，探头置于图 4—58a 所示的 CSK－IA 试块Ⅲ处，左右移动探头，使

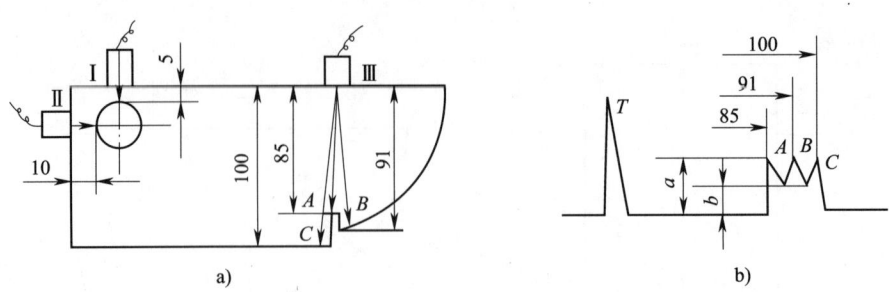

图 4—58 直探头分辨力测试
a) 测试位置　b) 显示

示波屏上出现 85、91、100 三个反射回波 A、B、C，如图 4—58b 所示，则波峰和波谷的分贝差 $20\lg(a/b)$ 表示分辨力。

②JB/T 4730—2005 中规定，直探头远场分辨力 ≥30 dB。

2) 仪器与斜探头分辨力的测定

①斜探头置于图 4—59a 所示的 CSK-IA 试块上，对准 $\phi50$ mm、$\phi44$ mm、$\phi40$ mm 三阶梯孔，使示波屏上出现三个反射波。

②平行移动探头并调节仪器，使 $\phi50$ mm、$\phi44$ mm 回波等高，如图 4—59b 所示，其波峰为 h_1，波谷为 h_2，则其分辨力为：

$$X = 20\lg\frac{h_1}{h_2}(\text{dB}) \tag{4—17}$$

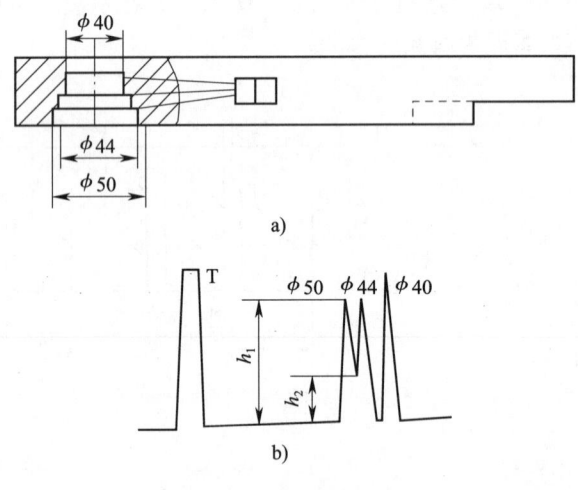

图 4—59 斜探头分辨力测定
a) 测定位置　b) 显示

实际测试时，用衰减器将 h_1 衰减到 h_2，其衰减量 ΔN 为分辨力，则 $X = \Delta N$ dB。

JB/T 4730—2005 中规定，斜探头的远场分辨力 ≥6 dB。

(4) 信噪比　信噪比的测定分为仪器校验时的测定和实际检测时的测定。

一般以 200 mm 声程处 $\phi1$ mm 平底孔反射回波 $H_信$ 与噪声杂波 $H_噪$ 之间的分贝差来表示

信噪比的大小，即 $\Delta = 20\lg (H_信/H_噪)$。

（5）回波频率　回波频率可用一般示波器测试。下面简要介绍用示波器测试直探头回波频率的方法：

被测直探头接仪器发射插座，带宽不小于 30 MHz 的示波器接仪器接收插座，仪器工作方式置于"单"的位置，这时发射插座与接收插座内部连通，即一只探头兼作发射与接收。再将探头置于 IIW（或 CSK－IA）试块上对准 25 mm 大平底面，使第一次底波 B_1 最高。

然后调节示波器，使示波器荧光屏上显示出底波 B_1 的扩展波形，如图 4—60 所示。在此波形中，以峰值点 P 为基准，读出在其前一个周期、其后两个周期共计三个周期的时间 T_n，则回波频率 f_e 由下式计算得到：

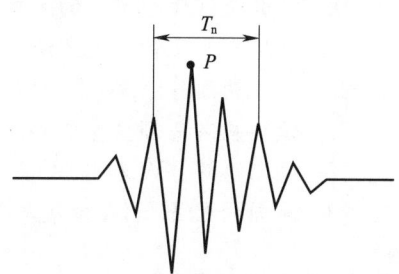

图 4—60　回波频率的测试

$$f_e = \frac{3}{T_n} \quad (4-18)$$

回波频率的相对误差 Δf_e 为：

$$\Delta f_e = \frac{f_e - f_0}{f_0} \times 100\% \quad (4-19)$$

式中　f_0——探头的公称频率，MHz。

复习思考题

1. 简述超声波检测仪的分类方法。
2. 试用方框原理图简单说明 A 型脉冲反射式超声波检测仪的工件原理和各部分电路的主要作用。
3. 一般 A 型脉冲反射式超声波检测仪有哪些主要旋钮？各有什么作用？
4. 什么是智能超声波检测仪？智能超声检测仪有何特点？
5. 试说明超声波测厚仪的种类、工件原理及调整测试方法。
6. 超声波探头的主要作用是什么？简述超声波探头发射和接收超声波的原理。
7. 什么是正压电效应和逆压电效应？探头反射和接收超声波时各产生何种压电效应？
8. 什么是压电晶体？衡量压电晶片材料性能的主要参数有哪些？并简要说明其物理意义。
9. 什么是压电材料的居里温度？它与磁性材料的居里温度有何不同？
10. 常用压电材料有哪几种？各有何优缺点？超声波检测用压电材料必须具备哪些基本性能？
11. 简述超声波探头的分类和应用。
12. 画图说明纵波直探头的主要结构和各部分的主要作用。
13. 画图说明横波斜探头的主要结构和各部分的主要作用。
14. 画图说明双晶探头的主要结构和各部分的主要作用。

15. 画图说明聚焦探头的主要结构和各部分的主要作用。
16. 超声波探头中压电晶片的厚度是怎样确定的？
17. 什么是电磁探头和爬波探头？试说明它们各自的结构特点与应用。
18. 什么是试块？试块的主要作用是什么？
19. 试块有哪几种分类方法？我国常用试块有哪几种？
20. 试说明国外 ASME、JIS、BS 常用标准试块的结构特点和应用。
21. 试块应满足哪些基本要求？使用试块时应注意什么？
22. 画图说明ⅡW和ⅡW2试块的主要结构和用途。
23. 我国的CSK—IA试块与ⅡW试块有何不同？德国和日本对ⅡW试块作了哪些修改？
24. 超声波检测仪和探头的主要性能指标有哪些？
25. 什么是超声波检测仪的水平线性、垂直线性和动态范围？它们对检测有何影响？如何测定水平线性、垂直线性和动态范围？
26. 什么是斜探头的入射点、前沿长度和K值？如何测定？
27. 什么是仪器和探头的分辨力？影响分辨力的主要因素是什么？如何测定分辨力？
28. 什么是盲区？影响盲区的主要因素是什么？如何测定高压？盲区与近场区有何不同？
29. 什么是信噪比和始脉冲宽？如何测定？
30. 什么是探头波束轴线的偏离和探头的双峰？如何测定？
31. 什么是仪器和探头的灵敏度余量（综合或组合灵敏度）？如何测定？
32. 某探头晶片频率常数 N＝200 m/s，频率 f＝2.5 MHz，求该探头晶片厚度为多少？(0.8 mm)
33. 某探头的晶片中的波速为 c_L＝5 470 m/s，晶片厚度 t＝0.574 mm，求该探头的标称频率为多少？(5 MHz)
34. 测得某探头和仪器的始脉冲宽 T＝2 μs，工件中的 c_L＝5 900 m/s，求此探头和仪器的盲区至少为多少 mm？(5.9 mm)。
35. 用ⅡW试块测定仪器的水平线性，当 B_1、B_5 分别对准 2.0 和 10.0 时，B_2、B_3、B_4 分别对准 3.98、5.92、7.96，求该仪器的水平线性误差为多少？(1%)
36. 用CSK—IA试块测定斜探头和仪器的分辨力，现测得台阶孔 ϕ50、ϕ44 反射波等高时波峰高 h_1＝80%，波谷高 h_2＝25%，求分辨力为多少？(10 dB)
37. 画图说明斜探头分别对准ⅡW2试块 $R$25 和 $R$50 时，示波屏上出现的多次反射波的特点。
38. 画图说明斜探头分别对准中心不切槽和切槽的半圆试块的圆心时，示波屏上出现的反射波特点。并简要说明其原因。
39. 什么是回波频率？如何测试回波频率？

第5章 超声检测方法分类与特点

超声检测方法分类的方式有多种，较常用的有以下几种：
1. 按原理分类：脉冲反射法、衍射时差法（TOFD）、穿透法、共振法。
2. 按显示方式分类：A 型显示和超声成像显示（可细分为 B、C、D、S、P 型显示等）。
3. 按波型分类：纵波法、横波法、表面波法、板波法、爬波法等。
4. 按探头数目分类：单探头法、双探头法、多探头法。
5. 按探头与工件的接触方式分类：接触法、液浸法、电磁耦合法。
6. 按人工干预的程度分类：手工检测、自动检测。

每一个具体的超声检测方法都是上述不同分类方式的一种组合，如最常用的单探头横波脉冲反射接触法（A 型显示）。每一种检测方法都有其特点和局限性，针对每个检测对象所采用的不同的检测方法，是根据检测目的及被检工件的形状、尺寸、材质等特征来进行选择的。

5.1 按原理分类的超声检测方法

超声检测方法按原理分类，可分为脉冲反射法、衍射时差法、穿透法和共振法。

5.1.1 脉冲反射法

超声波探头发射脉冲波到被检工件内，通过观察来自内部缺陷或工件底面反射波的情况来对工件进行检测的方法，称为脉冲反射法。

脉冲反射法包括缺陷回波法、底波高度法和多次底波法。

1. 缺陷回波法

根据仪器示波屏上显示的缺陷波形进行判断的方法，称为缺陷回波法。该方法以回波传播时间对缺陷定位，以回波幅度对缺陷定量，是脉冲反射法的基本方法。

图 5—1 所示为缺陷回波检测法的基本原理，当工件完好时，超声波可顺利传播到达底面，检测图形中只有表示发射脉冲 T 及底面回波 B 两个信号，如图 5—1a 所示。

若工件中存在缺陷，则在检测图形中，底面回波前有表示缺陷的回波 F，如图 5—1b 所示。

2. 底波高度法

当工件的材质和厚度不变时，底面回波高度应是基本不变的。如果工件内存在缺陷，底面回波高度会下降甚至消失，如图 5—2 所示。

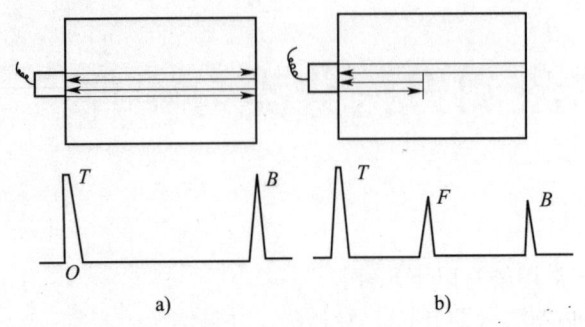
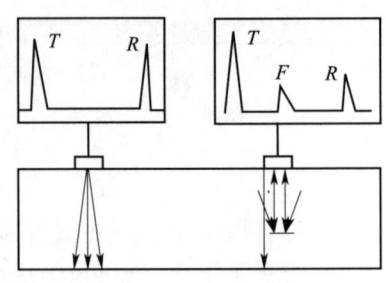

图 5—1 缺陷回波法　　　　　图 5—2 底波高度法

这种依据底面回波的高度变化判断工件缺陷情况的检测方法，称为底波高度法。

底波高度法的特点在于同样投影大小的缺陷可以得到同样的指示，而且不出现盲区，但是要求被检工件的检测面与底面平行，耦合条件一致。该方法检出缺陷定位定量不便，灵敏度较低，因此，实用中很少作为一种独立的检测方法，而是经常作为一种辅助手段，配合缺陷回波法发现某些倾斜的、小而密集的缺陷，对于锻件采用直探头纵波检测法时常使用，如由缺陷引起的底波降低量。

3. 多次底波法

当透入工件的超声波能量较大，而工件厚度较小时，超声波可在检测面与底面之间往复传播多次，示波屏上出现多次底波 B_1、B_2、B_3、$\cdots$。如果工件存在缺陷，则由于缺陷的反射以及散射而增加了声能的损耗，底面回波次数减少，同时也打乱了各次底面回波高度依次衰减的规律，并显示出缺陷回波，如图 5—3 所示。这种依据多次底面回波的变化，判断工件有无缺陷的方法，称为多次底波法。

多次底波法主要用于厚度不大、形状简单、检测面与底面平行的工件检测，缺陷检出的灵敏度低于缺陷回波法。

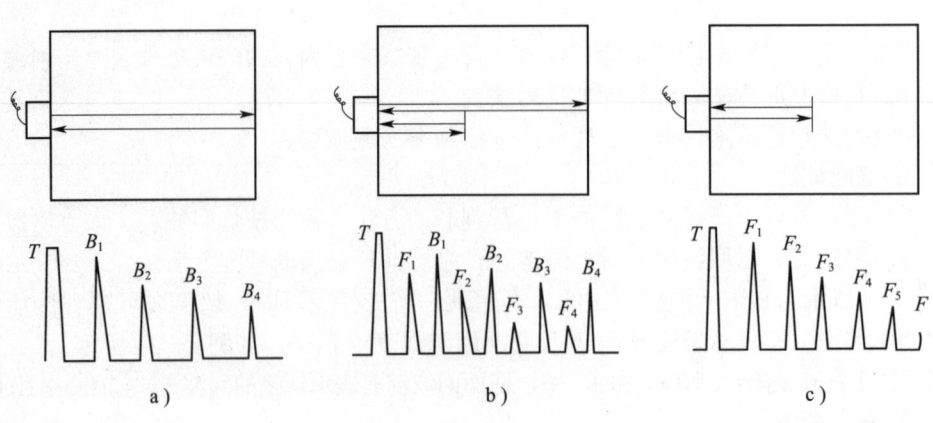

图 5—3 多次底波法
a) 无缺陷　b) 小缺陷　c) 大缺陷

5.1.2 衍射时差法

衍射时差法（Time of Flight Diffraction，简称TOFD），是利用缺陷部位的衍射波信号来检测和测定缺陷尺寸的一种超声检测方法，通常使用纵波斜探头，采用一发一收模式。该方法最早于20世纪70年代由英国原子能管理局国家无损检测研究中心的哈威尔实验室的M·G·Silk根据超声波衍射现象首先提出来的。缺陷处的衍射现象如图5—4所示。

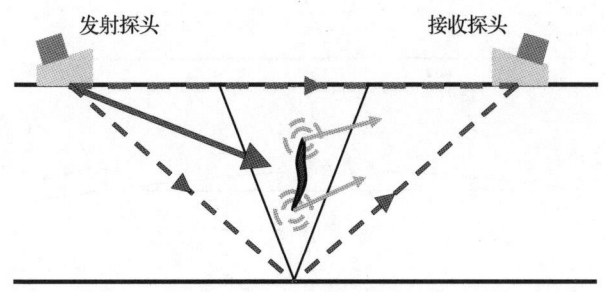

图5—4 衍射现象

TOFD方法一般将探头对称分布于焊缝两侧。在工件无缺陷部位，发射超声脉冲后，首先到达接收探头的是直通波，然后是底面反射波。有缺陷存在时，在直通波和底面反射波之间，接收探头还会接收到缺陷处产生的衍射波。除上述波外，还有缺陷部位和底面因波型转换产生的横波，因为声速小于纵波，因而一般会迟于底面反射波到达接收探头。工件中超声波传播路径如图5—5所示，缺陷处A扫描信号如图5—6所示。

TOFD检测显示包括A扫描信号和TOFD图像，其中A扫描信号使用射频波形式。而TOFD图像则是将每个A扫描信号显示成一维图像线条，位置对应声程，以灰度表示信号幅度，将扫查过程中采集到的连续的A扫描信号形成的图像线条沿探头的运动方向拼接成二维视图，一个轴代表探头移动距离，另一个轴代表扫查面至底面的深度，这样就形成TOFD图像。

图5—7所示为含埋藏缺陷的平板对接焊接接头的TOFD检测显示示意图，图中右下方为TOFD图像，右上方为从TOFD图像中缺陷部位提取的一个A扫描信号，其中包括直通波、上端点衍射波、下端点衍射波和底面反射波。

图5—8所示为X形坡口根部连续夹渣的平板对接接头的TOFD检测显示图像。

在平板工件中，为了计算缺陷的深度与高度，可以假定探头中心间距为$2S$，缺陷深度为d_1，缺陷距焊缝中心线的偏移量为x，如图5—9所示。

根据几何关系，有：

$$M+L=c(T-2t_0)=[d_1^2+(S+x)^2]^{1/2}+[d_1^2+(S-x)^2]^{1/2} \qquad (5-1)$$

式中　c——声速；

　　　T——超声波传播的总时间；

　　　t_0——超声波在探头楔块中传播的时间。

假定缺陷位于焊缝中心线上，此时$x=0$，所得d_1值最小：

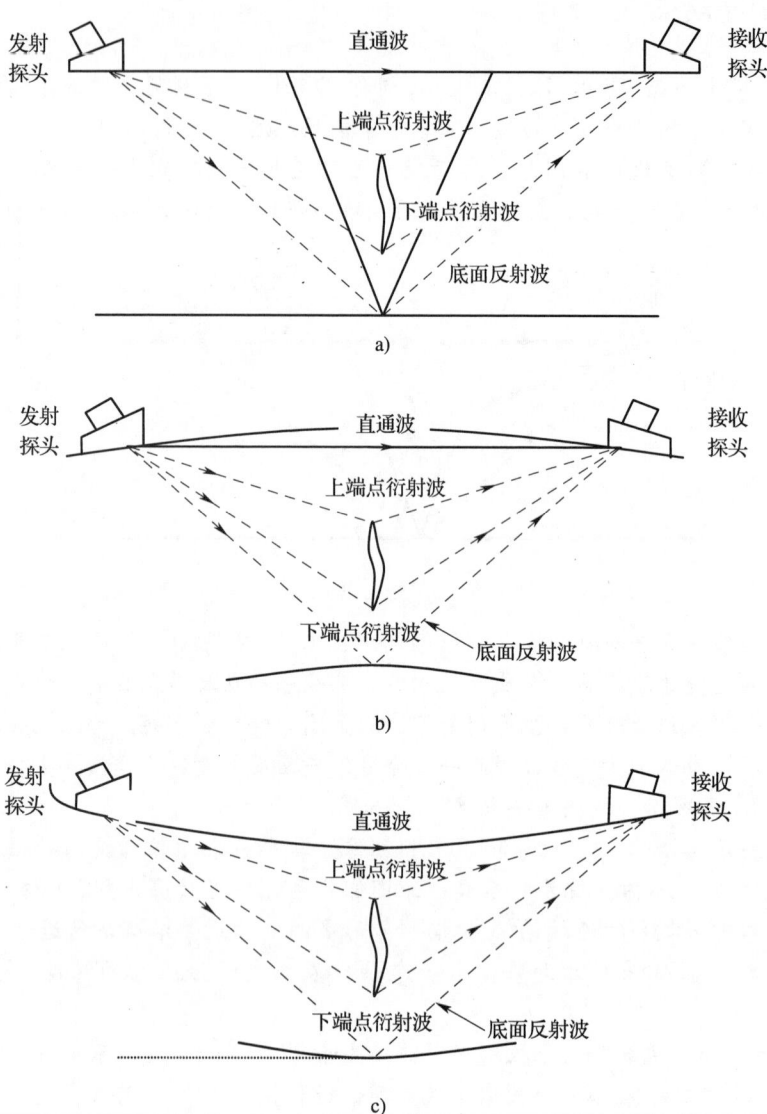

图5—5 不同曲面工件中超声波传播路径
a) 平板工件 b) 凸面工件 c) 凹面工件

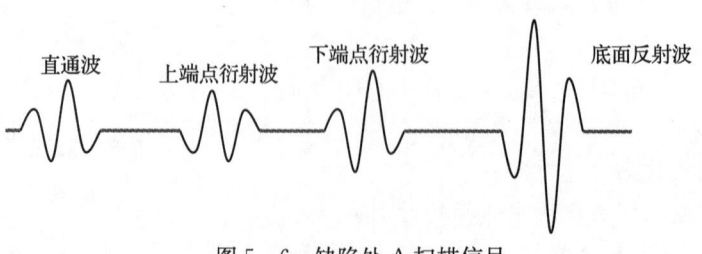

图5—6 缺陷处A扫描信号

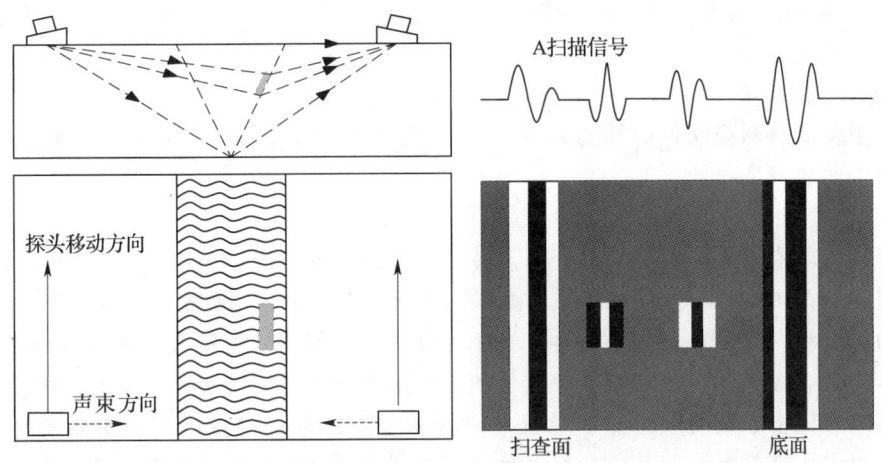

图 5—7 TOFD 检测显示示意图（含埋藏缺陷）

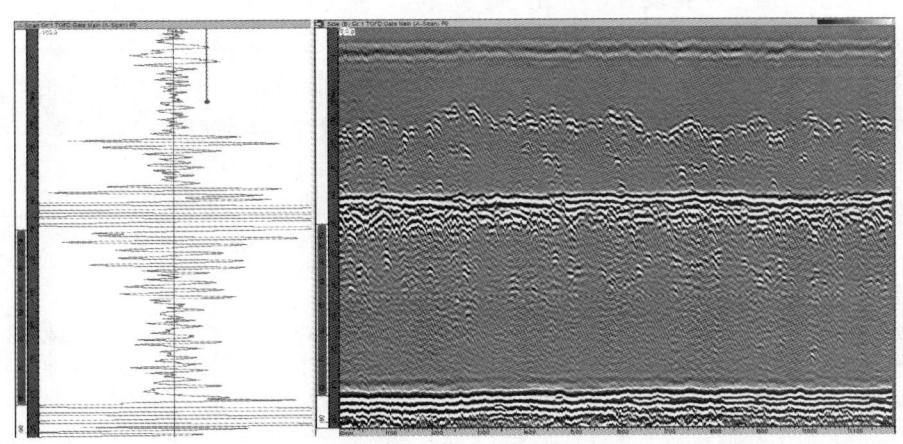

图 5—8 TOFD 检测显示图像（X 形坡口根部连续夹渣）

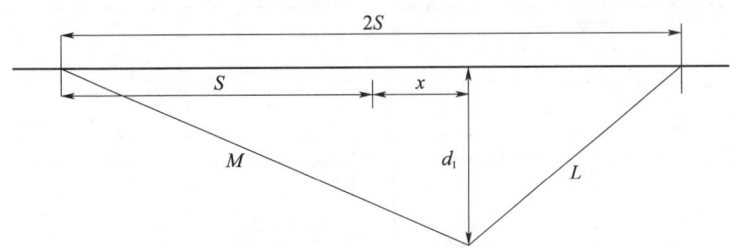

图 5—9 缺陷深度计算图

$$d_1=\sqrt{\frac{c^2\,(T-2t_0)^2}{4}-S^2} \tag{5—2}$$

若以直通波为参考起点，假定 $x=0$，则缺陷深度为：

$$d_1=\frac{1}{2}\,(t^2c^2+4tcS)^{1/2} \tag{5—3}$$

式中　t——缺陷上端点的衍射波与直通波间的传播时间差；
　　　c——声速；
　　　$2S$——探头中心间距。

缺陷下端点与扫查面间的距离以 d_2 表示，同理可计算出缺陷下端点的深度 d_2。
则缺陷的自身高度为：

$$h = d_2 - d_1$$

TOFD 的扫查方式一般分为非平行扫查、平行扫查和偏置非平行扫查三种。三种扫查方式示意图分别如图 5—10、图 5—11 和图 5—12 所示。非平行扫查指探头运动方向与声束方向垂直的扫查方式，一般指探头对称布置于焊缝中心线两侧沿焊缝长度方向的扫查方式，可作为初始的扫查方式，用于缺陷的快速检测和缺陷长度测定，可大致测定缺陷高度，但无法确定缺陷距焊缝中心线的偏移量。偏置非平行扫查指偏移焊缝中心线一定距离的非平行扫查，该扫查方式可增大检测范围，提高缺陷高度测量的精度，改进缺陷定位并有助于降低表面盲区高度。平行扫查指探头运动方向与声束方向平行的扫查方式，对已发现的缺陷进行平行扫查，可改进缺陷定位和缺陷高度测定的准确性，并为缺陷定性提供更多信息。

与脉冲反射法超声检测和射线检测相比，TOFD 的主要优点在于：(1) 缺陷的衍射信号与缺陷的方向无关，缺陷检出率高；(2) 超声波束覆盖区域大；(3) 缺陷高度测量精确；(4) 实时成像，快速分析；(5) 缺陷的定量不依赖于缺陷的回波幅度；(6) 快速、安全、方便。

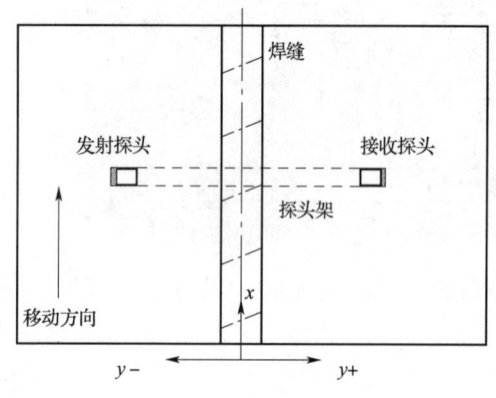

图 5—10　非平行扫查

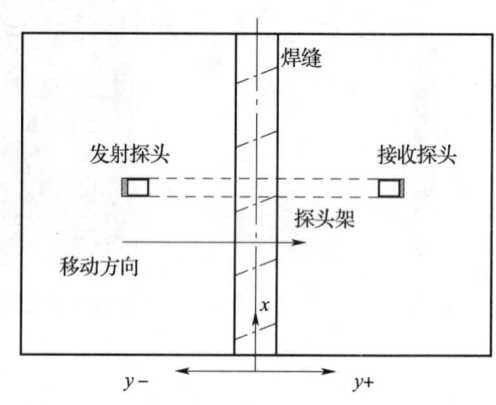

图 5—11　平行扫查

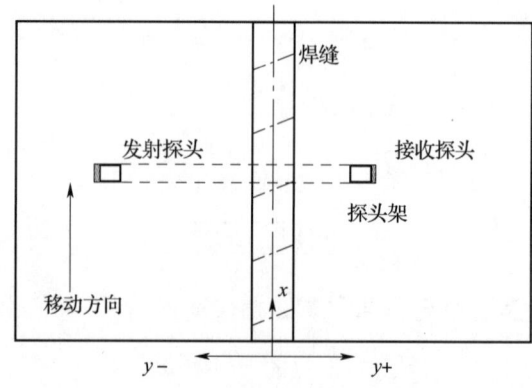

图 5—12　偏置非平行扫查

但 TOFD 也存在其局限性，主要有：(1) 由于 TOFD 的直通波和底面反射波均有一定的宽度，处于此范围的缺陷波难以被发现，因此在扫查面和底面存在几毫米的表面盲区；(2) TOFD 信号较弱，易受噪声影响；(3) 倾向于"过分夸大"中下部缺陷和部分良性缺陷，比如气孔、夹层等；(4) TOFD 数据分析对检测人员要求高。

5.1.3 穿透法

穿透法是采用一发一收双探头分别放置在工件相对的两端面，依据脉冲波或连续波穿透工件之后的能量变化来检测工件缺陷的方法。

穿透法如图 5—13 所示，其中图 5—13a 所示为无缺陷时的波形，图 5—13b 所示为有缺陷时的波形。

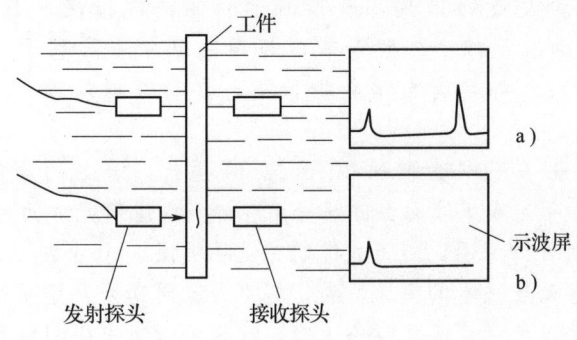

图 5—13 穿透法
a) 无缺陷时的波形 b) 有缺陷时的波形

5.1.4 共振法

依据工件的共振特性来判断缺陷情况和工件厚度变化情况的方法称为共振法。常用于工件测厚。

共振法测厚的原理见 4.1.6，目前已很少使用共振法测厚。

5.2 A 型显示和超声成像

按超声信号的显示方式，可将超声检测方法分为 A 型显示和超声成像方法，其中超声成像显示按成像方式的不同又可再分为 B、C、D、S、P 型显示等。

5.2.1 A 型显示

如 4.1.1 中所述，A 型显示是一种波形显示，是将超声信号的幅度与传播时间的关系以直角坐标的形式显示出来，横坐标代表声波的传播时间，纵坐标代表信号幅度。A 型显示是最基本的一种信号显示方式。

此时,示波管的电子束是振幅调制的。换言之,A 型显示的内容是探头驻留在工件上某一点时,沿声束传播方向的回波振幅分布。

结合脉冲反射法的 A 型显示超声检测是目前用得最多的一种方法,目前特种设备行业常用的 JB/T 4730.3—2005 标准规定的就是 A 型脉冲反射法超声检测,采用该方法时,检测结果受检测人员的素质、经验等人为因素影响较大。

5.2.2　超声成像方法

超声成像就是用超声波获得物体可见图像的方法。由于声波可以穿透很多不透光的物体,故利用声波可以获得这些物体内部结构声学特性的信息,超声成像技术将这些信息变成人眼可见的图像,即可以获得不透光物体内部声学特性分布的图像。物体的超声图像可提供直观和大量的信息,直接显示物体内部情况,且可靠性、复现性高,可以对缺陷进行定量动态监控。一般而言,超声成像方法是基于 A 型显示形成的工件不同截面的图像显示,大都具有自动数据采集、自动数据处理,部分还具有自动作出评价的功能。

超声成像的研究最早可以追溯到 20 世纪 30 年代,著名的原苏联科学家萨卡洛夫 S·J·Sokolov 于 1935 年完成了液面成像装置,在超声成像研究方面为声学界作出了重大贡献。其后由于技术上的种种原因,超声成像研究进展缓慢。20 世纪 60 年代末,由于电子技术、计算机技术和信号处理技术的飞速发展,超声成像研究恢复了生机。20 世纪 70 年代形成了几种较成熟的方法,大量商品化设备上市,在医学诊断中得到极其广泛的应用,并在工业材料超声检测中逐渐得到大量应用。超声成像是现代定量无损检测的一种重要技术,有着非常广阔的发展前景。

超声成像方法发展到现代,主要采用扫描接收信号、再进行图像重构的方式,因此又称为超声扫描成像技术,起初主要为 B、C 扫描,随后为检测焊缝而开发出 D、P(投影扫描成像)扫描;因为相控阵技术的出现,又出现 S 扫描(扇形扫描成像)等。而对应地,A 型显示又称 A 扫描显示。

1. B、C、D 扫描成像

A 扫描显示中,示波管的电子束是振幅调制的。若将示波管的电子束做强度调制,即用荧光屏上的每一点代表被测工件某个截面上的一个点,而用该点的亮度大小表示从工件内对应点测得的回波振幅的大小,就得到 B、C、D 显示方式。B 扫描所显示的是与声束传播方向平行且与工件的测量表面垂直的剖面;D 扫描所显示的是与声束平面及测量表面都垂直的剖面;C 扫描所显示的则是工件的横断面,为了挑选出从某一深度回来的超声信号,要用一个电子闸门,改变电子闸门延迟时间,就能测到物体在不同深度的横断面的像。假设焊缝中有一长条未焊透缺陷,各扫描成像方式如图 5—14 所示。

在 B、D 扫描成像方式中,探头沿物体表面上的一条直线扫描。对应于探头的每一个实际位置,在显示屏上可得到一个 A 扫描显示。在衍射时差法超声检测(TOFD)中,采用非平行扫查方式时为 D 扫描成像,而采用平行扫查时则为 B 扫描成像。在 C 扫描成像方式中,对应于探头的每一个位置,在显示屏上得到一个亮点,因此在 C 扫描成像方式中探头需作二维扫描,扫描轨迹可以有许多形式,通常用矩形栅格扫描方式,在自动扫描时常采用水

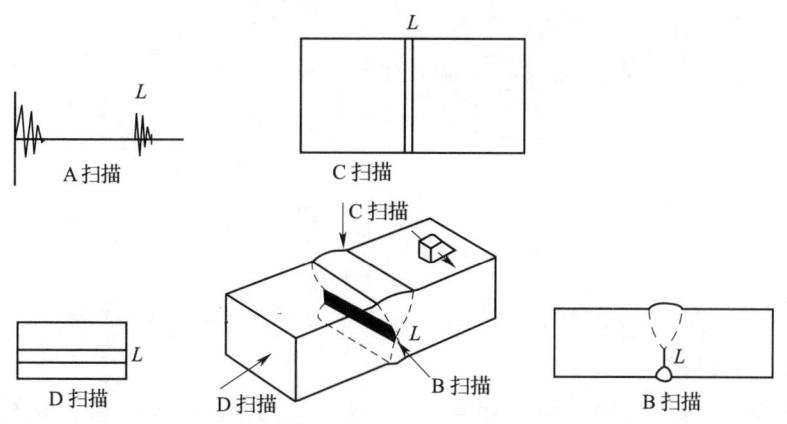

图 5—14　A、B、C、D 扫描显示

浸法。如图 5—15 所示，为了挑选出从工件某一深度回来的超声信号，在电路上要使用一个较窄的电子闸门。改变闸门的延迟时间，就能得到物体在不同深度的横截面的像。

B、C、D 扫描成像设备较简单、操作容易，已成为最普及的三种超声成像方法。其中的 B 扫描广泛应用于医疗诊断，俗称 B 超，现在用于工业无损检测也取得了良好的效果。

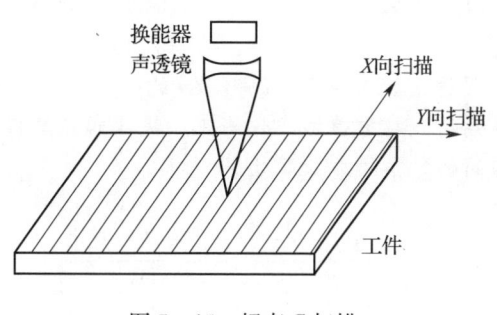

图 5—15　超声 C 扫描

2. P 扫描成像

P 扫描是"投影成像扫描"的简称，是专为检测焊缝而开发的，其工作原理如图 5—16 所示。两个斜探头位于焊缝两侧并按事先规划好的方式扫查，扫查可手动或自动。测到的声波以 1 dB 甚至更小的精度记录于硬盘上，然后，将测得的结果送入 P 扫描处理器，它以声线理论为基础进行计算，并将计算结果以两个投影图的方式显示：一个是俯视图，投影面平行于表面；另一个是侧视图，投影面平行于焊缝，且垂直于表面。因此，P 扫描实际上是一种同时显示 C 扫描图像（侧视）和 D 扫描图像（侧视）的商品化成像系统。在图 5—16 中 W 是焊缝加上其热影响区的宽度，H 是焊缝厚度。为帮助正确判别缺陷，P 扫描显示时，在两个视图的下方有一个附加的显示图。该图显示出以分贝标度的回波振幅大小，该振幅是沿焊缝宽度方向测得的所有回波振幅的最大值，显示图中的虚线表示两个视图中的显示阈值，该显示图有些类似 A 扫描显示。

由两张视图及附加图可大致估计焊缝中缺陷的形状和空间位置。使用不同的显示阈值，这相当于不同的检测灵敏度，会得到差别很大的显示图形。确定正确的显示阈值通常要依靠经验的积累。

P 扫描系统较简单。大部分硬件可由商品仪器搭配而成，而且可将自动扫描器固定在现成的自动焊机上，十分便利。

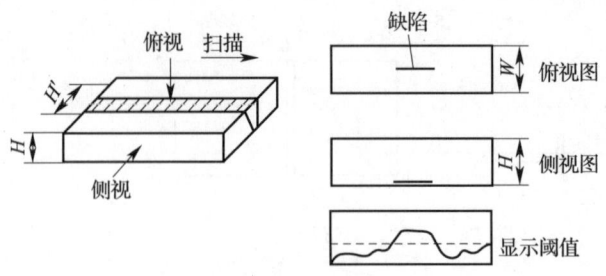

图 5—16 P 扫描原理

(同时显示俯视图和侧视图,所显示的缺陷位于焊缝中心并接近焊缝底部)

3. ALOK 超声成像

ALOK(德文)是"振幅—传播时间—位置曲线"的缩写,其成像基本原理如图 5—17 所示。在采集数据时不加时间闸门,测量系统记下探头在各测量点 P_i 得到的回波串中所有的正峰值及其出现的时间。ALOK 允许 32 个不同的探头同时在线收集数据。成像和数据分析事后在计算机上进行。根据几何声学原理,回波的传播时间 τ_{ik} 在重构空间中确定了圆心在测量点 P_i、半径 $r_{ik}=\tau_{ik}/v$ 的一条圆弧。许多圆弧的交点就是重构出的缺陷的像点,回波振幅用来对重建图像作修正。振幅修正后可提高信噪比约 20 dB。由上述原理已发展出许多不同的复杂的重建算法。

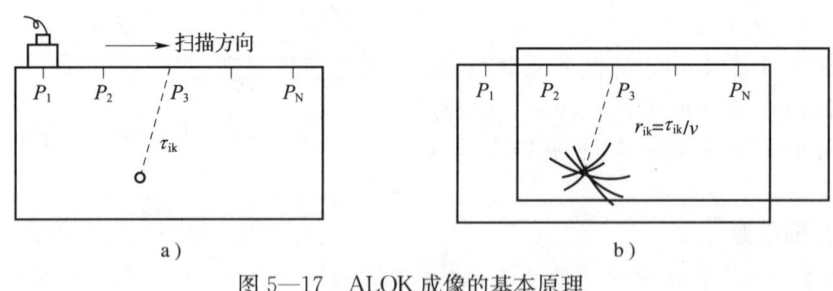

图 5—17 ALOK 成像的基本原理
a) 样品 b) 重构空间

ALOK 成像系统已试用于核电站作役前和在役超声检测。它是目前获得实际应用的少数高级成像系统之一。

4. 相控阵和 S 扫描成像

超声相控阵技术是借鉴相控阵雷达技术的原理而发展起来的。超声检测中,往往要进行声束扫描。常用的快速扫描方式有机械扫描和电子扫描。机械扫描又分为线扫描、扇形扫描、弧形扫描和圆周扫描等几种形式,而电子扫描则也有线形和扇形扫描两种形式。相控阵成像是通过控制换能器阵列中各阵元激励(或接收)脉冲的时间延迟,改变由各阵元发射(或接收)声波到达(或来自)物体内某点时的相位关系,就可实现聚焦点和声束方位的变化,从而可进行扫描成像。

相控阵探头的特点:压电晶片不再是一个整体,而是由多个独立小晶片单元组成的阵列,常见的有直线排列的线阵、环形排列的面阵探头等,如图 5—18 所示。

相控阵仪器:与探头阵列相对应,仪器中用于发射和接收信号的电路是多通道的,每一个通道接一个阵元。根据所需发射的声束特征,由仪器软件计算各通道的相位(延迟)关系,并控制发射/接收移相控制器,从而形成所需的声束和接收信号。

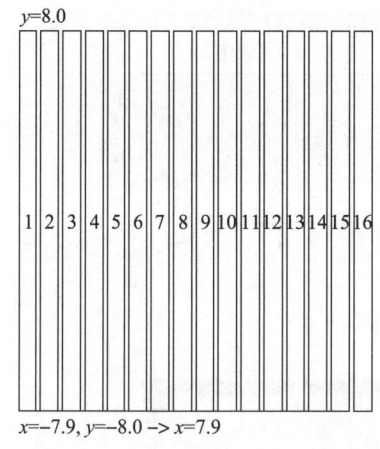 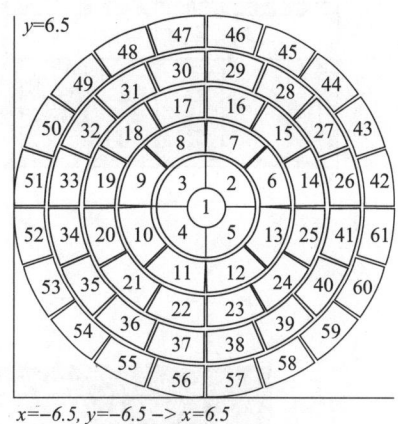

图 5—18 相控阵探头
a) 线阵探头   b) 环形面阵探头

相控阵声束偏转和声束聚焦的原理：

为了实现声束的偏转，相当于要使波阵面以一定的角度倾斜，也就是说，要使各阵元发出的声波在与探头成一定角度的平面上具有相同的相位，如图 5—19 所示。这时，需要使各单元的激励脉冲从左到右等间隔增加延迟时间，使得合成波阵面具有一个倾角，实现了声束方向的偏转。通过改变延时间隔，可以调整声束角度。

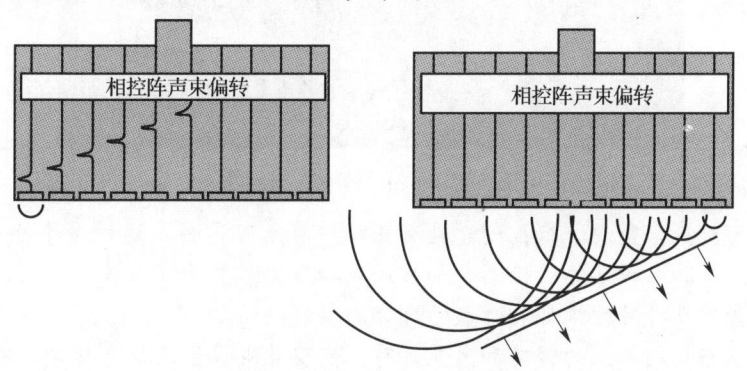

图 5—19 相控阵声束偏转原理

为了实现声束的聚焦，如图 5—20 所示，则需使两端阵元先激励，逐渐向中间加大延时，使合成波阵面形成具有一定曲率的圆弧面，声束指向曲面圆心。通过改变延时间隔，可以调整焦距长短。

为了按同样的方向或同样的焦点接收回波，各单元接收的信号也需进行同样的延时，再合成为一个回波信号。

相控阵可实现多种扫描成像方式，如前所述的 B、C、D 扫描成像，较为特殊的是还可形成 S 扫描成像，即在某入射点形成一定角度的扇形扫查范围，又称扇形扫描成像，如图 5—21 所示。

由上述可知，超声相控阵技术的优势在于：

（1）由于可采用电子控制方法控制声束进行扫查，可在不移动或少移动探头的情况下进行快速线扫查或扇形扫查，从而大大提高了检测效率。

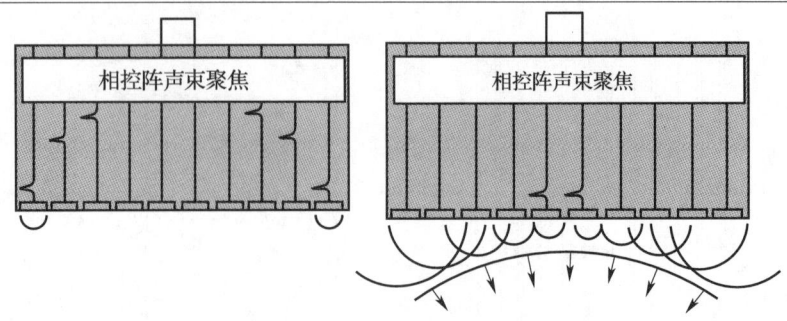

图 5—20 相控阵声束聚焦原理

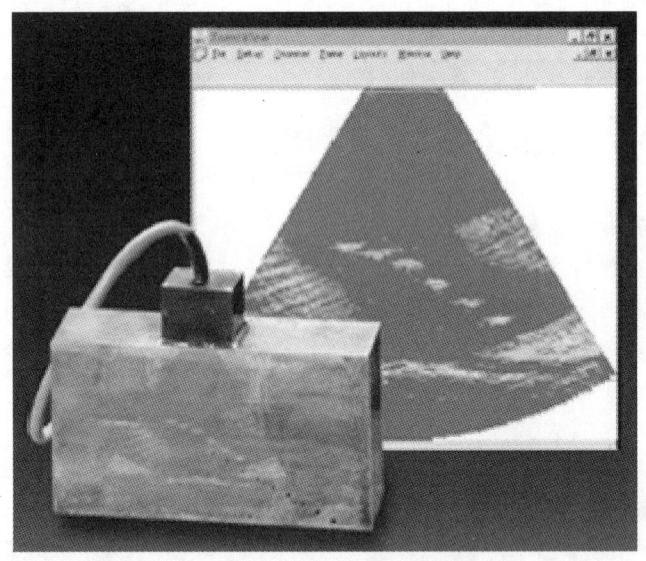

图 5—21 相控阵 S 扫描成像

（2）由于可对声束角度进行控制，具有良好的声束可达性，通过多个检测角度的设定，可以进行复杂形状和在役零件的检测。如核反应堆压力容器管嘴和其他接头、摩擦焊发动机组件、发动机盘件及叶片的根部和叶盘结合部的检测。

（3）通过动态控制声束的偏转和聚焦，可以实现焦点位置的动态控制，避免了普通聚焦探头为实现全深度聚焦检测而对不同深度范围频繁更换探头的麻烦。

5.3 按波型分类的超声检测方法

根据检测采用的波型，超声检测方法可分为纵波法、横波法、表面波法、板波法、爬波法等。

5.3.1 纵波法

使用纵波进行检测的方法，称为纵波法。在同一介质中传播时，纵波速度大于其他波型的速度，穿透能力强，对晶界反射或散射的敏感性不高，所以可检测工件的厚度是所有波型中最大的，而且可用于粗晶材料的检测。

1. 纵波直探头法

使用纵波直探头进行检测的方法，称为纵波直探头法。波束垂直入射至工件检测面，以不变的波型和方向透入工件，所以又称垂直入射法，简称垂直法，如图5—22所示。

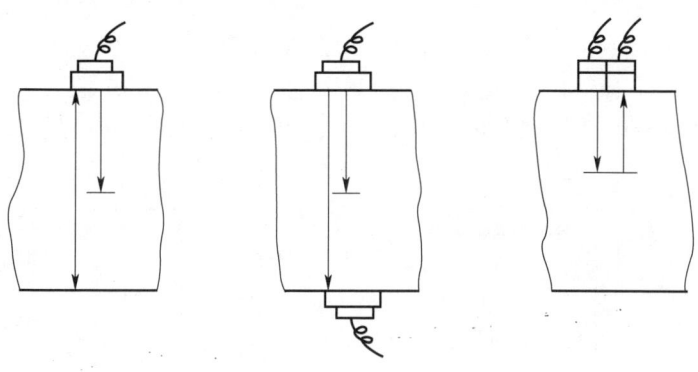

图5—22 垂直法

垂直法分为单晶直探头脉冲反射法、双晶直探头脉冲反射法和穿透法。常用的是单、双晶直探头脉冲反射法。对于单直探头，由于远场区接近于按简化模型进行理论推导的结果，可用当量法对缺陷进行评定；同时由于盲区和分辨力的限制，只能发现工件内部离检测面一定距离以外的缺陷。双晶直探头利用两个晶片一发一收，很大程度上克服了单直探头盲区的影响，因此适用于检测近表面缺陷和薄壁工件。

垂直法主要用于铸造、锻压、轧材及其制品的检测，该法对于与检测面平行的缺陷检出效果最佳。由于垂直法检测时，波型和传播方向不变，所以缺陷定位比较方便。

2. 纵波斜探头法

将纵波倾斜入射至工件检测面，利用折射纵波进行检测的方法，称为纵波斜探头法。此时，入射角小于第一临界角 α_1，工件中既有纵波也有横波，由于纵波传播速度快，几乎是横波的两倍，因此可利用纵波来识别缺陷和定量，但注意不要与横波信号混淆。

一般来说，小角度纵波斜探头常用来检测探头移动范围较小、检测范围较深的一些部件，如从螺栓端部检测螺栓，多层包扎设备的环焊缝等。

对于粗晶材料，如奥氏体不锈钢焊接接头的检测，也常采用纵波斜探头法检测。在TOFD检测技术中，使用的探头一般也为纵波斜探头。

5.3.2 横波法

将纵波倾斜入射至工件检测面，利用波型转换得到横波进行检测的方法，称为横波法。由于入射声束与检测面成一定夹角，所以又称斜射法。

斜射声束的产生通常有两种方式，一种是接触法时采用斜探头，由晶片发出的纵波通过一定倾角的斜楔到达接触面，在界面处发生波型转换，在工件中产生折射后的斜射横波声束；另一种是利用水浸直探头，在水中改变声束入射到检测面时的入射角，从而在工件中产生所需波型和角度的折射波。

图 5—23 所示的是斜射声束横波接触法平板检测的情况，图 5—24 所示的是斜射声束横波水浸法管材检验的情况。对于接触法斜探头，斜楔常用材料为有机玻璃（其纵波速度 c_L $=2.73×10^3$ m/s）。根据折射定律，当工件材料为钢时（纵波速度 $c_L=5.9×10^3$ m/s，横波速度 $c_S=3.23×10^3$ m/s），可得第一临界角 $α_I$ 为 27.6°，第二临界角 $α_{II}$ 为 57.8°，入射角在这两个角度之间，则工件中呈现单一横波。通常检测所用横波折射角为 38°～80°之间。如图 5—23 所示，横波斜射声束检测时，声束在上下表面间反射形成 W 形路径。如果声波在前进中没有遇到障碍，声束不会返回，A 扫描显示除始脉冲 T 外无其他回波。当声束路径中遇到缺陷时，反射回波将出现在相应的声程位置处。

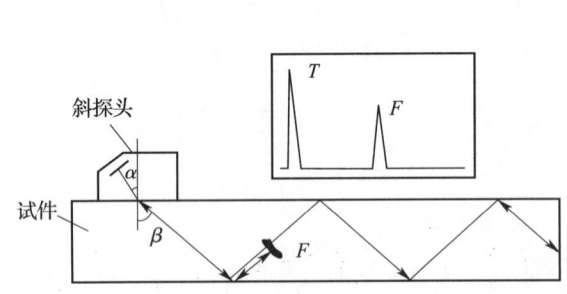

图 5—23 斜射声束横波接触法平板检测

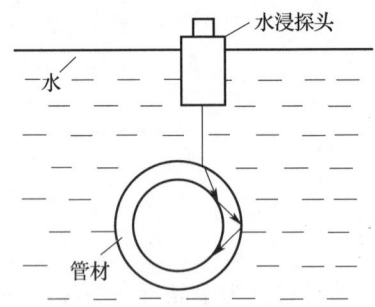

图 5—24 横波水浸法管材检测

横波法主要用于焊接接头和管材的检测，是目前特种设备行业中应用最多的一种方法。检测其他工件时，则作为一种有效的辅助手段，用以发现与检测面有一定倾角的缺陷。

5.3.3 表面波检测

使用表面波进行检测的方法，称为表面波法。对于近表面缺陷的检测，表面波是有效的检测方法。

1. 表面波的性质

表面波只在物体表面下几个波长的范围内传播，当其沿表面传播的过程中遇到表面裂纹时，表面波的传播如图 5—25 所示。

（1）一部分声波在裂纹开口处仍以表面波的型式被反射，并沿物体表面返回。

（2）一部分声波仍以表面波的形式沿裂纹表面继续向前传播，传播到裂纹顶端时，部分声波被反射而返回，部分声波继续以表面波的形式沿裂纹表面向前传播。

（3）一部分声波在表面转折处或裂纹顶端转变为变形纵波和变形横波，在物体内部传播。

在表面波检测中，主要利用表面波的上述特性来检测表面和近表面裂纹。

表面波传播时，表面层质点的运动状态具有纵波和横波的综合特性，质点运动轨迹是限于 XOZ 平面内的椭圆（见图 5—26）。

表面波的速度约为纵波速度的 1/2，比横波速度略小，随泊松比而略有差异。对于钢而言，泊松比 $σ=0.29$，则表面波速度 $c_r=0.926 c_t$，（c_t——横波速度）。

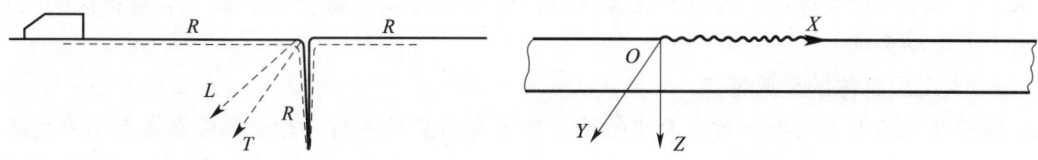

图 5—25　表面波传播到表面裂纹的情况图　　　图 5—26　表面波传播示意图

表面波能量的分布随泊松比而略有差异，表面下 2 倍波长深度范围内包括大部分能量，在表面下 2 倍波长深度处的位移为表面的 1/100（—40 dB），所以在这个深度上的缺陷比在表面上的缺陷的反射脉冲小约 1/100。可以认为，表面下 2 倍波长深度范围是表面波可检测的深度范围。

2. 表面波的产生

产生表面波的方法较多，这里介绍检测中较实用的两种方法：Y 切石英法和纵波折射法，在实际应用中灵敏度大体上相同。

(1) Y 切石英法　产生表面波的 Y 切石英晶片必须加工成 $e:t=7:1$，其中 e 为晶片的宽度，t 为厚度，如图 5—27 所示。这种晶片在电激励下的振动状态与表面波的位移分布一致，向 X 的正、负方向发出表面波。在实际应用中，只希望向一个方向辐射表面波。在图 5—28 所示的表面波探头中是利用电木或橡胶压住石英侧面和后边，以使晶片向后方辐射的表面波衰减（约衰减 20 dB）。如果用声衰减系数更大的材料或适当增加衰减材料与石英后边检测面的接触面积，可以把向后辐射的表面波衰减到更小。

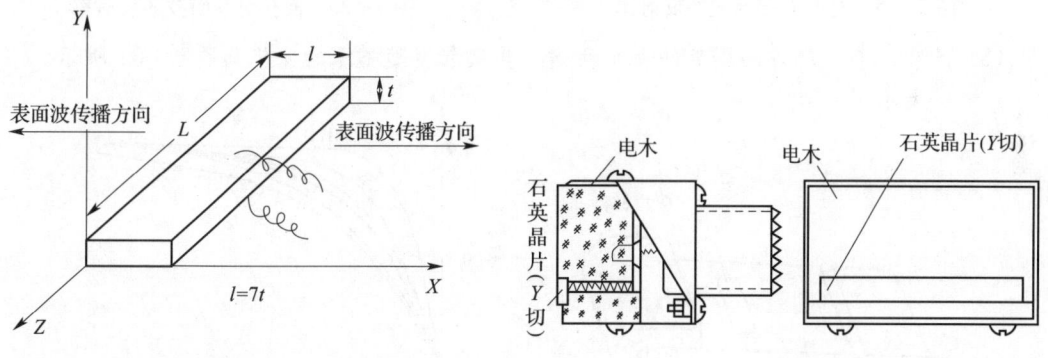

图 5—27　辐射表面波的 Y 切石英晶片　　　图 5—28　Y 切石英表面波探头

(2) 纵波折射法　如前所述，倾斜入射至界面上的纵波，当入射角大于第二临界角时，在第二介质中既无纵波，也无横波，而在界面上出现表面波。产生表面波的入射角满足下式：

$$\sin\alpha_i = \frac{c_1}{c_r}$$

式中　c_1——透声楔块中的纵波速度；
　　　c_r——被检材质的表面波速度。

用这种方法产生表面波的透声楔块，在检测钢材时一般采用有机玻璃制作，按上式算出 $\alpha_i=62°\sim64°$。用纵波折射法制作表面波探头，一般采用矩形压电晶片，其半扩散角可以实测求得。对于表面波探头,因纵波在透声楔内行程较长,近场长度基本上不超出探头楔块,使用中无近场影响。

3. 人工反射体的反射特点

各种形状的人工反射体对表面波的反射能力有明显的不同,对于暴露在表面上有棱角的缺陷,有较大的反射能力;相反,对圆滑过渡的人工缺陷,反射能力较小。此外随缺陷距表面下埋藏深度的增加,反射能力迅速下降。了解这些情况,对表面波检测发现缺陷和判断缺陷是有必要的。以下介绍几种人工反射体对表面波的反射特点。

(1) 柱孔 柱孔垂直于检测面,孔的深度大于波长的两倍。将孔的回波波高与同距离的直角棱边回波波高之比作为柱孔反射率(下同),结果表明,反射率与孔径之间有如图5—29所示的关系。

(2) 横孔 横孔平行于检测面,垂直于检测方向,孔径为1.6 mm。其反射率与它至表面的距离有如图5—30所示的关系。

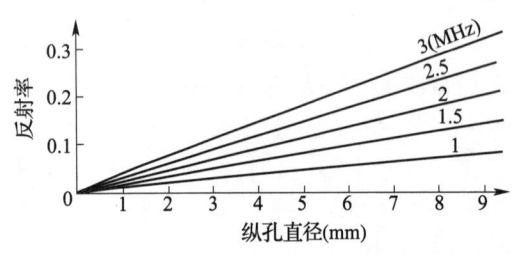

图5—29 柱孔对表面波的反射体　　　　　图5—30 横孔对表面波的反射率

(3) 沟槽 与检测方向垂直的表面开槽,其反射率随槽深的变化如图5—31所示。

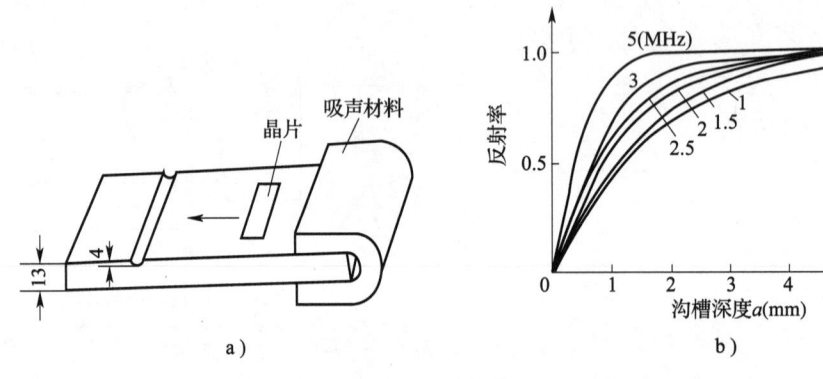

图5—31 沟槽对表面波的反射率(13 mm铁板表面加工的沟槽)
a) 试验布置　b) 反射率与沟槽深度的关系曲线

(4) 棱边

1) 棱边角度对回波的影响 表面波在近距离检测棱边时,不但能发现最靠近探头棱边的回波,而且有一部分声波跨越这一棱边传播到下一棱边并反射回来。频率为2.5~5 MHz的表面波,反射信号在棱角大于90°之后逐渐降低。当棱角大于170°时,该棱边反射信号约降到零值。由此可知,如考虑工件中的裂纹可能与表面之间有可能成各种夹角的话,就必须从两个方向检测。

2) 棱边处的波型转换　当表面波传播到棱边时，波型转换遵从反射定律，会产生波型转换，变型波遇有反射条件，同样会反射回来形成干扰波，检测中要注意与缺陷波的区别。如图 5—32 所示，表面波以 c_r 速度入射至 E 平面，分离出速度为 c_t 的横波沿 AC 方向反射。由于 $c_r = c_t$，如表面波入射角为 45°，则横波反射角也接近 45°，恰好与底面垂直。荧光屏上在 A 棱角与 B 棱角回波之间出现一变型波的反射信号。

3) 棱边曲率对回波的影响　棱边曲率半径对回波波高的影响如图 5—33 所示。由图可知，当曲率半径 R 大于 5 倍波长以后，表面波几乎全部跨越。考虑到有些机械零部件需定期检查背部危险部位，设计零件时可充分利用这一原理。R 小于 1 倍波长时，反射信号趋于最大。

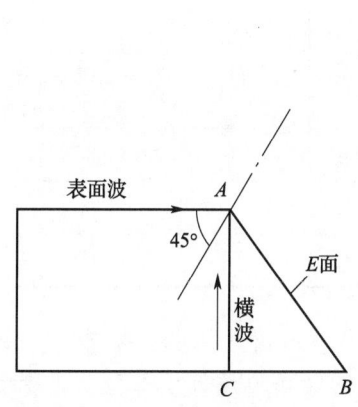

图 5—32　表面波在 A 处产生变型横波

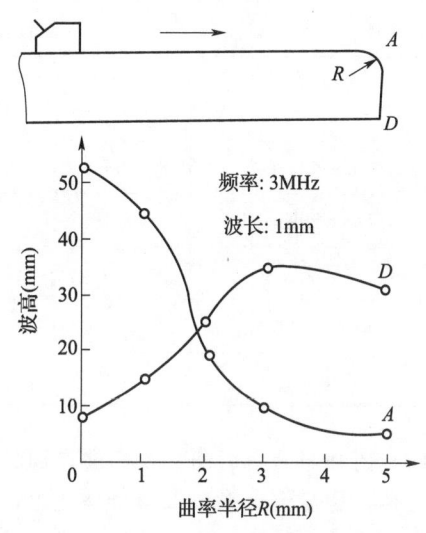

图 5—33　棱边曲率半径对回波高度的影响

4) 倾斜入射棱边时的情况　表面波相对于棱边倾斜入射时，如图 5—34 所示，声波向两个方向传播，满足反射、折射定律。

4. 影响表面波传播的其他因素

（1）油的影响　传播表面波的表面附着油层时，表面波几乎完全衰减。这是因为表面波传播和振动状态的理论，是对固体介质的一侧为真空或气体时才成立。如附有油层，则表面波的垂直成分向油层辐射，使其衰减。用蘸有油的手指压在表面波反射点或其传播的路径上，表面波也会立即衰减，用这种方法很容易找到反射点，可以帮助判断是缺陷的反射或是其他棱角的反射。将油层擦去只剩极薄的残留油层对表面波的传播基本上没有什么影响。

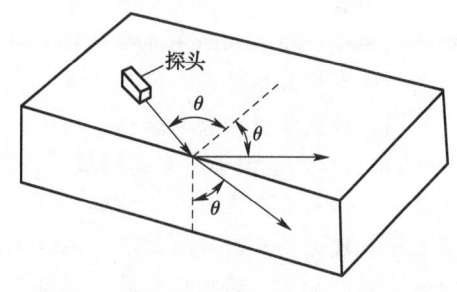

图 5—34　表面波倾斜入射棱边的情况

表面波在传播的路径上遇着液滴，除会被衰减外，其垂直成分进入液滴后又反射折回而产生回波。

(2) 表面粗糙度和材料组织的影响　表面粗糙度对表面波的传播有明显的影响，粗糙的表面不但使声耦合不好，而且在传播过程中容易发生散射，使表面波衰减较大。但是，如传播方向与加工刀痕同向，一定程度上衰减会减小。黏附于工件表面的油污、铁锈、水垢以及与工件表面接触的其他物体，对表面波有强烈的衰减作用。

与其他波型一样，材料的粗大晶粒界面对表面波也有衰减作用，其晶粒度与表面波波长 λ 之比值越大，衰减作用越大。因而对于晶粒粗大材料，采用较低的频率检测为宜。

另外工件厚度与表面波的衰减作用也有关系，当厚度小于两倍表面波波长时，衰减显著增加。表 5—1 中列出了粗糙度一定时，衰减与频率、厚度等因素的关系，表中结果未进行扩散衰减修正。

表 5—1　　　　　　　　表面波的衰减（dB/cm）

材　料 \ 频率（MHz）	1.0	1.5	2.0	2.5	3.0	5.0
13 mm 铁板	0.065 5	0.068	0.099	0.135	0.208	0.334
1.7 mm 铁板	0.27				0.525	
0.9 mm 铁板	0.21				0.438	
0.25 mm 马口铁铁板					0.593	
2.0 mmL 铝板	0.035				0.120	

(3) 圆柱曲面的影响　表面波在圆柱面上沿圆周方向传播时，速度会有变化，在凸圆柱面上的传播速度大于平面上的传播速度，在凹圆柱面上的传播速度低于平面上的传播速度；并且会发生波型转换，使表面波衰减。柱面曲率与表面波波长之比越大，则传播速度变化越大，在凹柱面上衰减也越大，反之亦然。当柱面曲率半径与波长之比足够大（约 50 以上）时，在柱面上的传播情况基本上与平面相同。

5. 表面波检测的应用

为了对近表面缺陷有较高的检测灵敏度，频率多采用 5 MHz，为使耦合剂不致到处流淌而影响表面波的传播，一般多采用甘油或黏度较大的机油；为减小表面波的衰减和消除一些干扰杂波，要求表面光洁程度比其他方法要高一些，一定要除锈，使金属有光泽，必要时用丙酮等有机溶剂将表面擦拭干净。

(1) 强度法检测表面裂纹

1) 扫描速度调整　考虑到被检工件与试块材质上的差异，最好直接在工件上调整扫描速度。将探头垂直地对准工件的一个棱边（见图 5—35），棱边距离探头前沿 40 mm，荧光屏上出现棱边的反射波（位置Ⅰ）；将探头保持与棱边垂直向后移到距离 65 mm 处，此时棱边的反射波相应后移到位置Ⅱ。位置Ⅰ代表的声程为 40 mm，位置Ⅱ代表的声程为 65 mm。反复调节"水平移位"和"深度"旋钮，使探头在位置Ⅰ和Ⅱ时的回波前沿分别对准水平刻度"4"和"6.5"，此时扫描速度为声程 1∶1。

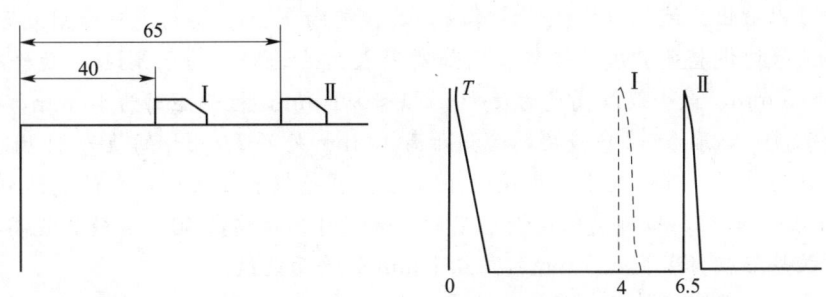

图 5—35　用工件本身的棱角调整扫描速度

2）灵敏度调整和定量　在表面波检测中，如对此试块与被检工件的材质、表面粗糙度不同，就会使灵敏度调整有很大出入，最常用的是利用工件本身的直角棱边反射波作为参考信号来调整灵敏度。

直角棱边可以看作无限长和无限高的裂纹。对于钢材直角棱边反射波的波高与有限长度、有限高度裂纹反射波的波高之比用 H_B/H_f 表示。

当裂纹长度 L 一定，欲检测的裂纹最小高度 d 与波长 λ 之比 n 一定（$n=d/\lambda$）时，H_B/H_f 只与距离有关；若距离一定，H_B/H_f 则为一定值。

用 5 MHz 的表面波探头检测钢工件，则 $\lambda=0.598$ mm，取 $n=0.17$，则可检测的最小裂纹高度 $d=0.17\lambda\approx0.1$ mm，欲检测的最小裂纹长度 $L=6.5$ mm，则 H_B/H_f 的计算值和试验值列于表 5—2 中，试验用对此试块如图 5—36 所示。

表 5—2　　　　　　　　H_B/H_f 计算值与试验值的比较

距离（mm）	H_B/H_f（dB）	
	计算值	试验值
40	22.08	21
50	23.05	22
60	23.85	23

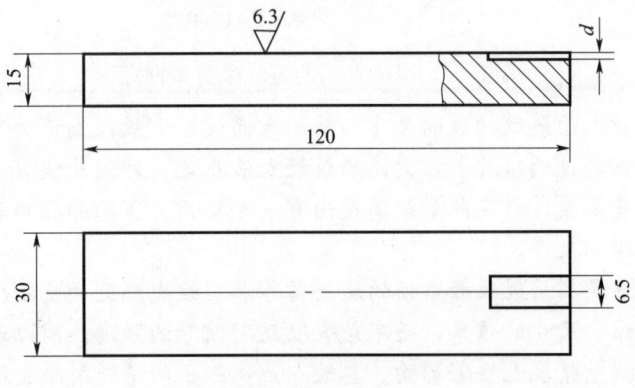

图 5—36　对此试块

超声检测

从表中可以看出：试验值均低于计算值，其误差约 1 dB。实用上可以用表 5—2 中的试验值作为直角棱边调整灵敏度的依据。例如所用表面波的频率为 5 MHz，欲检测最小裂纹长度为 $L=6.5$ mm，最小裂纹高度为 $d=0.17\lambda \approx 0.1$ mm，检测距离为 40 mm，则可按如下步骤调整灵敏度：从表 5—2 中查得，检测距离 40 mm 处的 H_B/H_f 的值为 21 dB，探头垂直对准工件的直角棱边，探头前沿距离棱边 40 mm，调整仪器使棱边反射波高达到基准波高，然后增益 21 dB，此时，检测灵敏度调整完毕。检测时如缺陷在 40 mm 处的波高刚好达到基准波高，则该缺陷相当于长 6.5 mm、高 0.1 mm 的平面裂纹。

相同长度、不同高度裂纹反射波的波高与 0.17λ 高的裂纹反射波的波高之比 $H_f/H_{0.17}$ 只与以 λ 为单位的裂纹高度有关。图 5—37 所示为 $H_f/H_{0.17}$ 与裂纹高度 d 的关系曲线，$H_f/H_{0.17}$ 以分贝为单位，高度 d 以 mm 为单位。如前所述，调好灵敏度，检测时发现一缺陷信号，移动探头使缺陷反射波正好在荧光屏时基线刻度"4"处（使缺陷声程与调灵敏度时的声程对应），调节衰减器使波高降低基准波高，读取衰减器读数，根据衰减器读数在图 5—37 所示曲线上查得裂纹高度 d。此时的裂纹高度相当于长度为 6.5 mm 裂纹的高度，如实际裂纹的长度较 6.5 mm 短，其高度就比查得的高度要高，反之就比查得的小。要指出的是，这里的定量仅限于 $d<2\lambda$ 深度范围的裂纹高度定量，因为表面波的传播仅限于 2λ 的深度。

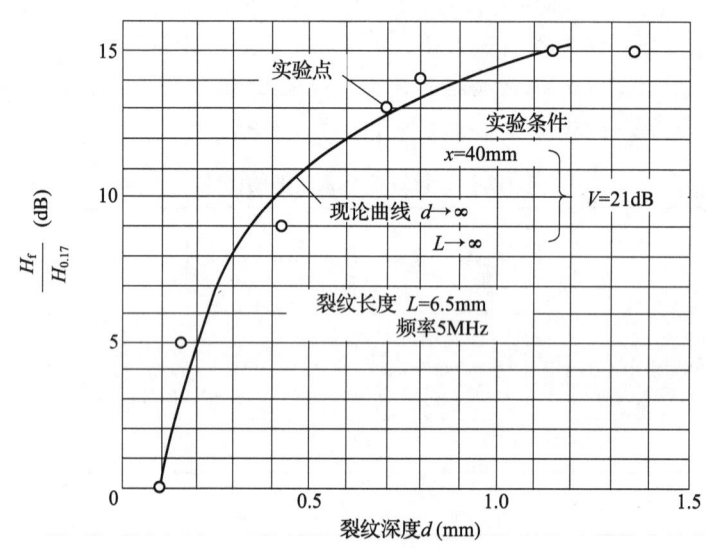

图 5—37 $H_f/H_{0.17}$ 与裂纹深度 d 的关系

（2）时延法测量表面裂纹的纵向尺寸 前述表面波检测裂纹高度的定量方法仅适用于测量浅裂纹，其高度不超过两倍波长，更高的裂纹无法测定。即使是浅裂纹，往往也只能定出标准人工裂纹的当量高度，与实际裂纹高度尚有一定距离。下面介绍用表面波时延法测量表面开口裂纹高度的纵向尺寸。

这种方法的特点是利用裂纹开口处的反射信号和裂纹尖端处的反射信号在传播时间上的差值作为测定裂纹纵向尺寸的信息，而不是裂纹反射信号的强度。所以表面粗糙度、耦合状况等方面的变化对测量精度无显著影响。其缺点是：测出的不是裂纹尖端距表面的垂直距离 h'（即高度），而是裂纹的纵向尺寸 h，当裂纹倾斜时后者大于前者，如图 5—38a 所示。

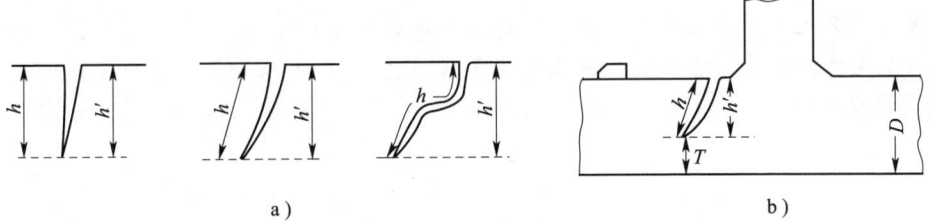

图 5—38 用表面波测量裂纹深度的几种情况

1) 双探头法 如图 5—39 所示，将两个相同的表面波探头垂直于裂纹相对放置在裂纹两侧，T 为反射探头，R 为接收探头。随工件表面粗糙度及裂纹面状况等因素的影响可能出现两种情况：

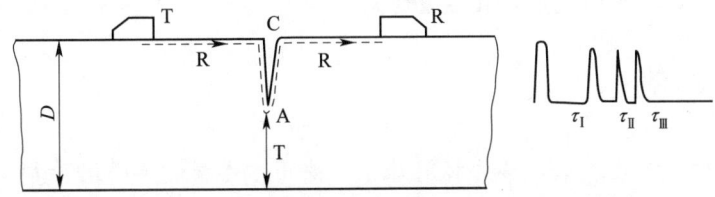

图 5—39 用表面波双探头测量裂纹深度

① 自 T 发射的表面波传到裂纹的开口处，一部分声波被反射回来（探头的这种布置方式，接收探头接收不到此反射波，荧光屏无波形显示）；一部分声波跨过裂纹直通到接收探头 R，荧光屏上会显示一个直通波，其水平位置为 τ_I；一部分声波沿着裂纹面向下绕过裂纹尖端 A 再往上，然后传到接收探头 R，荧光屏上显示出另一个接收信号，其水平位置为 τ_{II}。对于垂直于表面的裂纹，显然其纵向尺寸 h 可由下式表示（扫描速度按声程 1∶1）：

$$h = \frac{\tau_{II} - \tau_I}{2} \tag{5—4}$$

当然在裂纹开口 C 处还有变形纵波和变形横波，接收探头接收不到此反射波，荧光屏无波形显示。

② 除了发生第一种情况外，在裂纹尖端 A 处又产生变形横波，它垂直传到底面后又返回 A 处，再转为表面波并沿裂纹面传到接收探头 R，荧光屏上会显示一个变形横波信号，其水平位置为 τ_{III}。τ_{III} 与 τ_{II}、D 和 h 之间有下式关系（扫描速度按声程 1∶1）：

$$\frac{\tau_{III} - \tau_{II}}{c_r} = \frac{2(D-h)}{c_t} \tag{5—5}$$

式中　c_r、c_t——分别为表面波速度和横波速度；
　　　D——板厚。

对于钢，取泊松比 $\sigma = 0.29$，则 $c_t/c_r = 1.08$，带入式（5—5），得：

$$h = D - 0.54(\tau_{III} - \tau_{II}) \tag{5—6}$$

两种情况测得的 h 值可以互相核对。

2) 单探头法 双探头法有时受条件限制不能采用，例如图 5—38b 所示。此时可采用单探头法。

表面波自探头发出,传至裂纹开口处反射回一个信号,其在荧光屏上的水平位置为 τ_{I};传到裂纹尖端又返回一个信号,其在荧光屏上的水平位置为 τ_{II};同样,有时会收到变形横波从底面反射回的信号,它在荧光屏上的水平位置为 τ_{III}。可以按下式求裂纹纵向尺寸(扫描速度按声程1:1):

$$h = \tau_{\mathrm{II}} - \tau_{\mathrm{I}}$$
$$h = D - 1.08(\tau_{\mathrm{III}} - \tau_{\mathrm{II}}) \tag{5—7}$$

采用表面波时延法测量表面开口裂纹的纵向尺寸时,为了能有效地分辨各信号之间的时间差,要求仪器的距离分辨率要好,这对浅裂纹的测量尤为重要,因此仪器最好采用窄脉冲激励和宽带放大器,探头采用高阻尼窄脉冲探头。这种方法只适用于测量表面开口缺陷;实验室测试误差可达 ±1 mm;当缺陷内含油或水等液体时,表面波有可能跨越缺陷开口,使测试误差大大增加;此外,若缺陷端部太尖锐,则接收到的波较低甚至接收不到;还有若缺陷表面过于粗糙,则接收回波低,且误差增大。

5.3.4 板波检测

使用板波进行检测的方法,称为板波法。主要用于薄板、薄壁管等形状简单的工件检测。板波充塞于整个工件,可以发现内部的和表面的缺陷。但是检出灵敏度除取决于仪器工作条件外,还取决于波的形式。

1. 板波的种类

板中传播的超声波受板面的影响,当频率、板厚、入射超声波的速度之间满足一定的关系时,声波就能顺利通过。狭义地讲,板波仅指板中传播的兰姆波,广义地讲也包括圆棒、方钢和管中传播的波。根据考虑方面的不同,板波可按如下几个方面分类:

(1)根据质点振动情况分类 质点振动方向与表面平行的横波(简称 SH 波)射向边界面时,反射波仍然是 SH 波。SH 波如果射向薄板,就在薄板中产生 SH 型板波,如图5—40a 所示。如在板中传播的波中既有振动方向与板面垂直的横波(简称 SV 波),又含有振动方向与板面平行的纵波(简称 P 波)时,这种板波叫做兰姆波。兰姆波中质点实际上是做椭圆运动,如图5—40b 所示。

如图5—42所示,在兰姆波的作用下,板的振动又可分为两种,图5—42a 所示称为对称型兰姆波,图5—42b 所示称为非对称型兰姆波,习惯上称前者为 S 型,后者为 A 型。

(2)根据边界条件分类 图5—41 中给出了几种边界条件。板面与空气相接触,理论上可按与真空相接触处理(见图5—41a);板的一面或两面与固体或液体接触时(见图5—41b、c、d)情况比较复杂。图中除 a 中情况外,其他情况下超声能量大都会进入其他介质中去,因而衰减很大。如图中 b 的情况,若板中存在的是兰姆波,并假定其

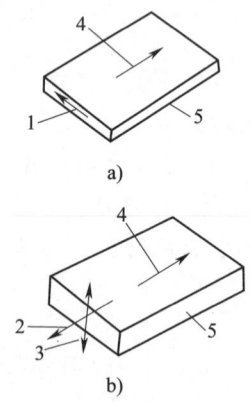

图5—40 质点振动方向与界面的关系
a) SH 波 b) 兰姆波
1—质点振动方向;2—纵波成分;
3—横波成分;4—波动前进方向;
5—板

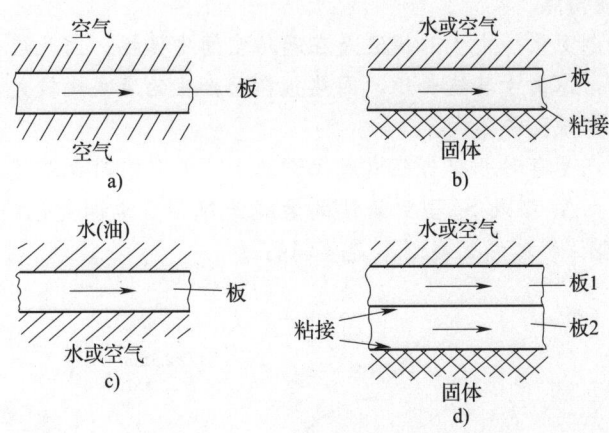

图 5—41 根据边界条件分类

中是以横波为主，垂直板面振动的横波会将部分声波以纵波的型式透射到周围介质中去，该兰姆波就会由于其中的横波成分衰减很大而不易传播；反之以纵波成分为主时，因为平行于板面振动，所以能量损失得相对少一些，仍可以传播。

2. 兰姆波的产生

选择不同的板波型式是靠选择探头入射角来实现的，这可以比较直观地用图5—42所示来解释。为了获得比较强的板波，总是希望外力的节奏与板中振动合拍，即共振。如图5—43所示兰姆波相速度的一个波长 B 与透声楔中纵波的一个波长 A 相对应时，板的振动就刚好与透声楔中纵波的振动产生共振，此时：

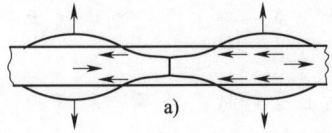 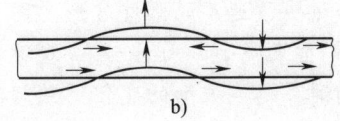

图 5—42 兰姆波的类型
a) 对称型 b) 非对称型

$$\sin \alpha_l = \frac{A}{B} = \frac{c_l}{c_p}$$

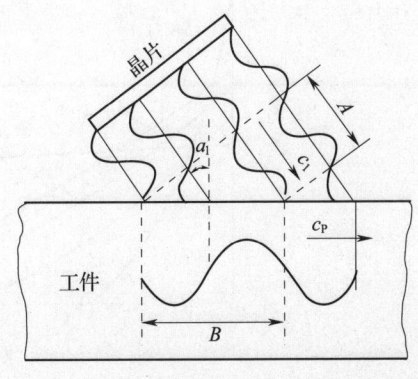

式中 c_l——透声楔中的纵波速度；
  c_p——板波相速度；
  α_l——纵波入射角。

从式中可以看出，改变纵波的入射角，就可以改变板波的相速度。产生板波的纵波入射角可根据被检测工件的板厚乘以所用频率和选用的波型，由特定的曲线图上查出，参见图 2—26 所示。

图 5—43 板波波型与探头入射角的关系

3. 兰姆波的传播特点

(1) 衰减的非单调变化　由于兰姆波是在两维空间中传播，因此应当比在三维空间中传播的声波衰减小一些，但由于其波长短，因热损耗而产生的衰减比较大，加之还受表面的影响，所以兰姆波的检测距离并不大。

兰姆波衰减的特点是有时并非与距离成比例关系，而且有时也不随距离单调变化。实测结果如图5—44所示，A_1型或S_1型兰姆波的衰减是随距离单调变化的，而A_0S_0（A_0、S_0的合成波）和A_2S_2型兰姆波的衰减则不是单调的。

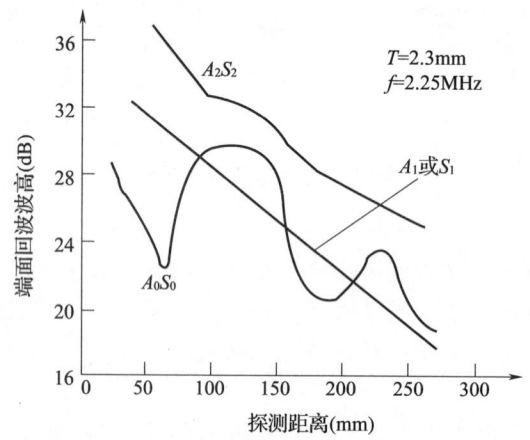

图5—44　实测板波随距离的衰减

当板上有水或油时，兰姆波的衰减显著增大，原因是振动方向垂直于板面的横波能量一部分被传入液体。因此水浸法板波检测时，要选择兰姆波中包含横波成分少的波形，即选择群速度尽量接近纵波速度的那些波形。图5—45所示是一个水浸检测中板波衰减情况的试验结果，图中S_4型衰减小，而S_0+A_0型衰减严重。

(2) 反射时兰姆波波形的变化　兰姆波在端面上反射时，并不是所有的能量全部按原来的波形反射，其中有一部分能量以其他兰姆波波形反射。要对这种现象进行严格的理论分

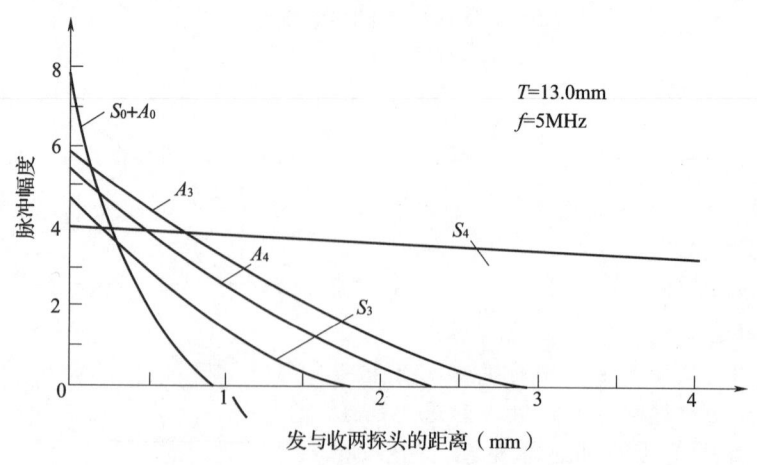

图5—45　水浸检测中兰姆波的衰减

析比较困难,图 5—46 所示是这种现象的试验验证。采用收、发两个探头,选定发射探头的入射角,使之产生 S_5 型兰姆波,接收探头的入射角是可变的,以此来选择接收的兰姆波波形,试验结果如图 5—46b 所示。从图中可以看出,反射波中有 S_4 和 S_0+A_0 的成分,而且 S_0+A_0 的成分比 S_5 还要强,S_5 反射的能量仅占入射能量的 30%。

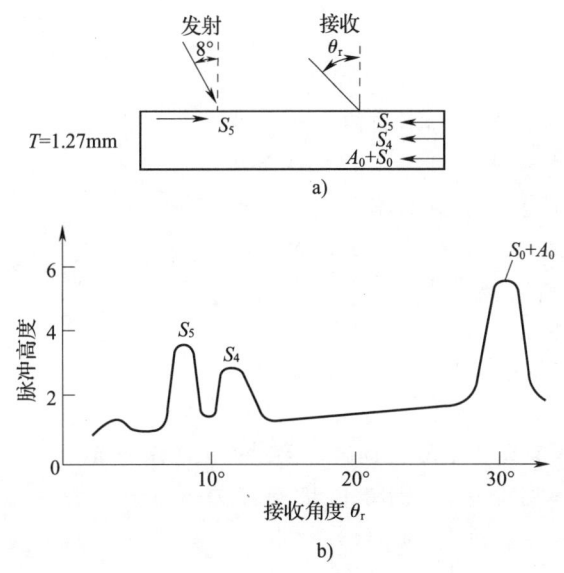

图 5—46 兰姆波反射时的波形转换

当板的端面角度变化时,由于波型的变化,反射波信号高度也要变化。

(3) 兰姆波回波信号的宽度 根据前面的分析,当脉冲宽度很窄时,也就是说它包含的频谱较宽时,可以认为群速度的值有多个。这许多个不同群速度的兰姆波经过一段时间的传播后,又在端面上反射,各个波型的反射又不一样,探头接收到的回波信号就会发生畸变,一般来说信号宽度变宽了,甚至会出现多个波。

还有一种情况值得注意,根据波型传输理论指出,波型无畸变的传输的条件是在给定的频率范围内,群速度不变。因此,为了防止波型在传播中畸变,需要选择合适的板波类型,即选群速度图中板波群速度随频率变化比较慢的波型。例如,S_5 型兰姆波适合在频率乘板厚为 10.5 MHz·mm 时使用。

4. 兰姆波检测的一般程序

(1) 尽可能选用宽的发射脉冲。如有可能,用频谱分析方法或其他方法测定探头发射的超声频谱,以便选择窄频带脉冲。

(2) 制作一个与被测板材料相同的对比试块。试块长度可选为 20 mm、30 mm 等,厚度应与被测板相同,板上制作人工缺陷。

(3) 选择合适的波型。例如,若需传播距离大,应选取以纵波成分为主的板波波型;若需测定板与其他介质粘接的良好程度,可选取以横波成分为主的板波波型。先根据频率乘板厚的数值在群速度图上选择群速度随频率变化缓慢的板波波型,再根据波型、频率乘板厚的数值,从相应的图中查得入射角。

(4) 根据入射角选择合适的探头,在试块上调整扫描速度。用试块端面反射脉冲信号,观察所选兰姆波的衰减特性，注意是否有非单调特性。

(5) 根据人工反射体的反射，选择合适的检测灵敏度。

(6) 检测时，当发现端面信号前面有信号出现时，用手指拍打确定缺陷确切的位置。所选耦合剂黏度要稍大些，避免到处流淌。

5.3.5 爬波法

当纵波从第一种介质以第一临界角附近的角度（±30°以内）入射到第二种介质时，在第二种介质中不但存在表面纵波，而且还存在斜射横波，如图5—47所示。通常把横波的波前称为头波，把沿介质表面下一定距离处在横波和表面纵波之间传播的峰值波称为纵向头波或爬波。

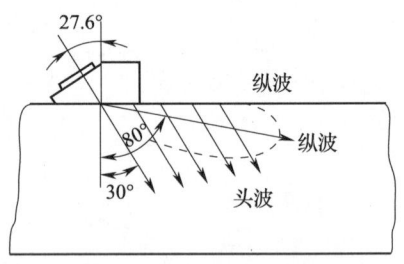

图5—47 爬波的产生

在纵波速度为5 850 m/s的细晶珠光体钢平面试块上，用频率为1.8 MHz、晶片直径为18 mm、有机玻璃斜楔角度为27.6°的两个探头分别作为发射和接收探头，测得试块水平面的声场指向性如图5—48a所示；用直径为5 mm直探头在圆柱体侧壁测得在入射平面内的声场指向性，如图5—48b所示。

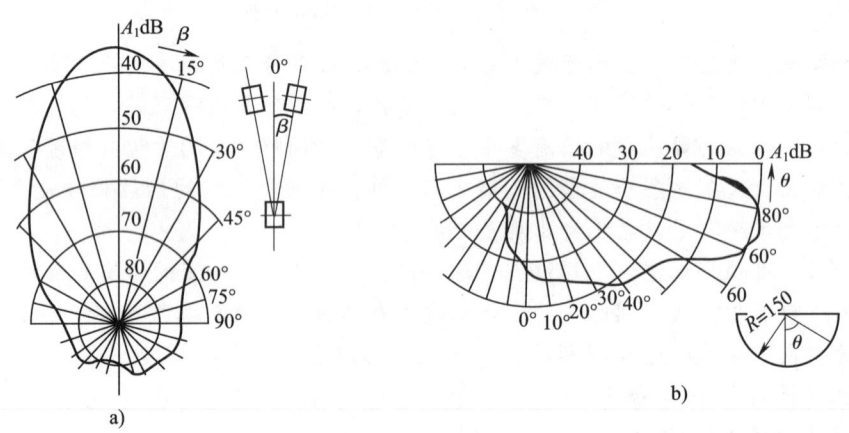

图5—48 爬波的声场指向性举例

a) 水平表面上声场指向性　b) 入射平面声场指向性

爬波受工件表面刻痕、不平整、凹陷、液滴等的干扰较小，有利于检测表面下的缺陷。如铸件、堆焊层等的表面下裂纹以及螺纹根部的裂纹等，且理论和实验研究表明：将爬波探头的入射角α选为第一临界角，可通过选择$f \cdot D$值，来改变对表面附近缺陷的敏感程度，这里f为声波频率，D为探头晶片直径。这些都是它优于瑞利波之处。爬波速度与纵波相近，在圆弧面上约为纵波的0.96。因横波吸收能量，爬波离开探头后衰减很快，回波声压约与距离的4次方成反比，检测距离较小，通常只有几十毫米，在很多情况下采用双探头一收一发相对放置较为有利。

5.4 按探头数目分类的超声检测方法

5.4.1 单探头法

使用一个探头兼作发射和接收超声波的检测方法称为单探头法。单探头法操作方便，可检出大多数缺陷，是目前最常用的一种方法。

单探头法检测，对于与波束轴线垂直的面状缺陷和立体型缺陷的检出效果最好。与波束轴线平行的面状缺陷难以检出。当缺陷与波束轴线倾斜时，则根据倾斜角度的大小，能够收到部分回波或者因反射波束全部反射在探头之外而无法检出。

5.4.2 双探头法

使用两个探头（一个发射，一个接收）进行检测的方法称为双探头法。主要用于发现单探头法难以检出的缺陷。

双探头法又可根据两个探头排列方式和工作方式，进一步分为并列式、交叉式、V形串列式、K形串列式、串列式等，如图5—49所示。

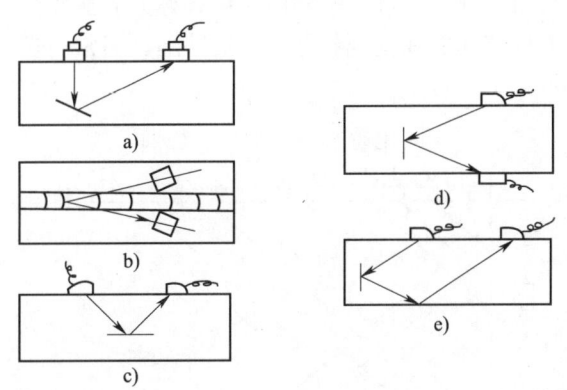

图 5—49 双探头的排列方式
a) 并列式 b) 交叉式 c) V形式 d) K形式 e) 串列式

1. 并列式

两个探头并列放置，检测时两者作同步同向移动。但直探头作并列放置时，通常是一个探头固定，另一个探头移动，以便发现与检测面倾斜的缺陷，如图5—49a所示。双晶探头的原理，就是将两个并列的探头组合在一起，具有较高的分辨力和信噪比，适用于薄工件、近表面缺陷的检测。

2. 交叉式

两个探头轴线交叉，交叉点为要检测的部位，如图5—49b所示。此种检测方法可用来发现与检测面垂直的面状缺陷，在焊缝检测中，常用来发现横向缺陷。

3. V形串列式

两探头相对放置在同一面上,一个探头发射的声波被缺陷反射,反射的回波刚好落在另一个探头的入射点上,如图5—49c所示。此种检测方法主要用来发现与检测面平行的面状缺陷。

4. K形串列式

两探头以相同的方向分别放置于工件的上下表面上。一个探头发射的声波被缺陷反射,反射的回波进入另一个探头,如图5—49d所示。此种检测方法主要用来发现与检测面垂直的面状缺陷。

5. 串列式

两探头一前一后,以相同方向放置在同一表面上,一个探头发射的声波被缺陷反射,反射的回波经底面反射进入另一个探头,如图5—49e所示。此种检测方法用来发现与检测面垂直的片状缺陷(如厚焊缝的中间未焊透、窄间隙焊缝的坡口面未熔合等)。

这种检测方法的特点是,不论缺陷是处在焊缝的上部、中部或根部,其缺陷声程始终相等,从而缺陷信号在荧光屏上的水平位置固定不变;上、下表面存在盲区;两个探头在一个表面上沿相反的方向移动,用手工操作较困难,需要设计专用的扫查装置。

5.4.3 多探头法

使用两个以上的探头组合在一起进行检测的方法,称为多探头法。多探头法的应用,主要是通过增加声束来提高检测速度或发现各种取向的缺陷。通常与多通道仪器和自动扫查装置配合,如图5—50所示。

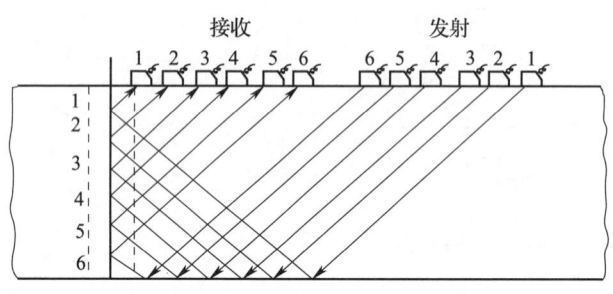

图5—50 多探头法

5.5 按探头接触方式分类的超声检测方法

依据检测时探头与工件的接触方式,可分为接触法、液浸法和电磁超声。

5.5.1 接触法和液浸法

探头与工件检测面之间,涂有很薄的耦合剂层,因此可以看作为两者直接接触,这种检测方法称为直接接触法,或简称接触法。

将探头和工件浸于液体中以液体作耦合剂进行检测的方法,称为液浸法。耦合剂可以是水,也可以是油。当以水为耦合剂时,称为水浸法。

液浸法检测,探头不直接接触工件,所以此方法适用于表面粗糙的工件,探头也不易磨损,耦合稳定,检测结果重复性好,便于实现自动化检测。

液浸法按检测方式不同,又分为全浸没式和局部浸没式。

(1) 全浸没式　被检工件全部浸没于液体之中,适用于体积不大,形状简单的工件检测,如图5—51a所示。

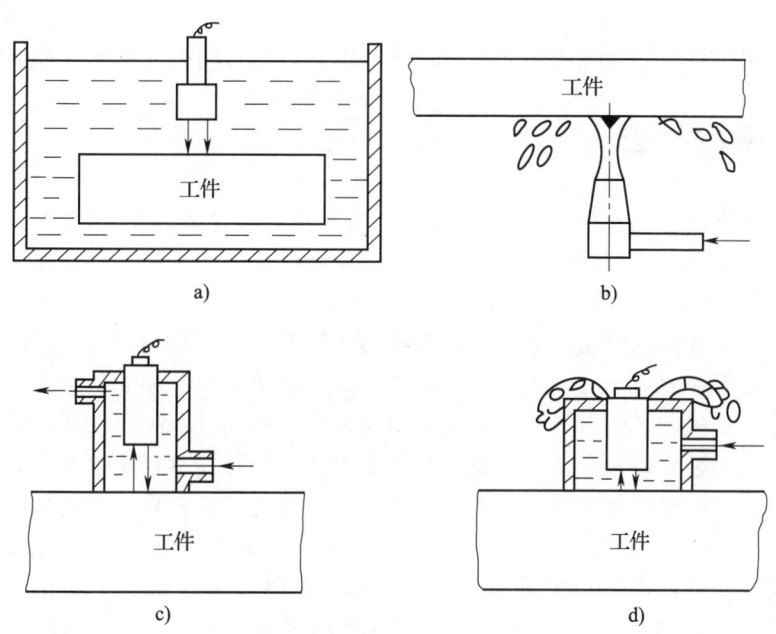

图5—51　液浸法
a) 全浸没式　b) 喷液式　c) 通水式　d) 满溢式

(2) 局部浸没式　把被检工件的一部分浸没在水中或被检工件与探头之间保持一定的水层而进行检测的方法,适用于大体积工件的检测。局部浸没法又分为喷液式、通水式和满溢式。

1) 喷液式　超声波通过以一定压力喷射至检测表面的水柱耦合方式,如图5—51b所示。

2) 通水式　借助于一个专用的有进水、出水口的液罩,使液罩内经常保持一定容量的液体,这种方法称为通水式,如图5—51c所示。

3) 满溢式　满溢式液罩结构与通水式相似,但只有进水口,多余液体从罩的上部溢出,这种方法称为满溢式,如图5—51d所示。

根据探头与工件检测面之间液层的厚度,液浸法又可分为高液层法和低液层法。

1. 接触法和液浸法特点比较

(1) 接触法优点　多为手工检测,操作方便;设备简单,适用于现场检测,且成本较低;直接耦合,入射声能损失小,可以提供较大的厚度穿透能力;在相同的检测参数下,可比液浸法提供更高的检测灵敏度。

(2) 接触法缺点　手工操作受人为因素影响较大,耦合不易稳定;要求被检表面的粗糙度较小。

(3) 液浸法优点　探头与被检工件不接触,超声波的发射和接收均较稳定,表面粗糙度的影响较小;通过调节探头角度,可方便的改变探头发射的声束方向;可缩小检测盲区,从而可检测较薄的工件;探头不直接接触工件,探头损坏的可能性小,探头寿命长;便于实现聚焦声束检测,满足高灵敏度、高分辨率检测的需要;便于实现自动检测,减少影响检测可靠性的人为因素。

(4) 液浸法缺点　超声波在液体和金属表面的反射,损失了大量能量,需采用较高的增益。当检测高衰减材料或大厚度材料时,可能没有足够的能量。在较高增益下,还可能出现噪声干扰。

在实际检测时,应根据应用的对象、目的和场合,结合两种方法的优缺点综合选择。

5.5.2　电磁耦合法

采用电磁超声探头激发和接收超声波的检测方法,通常称为电磁超声检测(EMAT)。探头与工件之间既无耦合剂,也不相互接触。电磁超声探头结构及工作原理见4.2.3。

1. 电磁超声产生的机理

铁磁性物质具有类似结晶体的结构,在铁的正离子中央有被电子云包围的铁的负离子。其相邻的原子之间由于电子自旋而产生元磁矩,在元磁矩之间有相互作用力,它驱使相邻的元磁矩平行排列在同一方向上,形成磁畴,磁畴间的相互作用很小。铁磁性材料的磁化现象可从微观和宏观两个方面来分析。微观磁化强度由上述相互作用理论所给出的自发磁化强度的数值决定,亦即磁畴的磁化强度;而宏观磁化强度则是所有磁畴的微观磁化强度之和(矢量和),它可以是从零到微观磁化强度的饱和值。在工程技术中,主要是利用铁磁性材料的宏观磁化强度,即在没有外磁场作用时,各个磁畴互相均衡,材料总的磁化强度等于零;当有外磁场作用时,这一平衡受到破坏,磁畴的磁化强度矢量都转向外磁场方向与外磁场平行,材料即呈现磁饱和现象。在磁化过程中各磁畴之间的界限发生移动,因而产生机械变形,这种现象称为磁致伸缩效应。反之,在外力作用下,引起铁磁性材料内部发生应变,产生应力,使各磁畴之间的界限发生移动,从而使磁畴磁化强度矢量转动,因而铁磁性材料的磁化强度也发生相应的变化,这种由于应力使铁磁性材料磁化强度变化的现象,称为逆磁致伸缩效应。

可见,在一般铁磁性材料中,同时存在磁致伸缩与逆磁致伸缩现象。此外,由于电磁感应的存在,材料形变而产生的磁场,必然会在材料中感应一个电场,所以可以预料,在铁磁性材料中的任何机械振动都会伴随着产生一个电磁振动,这两种振动产生的波相互耦合在一起,就会形成电磁超声。

2. 电磁超声激发和接收

电磁超声能用于铁磁材料的检测,必须既能方便地在材料中激发电磁超声,又方便地接收。

例如,对于电磁超声测厚,可采用如下方法:采取永磁体在钢板表面建立一垂直于钢板表面的磁场 B,B 值可达 5 000 Gs 以上。在永磁体与钢板之间布置线圈,线圈匝数为 50~100,线圈平面垂直于磁场,如图5—52所示。

某一时刻在线圈中加一高压窄脉冲,脉冲波形如图5—53所示,其电压幅度 U 为 500~1 000 V,脉宽 Δt 为 0.1 μs 左右。强大的脉冲电压在线圈中产生一定的脉冲电流,并

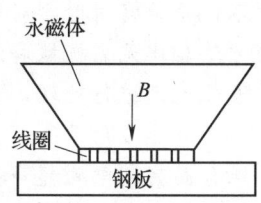

图 5—52 电磁超声模型

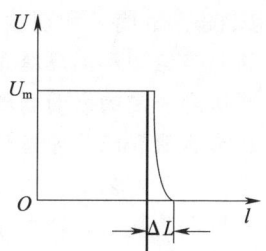

图 5—53 脉冲信号图

在周围产生很强的电磁场。辐射到钢板表面的电磁场，会在钢板表面产生垂直于由永磁体产生的恒磁场 B 的涡旋电流 I。磁场 B、涡旋电流 I 及钢板三者之间的关系如图 5—54 所示。

根据电磁学知识，此涡旋电流 I 必然受到磁场 B 的作用而产生作用力 F，作用力 F 的方向平行于钢板表面，指向涡流中心，如图 5—55 所示。这一作用力持续时间非常短暂，大约等于脉冲电压的脉宽，作用力引起的电磁振动向钢板内传播，方向如图 5—55 所示。从图中可以看出，作用力 F 与传播方向相互垂直，此电磁振动是横波。此波到达底面后，有部分透出钢底面，但大部分被反射回来到达钢表面，这部分波称为回波，回波所携带的磁场被线圈接收到。由于电磁超声在钢表面的透射比较弱，钢板中的电磁声可以多次在钢板内来回反射。因此线圈中接收的回波信号将是一系列脉冲串，若采用 1 000 倍的脉冲放大器对回波信号进行放大，10 mm 厚钢板的回波信号如图 5—56a 所示；S_1 为一次回波，S_2 为二次回波，S_n 为 n 次回波，S_n 与 S_n+1 之间的时间差 t_h（单位：s），可反映钢板的厚度。图 5—56b 所示是回波信号经电压比较器后，获得的对应脉冲序列信号。

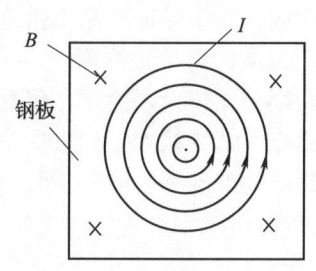

图 5—54 磁场与涡流的关系

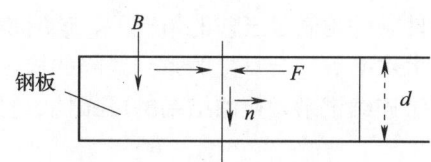

图 5—55 钢板内 F 与 B 的关系

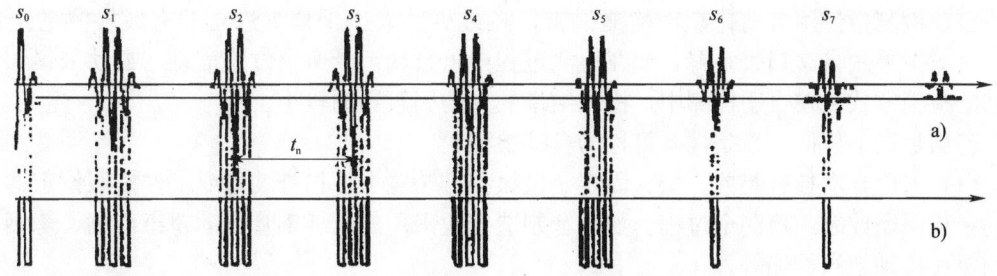

图 5—56 回波信号图

3. 电磁超声的特点和现状

常规的超声检测和测厚给无损检测工作者带来最大的不便就是需对检测对象的表面进行处理，使其达到一定的表面粗糙度。电磁超声检测与常规方法相比无需机械和液体耦合，进行锅炉、压力容器和压力管道检测时对沾染或结渣轻微的表面无须进行处理，大大减少了辅助性工作量；由于电磁超声探头与工件有一定的距离，因此还可能应用于高温在线检测；同时电磁超声检测速度快，适用于连续生产线的自动检测。综合而言，电磁超声技术具有广阔的发展空间。

目前，电磁超声可以像传统的压电晶片换能器一样，在铁磁性金属件中产生纵波、横波、斜声束以及聚焦声束，可同常规的超声检测一样来检查工作中的缺陷。美国材料与试验协会为美国电力研究所研制的电磁超声测厚装置可测厚达 1 mm，准确度为 0.05 mm；我国的电磁超声检测技术也发展很快，EMAT 装置已在钢管自动化检测、钢板自动化检测中进入实用化阶段。但是，电磁超声的缺陷检出能力和信噪比与常规的压电晶片换能器超声检测相比，还有待于进一步研究和提高。

5.6 手工检测和自动检测

按人工干预的程度分类，超声检测可分为手工检测和自动检测。

5.6.1 手工检测

手工检测一般指由操作者手持探头进行的 A 型脉冲反射式超声检测。

手工检测方便易操作，大量应用于特种设备的相关行业，对于保证产品质量起了重要的作用，我国机械行业标准 JB/T 4730.3—2005 主要的适用范围即为手工检测。

但是，也要看到，手工检测结果受操作者的人为因素影响比较大，假定在仪器探头等其他一切硬件条件均满足工艺的情况下，这时操作者的责任心、情绪状态、扫查探头的方式和手法、技术水平等均会直接关系到缺陷的检出率和缺陷判断的准确率，同时检测过程中的超声信号无法连续记录，检测结果的可靠性、复现性难以保证。

5.6.2 自动检测

自动检测指使用自动化超声检测设备，在最少的人工干预下进行并完成检测的全部过程。一般指采用自动扫查装置，或在检测过程中可自动记录声束位置信息、自动采集和记录数据的检测方式。在自动检测中，检测结果受人为因素影响较小。

若满足以下任何一个条件，可称为自动检测：

（1）采用自动扫查装置。探头固定于机械扫查装置上，扫查装置或工件按照设定的方式运动，从而完成超声检测全过程。如钢管制造企业采用的无缝钢管自动超声检测，炼钢厂采用的板材自动超声检测等。

（2）自动记录声束位置信息、自动采集和记录数据。为跟踪和记录探头位置，自动超声设备必须配备位置传感器，一般采用编码器或声定位技术，但相控阵方法是个例外，因为相控阵可以采用电子扫描以替代机械扫描。在扫查过程中,自动超声设备应能够自动采集超声信号以及相对应的位置信息,并以不可更改的方式记录下来。一般也使用扫查装置,按照驱动扫查装置的动力而言,可分为电动机驱动和人驱动。若采用电动机驱动,则称为全自动;若采用人驱动,则称为半自动。全自动和半自动均简称为自动检测。

超声成像技术涉及二维或三维成像,成像算法中需要超声信号以及相对应的位置信息,因此都属于自动超声检测。

无缝钢管自动超声检测见 7.5.6。

自动检测技术是超声检测技术的重要应用和发展方向,在欧美国家的锅炉压力容器制造中,出现逐渐替代射线检测的现象和趋势。

复习思考题

1. 简述超声检测方法的分类情况。
2. 简述脉冲反射法和穿透法,及各自优缺点。
3. 直射纵波检测适用于哪些情况?这种技术有什么优缺点?
4. 斜射横波检测适用于检测哪些对象?
5. 可用来检测垂直于表面的平面型缺陷的超声检测方式有哪些?
6. 液浸法适宜用来检测哪些产品?
7. 什么叫爬波?它适用于什么检测对象?
8. 简述超声相控探头与普通探头的区别。
9. 简述超声相控制阵技术的优势。
10. TOFD 技术的主要用途有哪些?
11. 简述声速测量原理和方法。

第6章 脉冲反射法超声检测通用技术

脉冲反射法超声检测在检测条件、耦合与补偿、仪器的调节、缺陷的定位、定量、定性等方面都有一些通用的技术，掌握这些通用技术对于发现缺陷并正确评价是很重要的。

脉冲反射法超声检测的基本步骤是：检测前的准备，仪器、探头、试块的选择，仪器调节与检测灵敏度确定，耦合补偿，扫查方式，缺陷的测定、记录和等级评定，仪器和探头系统复核等。

6.1 检测面的选择和准备

针对一个确定的工件，当存在多个可能的声入射面时，检测面的选择首先要考虑缺陷的最大可能取向。如果缺陷的主反射面与工件的某一表面近似平行，则选用从该表面入射的垂直入射纵波，这样能使声束轴线与缺陷的主反射面接近垂直，这对缺陷的检测是最为有利的。缺陷的最大可能取向应根据材料、坡口形式、焊接工艺等综合分析。

很多情况下，工件上可以放置探头的平面或规则圆周面是有限的，超声波的进入面并没有可以选择的余地，只能根据缺陷的可能取向，选择入射超声波的方向。因此，检测面的选择是应该与检测技术的选择结合起来进行的。例如，对于锻件中冶金缺陷的检测，由于缺陷大多平行于锻造表面，通常采用纵波垂直入射检测，检测面可选为与锻件流线相平行的表面。再考虑棒材检测的情况，可能的入射面只有圆周面，采用纵波检测可以检出位于棒材中心区的、延伸方向与棒材轴向平行的缺陷。若要检测位于棒材表面附近垂直于表面的裂纹，或沿圆周延伸的缺陷，由于检测面仍是圆周面，所以仍需采用斜射声束沿周向或轴向入射。

有些情况下，需要从多个检测面入射进行检测。如：变形过程使缺陷有多种取向时；单面检测存在盲区，而另一面检测可以弥补时；单面检测灵敏度不能在整个工件厚度范围内实现时等。

为了保证检测面能提供良好的声耦合，进行超声检测前应目视检查工件表面，去除松动的氧化皮、毛刺、油污、切削或磨削颗粒等。如果个别部位不可能清除，应作出标记并留下记录，供质量评定时参考。

6.2 仪器与探头的选择

正确选择仪器和探头对于有效地发现缺陷，并对缺陷定位、定量和定性是至关重要的。实际检测中要根据工件结构形状、加工工艺和技术要求来选择仪器与探头。

6.2.1 检测仪器的选择

目前国内外检测仪种类繁多，性能各异，检测前应根据检测要求和现场条件来选择检测仪器。一般根据以下情况来选择仪器：

(1) 对于定位要求高的情况，应选择水平线性误差小的仪器。
(2) 对于定量要求高的情况，应选择垂直线性好，衰减器精度高的仪器。
(3) 对于大型零件的检测，应选择灵敏度余量高、信噪比高、功率大的仪器。
(4) 为了有效地发现近表面缺陷和区分相邻缺陷，应选择盲区小、分辨力好的仪器。
(5) 对于室外现场检测，应选择重量轻、荧光屏亮度好、抗干扰能力强的携带式仪器。

此外要求选择性能稳定、重复性好和可靠性好的仪器。

6.2.2 探头的选择

超声检测中，超声波的发射和接收都是通过探头来实现的。探头的种类很多，结构型式也不一样。检测前应根据被检对象的形状、声学特点和技术要求来选择探头。探头的选择包括探头的型式、频率、带宽、晶片尺寸和横波斜探头 K 值的选择等。

1. 探头型式的选择

常用的探头型式有纵波直探头、横波斜探头、纵波斜探头、双晶探头、聚焦探头等。一般根据工件的形状和可能出现缺陷的部位、方向等条件来选择探头的型式，使声束轴线尽量与缺陷垂直。

纵波直探头波束轴线垂直于检测面，主要用于检测与检测面平行或近似平行的缺陷，如锻件、钢板中的夹层、折叠等缺陷。

横波斜探头是通过波型转换来实现横波检测的。横波波长短，检测灵敏度高，主要用于检测与检测面垂直或成一定角度的缺陷，如焊缝中的未焊透、夹渣、裂纹、未熔合等缺陷。

纵波斜探头主要是利用小角度的纵波进行检测，或在横波衰减过大的情况下，利用纵波穿透能力强的特点进行斜入射纵波检测。此时工件中既有纵波也有横波，使用时需注意横波干扰，可利用纵波和横波的速度不同加以识别。

双晶探头用于检测薄壁工件或近表面缺陷。

水浸聚焦探头可用于检测管材或板材；接触聚焦探头可有效提高信噪比，但检测范围较小，可用于已发现缺陷的精确定量等目的。

2. 探头频率的选择

超声波检测频率一般在 0.5~10 MHz 之间，选择范围大。在选择频率时应明确以下几点：

(1) 由于波的绕射，使超声波检测灵敏度约为 $\frac{\lambda}{2}$，因此提高频率，有利于发现更小的缺陷。

(2) 频率越高，脉冲宽度越小，分辨力也就越高，有利于区分相邻缺陷且缺陷定位精度高。

(3) 由 $\theta_0 = \arcsin 1.22 \dfrac{\lambda}{D}$ 可知，频率高，波长越短，半扩散角就越小，声束指向性也就越好，能量集中，发现小缺陷的能力也就越强，但是相对的检测区域也就越小，仅能发现声束轴线附近的缺陷。

(4) 由 $N = \dfrac{D^2}{4\lambda}$ 可知，频率高，近场区长度越大，对检测不利。

(5) 由 $a_3 = c_2 F d^3 f^4$ 可知，频率越高，衰减越大。对于金属材料，若频率过高或晶粒粗大时，衰减很显著，此时由于晶界的散射还会出现草状回波，信噪比下降，从而导致缺陷检出困难。

(6) 对于面积状缺陷，如果频率太高则会形成显著的反射指向性，如果超声波不是近于垂直入射到面状缺陷表面上，在检测方向可能不会产生足够大的回波，检出率将会降低。

由以上分析可知，频率的高低对检测有较大的影响。实际检测中要全面分析考虑各方面的因素，合理选择频率以取得最佳平衡。

一般而言，频率的选择可这样考虑：对于小缺陷、厚度不大的工件，宜选较高频率；对于大厚度工件、高衰减材料，应选择较低频率。如对于晶粒较细的锻件、轧制件和焊接件等，一般选用较高的频率，常用 2.5~10.0 MHz。对晶粒较粗大的铸件、奥氏体钢等宜选用较低的频率，常用 0.5~2.5 MHz。

3. 探头带宽的选择

探头发射的超声脉冲频率都不是单一的，而是有一定带宽的。宽带探头对应的脉冲宽度较小，深度分辨力好，盲区小，但由于探头使用的阻尼较大，通常灵敏度较低；窄带探头则脉冲较宽，深度分辨力变差，盲区大，但灵敏度较高，穿透能力强。

研究表明，宽带探头由于脉冲短，在材料内部散射噪声较高的情况下，具有比窄带探头信噪比好的优点。如对晶粒较粗大的铸件、奥氏体钢等宜选用宽带探头。

4. 探头晶片尺寸的选择

探头晶片面积一般不大于 500 mm²，圆晶片直径一般不大于 $\phi 25$ mm，晶片大小对检测也有一定的影响，选择晶片尺寸时要考虑以下因素。

(1) 由 $\theta_0 = \arcsin 1.22 \dfrac{\lambda}{D}$ 可知，晶片尺寸越大，半扩散角将越小，波束指向性将越好，超声波能量就会越集中，这对声束轴线附近的缺陷检出十分有利。

(2) 由 $N = \dfrac{D^2}{4\lambda}$ 可知，随着晶片尺寸的增大，近场区长度也将迅速增大，这对检测不利。

(3) 晶片尺寸越大，辐射的超声波能量也就越大，探头未扩散区扫查范围也将变大，而远距离扫查范围相对就会变小，发现远距离缺陷的能力就会增强。

以上分析说明晶片大小对声束指向性、近场区长度、近距离扫查范围和远距离缺陷检出能力有较大影响。实际检测中，检测面积范围大的工件时，为了提高检测效率宜选用大晶片探头。检测厚度大的工件时，为了有效地发现远距离的缺陷宜选用大晶片探头。检测小型工件时，为了提高缺陷定位、定量精度宜选用小晶片探头。检测表面不太平整或曲率较大的工件时，为了减少耦合损失宜选用小晶片探头。

5. 横波斜探头 K 值的选择

在横波检测中，探头的 K 值对缺陷检出率、检测灵敏度、声束轴线的方向、一次波的声程（入射点至底面反射点的距离）有较大的影响。由 $K=\tan\beta_s$ 可知，K 越值大，β_s 也越大，一次波的声程也就越大。

因此在实际检测中，当工件厚度较小时，应选用较大的 K 值，以便增加一次波的声程，避免近场区检测。当工件厚度较大时，应选用较小的 K 值，以减少声程过大引起的衰减，便于发现深度较大处的缺陷。

在焊缝检测中，K 值的选择既要考虑到可能产生的缺陷与检测面形成的角度，还要保证主声束能扫查整个焊缝截面。为了检测单面焊根部是否焊透，还应考虑端角反射问题，使 $K=0.7\sim1.5$，因为 $K<0.7$ 或 $K>1.5$，端角反射率很低，容易引起漏检（参见 2.7.4 端角反射）。

6.3 耦合剂的选用

6.3.1 耦合剂

超声耦合是指超声波在检测面上的声强透射率。声强透射率高，超声耦合好。为了提高耦合效果，而加在探头和检测面之间的液体薄层称为耦合剂。耦合剂的作用在于排除探头与工件表面之间的空气，使超声波能有效地传入工件，达到检测的目的。此外，耦合剂还有减小摩擦的作用。

一般耦合剂应满足以下要求：
(1) 能润湿工件和探头表面，流动性、黏度和附着力适当，不难清洗。
(2) 声阻抗高，透声性能好。
(3) 来源广，价格便宜。
(4) 对工件无腐蚀，对人体无害，不污染环境。
(5) 性能稳定，不易变质，能长期保存。

超声检测中常用耦合剂有机油、变压器油、甘油、水、水玻璃和化学糨糊等。它们的声阻抗 Z 见表 6—1。

表 6—1　　　　　常用耦合剂的声阻抗 Z 值　　　　　单位：10^6 kg/m² · s

耦 合 剂	机 油	水	水 玻 璃	甘 油
Z	1.28	1.5	2.17	2.43

由此可见，甘油声阻抗高，耦合性能好，常用于一些重要工件的精确检测，但价格较贵，对工件有腐蚀作用。水玻璃的声阻抗较高，常用于表面粗糙的工件检测，但清洗不太方便，且对工件有腐蚀作用。水的来源广，价格低，常用于水浸检测，但容易流失易使工件生锈，有时不易润湿工件。机油和变压器油黏度、流动性、附着力适当，对工件无腐蚀、价格也不贵，因此是目前在实验室里使用最多的耦合剂。

近年来，化学糨糊也常用来作耦合剂，耦合效果比较好，因其成本低、使用方便，故大量用于现场检测。

6.3.2 影响声耦合的主要因素

影响声耦合的主要因素有：耦合层的厚度，耦合剂的声阻抗，工件表面粗糙度和工件表面形状。

1. 耦合层厚度的影响

如图 6—1 所示，耦合层厚度对耦合有较大的影响。当耦合层厚度为 $\frac{\lambda}{4}$ 的奇数倍时，透声效果差，耦合不好，反射回波低。当耦合层厚度为 $\frac{\lambda}{2}$ 的整数倍或很薄时，透声效果好，反射回波高。

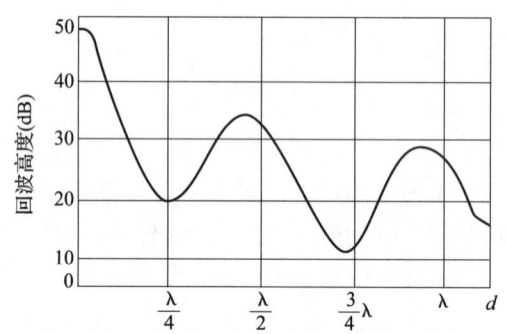

图 6—1　耦合层厚度 d 对耦合的影响

2. 表面粗糙度的影响

由图 6—2 可知，工件表面粗糙度对声耦合有明显的影响。对于同一耦合剂，表面粗糙度大，耦合效果差，反射回波低。声阻抗低的耦合剂，随粗糙度的变大，耦合效果会降低得更快。但若粗糙度太小，即表面很光滑时，耦合效果将不会有明显增加，而且会使探头因吸附力大而移动困难。

一般要求工件的检测面的粗糙度 R_a 不高于 6.3 μm。

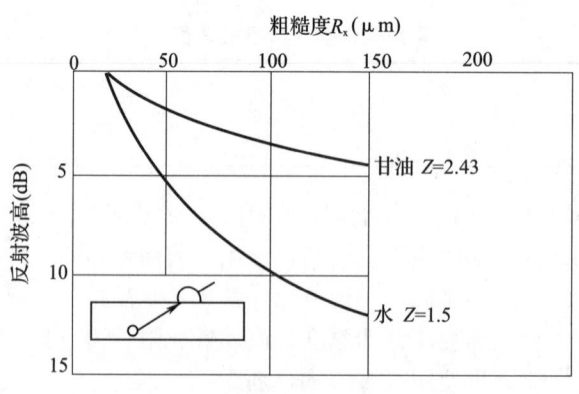

图 6—2　表面粗糙度对耦合的影响

3. 耦合剂声阻抗的影响

由图 6—2 还可以看出，耦合剂的声阻抗对耦合效果也有较大的影响。对于同一检测面，耦合剂声阻抗越大，耦合效果越好，反射回波也就越高，例如表面粗糙度 $R_Z=100~\mu m$ 时，$Z=2.43$ 的甘油耦合回波比 $Z=1.5$ 的水耦合回波高 6～7 dB。

4. 工件表面形状的影响

若工件表面形状不同，耦合效果也不一样，其中平面耦合效果最好，凸曲面次之，凹曲面最差。因为常用探头表面为平面；与凸曲面接触为点接触或线接触，耦合效果变差。但是凹曲面，由于探头中心不接触，因此耦合效果很差。

不同曲率半径的耦合效果也不相同，曲率半径越大，耦合效果越好。

6.4　纵波直探头检测技术

6.4.1　检测设备的调整

主要是对仪器进行扫描速度调整和检测灵敏度调整，以保证在确定的检测范围内发现规定尺寸的缺陷，并确定缺陷的位置和大小。

1. 时基线的调整

调整的目的：一是使时基线显示的范围足以包含需检测的深度范围；二是使时基线刻度与在材料中声传播的距离成一定比例，以便准确测定缺陷的深度位置。

调整的内容，一是调整仪器示波屏上时基线的水平刻度值 τ 与实际声程 x（单程）的比例关系，即 $\tau:x=1:n$ 称为扫描速度或时基扫描线比例。它类似于地图比例尺，如扫描速度 1:2 表示仪器示波屏上水平刻度 1 mm 表示实际声程 2 mm。通常扫描速度的调整是根据所需扫描声程范围确定的。二是扫描速度确定后，还需采用延迟旋钮，将声程零位设置在所选定的水平刻度线上，称为零位调节。通常接触法中，声程零位放在时基线的零点，时基线的读数直接对应反射回波的深度。

调节的一般方法是根据检测范围，利用已知尺寸的试块或工件上的两次不同反射波，通过调节仪器上的扫描范围和延迟旋钮，使两个信号的前沿分别位于相应的水平刻度值处。不能利用始波和一个反射波来调节，因为始波与反射波之间的时间包括超声波通过保护膜、耦合剂的时间，始波起始点不等于工件中的距离零点，这样扫描速度误差大。

用来调节的两个已知声程的信号可以是同材料的试块中的人工反射体信号，也可是工件本身已知厚度的平行面的反射信号。需注意的是，调节扫描速度用的试块应与被检工件具有相同的声速，否则调定的比例与实际不符。

例如，检测厚度为 400 mm 的锻件，应如何调节扫描速度？

检测仪示波屏满刻度为 100 格，扫描速度可考虑调节为 1:4。

如图 6—3 所示，采用 IIW 试块，将探头对准试块上厚为

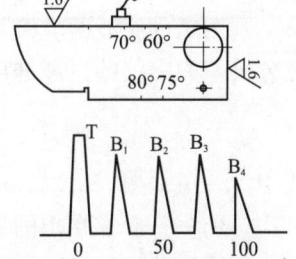

图 6—3　纵波直探头扫描速度的调节

100 mm 的底面，重复调节仪器上深度微调旋钮和延迟旋钮，使底波 B_2、B_4 分别对准水平刻度 50、100，这时扫描线水平刻度值与实际声程的比例正好为 1∶4，同时实现了声程零位和时基线零位的重合。

2. 检测灵敏度的调整

检测灵敏度是指在确定的声程范围内发现规定大小缺陷的能力。一般根据产品技术要求或有关标准确定，可通过调节仪器上的增益、衰减器、发射强度等灵敏度旋钮来实现。

调整检测灵敏度的目的在于发现工件中规定大小的缺陷，并对缺陷定量。检测灵敏度太高或太低都对检测不利。灵敏度太高，示波屏上杂波多，缺陷判断困难。灵敏度太低，容易发生漏检。

调整检测灵敏度的常用方法有试块调整法和工件底波调整法两种。

(1) 试块调整法 对于工件厚度 $x<3N$ 或不能获得底波时，采用试块调整法较为适宜，因为 $x<3N$ 时不符合计算法的适用条件，而且幅度随距离的变化不是单调的。如部分钢板检测、锻件检测等。

根据工件的厚度和对灵敏度的要求选择相应的试块，将探头对准试块上的人工反射体，调整仪器上的有关灵敏度旋钮，使示波屏上人工反射体的最高反射回波达到基准高度。同时，在采用试块调整法必须考虑一个问题：试块的表面状态和材质衰减等是否与被检工件相近，在选取试块之后，必须考虑因两者的差异引起的反射波高差异值，并对灵敏度进行补偿。两者的差异称为传输修正值，其值的测定将在后面专门讲述。

例如：超声检测厚度为 100 mm 的锻件，检测灵敏度要求是：不允许存在 $\phi 2$ mm 平底孔当量大小的缺陷，假定传输修正值为 3 dB。

检测灵敏度的调整方法是：选用 CS－2 标准试块，该试块中有一位于 100 mm 深度的 $\phi 2$ mm 平底孔。将探头对准 $\phi 2$ mm 平底孔，仪器保留一定的衰减余量，将抑制旋钮调整至 "0" 调衰减（或增益）旋钮使 $\phi 2$ mm 平底孔的最高回波达 80% 或 60% 高。完成上述调整后，再用衰减（或增益）旋钮将幅度显示提高 3 dB，以进行传输修正。

(2) 工件底波调整法 利用试块调整灵敏度，操作简单方便，但需要加工不同声程不同当量尺寸的试块，成本高，携带不便。同时还要考虑工件与试块因耦合和衰减不同进行补偿。如果利用工件底波来调整检测灵敏度，那么既不要加工任何试块，又不需要进行传输修正。工件底波调整法只能用于厚度 $x \geqslant 3N$ 的工件，同时要求工件具有平行底面或圆柱曲底面，且底面光洁干净，如锻件检测。当底面粗糙或有水、油时，将使底面反射率降低，底波下降，这样调整的灵敏度将会偏高。

利用工件底波调整检测灵敏度是根据工件底面回波与同深度的人工缺陷（如平底孔）回波分贝差为定值的原理进行的，这个定值可以由下述理论公式计算出来。

$$\Delta = 20\lg \frac{P_B}{P_f} = 20\lg \frac{2\lambda x}{\pi D_f^2} (x \geqslant 3N) \qquad (6-1)$$

式中 x——工件厚度，mm；

D_f——要求探出的最小平底孔尺寸，mm。

利用底波调整灵敏度时，将探头对准工件底面，仪器保留足够的衰减余量，一般大于 $\Delta +$ (6～10) dB（考虑扫查灵敏度），将抑制旋钮调整至 "0"，调增益旋钮使底波 B_1 最高达到基准高度（如 80%），然后用衰减器增益 ΔdB（即衰减余量减小 ΔdB）。

例如，用 2.5P20Z（2.5 MHzϕ20 mm 直探头）检测厚度 $x=400$ mm 的饼形钢制工件，钢中 $c_L=5\,900$ m/s，检测灵敏度为 400 mm/ϕ2 mm 平底孔（在 400 mm 处发现 ϕ2 mm 平底孔缺陷）。

利用工件底波调整灵敏度的方法如下。

1) 计算：利用理论计算公式算出 400 mm 处大平底与 ϕ2 mm 平底孔回波的分贝差 Δ 为：

$$\Delta = 20\lg \frac{P_B}{P_{\phi 2}} = 20\lg \frac{2\lambda x}{\pi D_f^2}$$

$$= 20\lg \frac{2 \times 2.36 \times 400}{3.14 \times 2^2} = 43.5 \approx 44 \text{ dB}$$

分贝差 Δ 也可由纵波平底孔 AVG 曲线得到，如图 3—26 中 MN 对应的分贝差 $\Delta=44$ dB。

2) 调整：将探头对准工件大平底面，调节衰减（或增益）旋钮使底波 B_1 达 80%；然后调节衰减（或增益）旋钮使幅度显示提高 44 dB，这时 ϕ2 mm 灵敏度就调好了，也就是说这时 400 mm 处的 ϕ2 平底孔回波正好达基准高。如果为了粗探时便于发现缺陷，可调节衰减器旋钮使衰减量再减小 6 dB 作为扫查灵敏度。但当发现缺陷以后对缺陷定量时，衰减器应调回 6 dB。

3. 传输修正值的测定

传输修正是在利用试块调节灵敏度时，当工件的表面状态和材质衰减与对比试块存在一定差异时采取的一种补偿措施。测定两者差异的分贝数，即传输修正值，则可以在调节灵敏度时利用衰减（或增益）旋钮进行补偿。

测定的方法均是通过试块的底波与工件底波进行比较，取其比值的分贝差。因此，要求试块与工件均有相互平行的大平底表面。当工件不具备平行表面时，无法进行传输修正，则要求试块与工件表面状态和材质基本一致。

(1) 试块与工件的厚度相同时的测定方法　在试块对比法调节灵敏度时，若采用成套对比试块，则应尽量采用厚度与工件厚度相同的试块测定传输修正值；若是阶梯形试块，则应选择试块上与工件厚度相同的部分进行测定。测定步骤如下：

1) 给试块均匀地涂上耦合剂，并将探头置于选定厚度的试块上。

2) 调节仪器的时基线和增益，使荧光屏上一次底面回波 B_1 达到基准高度（如荧光屏满刻度 60%），并记录此时衰减（或增益）旋钮的读数 V_1（dB）。

3) 把探头移到工件检测面上，调节衰减器旋钮，使工件的一次底面回波 B_2 达到同一基准高度，并记录衰减（或增益）旋钮的读数 V_2（dB），计算差值：

$$\Delta dB = V_1 - V_2 \quad \text{（衰减型）}$$
$$\Delta dB = V_2 - V_1 \quad \text{（增益型）}$$

ΔdB 即为传输修正值。当 B_1 高于 B_2 时，ΔdB 为正值，表示工件的表面损失和材质衰减大于试块；当 B_2 高于 B_1 时，ΔdB 为负值，表示工件的表面耦合损失和材质衰减小于试块。

可以看出，这里所测的传输修正值是表面耦合损失和材质衰减的总和。

(2) 试块与工件的厚度不同时的测定方法　采用试块计算法时，往往难以得到与工件厚度相同的试块。由于试块计算法要求试块材质衰减与工件相同，这时，认为试块与工件仅存在表面状态的差异，可考虑通过计算去除声程差引起的底波高度差值。

具体的测定步骤为：
1) 按同厚度试块测定步骤，测得 ΔdB。
2) 求试块与工件的声程不同引起的底波高度的分贝差 V_3：

$$V_3 = 20\lg \frac{x}{x_j}$$

式中　x——工件厚度，mm；
　　　x_j——试块厚度，mm。

可以看出，试块厚度大于工件厚度时，V_3 为负值，试块厚度小于工件厚度时，V_3 为正值。

3) 计算 ΔdB+V_3 即为传输修正值。

4. 工件材质衰减系数的测定

测定材质衰减系数的目的是在检测大厚度工件的情况下，用计算法调整灵敏度和评定缺陷当量时，计算材质衰减引起的信号幅度差。由于材质的衰减系数与频率有关，因此测定时应采用实际检测工件所用的探头进行。

测试的方法是利用工件两个相互平行的底面的反射波。

在工件无缺陷完好区域，选取三处检测面与底面平行且有代表性的部位，调节仪器使第一次底面回波幅度（B_1 或 B_n）为满刻度的 50%，记录此时衰减器的读数，再调节衰减器，使第二次底面回波幅度（B_2 或 B_m）为满刻度的 50%，两次衰减器读数之差即为（B_1-B_2）或（B_n-B_m）的 dB 差值（不考虑底面反射损失）。

(1) 当 $x<3N$（N——单直探头近场区长度，mm）时，衰减系数 α 按下式计算：

$$\alpha = \left(B_n - B_m - 20\lg\frac{n}{m}\right)/2x(m-n) \qquad (6-2)$$

式中　α——衰减系数，dB/mm（单程）；
　　　B_n-B_m——两次衰减器的读数之差，dB；
　　　x——工件检测厚度，mm；
　　　$2x(m-n)$——第 m 次和第 n 次底面回波的声程差。应注意第 m 或第 n 次回波声程应大于 $3N$；
　　　$20\lg\frac{n}{m}$——修正项，因声束扩散所引起的分贝值差。

(2) 当 $x\geqslant 3N$ 时，常利用底面的第一次和第二次回波来测定，衰减系数 α 按下式计算：

$$\alpha = (B_1 - B_2 - 6)/2x \qquad (6-3)$$

式中　B_1-B_2——两次衰减器的读数之差，dB；
　　　式中其余符号意义同式（6-2）的规定。

取工件上三处衰减系数的平均值即作为该工件的衰减系数。

6.4.2　扫查

将一个探头放到工件上，其所产生的声束范围是它可以检测到的部分。扫查就是移动探头使声束覆盖到工件上需检测的所有体积的过程。因此，扫查的方式，包括探头移动方式、扫查速度、扫查间距等就是为保证扫查的完整而做出的具体规定。另外，为了保证缺陷的检出，防止因耦合不稳使缺陷显示幅度低而漏检，扫查时还常将调整好的仪器灵敏度再增益4~6 dB，作为扫查灵敏度。但为避免噪声过高和近表面盲区增大，扫查灵敏度也不可任意增高。

(1) 扫查方式 扫查方式按探头移动方向、移动轨迹来描述。纵波直探头检测的扫查方式一方面要考虑声束覆盖范围，另一方面，还要根据受检工件的形状、缺陷的可能取向和延伸方向，尽量使缺陷能够重复显现，并使动态波形容易判别。

根据工件的使用要求不同，有时要求对工件全部体积进行扫查，即探头在整个检测面上沿一定的方向移动，移动时相邻的间距需保证声束有一定重叠量，称为全面扫查；有时，则可以间隔较大的间距进行扫查，或只扫查工件的某些部位，称为局部扫查。

用双晶探头检测时，需要考虑扫查方向与隔声层方向平行或垂直进行。其扫查方法如图6—4所示。为了增加缺陷显现次数和反射幅度，检测细长形缺陷时，应使探头隔声层与缺陷主延伸方向平行，探头垂直于缺陷主延伸方向移动（见图6—4a）。测定缺陷纵向长度时，探头隔声层应与缺陷主延伸方向垂直放置，并沿缺陷的纵向移动（见图6—4b）。

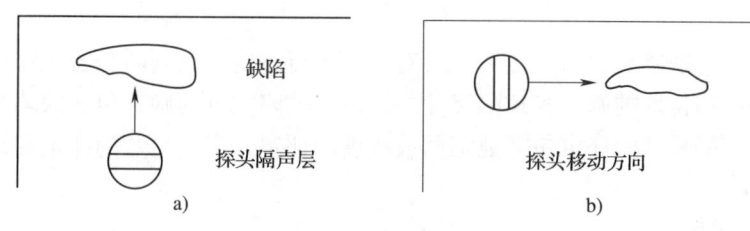

图6—4 双晶探头扫查
a) X向扫查 b) Y向扫查

对于体积大、形状复杂的工件，还可以将工件分成几个部分（区），分别进行扫查，称为分区扫查。

对于不同形状工件，有不同的扫查方式，如：对于圆盘形工件，多沿圆周方向在平表面进行扫查，沿径向等间隔前进；对于大型轴类，则常在外圆周作螺旋线扫查。

轴、管类件的螺旋线扫查在自动检测系统中有不同的设计，一种是工件不动，探头在外圆表面上按螺旋线轨迹移动；另一种是探头不动，工件在旋转的同时作轴向直线进给运动；第三种是探头沿工件轴向作直线进给运动，同时，工件作旋转运动；或者是探头作旋转周向运动，工件作直线进给运动。

(2) 扫查速度 扫查速度指的是探头在检测面上移动的相对速度。扫查速度应适当，在目视观察时应能保证缺陷回波能清楚地看到，在自动记录时，则要保证记录装置能有明确的记录。

扫查速度的上限与探头的有效声束宽度和重复频率有关。如果从发射脉冲发出到探头接收到缺陷回波的时间很短，这段时间内探头与工件相对运动的距离可以忽略不计，设重复频率为 f，那么，一次触发后扫描持续的时间为 $1/f$。若扫描重复 n 次才能使人看清楚荧光屏上显示的缺陷回波信号，或者使记录仪明确地记录下缺陷回波信号，则需要的时间为 $(1/f) \times n$，此期间内，缺陷应处在探头的有效直径 D 之下，则扫查速度 v 应为：

$$v \leqslant \frac{Df}{n} \tag{6—4}$$

n 一般取 3 以上的数值。由此可见,如果探头的有效直径大,仪器的重复频率高,则扫查速度可以快一点。如果探头的有效直径小,仪器的重复频率低,则扫查速度必须放慢。

(3) 扫查间距　扫查间距指的是相邻扫查线之间的距离(锯齿形扫查为齿距,螺旋线扫查为螺距等)。扫查的间距通常根据探头的最小声束宽度来衡量,保证两次扫查之间有一定比例的覆盖。要求较高的工件,扫查间距常要求不大于探头有效声束宽度的二分之一或三分之一。对于板材等扫查面积大的工件,有时仅要求 10%~20% 的覆盖。

探头有效声束宽度的测定:

接触法检测时,根据探头的特点,选择检测深度范围中声束直径最小的深度处,取埋深与之相等并含有所要求直径的平底孔的试块,调节仪器,使平底孔反射波高为荧光屏满刻度的 80%,然后找出探头沿平底孔直径方向移动时反射波高下降 6 dB 的两点间的距离,此距离即为探头有效声束宽度。

6.4.3　缺陷的评定

当超声检测发现缺陷显示信号之后,要对缺陷进行评定,以判断是否危害使用。缺陷评定的内容主要是缺陷位置的确定和缺陷尺寸的评定。缺陷位置的确定包括缺陷平面位置和埋藏深度的确定;缺陷尺寸的评定包括缺陷回波幅度的评定、当量尺寸的评定和缺陷延伸长度(或面积)的测量。

1. 缺陷位置的确定

(1) 缺陷平面位置的确定　纵波直探头检测时,发现缺陷后,首先找到缺陷波为最大幅度的位置,则缺陷通常位于探头的正下方。由于声束通常有一定的宽度,这种方法确定的缺陷平面位置并不是十分精确的。

确定平面位置时需考虑探头声束是否有偏离,如果在近场区,需考虑是否有双峰,这些因素可能使得信号幅度最大时,缺陷不在探头的正下方。

水浸法检测时,由于探头不直接与检测面接触,要获得缺陷在工件上的平面位置有一定难度,特别是水槽或工件较大时,操作者无法在工件表面上作出标记。因此,常常需要在水浸检测发现缺陷后,用接触法进行定位。C 扫描检测时,若图像有明确的起始点,则可通过图像上的相对距离确定。

(2) 缺陷埋藏深度的确定　用纵波直探头进行直接接触法检测时,如果超声检测仪的时基线是按 1∶n 的比例调节的,观察到缺陷回波前沿所对的水平刻度值为 τ_f,则缺陷至探头的距离 x_f 为:

$$x_f = n\tau_f$$

例如:用纵波直探头检测,时基线比例为 1∶2,在水平刻度 50 处有一缺陷回波,则缺陷至探头的距离 $x_f = 50 \times 2 = 100$ mm。

在声速均匀的情况下,反射回波的时间间隔与传播距离是严格成正比的,因此,在经过校正的时基线上读出的缺陷埋深可以是很精确的。

水浸法确定缺陷深度的原理与接触法相同,只要以水与工件的界面回波作为深度读数的零点,按工件声程进行时基线比例调节即可。

2. 缺陷尺寸的评定

在实际检测中,由于自然缺陷的形状、性质等是多种多样的,要通过超声回波信号确定缺陷的真实尺寸还是比较困难的。目前主要是利用来自缺陷的反射波高、沿工件表面测出的缺陷延伸范围以及存在缺陷时底面回波的变化等信息,对缺陷的尺寸进行评定。评定的方法包括回波高度法、当量评定法和长度测量法。当缺陷尺寸小于声束截面时,可用缺陷回波幅度当量直接表示缺陷的大小;当缺陷大于声束截面时,幅度当量不能表示出缺陷的尺寸,则需用缺陷指示长度测定方法确定缺陷的延伸长度。

(1) 回波高度法　根据回波高度给缺陷定量的方法称为回波高度法。回波高度法有缺陷回波高度法和底面回波高度法两种。常把回波高度法称为波高法。

1) 缺陷回波高度法。在确定的检测条件下,缺陷的尺寸越大,反射声压越大。对于垂直线性好的仪器,声压与回波高度成正比,因此,缺陷的大小可以用缺陷回波高度来表示。

缺陷回波的高度的一种表示方法是,在调定的灵敏度下,缺陷回波峰值相对于荧光屏垂直满刻度的百分比,时基线位于垂直零位时,可由垂直刻度线直接读出。另一种表示方法是用回波峰值下降或上升至基准高度所需衰减(或增益)的分贝数来表示缺陷回波的高度,在调定的灵敏度下,回波高于基准高度记为正分贝,回波低于基准高度记为负分贝。

缺陷回波高度法在自动化或半自动化检测时十分方便。在实际检测时,用规定的反射体调好检测灵敏度后,以缺陷回波高度是否高于基准回波高度,作为判定工件是否合格的依据,通过闸门高度的设定,可以进行自动报警与记录。

2) 底面回波高度法。当工件上、下面与入射声束垂直且缺陷反射面小于入射声束截面时,可用底面回波高度法。

当工件中有缺陷时,由于部分声能被缺陷反射,使传到底面的声能减小,从而底面回波高度比无缺陷时降低。底面回波高度降低的多少与缺陷的大小有关,缺陷越大,底面回波高度下降得越多;反之,缺陷越小,底面回波高度下降的越少。因此,可用底面回波高度来表示缺陷大小。

底面回波高度法表示缺陷相对大小可有以下不同的方法:

① B/B_F 法　B/B_F 法就是在一定的检测灵敏度条件下,用无缺陷时的工件底面回波高度 B 与有缺陷时的工件底面回波高度 B_F 相比较来确定缺陷相对大小的方法。检测时,观察工件底面回波的降低情况,缺陷的大小用 B/B_F 值来表示。无缺陷时,B/B_F 值为 1,有缺陷时 B/B_F 值大于 1,B/B_F 值越大,则缺陷越大。

② F/B_F 法　F/B_F 法就是用缺陷回波的高度 F 与缺陷处工件底面回波的高度 B_F 相比较来确定缺陷相对大小的方法。缺陷的存在使得底波降低,缺陷越大,则 F 越高,B_F 越低。缺陷的大小用 F/B_F 值来表示,F/B_F 值越大,缺陷越大。与 B/B_F 值相比,F/B_F 值不仅和缺陷面积有关,还和缺陷的反射情况有关。

③ F/B 法　F/B 法是用缺陷回波的高度 F 与无缺陷处工件底面回波的高度 B 相比较来确定缺陷相对大小的方法。这种方法底波高度 B 是一个不变的量,同样的工件,F/B 值仅与缺陷回波高度有关。

底面回波高度法的优点是不需要对比试块和复杂的计算,而且可利用缺陷的阴影对缺陷大小进行评价,有助于检测因缺陷形状、反射率等原因使反射信号较弱的大缺陷。底波高度的降低主要与缺陷的大小有关。

底面回波高度法的缺点是不能明确地给出缺陷的尺寸,未考虑缺陷深度、声束直径等对检测结果的影响。因此,底波高度法常用于对缺陷定量要求不严格的工件或粗略评定工件质量的情况。底面回波高度法不适用于对形状复杂而无底面回波的工件进行检测。

(2) 当量评定法 当量评定法是将缺陷的回波幅度与规则形状的人工反射体的回波幅度进行比较的方法,如果两者的埋深相同,反射波高相等,则称该人工反射体的反射面尺寸为缺陷的当量尺寸,典型表述为:缺陷当量平底孔尺寸为 $\phi 2$ mm,或缺陷尺寸为 $\phi 2$ mm 平底孔当量。当量评定法适用于面积小于声束截面的缺陷的尺寸评定。

当量评定法的理论基础是第 3 章所讲的规则反射体回波声压规律。但是由于影响缺陷反射回波幅度的因素很多,所以当量法确定的当量尺寸并不是缺陷的真实尺寸。因为人工反射体是一个规则形状缺陷,且界面反射率较大,通常情况下实际缺陷的实际尺寸要大于当量尺寸。

当量评定的方法有试块对比法、当量计算法和 AVG 曲线法。

1) 试块对比法。试块对比法是将缺陷波幅度直接与对比试块中同声程的人工反射体回波幅度相比较,两者相等时以该人工反射体尺寸作为缺陷当量。如人工反射体为 $\phi 2$ mm 平底孔时,称缺陷当量尺寸为 $\phi 2$ mm 平底孔当量。若缺陷波高与人工反射体的反射波高不相等,则以人工反射体尺寸和缺陷波幅度高于或低于人工反射体回波幅度的分贝数表示,如:$\phi 2$ mm+3 dB 平底孔当量,表示缺陷幅度比 $\phi 2$ mm 平底孔反射幅度高 3 dB。

采用试块对比法给缺陷定量时,要保持检测条件相同,即所用试块的材质、表面粗糙度和形状等都要与被检工件相同或相近,试块中平底孔的埋深应与缺陷的埋深相同,并且所用的仪器、探头和对探头施加的压力等也要相同。仪器应调整使回波易于比较,如波高可为荧光屏满刻度的 50%~80%。如果缺陷的埋深与所用对比试块中平底孔的埋深不同,则可用两个埋深与之相近的平底孔,用插值法进行评定。

试块对比法的优点是明确直观,结果可靠,又不受近场区的限制,对仪器的水平线性和垂直线性要求也不高,因此,对于要求给缺陷回波幅度准确定量的重要工件或要在 $x<3N$ 情况下给缺陷定量时常采用试块对比法。

试块对比法的缺点是,要制作一系列含不同声程不同直径人工缺陷的试块,现场检测时,携带和使用都很不方便。解决的办法是,采用与实际检测相同的探头与检测条件,预先将检测用对比试块测定好实用 AVG 曲线,在现场检测时,则可以仅携带少量试块调整仪器灵敏度,再根据曲线评定缺陷当量。这种方法可以解决现场操作的不便,但制作对比试块的工作不能省略。

2) 当量计算法。当量计算法是根据超声检测中测得的缺陷回波与基准波高(或底波)的分贝差值,利用各种规则反射体的理论回波声压公式进行计算,求出缺陷当量尺寸的定量方法。当量计算法的依据是各种反射体反射回波声压与反射体尺寸、距晶片距离的理论关系,以及大平底面反射与距离之间的理论关系。计算法应用的前提是缺陷位于 3 倍近场长度以外。

根据平底孔反射回波声压式 (3—32):$P=P_0 \dfrac{F_s F_f}{\lambda^2 x^2}$

大平底面回波声压式 (3—40):$P=P_0 \dfrac{F_s}{2\lambda x}$

不同直径与距离处的平底孔,其回波声压间的分贝差值为:

$$\Delta \mathrm{dB} = 20\lg \frac{d_1^2}{d_2^2} \cdot \frac{x_2^2}{x_1^2} = 40\lg \frac{d_1}{d_2} \cdot \frac{x_2}{x_1} \tag{6—5}$$

若考虑材质衰减引起的声压随距离的变化，则有：

$$\Delta \mathrm{dB} = 40\lg \frac{d_1}{d_2} \cdot \frac{x_2}{x_1} + 2\alpha(x_2 - x_1) \tag{6—6}$$

不同距离的平底孔与大平底回波声压间的分贝差值为：

$$\Delta \mathrm{dB} = 20\lg \frac{\pi d_1^2 x_2}{2\lambda x_1^2} \tag{6—7}$$

若考虑材质衰减引起的声压随距离的变化，则有：

$$\Delta \mathrm{dB} = 20\lg \frac{\pi d_1^2 x_2}{2\lambda x_1^2} + 2\alpha(x_2 - x_1) \tag{6—8}$$

若测出缺陷回波高度与基准平底孔回波高度之比的分贝差 $\Delta \mathrm{dB}$，就可以用下式计算缺陷的当量尺寸：

$$d = \frac{d_j x}{x_j} 10^{\frac{\Delta \mathrm{dB} - 2\alpha(x_j - x)}{40}} \tag{6—9}$$

式中　d_j——基准平底孔直径，mm；

　　　x_j——基准平底孔的埋深，mm；

　　　x——缺陷埋深，mm；

　　　α——衰减系数，dB/mm。

若测出缺陷回波高度与大平底回波高度之比的分贝差 $\Delta \mathrm{dB}$，则可用下式计算缺陷当量：

$$d = \sqrt{\frac{2\lambda x^2}{\pi x_D} \cdot 10^{\frac{\Delta \mathrm{dB} - 2\alpha(x_D - x)}{20}}} \tag{6—10}$$

式中　x_D——大平底距探头的距离，mm。

不考虑材质衰减时，可令式（6—9）和（6—10）中衰减系数 α 为 0。

【例 1】　用频率 $f = 4$ MHz，晶片直径 $D = 14$ mm 的直探头，对厚度 $T = 400$ mm 的钢制工件进行检测，材料衰减系数 $\alpha = 0.01$ dB/mm，发现距检测面 250 mm 处有一缺陷，此缺陷回波与工件完好区底面回波的分贝差为 -16 dB，求此缺陷的平底孔当量尺寸。（$c_L = 5.9 \times 10^6$ mm/s）

解：因为 $N = \dfrac{D^2}{4\lambda} = \dfrac{fD^2}{4c} = \dfrac{4 \times 14^2}{4 \times 5.9} = 33$ mm

所以 250 mm > 3 N，可以用当量计算法。

将 $x = 250$ mm，$\lambda = \dfrac{5.9 \times 10^6}{4 \times 10^6} = 1.48$ mm，$\Delta \mathrm{dB} = -16$ dB，$x_D = 400$ mm，$\alpha = 0.01$ dB/mm，代入式（6—10），可得：$d = 4$ mm，即此缺陷的当量平底孔尺寸为 4 mm。

【例 2】　用频率 $f = 2$ MHz，晶片直径 $D = 14$ mm 的直探头，对厚度 $T = 350$ mm 的钢工件探伤，发现距检测面 200 mm 处有一缺陷，此缺陷回波高度比平底孔试块 150/ϕ2 回波高度高 11 dB，求缺陷的当量平底孔尺寸。

解：因为 $N = \dfrac{D^2}{4\lambda} = \dfrac{fD^2}{4c} = \dfrac{2 \times 14^2}{4 \times 5.9} = 17$ mm

所以 200 mm > 3N，可以用当量计算法。

将 $x = 200$ mm，$x_j = 150$ mm，$d_j = 2$ mm，$\Delta \mathrm{dB} = -16$ dB，代入式（6—9），令 $\alpha = 0$，

可得:

$d=5$ mm,即此缺陷的当量平底孔尺寸为 5 mm。

3) AVG 曲线法。纵波直探头检测时,可用平底孔 AVG 曲线确定缺陷当量。AVG 曲线法的优点是不需要大量的试块,也不需要烦琐地计算。用 AVG 曲线法评定缺陷当量时,既可以用通用 AVG 曲线,也可以用实用 AVG 曲线。

用 AVG 曲线给缺陷定量的原理与当量计算法相同,首先要测出缺陷回波幅度相对于某一基准反射体回波幅度的分贝差,基准可以是工件的底面回波,也可以是试块上的规则反射体回波。根据测得的分贝差,在曲线图上可查出缺陷的当量尺寸。

用通用 AVG 曲线确定缺陷当量时,根据缺陷回波与基准回波的分贝差值以及缺陷的归一化距离 A 和基准反射体的归一化距离 A_j,从通用 AVG 曲线上就可以查到归一化的缺陷当量尺寸 G,则缺陷的当量尺寸 d 为:

$$d = GD$$

式中　D——探头的晶片直径,mm。

AVG 曲线的概念及用法已在 3.5 中介绍,此处再举一例加以说明。

【例 3】　用 2.5 MHz、$\phi 14$ mm 直探头对厚度为 420 mm 的钢制工件进行检测,在 210 mm 处发现一缺陷,缺陷回波比工件底波低 26 dB,求此缺陷的当量尺寸。(钢中 $c_L = 5.9 \times 10^6$ mm/s)

解:①计算 A_j 和 A

$$N = \frac{D^2}{4\lambda} = 21 \text{ mm}$$

$$A_j = \frac{x_j}{N} = \frac{420}{21} = 20$$

$$A = \frac{x}{N} = \frac{210}{21} = 10$$

②查 G

如图 6—5 所示。

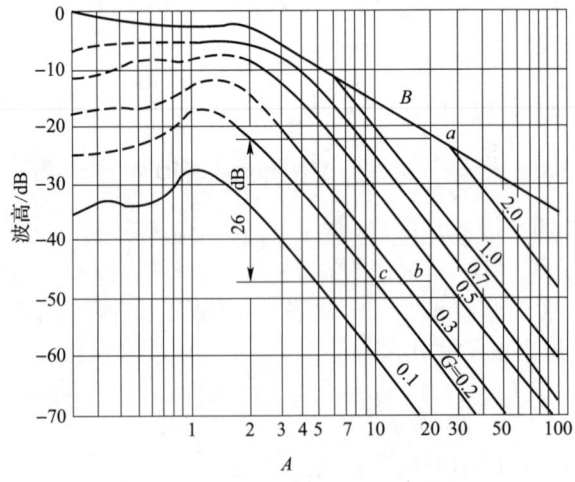

图 6—5　用平底孔通用 AVG 曲线定量

过 $A_j=20$ 处作垂线交 B 曲线于 a 点，从比 a 点低 26 dB 的 b 处作水平线与过 $A=10$ 所作的垂线相交于 c，则 c 点所对应的 G 值就是缺陷的归一化尺寸 0.2。

③求缺陷的当量尺寸：

$$d = GD = 0.2 \times 14 = 2.8 \text{ mm}$$

用实用 AVG 曲线确定缺陷当量的方法与通用 AVG 曲线相似，不同的是实用 AVG 曲线是针对特定的探头晶片尺寸和频率而制作的，图中的每一条曲线都直接表示着某一相应的反射体的当量尺寸，因而不用进行归一化，比用通用 AVG 曲线更方便。

（3）缺陷延伸长度的测定 对于面积大于声束截面或长度大于声束截面直径的缺陷，可根据可检测到缺陷的探头移动范围来确定缺陷的大小，通常称为缺陷指示长度的测定。

缺陷指示长度测定的原理是：当声束整个宽度全部入射到大于声束截面的缺陷上时，缺陷的反射幅度为其最大值，而当声束的一部分离开缺陷时，缺陷反射面积减小，回波幅度降低，完全离开时，缺陷回波不再显现，这样，就可以根据缺陷最大回波高度降低的情况和探头移动的距离来确定缺陷的边缘范围或长度。实际检测时，缺陷的回波高度完全消失的临界位置是难以界定的，所以，按规定的方法测定的缺陷长度称为缺陷的指示长度。由于实际工件中缺陷的取向、性质、表面状态等都会影响缺陷回波高度，因此缺陷的指示长度总是与缺陷的实际长度有一定的差别。

根据测定缺陷长度时的灵敏度基准不同，可以将测长法分为相对灵敏度法、绝对灵敏度法和端点峰值法。

1）相对灵敏度测长法。相对灵敏度测长法是以缺陷最高回波为相对基准，沿缺陷的长度方向移动探头，降低一定的 dB 值来测定缺陷的长度。降低的分贝值有 3 dB、6 dB、10 dB、12 dB、20 dB 等几种。

相对灵敏度测长法的操作过程是，发现缺陷回波时，找到缺陷最大回波高度，以此为基准，然后沿缺陷长度方向的一侧移动探头，使缺陷回波下降到相对于最大高度的某一确定值，记下此时的探头位置。再沿着相反的方向移动探头，使缺陷回波在另一侧下降到同样高度时，记下探头的位置。量出两个位置间探头移动的距离，即为缺陷的指示长度。

根据缺陷回波相对于其最大高度降低的 dB 值，相对灵敏度测长法使用较多的是 6 dB 法和端点 6 dB 法。

a. 6 dB 法（半波高度法）：由于波高降低 6 dB 后正好为原来的一半，因此 6 dB 法又称为半波高度法。

半波高度法具体做法是：移动探头找到缺陷的最大反射波（调节增益或衰减使其不能达到 100%），然后沿缺陷方向左右移动探头，当缺陷波高降低一半时，探头中心线之间距离就是缺陷的指示长度。

6 dB 法的具体做法是：移动探头找到缺陷的最大反射波后，调节衰减器，使缺陷波高降至基准波高。然后用衰减器将仪器灵敏度提高 6 dB，沿缺陷方向移动探头，当缺陷波高降至基准波高时，探头中心线之间距离就是缺陷的指示长度，如图 6—6 所示。

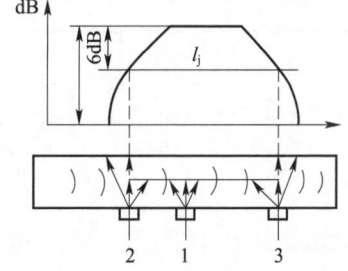

图 6—6 半波高度法（6 dB 法）测长

半波高度法（6 dB 法）是用来对缺陷测长度常用的一种方法。适用于测长扫查过程中缺陷波只有一个高点的情况。

b. 端点 6 dB 法（端点半波高度法）：当扫查过程中缺陷反射波有多个高点时，测长采用端点 6 dB 法。

端点 6 dB 法测长的具体做法是：当发现缺陷后，探头沿着缺陷方向左右移动，找到缺陷两端的最大反射波，分别以这两个端点反射波高为基准，继续向左、向右移动探头，当端点反射波高降低一半时（即 6 dB 时），探头中心线之间的距离即为缺陷的指示长度，如图 6—7 所示。

半波高度法和端点 6 dB 法都属于相对灵敏度法，因为它们是以被测缺陷本身的最大反射波或以缺陷本身两端最大反射波为基准来测定缺陷长度的。

2）绝对灵敏度测长法。绝对灵敏度测长法是在仪器灵敏度一定的条件下，探头沿缺陷长度方向平行移动，当缺陷波高降到规定位置时（见图 6—8 中的 B 线），将此时探头移动的距离作为缺陷的指示长度。

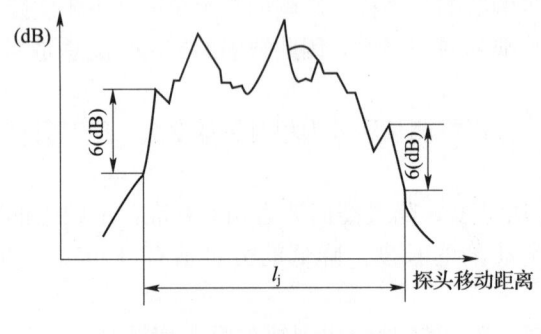

图 6—7　端点 6 dB 法测长

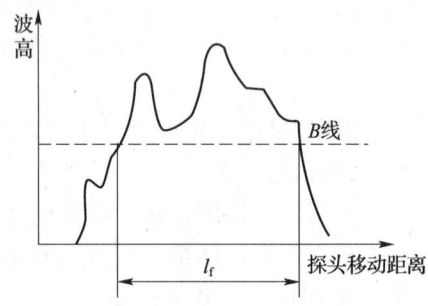

图 6—8　绝对灵敏度法测长

绝对灵敏度测长法测得的缺陷指示长度与测长灵敏度有关。测长灵敏度高，缺陷长度大。在自动检测中常用绝对灵敏度法测长。

3）端点峰值法。探头在测长扫查过程中，如发现缺陷反射波峰值起伏变化，有多个高点时，则可以将缺陷两端反射波极大值之间探头的移动长度作为缺陷指示长度，如图 6—9 所示。这种方法称为端点峰值法。

端点峰值法测得的缺陷长度比端点 6 dB 法测得的指示长度要小一些。同样，端点峰值法适用于测长扫查过程中，缺陷反射波有多个高点的情况。

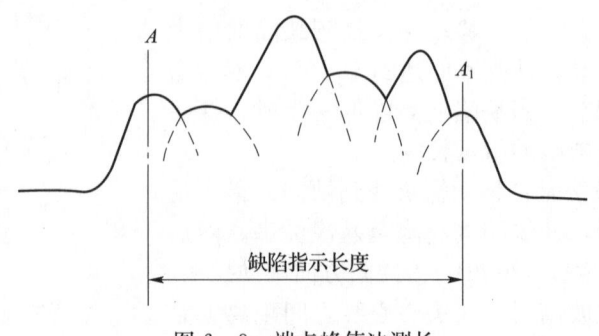

图 6—9　端点峰值法测长

6.4.4 非缺陷回波的判别

纵波直探头法超声检测中，除了始波、底波和缺陷波外，常常还会出现一些其他的信号波，如迟到波、三角反射波、61°反射波以及其他原因引起的非缺陷回波等，这些信号波将影响到对缺陷波的正确判别。因此，分析和了解常见非缺陷回波产生的原因和特点是十分必要的。

1. 迟到波

如图 6—10 所示，当纵波直探头置于细长（或扁长）工件或试块上时，扩散纵波波束在侧壁产生波型转换，转换为横波，此横波在另一侧面又转换为纵波，最后经底面反射回到探头，被探头接收，从而在示波屏上出现一个回波。由于转换的横波声程长，波速小，传播时间较直接从底面反射的纵波长，因此，转换后的波总是出现在第一次底波 B_1 之后，故称为迟到波。又由于变形横波可能在两侧壁产生多次反射，每反射一次就会出现一个迟到波，因此迟到波往往有多个，如图 6—10 中的 H_1、H_2、H_3。

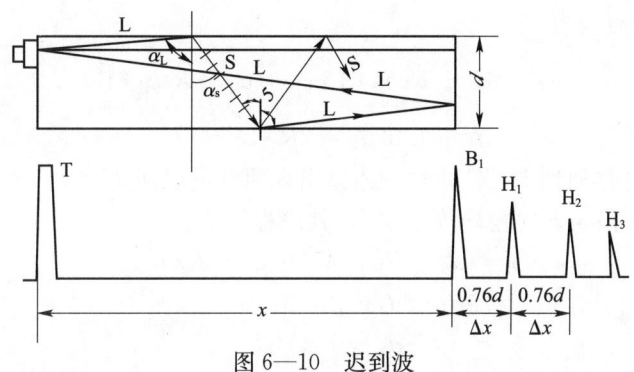

图 6—10 迟到波

迟到波之间的纵波声程差 Δx（单程）是特定的。由图 2—42 可知，L 斜入射到钢/空气界面，当 $\alpha_L = 70°$ 左右，$\alpha_S = 33°$ 左右时，变形横波很强，由此可以算出 Δx 为：

$$\Delta x = \frac{\Delta w}{2} = \left(\frac{d}{\cos \alpha_S} \frac{C_L}{C_S} - d \tan \alpha_S \right) \div 2 = \left(\frac{d}{\cos 33°} \times \frac{5\,900}{3\,230} - d \tan 33° \right) \div 2 = 0.76d$$

(6—11)

式中　Δw——迟到波 H_1 与底波 B_1 的波程差（双程），mm；

　　　d——工件的直径或厚度，mm。

可见迟到波总是位于 B_1 之后，并且位置特定，此点可作为对迟到波的判别依据。

实际检测中，当直探头置于 IIW 或 CSK—IA 试块上并对准 100 mm 厚的底面时，在各次底波之间出现一系列的波就是这种迟到波。

2. 61°反射

当探头置于如图 6—11 所示的直角三角形工件

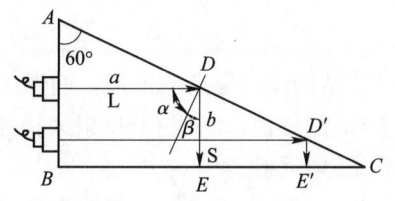

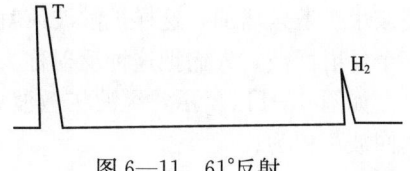

图 6—11 61°反射

上时,若纵波入射角 α 与横波反射角 β 的关系为:$\alpha+\beta=90°$,则会在示波屏上出现位置特定的反射波。

由 $\beta=90°-\alpha$ 得:$\sin\beta=\cos\alpha$

由反射定律得:

$$\frac{\sin\alpha}{\sin\beta}=\frac{\sin\alpha}{\cos\alpha}=\tan\alpha=\frac{c_L}{c_S}$$

对于钢:$\tan\alpha=\dfrac{c_L}{c_S}=\dfrac{5\,900}{3\,230}=1.82$ 即 $\alpha=61°$,所以这种反射称为 61°反射。

61°反射的声程为:

$$x_{61}=a+b\frac{c_L}{c_S}=a+b\tan\alpha=BE+EC=BC$$

当探头在 AB 边上移动时,反射波的位置不变,其声程恒等于直角三角形 61°角所对的直角边长 BC。

实际检测中,当探头置于如图 6—12 所示的 IIW 试块上 A 处或类似结构的工件上时,同样会产生 61°反射。

这时 61°反射的声程为:

$$x_A=d_1-R\cos 61°+\frac{c_L}{c_S}(d_2-R\sin 61°)$$
$$=d_1+1.82d_2-2R \tag{6—12}$$

当探头向左平行移动到 B、C 处时,还会出现两种反射回波。

B 处是纵波反射角与入射角均等于 45°,其声程为

$$x_B=d_1-R\cos 45°+d_2-R\sin 45°$$
$$=d_1+d_2-2R\sin 45°$$
$$=d_1+d_2-1.414R \tag{6—13}$$

C 处是纵波垂直入射并反射,其声程为

$$x_C=d_1-R$$

对于 IIW 块,$d_1=70$ mm,$d_2=35$ mm,$R=25$ mm,探头位于 A、B、C 三处的回波声程分别为:

$$x_A=70+1.82\times 35-2\times 25=83.7\text{ mm}$$
$$x_B=70+35-1.414\times 25=69.6\text{ mm}$$
$$x_C=70-25=45\text{ mm}$$

对于结构比较复杂的工件,如焊接结构的汽轮机大轴,为了有效的检测焊缝根部缺陷,特加工 61°的斜面,利用 61°反射来检测,从而获得较高的检测灵敏度,如图 6—13 所示。

3. 三角反射

如图 6—14 所示,纵波直探头径向检测实心圆柱时,由于探头平面与柱面接触面积小,使波束扩散角增加,这样扩散波束就会在圆柱面上形成三角反射路径,从而在示波屏上出现多个反射回波,人们把这种反射称为三角反射。

如图 6—14a 所示,纵波扩散波束在圆柱面上不发生波型转换,形成等边三角形反射,其回波声程为:

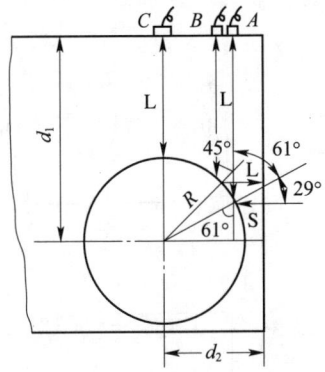

图 6—12 IIW 试块上的 61°反射

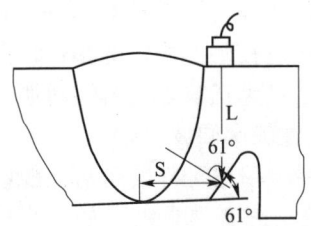

图 6—13 61°反射的应用

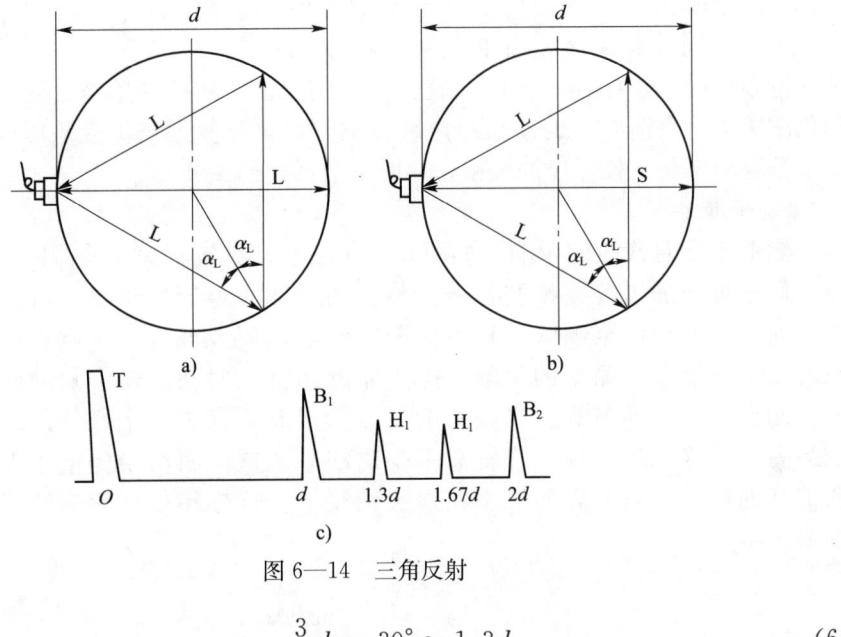

图 6—14 三角反射

$$x_1 = \frac{3}{2}d\cos 30° \approx 1.3d \tag{6—14}$$

式中　d——圆柱体直径，mm。

如图 6—14b 所示，纵波扩散波束在圆柱面上发生波形转换，即 L→S→L，形成等腰三角形反射，其声程为：

$$x_2 = d\cos a_L + \frac{1}{2}\frac{c_L}{c_S}d\cos \alpha_S$$

由 $\alpha_S = 90° - 2\alpha_L$ 和反射定律得：

$$\frac{\sin \alpha_L}{\sin \alpha_S} = \frac{\sin \alpha_L}{\cos 2\alpha_S} = \frac{c_L}{c_S}$$

对于钢可求得 $\alpha_L = 35.6°$，$\alpha_S = 18.8°$

因此，
$$x_2 = d\cos 35.6° + \frac{1}{2} \times \frac{5\,900}{3\,230}d\cos 18.8° = 1.67d \tag{6—15}$$

由以上计算可知,两次三角反射波总是位于第一次底波 B_1 之后,而且位置特定,分别为 $1.3d$ 和 $1.67d$,如图 6—14c 所示。

4. 探头杂波

当探头中的吸收块吸收不良时,会在始波后出现一些杂波。双晶直探头检测厚壁工件时,由于入射角比较小,声波在延迟块内的多次反射也可能产生一些非缺陷信号,干扰缺陷回波的判别。

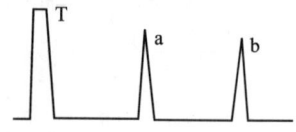

5. 工件轮廓回波

当超声波射达工件的台阶、螺纹等轮廓时在示波屏上将引起一些轮廓回波。如图 6—15 所示。

6. 幻象波

超声检测中,提高重复频率可提高单位时间内扫描次数,增强示波屏显示的亮度。但当重复频率过高时,第一个同步脉冲回波尚未消失,第二个同步脉冲又重新扫描。

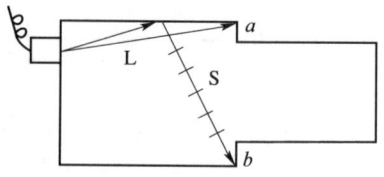

图 6—15 轮廓回波

这样在示波屏上就会产生幻象波,影响缺陷波的判别。降低重复频率,幻象波消失。目前生产的新型超声波检测仪,重复频率与深度范围同步调节,设计时考虑了重复频率与工件厚度的关系,一般不会产生幻象波。

7. 侧壁干涉波

(1) 侧壁干涉对检测的影响 如图 6—16 所示,纵波直探头检测时,探头若靠近侧壁,则经侧壁反射的纵波或横波与直接传播的纵波相遇产生干涉,对检测带来不利影响。图中曲线表示探头至侧壁三种不同距离时缺陷回波波高与至侧壁距离的关系。由图可以看出,对于靠近侧壁的缺陷,探头靠近侧壁正对缺陷检测缺陷回波低,探头远离侧壁检测反而缺陷回波高。当缺陷的位置给定时,存在一个最佳的探头位置,使缺陷回波最高,但这个最佳探头位置总是偏离缺陷。这说明由于侧壁干涉的影响,改变了探头的指向性,缺陷最高回波不在探头轴线上,这样不仅会影响缺陷定位,而且会影响缺陷定量。

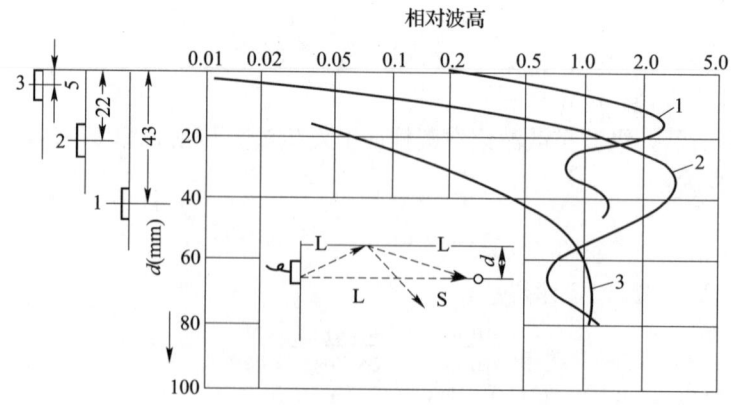

图 6—16 侧壁干涉对声场的影响

(2) 避免侧壁干涉的条件 在脉冲反射法检测中，一般脉冲持续的时间所对应的声程不大于 4λ。因此，只要侧壁反射波束与直接传播的波束声程差大于 4λ 就可以避免侧壁干涉。

1) 探头轴线上缺陷反射 如图 6—17a 所示，对于侧壁附近探头轴线上的小缺陷，避免侧壁干涉的条件为：
$$2W - a > 4\lambda$$

式中　W——入射点至侧壁反射点的距离，mm；
　　　a——缺陷至检测面的距离，mm；
　　　λ——超声波波长，mm。

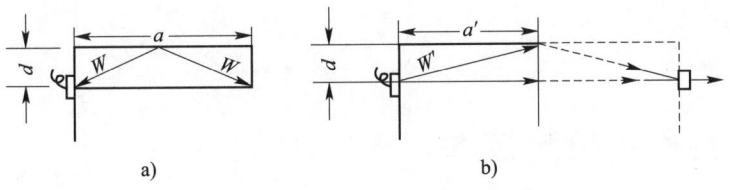

图 6—17　避免侧壁干涉的条件
a) 缺陷　b) 底波

由图 6—17a 和牛顿二项式得：
$$W = \sqrt{\frac{a^2}{4} + d^2} \approx \frac{a}{2} + \frac{d^2}{a}(d/a \ll 1)$$
$$2W - a \approx \frac{2d^2}{a} > 4\lambda$$

因此，避免侧壁干涉的最小距离 $d_{\min}$ 为：
$$d_{\min} > \sqrt{2a\lambda}$$

对于钢：
$$d_{\min} > \sqrt{2a\lambda} \approx 3.5\sqrt{\frac{a}{f}} \tag{6—16}$$

式中　a——缺陷至检测面的距离，mm；
　　　λ——超声波波长，mm；
　　　f——超声波频率，MHz。

2) 底面反射 如图 6—17b 所示，对于侧壁附近的底面反射，避免侧壁干涉的条件为：
$$2W' - 2a' > 4\lambda$$

由于，$W' = \sqrt{a'^2 + d^2} \approx a' + \frac{d^2}{2a'}(d/a' \ll 1)$

$$2W' - 2a' = \frac{d^2}{a'} > 4\lambda$$

因此，避免侧壁干涉的最小距离 $d_{\min}$ 为：
$$d_{\min} > 2\sqrt{a'\lambda}$$

对于钢：$d_{\min} > 2\sqrt{a'\lambda} \approx 5\sqrt{\frac{a'}{f}}$ (6—17)

式中　a'——工件底面至检测面的距离，mm。

由上述公式可知，避免侧壁干涉的最小距离 $d_{\min}$ 与波长 λ 及距离 a 有关，λ、a 增加，

d_{min} 随之增加。

CS-1、CS-2 试块外径就是根据上述公式设计出来的。

【例】 用 2.5P20Z 探头检测厚度为 500 mm 的圆柱体，圆柱体中 $c_L = 5\,900$ m/s。试分别计算底面反射和轴线上缺陷反射时避免侧壁干涉的最小直径各为多少？

解：由已知得：$f = 2.5$ MHz, $a = 500$ mm

①底面反射避免侧壁干涉的最小直径为

$$D_{min} = 2d_{min} = 10\sqrt{\frac{a}{f}} = 10\sqrt{\frac{500}{2.5}} \approx 141 \text{ mm}$$

②轴线上缺陷反射避免侧壁干涉的最小直径为

$$D_{min} = 2d_{min} = 7\sqrt{\frac{a}{f}} = 7\sqrt{\frac{500}{2.5}} \approx 99 \text{ mm}$$

6.5 横波斜探头检测技术

6.5.1 检测设备的调节

1. 探头入射点和折射角的测定

由于有机玻璃楔块容易磨损，所以在每次检测前应进行入射点和折射角的测定。

2. 扫描速度的调节

如图 6—18 所示，横波检测时，缺陷位置可由折射角 β 和声程 x 来确定，也可由缺陷的水平距离 l 和深度 d 来确定。

一般横波扫描速度的调节方法有三种：声程调节法、水平调节法和深度调节法。

(1) 声程调节法 声程调节法是使示波屏上的水平刻度值 τ 与横波声程 x 成比例，即 $\tau : x = 1 : n$。这时仪器示波屏上直接显示横波声程。

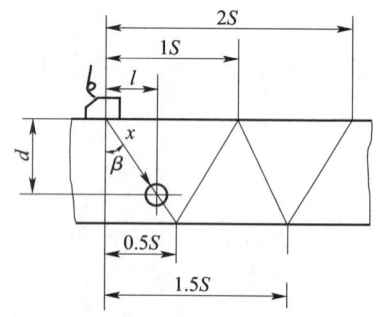

图 6—18 横波检测缺陷位置的确定

按声程调节横波扫描速度可在 IIW、CSK－IA、IIW2、半圆试块以及其他试块或工件上进行。

1) 利用 IIW 试块或 CSK－IA 试块调节 IIW 试块 $R100$ mm 圆心处未切槽，因此横波不能在 $R100$ mm 圆弧面上形成多次反射，这样也就不能直接利用 $R100$ mm 来调节横波扫描速度。但 IIW 试块上有 91 mm 尺寸，钢中纵波声程 91 mm 相当于横波声程 50 mm 的时间。因此利用 91 mm 可以调节横波扫描速度。

下面以横波 1∶1 为例进行说明。如图 6—19 所示，先将直探头对准 91 mm 底面，调节仪器使底波 B_1、B_2 分别对准水平刻度 50、100，这时扫描线与横波声程的比例正好为 1∶1。然后换上横波探头，并使探头入射点对准 $R100$ mm 圆心，调脉冲移位使 $R100$ mm 圆弧面回波 B_1 对准水平刻度 100，这时零位才算校准。即这时水平刻度"0"对应于斜探头的入射点，始波的前沿位于"0"的左侧。

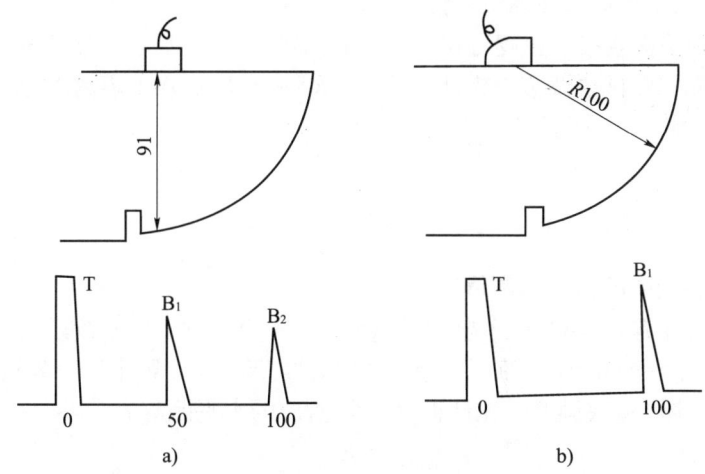

图 6—19 用 IIW 试块按声程调横波扫描速度

以上调节方法比较麻烦，针对这一情况，我国的 CSK－IA 试块在 R100 圆弧处增加了一个 R50 的同心圆弧面，这样就可以将横波探头直接对准 R50 和 R100 圆弧面，使回波 B_1（R50）对 50，B_2（R100）对 100，于是横波扫描速度 1∶1 和"0"点同时调好校准。

2）利用 IIW2 和半圆试块调节 当利用 IIW2 和半圆试块调横波扫描速度时，要注意它们的反射特点。探头对准 IIW2 试块 R25 圆弧面时，各反射波的间距为 25 mm、75 mm、75 mm、…，对准 R50 圆弧面时，各反射波间距为 50 mm、75 mm、75 mm、…。探头对准 R50 半圆试块（中心为切槽）的圆弧面时，各反射波的间距离为 50 mm、100 mm、100 mm、…。

下面说明横波 1∶1 扫描速度的调整方法。

利用 IIW2 试块调整：探头对准 R25 圆弧面，调节仪器使 B_1、B_2 分别对准水平刻度 25、100 即可，如图 6—20a 所示。

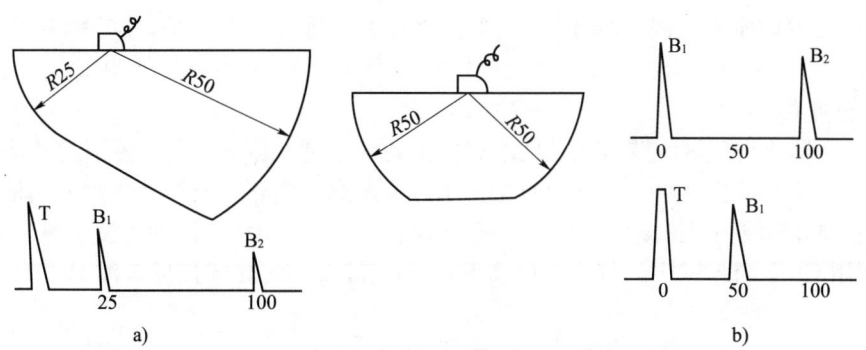

图 6—20 用 IIW2 和半圆式块按声程调扫描速度
a) IIW2 试块 b) 半圆试块

利用 R50 半圆试块调：探头对准 R50 圆弧面，调节仪器使 B_1、B_2 分别对准水平刻度 0、100，然后调"脉冲移位"使 B_1 对准 50 即可，如图 6—20b 所示。

（2）水平调节法 水平调节法是指示波屏上水平刻度值 τ 与反射体的水平距离 l 成比例，即 $\tau\colon l=1\colon n$。这时示波屏水平刻度值直接显示反射体的水平投影距离（简称水平距离），这种方法多用于薄板工件焊缝横波检测。

按水平距离调节横波扫描速度可在CSK-ⅠA试块、半圆试块、横孔试块上进行。

1）利用CSK-ⅠA试块调节　先计算$R50$、$R100$对应的水平距离l_1、l_2：

$$\begin{cases} l_1 = \dfrac{50K}{\sqrt{1+K^2}} \\ l_2 = \dfrac{100K}{\sqrt{1+K^2}} = 2l_1 \end{cases} \tag{6-18}$$

式中　K——斜探头的K值（实测值）。

然后将探头对准$R50$、$R100$，调节仪器使B_1、B_2分别对准水平刻度l_1、l_2。当$K=1.0$时，$l_1=35$ mm，$l_2=70$ mm，若使B_1、B_2分别对准35、70，则水平距离扫描速度为1∶1。

2）利用$R50$半圆试块调节　先计算B_1、B_2对应的水平距离l_1、l_2：

$$\begin{cases} l_1 = \dfrac{KR}{\sqrt{1+K^2}} \\ l_2 = \dfrac{3KR}{\sqrt{1+K^2}} = 3l_1 \end{cases} \tag{6-19}$$

然后将探头对准$R50$圆弧，调节仪器使B_1、B_2分别对准水平刻度值l_1、l_2。当$K=1.0$时，$l_1=35$ mm，$l_2=105$ mm。先使B_1、B_2分别对准0、70，再调"脉冲移位"使B_1对准35，则水平距离扫描速度为1∶1。

3）利用横孔试块调节　以CSK-ⅢA试块为例。

设探头的$K=1.5$，并计算深度为20 mm、60 mm的$\phi 1$ mm×6 mm横孔对应的水平距离l_1、l_2：

$$l_1 = Kd_1 = 1.5 \times 20 = 30$$
$$l_2 = Kd_2 = 1.5 \times 60 = 90$$

调节仪器使深度为20 mm、60 mm的$\phi 1$ mm×6 mm横孔的回波H_1、H_2分别对准水平刻度30、90，这时水平距离扫描速度1∶1就调好了。需要指出的是，这里H_1、H_2不是同时出现的，当H_1对准30时，H_2不一定正好对准90，因此往往要反复调试，直至H_1对准30，H_2正好对准90。

(3) 深度调节法　深度调节法是使示波屏上的水平刻度值τ与反射体深度d成比例，即$\tau:d=1:n$，这时示波屏水平刻度值直接显示深度距离。常用于较厚工件焊缝的横波检测。

按深度调节横波扫描速度可在CSK-ⅠA试块、半圆试块和CSK-ⅢA试块等试块上调节。

1）利用CSK-ⅠA试块调节　先计算$R50$ mm、$R100$ mm圆弧反射波B_1、B_2对应的深度d_1、d_2：

$$\begin{cases} d_1 = \dfrac{R50}{\sqrt{1+K^2}} \\ d_2 = \dfrac{R100}{\sqrt{1+K^2}} = 2d_1 \end{cases} \tag{6-20}$$

然后调节仪器使B_1、B_2分别对准水平刻度值d_1、d_2。当$K=2.0$时，$d_1=22.4$ mm、$d_2=44.8$ mm，调节仪器使B_1、B_2分别对准水平刻度22.4、44.8，则深度1∶1就调好了。

2）利用$R50$半圆试块调节　先计算半圆试块B_1、B_2对应的深度d_1、d_2：

$$\begin{cases} d_1 = \dfrac{R}{\sqrt{1+K^2}} \\ d_2 = \dfrac{3R}{\sqrt{1+K^2}} = 3d_1 \end{cases} \qquad (6—21)$$

然后调节仪器使 B_1、B_2 分别对准水平刻度值 d_1、d_2 即可，这时深度 1∶1 调好。

3）利用横孔试块调节　探头分别对准深度 $d_1=40$ mm，$d_2=80$ mm 的 CSK－ⅢA 试块上的 $\phi1$ mm×6 mm 横孔，调节仪器使 d_1、d_2 对应的 $\phi1$ mm×6 mm 横孔回波 H_1、H_2 分别对准水平刻度 40、80，这时深度 1∶1 就调好了。这里同样要注意反复调试，使 H_1 对准 40 时的 H_2 正好对准 80。

3. 距离—波幅曲线的制作和灵敏度调整

横波距离—波幅曲线是相同大小的反射体随着探头距离的变化其反射波高的变化曲线。需采用检测用的特定探头，在含不同深度人工反射体的试块上实测（如 CSK－ⅢA 试块）横波距离—波幅曲线。根据时基线调节的三种方法，距离—波幅曲线也可按声程、水平距离和深度绘制。

在横波检测中常采用距离—波幅曲线进行缺陷尺寸的评定，尤其在焊缝检测中使用极为广泛，并形成了一定的通用做法，在标准中也有相应的规定。焊缝检测距离—波幅曲线的具体做法将在焊缝检测技术的章节中介绍。

4. 传输修正值的测定和补偿

横波斜探头法灵敏度的调整采用试块法，传输修正值包括两者间材料的材质衰减以及工件表面粗糙度和耦合状态引起的表面声能损失。此处考虑试块和被检工件表面损失的差异，要求试块与工件材质衰减相同。可用单探头法测定，也可用双探头法测定。

（1）单探头法测定　采用和工件相同厚度试块，测定方法如图 6—21 所示。

1）将探头放在试块上，移动探头使试块棱角 A 处的反射波达到最高，并调节增益旋钮和衰减器旋钮，使其达到基准高度（如满刻度 60%），记录下此时的衰减器读数 V_1。

2）将探头放到工件上与试块相应的位置上，移动探头使工件 A 处的反射波最高。调节衰减器旋钮，使反射波高度达到基准高度（满刻度的 60%），记录下此时的衰减器读数 V_2。

3）计算传输修正值：

$$\Delta \text{dB} = V_1 - V_2 \qquad （衰减型）$$
$$\Delta \text{dB} = V_2 - V_1 \qquad （增益型）$$

ΔdB 即为传输修正值。ΔdB 为正值，表示工件的表面损失大于试块，调整灵敏度时应提高增益；ΔdB 为负值，表示工件的表面损失小于试块，调整灵敏度时应降低增益。

（2）双探头法测定　斜入射检测用一发一收的双探头法来测定传输修正值，可以采用与工件厚度相同的试块，也可以采用与工件厚度不同的试块。

1）工件与试块的厚度相同　如图 6—22 所示，将探头相对放置，当发射探头发出的声波经底面一次反射后被接收探头接收到的信号幅度为最大时，两探头间距恰为声波经一次底面反射之后到达表面的点与发射探头入射点之间的水平距离，这一距离称为一个跨距，用1P表示。

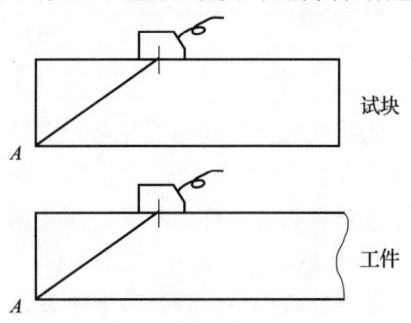

图 6—21　单探头法测传输修正值

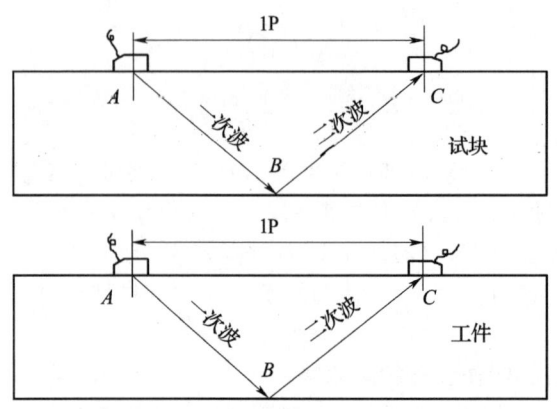

图 6—22 双探头测传输修正值
（工件与试块的厚度相同）

依次测出在试块和工件上底面的回波幅度值，其分贝差即为传输修正值。测试步骤和传输修正值的计算方式与单探头测定相同。

2）工件厚度小于试块厚度　如图 6—23 所示，工件厚度小于试块厚度时，采用如下方法测定传输修正值：

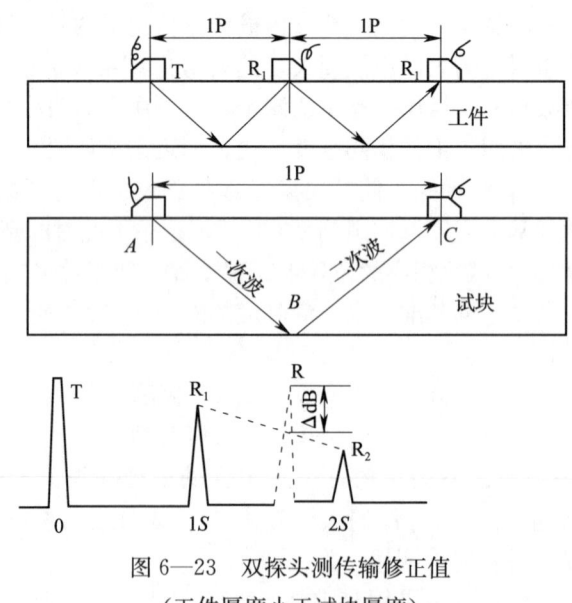

图 6—23　双探头测传输修正值
（工件厚度小于试块厚度）

①将接收探头放到工件上距发射探头一个跨距的位置，调节仪器，使荧光屏上显示出反射波 R_1，并记下 R_1 波高和位置，以及衰减器的读数 V_2。

②将接收探头移到距发射探头两个跨距的位置，使荧光屏上显示出反射波 R_2，并记下 R_2 波高和位置。

③将接收探头放到试块上距发射探头一个跨距的位置，使荧光屏上显示出反射波 R。

④在 R_1 和 R_2 两波峰之间连一直线，用衰减器将 R 调到 R_1 和 R_2 的连线上，并记下此

时的波高 V_1。

⑤按照单探头测定步骤 3) 的方法计算 ΔdB 并进行传输修正。

3) 工件厚度大于试块厚度　如图 6—24 所示。

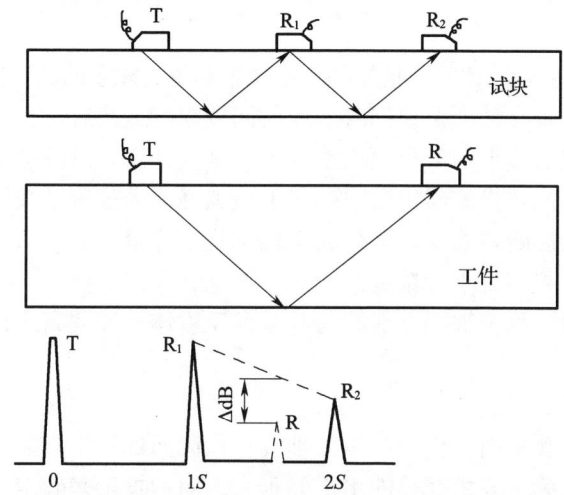

图 6—24　双探头测传输修正值（工件厚度大于试块厚度）

工件厚度大于试块厚度时，采用的测试方法与工件厚度小于试块厚度时相似，只是此时的 R_1 和 R_2 分别为试块上一个跨距处和两个跨距处的反射波，此时衰减器上的读数为 V_1。R 为工件上一个跨距处的反射波，其波高为 V_2。传输修正值的计算方法与单探头时相同。

6.5.2　扫查

横波斜探头扫查时，扫查速度和扫查间距的要求与纵波检测时相似。但扫查方式有其独特特点，不仅要考虑探头相对于工件的移动方向、移动轨迹，还要考虑探头的朝向。声束方向是根据拟检测缺陷的取向确定的，声束方向确定之后，探头移动就有了前后左右之分。

四种基本的扫查方式如图 6—25 所示。通常前后左右扫查用于发现缺陷的存在，寻找缺陷的最大峰值，左右扫查可用于缺陷横向长度的测定，转动扫查和环绕扫查则为了确定缺陷的形状。

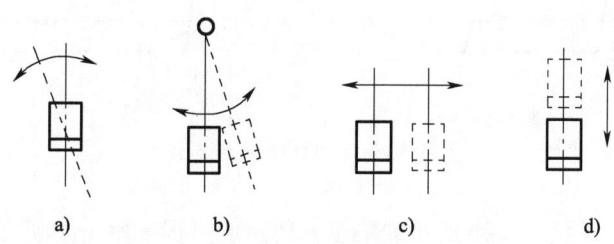

图 6—25　斜探头的扫查方式
a) 转动扫查　b) 环绕扫查　c) 左右扫查　d) 前后扫查

根据基本扫查方式的不同组合，扫查方式可分为两大类：锯齿形扫查和栅格扫查。前者适用于手工检测，而后者主要适用于自动检测。

6.5.3 缺陷的评定

斜探头横波检测中缺陷的评定包括缺陷水平位置和垂直深度的确定以及缺陷的尺寸评定。

缺陷的水平位置和垂直深度是根据缺陷反射回波幅度最大时，在经校准的荧光屏时基线上缺陷回波的前沿位置所读出的声程距离或水平、垂直距离，再按已知的探头折射角计算得到的。与纵波直射法不同，横波斜射法时基线上最大峰值的位置是在探头移动中确定的，定位准确度受声束宽度的影响，而且，多数缺陷的取向、形状、最大反射部位也是不确定的，因此，所确定的缺陷位置不是十分精确。

缺陷的尺寸也是通过测量缺陷反射波高与基准反射体回波波高之比，以及测定缺陷的延伸长度来进行评定的。

1. 平面工件的缺陷定位

采用横波斜探头检测平面工件时，波束轴线在检测面处发生折射，工件中缺陷的位置由探头的折射角和声程来确定或由缺陷的水平和垂直方向的投影来确定。由于扫描速度可按声程、水平、深度来调节，因此缺陷定位的方法也不一样。下面分别加以介绍。

（1）按声程调节扫描速度时　仪器按声程 $1:n$ 调节横波扫描速度，缺陷波水平刻度为 τ_f。

一次波检测时，如图 6—26a 所示，缺陷至入射点的声程 $x_f = n\tau_f$，如果忽略横孔直径，则缺陷在工件中的水平距离 l_f 和深度 d_f 分别为：

$$\begin{cases} l_f = x_f \sin\beta = n\tau_f \sin\beta \\ d_f = x_f \cos\beta = n\tau_f \cos\beta \end{cases} \quad (6—22)$$

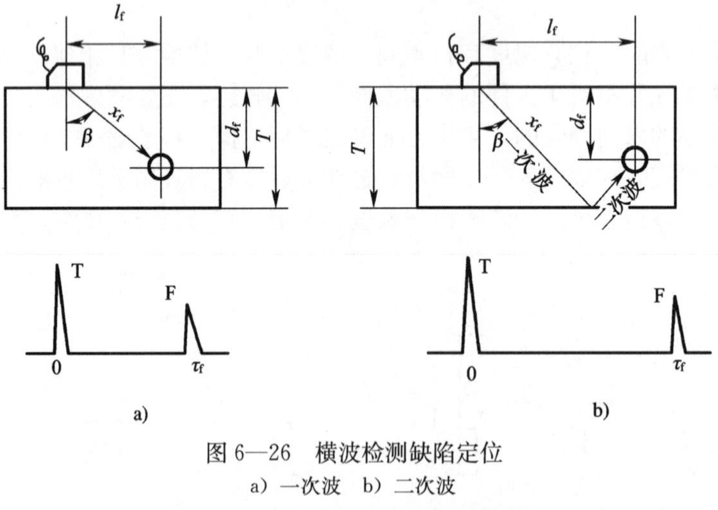

图 6—26　横波检测缺陷定位
a) 一次波　b) 二次波

二次波检测时，如图 6—26b 所示缺陷至入射点的声程 $x_f = n\tau_f$，则缺陷在工件中的水平距离 l_f 和深度 d_f 为：

$$\begin{cases} l_f = x_f \sin\beta = n\tau_f \sin\beta \\ d_f = 2T - x_f \cos\beta = 2T - n_f\tau\cos\beta \end{cases} \quad (6—23)$$

式中　T——工件厚度，mm；
　　　β——探头横波折射角。

(2) 按水平调节扫描速度时　仪器按水平距离 $1:n$ 调节横波扫描速度，缺陷波的水平刻度值为 τ_f，采用 K 值探头检测。

一次波检测时，缺陷在工件中的水平距离 l_f 和深度 d_f 为：

$$\begin{cases} l_f = n\tau_f \\ d_f = \dfrac{l_f}{K} = \dfrac{n\tau_f}{K} \end{cases} \quad (6—24)$$

二次波检测时，缺陷波在工件中的水平距离 l_f 和深度 d_f 为：

$$\begin{cases} l_f = n\tau_f \\ d_f = 2T - \dfrac{l_f}{K} = 2T - \dfrac{n\tau_f}{K} \end{cases} \quad (6—25)$$

【例】　用 $K2$ 横波斜探头检测厚度 $T=15$ mm 的钢板焊缝，仪器按水平 $1:1$ 调节横波扫描速度，检测中在水平刻度 $\tau_f=45$ 处出现一缺陷波，求此缺陷的位置。

解： 由于 $KT=2\times15=30$，$2KT=60$，$KT<\tau_f=45<2KT$，因此可以判定此缺陷是二次波发现的。那么缺陷在工件中的水平距离 l_f 和深度 d_f 为：

$$l_f = n\tau_f = 1\times45 = 45 \text{ mm}$$

$$d_f = 2T - \dfrac{l_f}{K} = 2\times15 - \dfrac{45}{2} = 7.5 \text{ mm}$$

(3) 按深度调节扫描速度时　仪器按深度 $1:n$ 调节横波扫描速度，缺陷波的水平刻度值为 τ_f，采用 K 值探头检测。一次波检测时，缺陷在工件中的水平距离 l_f 和深度 d_f 为：

$$\begin{cases} l_f = Kn\tau_f \\ d_f = n\tau_f \end{cases} \quad (6—26)$$

二次波检测时，缺陷在工件中的水平距离 l_f 和深度 d_f 为：

$$\begin{cases} l_f = Kn\tau_f \\ d_f = 2T - n\tau_f \end{cases} \quad (6—27)$$

例如：用 $K1.5$ 横波斜探头检测厚度 $T=30$ mm 的钢板焊缝，仪器按深度 $1:1$ 调节横波扫描速度，检测中在水平刻度 $\tau=40$ 处出现一处缺陷波，求此缺陷位置。

解： 由于 $T<\tau_f<2T$，因此可以判定此缺陷是二次波发现的。缺陷在工件中的水平距离 l_f 和深度 d_f 为：

$$l_f = Kn\tau_f = 1.5\times1\times40 = 60 \text{ mm}$$

$$d_f = 2T - n\tau_f = 2\times30 - 1\times40 = 20 \text{ mm}$$

2. 圆柱曲面工件的缺陷定位

当采用横波斜探头检测圆柱曲面时，若沿轴向检测，缺陷定位与平面相同；若沿周向检测，缺陷定位则与平面不同。下面分外圆和内壁检测两种情况加以讨论。

(1) 外圆周向检测　如图 6—27 所示，外圆周向检测圆柱曲面时，缺陷的位置由深度 H 和弧长 $\widehat{L}$ 来确定，显然 H、$\widehat{L}$ 与平面工件中缺陷的深度 d 和水平距离 l 是有较大差别的。

图 6—27 中：

$AC = d$（平面工件中缺陷深度）

$BC = d\tan\beta = dK = 1$（平面工件中缺陷水平距离）

$AO = R$，$CO = R - d$

$$\tan\theta = \frac{BC}{OC} = \frac{Kd}{R-d}, \theta = \arctan\frac{Kd}{R-d}$$

$$BO = \sqrt{(Kd)^2 + (R-d)^2}$$

从而可得：

$$\begin{cases} H = OD - OB = R - \sqrt{(Kd)^2 + (R-d)^2} \\ \hat{L} = \frac{R\pi\theta}{180} = \frac{R\pi}{180}\arctan\frac{Kd}{R-d} \end{cases} \quad (6\text{—}28)$$

由式（6—28）可算出用 K1.0 探头外圆周向检测 ϕ2 388 mm×148 mm（外径×壁厚）圆柱曲面时不同 d 值所对应的 H 和 $\hat{L}$，见表 6—2。

表 6—2　　　　　　　　外圆周向检测定位修正表 K1.0　　　　　　　　单位：mm

$d\ (l)$	10	20	30	40	50	60	70	80	90	100	110	120	130	140	150	160
$\hat{L}$	10	20	31	41	52	63	74	85	97	109	120	132	145	157	170	183
H	10	20	30	39	49	58	68	77	86	95	104	113	122	131	139	148

从表 6—2 中可以看出，当探头从圆柱曲面外壁作周向检测时，弧长 $\hat{L}$ 总比水平距离 l 值大，但深度 H 却总比 d 值小，而且差值随 d 值增加而增大。

（2）内壁周向检测

如图 6—28 所示，内壁周向检测圆柱曲面时，缺陷的位置由深度 h 和弧长 $\hat{l}$ 来确定，这里的 h 和 $\hat{l}$ 与平面工件中缺陷深度 d 和水平距离 l 也是有较大差别的。

图 6—28 中：

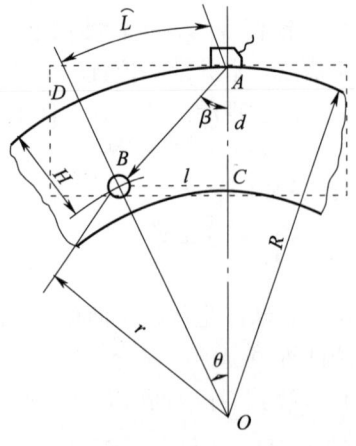

图 6—27　外圆周向检测定位法

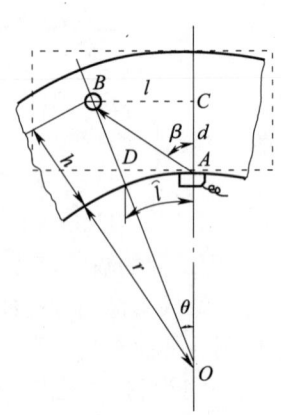

图 6—28　内壁周向检测

$AC = d$（平板工件中缺陷的深度）
$BC = d\tan\beta = Kd = l$（平板工件中缺陷的水平距离）
$AO = r, CO = r + d$

$$\tan\theta = \frac{BC}{OC} = \frac{Kd}{r+d}, \theta = \arctan\frac{Kd}{r+d}$$

$$BO = \sqrt{(Kd)^2 + (r+d)^2}$$

从而可得：

$$\begin{cases} H = OB - OD = \sqrt{(Kd)^2 + (r+d)^2} - r \\ \hat{l} = \frac{r\pi\theta}{180} = \frac{r\pi}{180}\arctan\frac{Kd}{r+d} \end{cases} \quad (6\text{—}29)$$

由式（6—29）可算出用 K1.0 探头内壁周向检测 ϕ2 388 mm×148 mm 圆柱曲面时，不同 d 值所对应的 K 和 $\hat{l}$ 值，见表 6—3。

表 6—3　　　　　　　　内孔周向检测定位修正表 K1.0　　　　　　　　单位：mm

d(1)	10	20	30	40	50	60	70	80	90	100	110	120	130	140
$\hat{l}$	10	20	29	38	48	57	65	74	82	91	99	107	115	123
H	10	20	30	41	51	62	72	83	94	104	115	126	137	148

由表 6—3 中可以看出，当探头从圆柱曲面内壁作周向检测时，弧长 $\hat{l}$ 总比水平距离 l 小，但深度 H 却总比 d 值大。

下面举例说明周向检测圆柱曲面时缺陷定位。

【例】　用 K1.5 横波斜探头外圆周向检测 ϕ1 080 mm×85 mm 压力容器纵缝。仪器按深度 1∶2 调节扫描速度，检测中在水平刻度 40 处出现一处缺陷波，试确定此缺陷的位置。

解：由已知得：

$$d = n\tau_f = 2 \times 40 = 80 \text{ mm}, K = 1.5$$

$$l = Kd = 1.5 \times 80 = 120 \text{ mm}, R = \frac{1\,080}{2} = 540 \text{ mm}$$

以此代入式（6—28）得：

$$H = R - \sqrt{(Kd)^2 + (R-d)^2} = 540 - \sqrt{(1.5 \times 80)^2 + (540-80)^2} = 64.6 \text{ mm}$$

$$\hat{L} = \frac{R\pi}{180}\arctan = \frac{Rd}{R-d} = \frac{540 \times 3.14}{180} \times \arctan\frac{1.5 \times 80}{540-80} = 137.7 \text{ mm}$$

这说明该缺陷至外圆的距离 $H = 64.6$ mm，对应的外圆弧长 $\hat{L} = 137.7$ mm。

（3）**最大检测壁厚**　如图 6—29 所示，当采用横波斜探头从外圆周向检测筒体工件且波束轴线与筒体内壁相切时，对应的壁厚为最大检测厚度 T_m，工件壁厚超过该厚度值时，超声波束轴线将扫查不到内壁。对应于每一个确定的 K 值探头，都有一个对应的最大检测厚度。不同 K 值探头最大检测壁厚 T_m 与工件外径 D 之比 T_m/D

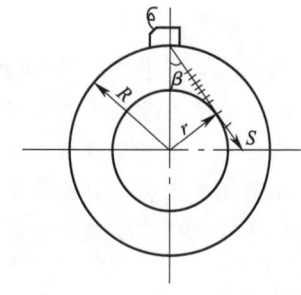

图 6—29　斜探头 K 值范围的确定

可由下述方法导出：

$$\sin\beta = \frac{r}{R} = \frac{R-T_m}{R} = 1 - \frac{2T_m}{D}$$

$$\frac{T_m}{D} \leqslant \frac{1}{2}(1-\sin\beta) = \frac{1}{2}\left(1 - \frac{K}{\sqrt{1+K^2}}\right) \tag{6—30}$$

式中　T_m——可检测的最大壁厚，mm；
　　　D——工件外径，mm；
　　　K——探头的K值，$K=\tan\beta$。

由式（6—30）可算出不同K值探头对应的T_m/D，见表6—4。

表6—4　　　　　　　　不同K值（β）对应的T_m/D的范围

K	0.65	0.70	0.8	1.0	1.5	2.0	2.5	3.0	3.5
β	33.2°	35°	38.7°	45°	56.3°	63.4°	68.2°	71.5°	74°
r/R	0.547 6	0.572 6	0.625 2	0.707 1	0.832 0	0.894 2	0.828 5	0.948 7	0.961 3
T_m/D	0.226 2	0.212 3	0.187 4	0.146 5	0.084 0	0.052 9	0.035 8	0.026 5	0.019 4

由上表可知，探头的K值越小，可检测的最大壁厚就越大，K值越大，可检测的最大壁厚就越小。当K值取最小值时，对应的可检测壁厚最大，从理论上讲，$\beta=33.2°$，$K=0.65$时，可检测的壁厚最大为$T_m/D=0.226\,2$，$r/R=0.547\,6$。但由于这时的横波声压往复透射率低，容易漏检，因此，实际检测中K值应选得大一些。例如我国一般的焊缝超声波检测标准都规定K值最小为1.0。当$K=1.0$时，可检测的最大壁厚与外径之比$T_m/D=0.146\,5$，内外半径之比$r/R=0.707\,1$。但由于随着r/R接近临界值，将会产生表面波，使声程偏差急剧增大。考虑到缺陷定位、定量的准确性，故一般把筒体可检测的内外半径范围定为$r/R\geqslant 80\%$。

横波周向检测筒体工件时缺陷定位计算将在后面的管材检测、锻件检测和焊缝检测中得到应用。

3. 缺陷定量

横波斜探头法对缺陷的定量包括缺陷回波幅度和指示长度两个参数。

回波幅度依据的是规则反射体的回波幅度与缺陷尺寸的关系，常用实测距离—波幅曲线进行评定。

缺陷指示长度也是缺陷评定的重要指标，同纵波直探头检测技术，其测长方法也有相对灵敏度法、绝对灵敏度法和端点峰值法。

（1）测长法

参见6.4.3中"2. 缺陷尺寸的评定"中的"（3）缺陷延伸长度的测定"。

（2）缺陷自身高度的测定

设备的安全可靠性除与缺陷长度有关外，还与缺陷自身高度有关。在特种设备失效模式中，缺陷高度比长度更为重要。然而缺陷高度测定比长度测定要困难得多。缺陷高度测定目前正处于活跃研究阶段，出现了许多测定方法。下面介绍几种脉冲反射法中用得较多的方法。

这里的缺陷包括表面开口和未开口缺陷，表面开口缺陷又分为上表面开口和下表面开口两种情况。

1) 端部最大回波法 如图 6—30 所示,当横波斜探头主声束轴线打到缺陷端部时,产生一个较高的回波 F。根据探头前沿至缺陷的距离 a 和探头的 K（$\tan\beta$）值可得缺陷深度 h 为:

$$h = \frac{a + l_0}{\tan\beta} = \frac{a + l_0}{K} \tag{6—31}$$

式中　l_0——探头前沿长度，mm。

试验表明,缺陷深度的测试误差与探头的 K（β）值有关。当 K 值大于 1.0 时误差较大,当 $K=1.0$ 时误差较小。

利用端部最大回波法还可测定表面未开口缺陷的高度,如图 6—31 所示。按深度调节扫描速度,使探头垂直于缺陷长度方向前后扫查。当声波主声束轴线入射到缺陷中部时,由于缺陷表面凹凸不平,示波屏上将产生回波 F。当探头前后移至 1、2 处时,波束轴线打到缺陷上、下端点,产生较强的回波 F_1、F_2,测量出此时的深度值 h_1、h_2,则缺陷自身高度 h 为:

$$h = h_2 - h_1 \tag{6—32}$$

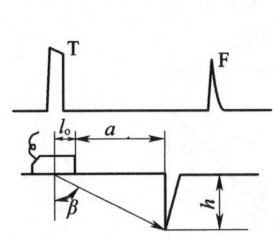

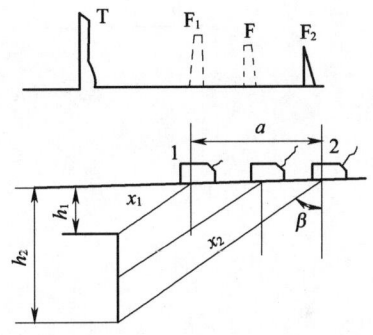

图 6—30　横波端部最大回波法　　　　图 6—31　端部最大回波法测未开口缺陷

当缺陷倾斜时,同样可以测得缺陷的高度。具体方法这里不再赘述。

对于上端点至表面的距离小于 5 mm 的缺陷,这种方法实施起来有较大困难。

端部最大回波法是目前应用较广的一种方法,其测试误差较小。特别是采用点聚焦探头测试,精度更是有明显的提高。

2) 6 dB 法　按深度调节扫描速度,使探头垂直于缺陷长度方向前后扫查,沿缺陷在高度方向的伸展观察回波包络线的形态。若缺陷的端部回波比较明显,则以端部最大回波处作为 6 dB 法的起始点；若缺陷回波只有单峰,且变化比较明显,则以最大回波处作为起始点；若回波高度变化很小,可将回波迅速降落前的半波高值,作为 6 dB 法测高的起始点,见图 6—32 中的 A 和 A_1 点。

将回波高度的选定值调到满屏高的 80%～100%,移动声束使之偏离缺陷边缘,直至回波高度降低 6 dB,分别记录此时相对应的深度值。则缺陷自身高度为两者深度值的差值。

该方法简便易行,但测量精度不高。

3) 横波端角反射法　如图 6—33a 所示,横波入射到下表面开口缺陷时产生端角反射回波,其回波高与缺陷高度 h 同波长 λ 之比 h/λ 有关。如图 6—33b 所示,缺陷高度在 2 mm

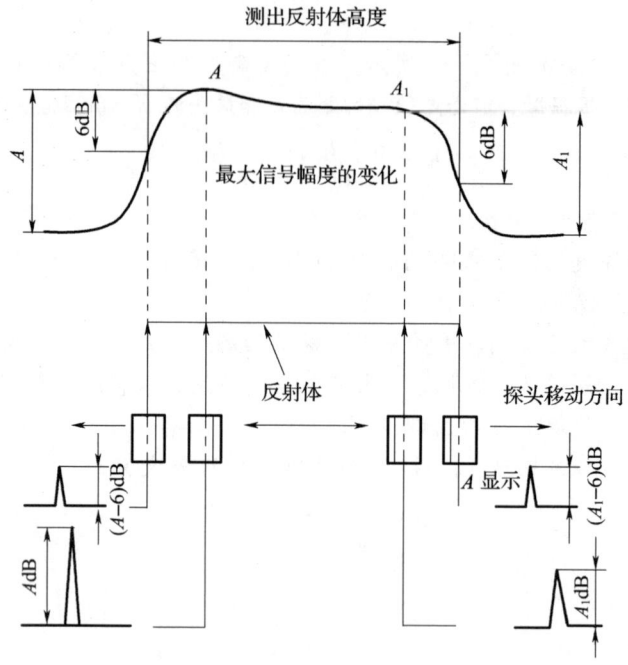

图 6—32 用 6 dB 法测缺陷自身高度

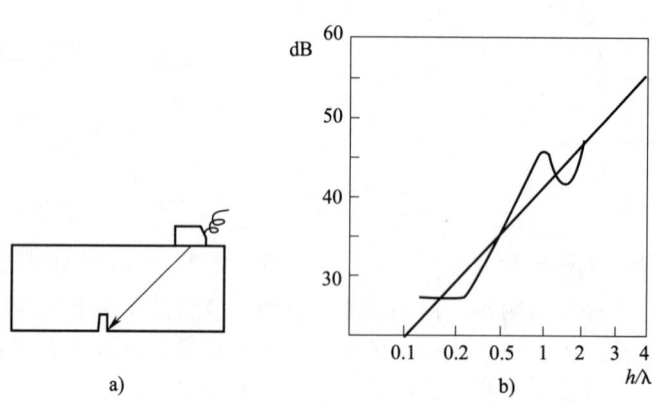

图 6—33 横波端角反射法
a) 矩形槽试块　b) 矩形槽回波与 h/λ 关系

内,波高随 h/λ 的变化不是单调的,而是起伏变化的。特别是探头 K 值较大时,这种起伏变化更大。因此实测中常用对比试块来测定缺陷的高度。这种方法常用于测试下表面开口缺陷高度。

4) 横波串列式双探头法　如图 6—34 所示,对于表面光洁且垂直于检测面的缺陷,单探头接收不到缺陷反射波。需用两个 K 值相同的斜探头进行串列式检测来测定缺陷的高度。这时两个探头作一发一收,当工件中无缺陷时,接收探头接收不到回波。当工件中存在缺陷时,发射探头发出的波从缺陷反射到底面,再从底面反射至接收探头,在示波屏上产生一个回波。该回波位置固定不动。两探头前后平行扫查,即可确定声束轴线入射到缺陷上下端点时的位置 A、A' 和 B、B'。然后根据探头 A、B 处的距离 $\overline{AB}$ 和 K 值

求得 h：

$$h = \frac{\overline{AB}}{\tan\beta} = \frac{\overline{AB}}{K} = \frac{H_1 - H_2}{2K} \tag{6—33}$$

式中　H_1——探头 A、A' 位置的间距，mm；

　　　H_2——探头 B、B' 位置的间距，mm。

采用串列式双探头法测定缺陷下端点时，存在一个检测不到的死区，如图 6—35 所示。死区高度 h' 取决于两探头靠在一起时两入射点的距离 b（即探头长度）

$$h' = \frac{b}{2\tan\beta} = \frac{b}{2K} \tag{6—34}$$

式中　β——探头的折射角，$K = \tan\beta$。

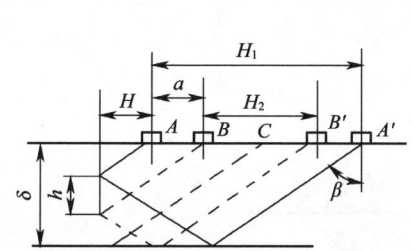

图 6—34　横波串列式双探头法　　　　图 6—35　串列式扫查死区

这种方法主要用于测定表面未开口缺陷高度。

5）端点衍射波法　端点衍射波法是我国发展的一种较精确测定缺陷自身高度的方法，已列入 JB/T 4730.3—2005 附录中。研究表明，选取 $K=1$、2.5～5 MHz 的探头可以取得较好的效果，为便于发现和利用衍射信号，聚焦探头更为适宜。

该方法主要根据缺陷端点反射波来辨认衍射回波，并通过缺陷两端点衍射回波之间的延迟时间差值来确定缺陷自身高度，如图 6—36 所示。

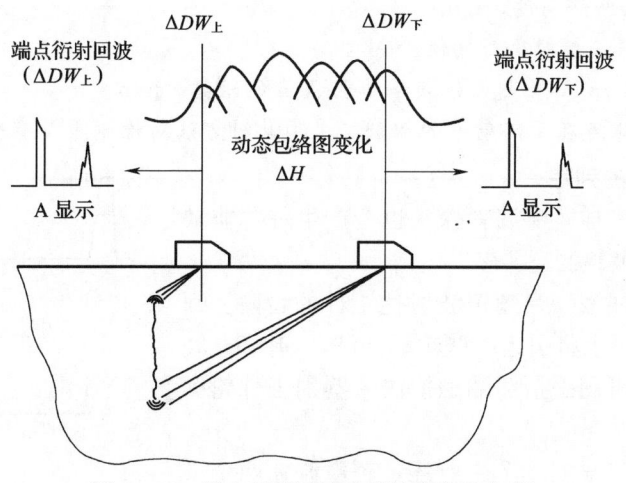

图 6—36　端点衍射回波法测缺陷自身高度

a. 单斜探头对工件内部垂直缺陷测高。将探头置于任一检测面，前后缓慢移动探头扫查缺陷，当发现缺陷的上下端点反射波时，再微动探头使缺陷的上端点前和下端点后毗邻出现如图 6—36 所示的上下端点衍射回波，记录回波位置，按下式计算缺陷高度。

$$\Delta H = \Delta DW_下 - \Delta DW_上 \tag{6—35}$$

b. 单斜探头对工件内部倾斜缺陷测高。如图 6—37 所示，在检测 A、B 端点时，使用探头缓慢移动扫查缺陷，在发现 A 点和 B 点衍射回波时，精确测量探头移动距离 L_1，然后再将探头移到对应侧，用以上相同方法测得 L_2。

如果 L_1 和 L_2 移动的距离是对称的。这可解释为垂直缺陷。原则上 $L_1 > L_2$ 或者是 $L_2 > L_1$，则是倾斜缺陷。

缺陷的倾角 θ 可按下式计算得到：

$$\theta = \arctan[(L - \Delta H \tan\beta)/\Delta H] \tag{6—36}$$

倾斜缺陷的倾斜长度 AB 可按式 6—37 计算得出：

$$AB = [(L - \Delta H\tan\beta)^2 + \Delta H^2]^{1/2} \tag{6—37}$$

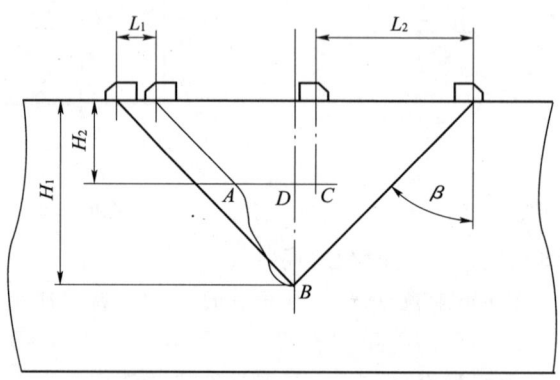

图 6—37　单斜探头对焊接接头内部倾斜缺陷测高方法

式中　AB——缺陷倾斜长度，mm；
　　　ΔH——缺陷倾斜高度，mm；
　　　$\tan\beta$——斜探头折射角正切值；
　　　L（L_1 或 L_2）——探头从 B 点移动至 A 点的距离，mm。

端点衍射法的难点在于衍射波的识别，采用此种方法对检测人员有较高要求。

4. 非缺陷回波的判定

与纵波直探头一样，横波斜探头也会产生一些非缺陷回波，而且比纵波检测还要多。

（1）工件轮廓回波　当超声波射达工件的台阶、螺纹等轮廓时在示波屏上将引起一些轮廓回波，如图 6—38 所示。条件允许时可用手指沾油触摸法来鉴别工件轮廓回波。

（2）端角反射波　如 2.7.4 所述，超声波在两个平面构成的直角处将产生端角反射波。比如，在对焊缝进

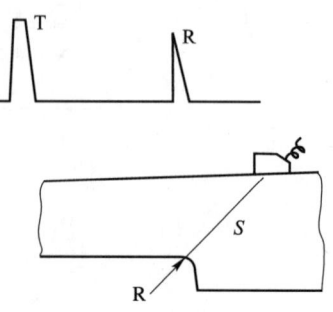

图 6—38　轮廓回波

行超声检测时,其根部可能产生的回波信号很复杂,既可能有根部焊接缺陷产生的回波,也可能有焊缝内成型(内凸或内凹)或错边引起的端角反射波。检测时应注意动态波形的特点加以区分。

(3) 探头杂波　当探头吸收块吸收不良时,会在始波后出现一些杂波。当斜探头有机玻璃斜楔设计不合理时,声波在有机玻璃内反射回到晶片,也会引起一些杂波。可以采用更换探头的方法来鉴别探头杂波。

(4) 表面波　斜探头产生的表面波在表面传播时,遇到拐角处或表面凹坑就会产生反射,用手指按探头前面的工件表面,可看出信号幅度的变化。

(5) 幻象波　当重复频率过高时,在示波屏上就会产生幻象波,影响缺陷波的判别。降低重复频率,幻象波消失。

(6) 草状回波(林状回波)　超声检测中,当选用较高的频率检测晶粒较粗大的工件时,声波在粗大晶粒之间的界面上会产生散乱反射,在示波屏上形成草状回波(又叫林状回波),严重影响对缺陷波的判别。降低探头频率,会降低草状回波,提高信噪比。

(7) 焊缝中的变型波　声束入射到探头对侧焊缝下表面,当焊缝下表面的形状使$\alpha_s < \alpha_{\text{III}}$时,焊缝中既会出现反射横波$S'$,也有变型反射纵波$L'$,如图6—39所示。

焊缝中产生变型反射纵波后,不一定能在显示屏上显示出来,只有当纵波垂直入射至焊缝上表面某些特殊位置(如打磨圆滑的熔合线处、自动焊余高两边曲率最大处或近焊缝母材上的焊疤处等)时,再垂直反射,沿原路径返回倾斜入射至下表面,再进行一次波型转换,产生反射纵波和变型反射横波后,才能在显示屏上显示出来。其中的变型反射横波沿原路径返回探头,被探头接收,显示在显示屏上,这就是通常所说的变型波,如图6—40和图6—41所示。

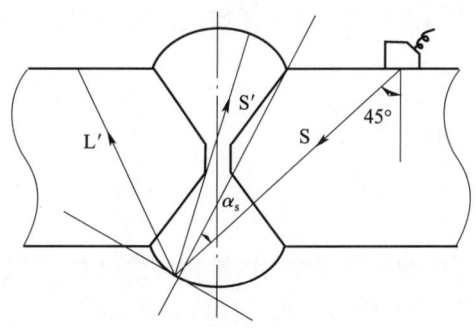

图6—39　声束入射到探头对侧焊缝下表面

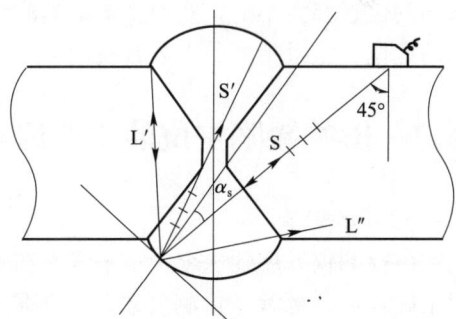

图6—40　变型波的产生示意图

(8) "山"形波　当变型纵波L'垂直入射至焊缝上表面的某些部位时,其回波会被探头接收;同时,若反射横波S'也垂直入射至焊缝上表面的某些部位,其回波也同时被探头接收;再加上一次底波B_1,这样,显示屏上就会同时显示三个波,其形状像"山"字,俗称"山"形波,如图6—42所示。

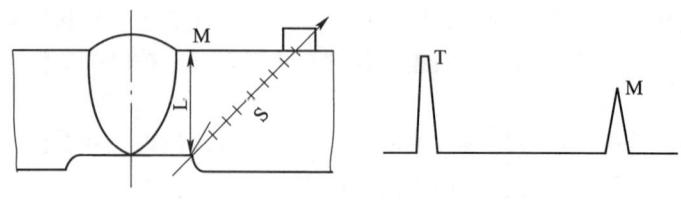

图 6—41　横波检测时产生的变型波

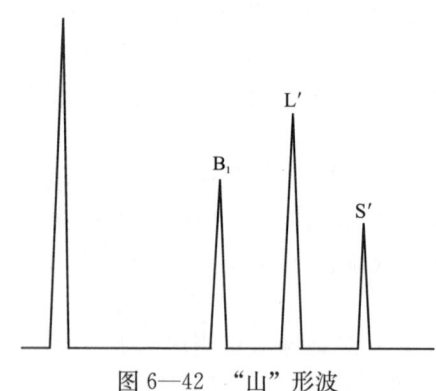

图 6—42　"山"形波

总之，在检测过程中可能会出现各种各样的非缺陷回波，干扰对缺陷波的判别。检测人员应注意应用超声波反射、折射和波型转换理论，并计算相应回波的声程和时间来分析判别可能出现的各种非缺陷回波，从而达到正确检测的目的。

6.6　影响缺陷定位、定量的主要因素

目前 A 型脉冲反射式超声检测仪是根据荧光屏上缺陷波的位置和高度来评价被检工件中缺陷的位置和大小的，然而影响缺陷波位置和高度的因素有很多。了解这些影响因素，对于提高定位、定量精度是十分有益的。

6.6.1　影响缺陷定位的主要因素

1. 仪器的影响

超声检测仪发展到现今，水平线性和垂直线性等影响检测误差的因素在多数仪器上均已做得很好，通常可满足检测要求。但不同仪器在发射脉冲频带宽度、接收系统频宽、电噪声、分辨力等方面，均存在较大的差异，在使用时可能产生不同的检测结果。如信噪比和分辨力的差异，影响到小缺陷；近表面缺陷的检出能力，接收系统的频宽，也可能对缺陷回波的幅度产生影响。

2. 探头的影响

探头的一个特点是，同样参数（频率、晶片直径、角度）的探头，由于制作工艺的差异，其性能有很大的不同。比如，探头中的频率、频谱不同时，会对探头声场产生影响，也对信噪比、分辨力有明显影响。因此，不同探头检测同一工件时，可能会给出不同的结果。

(1) 声束偏离　无论是垂直入射还是倾斜入射检测，都是假定波束轴线与探头晶片几何中心重合。但实际上，这两者往往难以重合。当实际声束轴线偏离探头几何中心轴线较大时，缺陷定位精度定会下降。

(2) 探头双峰　一般探头发射的声场只有一个主声束，远场区轴线上声压最高。但有些探头性能不佳，存在两个主声束。当发现缺陷时，很难判定是哪个主声束发现的，因此也就难以确定缺陷的实际位置。

(3) 斜楔磨损　横波探头在检测过程中，斜楔将会磨损。当操作者用力不均时，探头斜楔前后磨损不同。当斜楔后面磨损较大时，折射角增大，探头 K 值增大。当斜楔前面磨损较大时，折射角减小，K 值也减小。此外，探头磨损还会使探头入射点发生变化，影响缺陷定位。

3. 工件的影响

(1) 工件表面粗糙度　工件表面粗糙，不仅会使耦合不良，而且由于表面凹凸不平，还会使声波进入工件的时间产生差异。当凹槽深度为 $\frac{\lambda}{2}$ 时，则进入工件的声波相位正好相反，这样就犹如一个正负交替变化的次声源作用在工件上，使进入工件的声波互相干涉形成分叉，如图 6—43 所示，从而使缺陷定位困难。

(2) 工件材质　工件材质对缺陷定位的影响可从声速和内应力两方面来讨论。当工件与试块的声速不同时，就会使探头的 K 值发生变化。另外，工件内应力较大时，将使声波的传播速度和方向发生变化。当应力方向与波的传播方向一致时，若应力为压缩应力，则应力作用会使工件弹性增加，这时声速加快。反之，若应力为拉伸应力，则声速减慢。当应力与波的传播方向不一致时，波动过程中质点振动轨迹将受应力干扰，使波的传播方向产生偏离，影响缺陷定位。

(3) 工件表面形状　检测曲面工件时，探头与工件接触有两种情况。一种是平面与曲面接触，这时为点或线接触，握持不当，探头折射角容易发生变化。另一种是将探头斜楔磨成曲面，探头与工件曲面接触，这时折射角和声束形状将发生变化，影响缺陷定位。

(4) 工件边界　当缺陷靠近工件边界时，由于侧壁反射波与直接入射波在缺陷处产生干涉，使声场声压分布发生变化，声束轴线发生偏离，使缺陷定位误差增加。

(5) 工件温度　探头的 K 值一般是在室温下测定的。当检测的工件温度发生变化时，工件中的声速发生变化，探头折射角也随之发生变化，如图 6—44 所示。图中曲线表示 $\beta=45°$ 的探头折射角变化情况。当温度低于 20°时，$\beta<45°$。当温度高于 20°时，$\beta>45°$。

(6) 工件中缺陷情况　工件内缺陷方向也会影响缺陷定位。缺陷倾斜时，扩散波束入射至缺陷时回波较高，而定位时就会误认为缺陷在轴线上，从而导致定位不准。

4. 操作人员的影响

(1) 仪器时基线比例调节　仪器时基线比例一般在试块上调节，当工件与试块的声速不同时，仪器的时基线比例发生变化，影响缺陷定位精度。另外，调节比例时，若回波前沿没有对准相应水平刻度或读数不准，也会使缺陷定位误差增加。

(2) 入射点、K 值测定　横波检测时，当测定探头的入射点、K 值误差较大时，会影响缺陷定位。

图6—43 粗糙表面引起的声束分叉

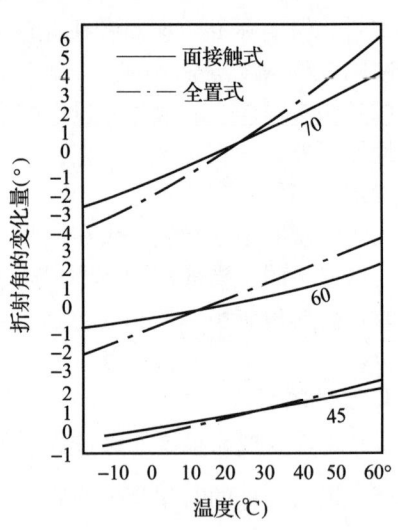

图6—44 温度对折射角的影响

（3）定位方法不当　横波周向检测圆筒形工件时，缺陷定位与平板不同，若仍按平板工件处理，那么定位误差将会增加。

6.6.2 影响缺陷定量的因素

1. 仪器及探头性能的影响

仪器和探头性能的优劣，对缺陷定量精度影响很大。仪器的垂直线性、衰减器精度、频率、探头形式、晶片尺寸、折射角大小等都直接影响回波高度。因此，在检测时，除了要选择垂直线性好、衰减器精度高的仪器外，还要注意频率、晶片尺寸和折射角等参数。

（1）频率的影响　由 $\Delta B_f = 20\lg\dfrac{2\lambda x_f^2}{\pi D_f^2 x_B} = 20\lg\dfrac{2c x_f^2}{\pi f D_f^2 x_B}$ 可知，超声波频率 f 对于大平底与平底孔回波高度的分贝差 ΔB_f 有直接影响。f 增加，ΔB_f 减小，f 减小，ΔB_f 增加。因此在实际检测中，频率 f 偏差不仅影响底波调节灵敏度法，而且影响用当量计算法对缺陷定量。

（2）衰减器精度和垂直线性的影响　A型脉冲反射式超声波检测仪是根据相对波高来对缺陷定量的。而相对波高常用衰减器来度量。因此衰减器精度直接影响缺陷定量，衰减器精度低定量误差大。

当采用面板曲线对缺陷定量时，仪器的垂直线性好坏将会影响缺陷定量精度。垂直线性差，定量误差大。

（3）晶片尺寸的影响

晶片尺寸影响近场区长度和波束指向性，因此对定量也有一定的影响。

（4）探头 K 值的影响　超声波倾斜入射时，声压往复透射率与入射角有关。对于横波斜探头而言，不同 K 值的探头的灵敏度不同。因此探头 K 值的偏差也会影响缺陷定量。特别是横波检测平板对接焊缝根部未焊透等缺陷时,不同 K 值探头检测同一根部缺陷,其回波高相差较大,当 $K=0.7\sim1.5$ ($\beta_s=35°\sim55°$)时,回波较高,当 $K=1.5\sim2.0$ ($\beta_s=55°\sim63°$)时,回波很低,容易引起漏检。

2. 耦合与衰减的影响

(1) 耦合的影响　超声波检测中,耦合剂的声阻抗和耦合层厚度对回波高度有较大的影响。

由式(2—39)可知,当耦合层厚度等于半波长的整数倍时,声强透射率与耦合剂性质无关。当耦合层厚度等于 $\lambda_2/4$ 的奇数倍,声阻抗为两侧介质声阻抗的几何平均值($Z_2=\sqrt{Z_1 Z_3}$)时,超声波全透射。因此,实际检测中耦合剂的声阻抗,对探头施加的压力大小都会影响缺陷回波高度,进而影响缺陷定量。

此外,当探头与试块和被检工件表面耦合状态不同时,而又没有进行恰当的补偿,也会使定量误差增加,精度下降。

(2) 衰减的影响　实际工件是存在介质衰减的,由介质衰减引起的分贝差 $\Delta=2\alpha x$ 可知,当衰减系数 α 较大或距离 x 较大时,由此引起的衰减 Δ 也较大。这时如果仍不考虑介质衰减的影响,那么定量精度势必受到影响。因此在检测晶粒较粗大和大型工件时,应测定材质的衰减系数 α,并在定量计算时考虑介质衰减的影响,以便减小定量误差。

3. 工件几何形状和尺寸的影响

工件底面形状不同,回波的高度也就不同,凸曲面会使反射波发散,回波降低;凹曲面会使反射波聚焦,回波升高。对于圆柱体而言,外圆径向检测实心圆柱体时,入射点处的回波声压理论上同平底面工件。但实际上由于圆柱面耦合不及平面,因而其回波低于平底面。实际检测中应综合考虑以上因素对定量的影响,否则会使定量误差增加。

工件底面与检测面的平行度以及底面的粗糙度、干净程度也对缺陷定量有较大的影响。当工件底面与检测面不平行、底面粗糙或沾有水迹、油污时,将会使底波下降,这样利用底波调节的灵敏度将会偏高,缺陷定量误差增加。

当检测工件侧壁附近的缺陷时,由于侧壁干涉的结果会使定量不准,误差增加。检测侧壁附近的缺陷,靠近侧壁检测回波低,远离侧壁检测反而回波高。为了减少侧壁的影响,宜选用频率高、晶片直径大的指向性好的探头检测或横波法检测。必要时还可采用试块比较法来定量,以便提高定量精度。

工件尺寸的大小对定量也有一定的影响。当工件尺寸较小,缺陷位于 $3N$ 以内时,利用底波调灵敏度并定量,将会使定量误差增加。

4. 缺陷的影响

(1) 缺陷形状的影响　工件中实际缺陷的形状是多种多样的,缺陷的形状对其回波波高有很大影响。平面形缺陷波高与缺陷面积成正比,与波长的平方和距离的平方成反比;球形缺陷波高与缺陷直径成正比,与波长的一次方和距离的平方成反比;长圆柱形缺陷波高和缺陷直径的 1/2 次方成正比,与波长的一次方和距离的 3/2 次方成反比。

对于点状缺陷,当尺寸很小时,缺陷形状对波高的影响就变得很小。当点状缺陷直径远小于波长时,缺陷波高正比于缺陷平均直径的三次方,即随缺陷大小的变化十分急剧。缺陷变小时,波高急剧下降,很容易下降到检测仪不能检出的程度。

(2) 缺陷方位的影响　前面谈到的情况都是假定超声波入射方向与缺陷表面是垂直的，但实际缺陷表面相对于超声波入射方向往往不垂直。因此对缺陷尺寸估计偏小的可能性很大。

声波垂直缺陷表面时缺陷波最高。当有倾角时，缺陷波高随入射角的增大而急剧下降。图 6—45 所示为一光滑面的回波波高随声波入射角变化的情况。声波垂直入射时，回波波高为 1，当声波入射角为 2.5°时，波幅下降到 0.1，倾斜 12°时，下降至 0.001，此时仪器已不能检出缺陷。

(3) 缺陷波的指向性　缺陷波高与缺陷波的指向性有关，缺陷波的指向性与缺陷大小有关，而且差别较大。

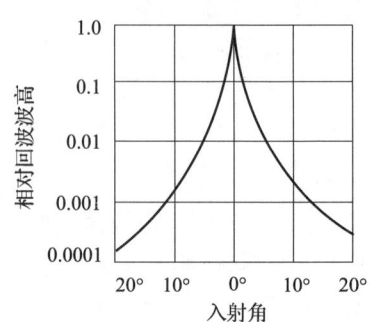

图 6—45　光滑面波高与入射角的关系

垂直入射于圆平面形缺陷时，当缺陷直径为波长的 2～3 倍以上时，具有较好的指向性，缺陷回波较高。当缺陷直径低于上述值时，缺陷波指向性变差，缺陷回波降低。

当缺陷直径大于波长的 3 倍时，不论是垂直入射还是倾斜入射，都可把缺陷对声波的反射看成是镜面反射。当缺陷直径小于波长的 3 倍时，缺陷反射不能看成镜面反射，这时缺陷波能量呈球形分布。垂直入射和倾斜入射都有大致相同的反射指向性。表面光滑与否，对反射波指向性已无影响。因此，检测时倾斜入射也可能发现这种缺陷。

(4) 缺陷表面粗糙度的影响　缺陷表面光滑与否，可用波长衡量。如果表面凹凸不平的高度差小于 1/3 波长，就可认为该表面是平滑的，这样的表面反射类似镜面反射。否则就是粗糙表面。

对于表面粗糙的缺陷，当声波垂直入射时，声波散乱反射，同时各部分反射波由于有相位差而产生干涉，使缺陷回波波高随粗糙度的增大而下降。当声波倾斜入射时，缺陷回波波高随着凹凸程度与波长的比值增大而增高。当凹凸程度接近波长时，即使入射角较大，也能接到到回波。

(5) 缺陷性质的影响　缺陷回波波高受缺陷性质的影响。声波在界面的反射率是由界面两边介质的声阻抗决定的。当两边声阻抗差异较大时，近似地可认为是全反射，反射声波强。当差异较小时，就有一部分声波透射，反射声波变弱。所以，若工件中缺陷性质不同，则大小相同的缺陷，其波高也不相同。

通常含气体的缺陷，如钢中的白点、气孔等，其声阻抗与钢声阻抗相差很大，可以近似地认为声波在缺陷表面是全反射。但是，对于非金属夹杂物等缺陷，缺陷与工件材料之间的声阻抗差异较小，透射的声波已不能忽略，缺陷波高会相应降低。

另外，金属中非金属夹杂的反射与夹杂层厚度有关，一般地说，层厚小于 1/4 波长时，随层厚的增加反射相应增加。但当层厚超过 1/4 波长时，缺陷回波波高将保持在一定水平上。

(6) 缺陷位置的影响　缺陷波高还与缺陷位置有关。缺陷位于近场区时，同样大小的缺陷会随位置的不同而起伏变化，定量误差大。所以，实际检测中总是尽量避免在近场区检测定量。

6.7 检测记录和报告

6.7.1 检测记录

记录的目的是为工件无损检测质量评定（编发检测报告）提供书面的依据，并提供质量追踪所需的原始资料。记录的内容应尽可能全，包括：送检部门、送检日期、检测日期、被检工件名称、图号、零件号、炉批号、工序号及数量、所用规程或说明图表的编号，任何反射波高超过规定质量等级中相应反射体波高的缺陷平面位置、埋藏深度、波高的相对分贝数，以及其他认为有必要记录的内容（如未按规程要求检测的情况，由于某种原因仪器参数调整的变化，未达到记录水平的反射波情况，检测过程中出现的难以肯定的异常情况等）。若规程中未详细规定仪器和探头的型号和编号、仪器调整参数及所用反射体的埋深等，则应在记录中详细记录这些内容。记录应有检测人员的签字并编号保存，保存期限按有关部门的要求确定。

6.7.2 检测报告

检测报告可采用表格或文字叙述的形式，其内容至少应包括：被检工件名称、图号及编号，检测规程的编号，验收标准，超标缺陷的位置、尺寸，评定结论等。报告中最重要的部分是评定结论，需根据显示信号的情况和验收标准的规定进行评判。若出现难以判别的异常情况，应在报告中注明并提请有关部门处理。

复习思考题

1. 试分析超声波频率对检测的影响。
2. 试说明选择超声波探头晶片尺寸的主要原则。
3. 什么是声耦合和耦合剂？耦合剂的作用是什么？耦合效果与哪些因素有关？
4. 对耦合剂性能的基本要求是什么？常用耦合剂有哪几种？各有何优缺点？
5. 什么是补偿？在什么情况下进行补偿？如何测定耦合损耗补偿值？怎样补偿？
6. 什么是扫描速度（时基扫描线比例）？检测前为什么要调节仪器的扫描速度？调节扫描速度时，为什么要用二次不同的反射波，而不用始波和一次反射波？
7. 横波检测时调节扫描速度的方法有哪三种？各适用于什么情况？
8. 试说明利用 IIW 或 CSK－IA 试块调节纵波扫描速度 1∶1 和 1∶2 的方法。
9. 试说明利用 IIW 或 CSK－IA 试块调节表面波扫描速度 1∶1 和 1∶2 的方法。
10. 试说明利用 IIW、IIW2、CSK－IA 试块和 $R50$ 半圆试块（包括中心切槽和不切槽）按声程 1∶1、1∶2 调节横波扫描速度的方法。
11. 试说明利用 IIW2、CSK－IA、CSK－ⅡA 试块按水平或深度 1∶1、1∶2 调节横波扫描速度的方法。

12. 什么是检测灵敏度？检测前为什么要调节检测灵敏度？
13. 超声波检测中的检测灵敏度、搜索灵敏度和灵敏度余量三者有何不同？
14. 调节检测灵敏度的常用方法有哪几种？各适用于什么情况？并举例说明具体调节方法。
15. 简述纵波和表面波检测时缺陷定位方法。
16. 画图说明横波检测时缺陷定位方法。
17. 仪器按声程 $1:n$ 调节横波扫描速度，缺陷波所对的读数为 τ_f，试分别导出用一、二次波检测时缺陷的水平距离和深度的计算公式（K 值探头）。
18. 仪器按水平 $1:n$ 调节横波扫描速度，缺陷波读数为 τ_f，试分别导出用一、二次波检测时缺陷定位的计算公式（K 值探头）。
19. 仪器按深度 $1:n$ 调节横波扫描速度，缺陷波读数为 τ_f，试分别导出用一、二次波检测时缺陷定位的计算公式（K 值探头）。
*20. 画图说明外壁或内壁周向检测圆柱曲面时，缺陷定位与平板工件有何不同？
*21. 什么是声程修正系数？周向检测筒体纵缝时为什么要引进声程修正系数？声程修正系数与哪些因素有关？并说明它在实际检测中的应用。
22. 超声波检测中常用定量方法有哪三种？各适用于什么情况？
23. 什么是当量法？常用当量法有哪几种？各有何优缺点？
24. 什么是相对灵敏度测长法和绝对灵敏度测长法？二者有何不同？
25. 什么是半波高度法（6 dB 法）、端点半波高度法（端点 6 dB 法）和端点峰值法？简述用半波高度法和 6 dB 法测定缺陷指示长度的方法。
26. 什么是缺陷的当量尺寸和指示长度？缺陷的指示长度和当量尺寸与缺陷的实际尺寸有何关系？
27. 缺陷的定位精度与哪些因素有关？
28. 缺陷的定量精度与哪些因素有关？
29. 试分析说明缺陷状况对缺陷定量精度的影响。
30. 测定缺陷自身高度的方法有哪几种？试说明每种方法的原理、特点和应用。
31. 分析缺陷性质的基本原则是什么？
32. 什么是迟到波？迟到波是怎样产生的？迟到波有何特点？
33. 什么是三角反射波？三角反射波有何特点？
34. 什么是 61°反射？61°反射有何特点？试举例说明 61°反射在实际检测中的应用。
35. 超声波检测中常见非缺陷信号回波有哪几种？如何鉴别缺陷回波和非缺陷回波？
36. 什么是侧壁干涉？侧壁干涉对检测有何不利影响？避免侧壁干涉的条件是什么？
37. 在厚度为 200 mm 的工件上调节纵波扫描速度，若 B_2 对准 50、B_4 对准 100，问这时的扫描速度为多少？这时 B_1、B_3 分别对准的水平刻度值为多少（1∶8，25 和 75）？
38. 在 $c_L=5\,900$ m/s 的试样上按 1∶1 调节好纵波扫描速度后去检测厚为 75 mm，$c_L=7\,390$ m/s 的合金钢。这时的实际扫描速度为多少？B_1 对应的水平刻度值是多少？水平刻度 40 处的缺陷波对应的声程又是多少？（1∶1.25，60，50 mm）
39. 斜探头入射点对准 $R40$ 半圆试块（中心切槽）的圆心，仪器按横波声程调节扫描速度为 1∶4，试在示波屏时基线上画出可能出现的反射波。

40. 斜探头入射点对准 IIW2 试块的圆心，仪器按声程 1∶4 调节横波扫描速度，试在示波屏时基线上画出可能出现的反射波。

41. 用 2.5P20Z 探头径向检测 ϕ500 mm 的圆柱形工件，c_L＝5 900 m/s，如何利用工件底波调节 500/ϕ2 灵敏度。(45.5 dB)

42. 用 2.5P20Z 探头径向检测外径为 ϕ1 000 mm 的实心圆柱体钢工件，c_L＝5 900 m/s，如何利用底波调节 500/ϕ4 mm 灵敏度？(27.4 dB)

43. 用 2.5P20Z 探头检测 ϕ400 mm 的工件，如何利用 150 mm 处 ϕ4 mm 平底孔调节 400/ϕ2 灵敏度？(29 dB)

44. 用 2.5P20Z 探头检测 500 mm 的工件，c_L＝5 900 m/s，检测中在 200 mm 处发现一缺陷，其波高比 B_1 低 12 dB，求此缺陷的当量大小为多少？(ϕ5.5 mm)

45. 用 2.5P20Z 探头检测厚度为 400 mm 的圆柱体工件，工件内 c_L＝6 260 m/s，试分别计算底面反射和轴线上缺陷反射时避免侧壁干涉的最小圆柱体直径各为多少？(126.5 mm，90 mm)

第 7 章 板材和管材超声检测

板材和管材是制造锅炉、压力容器、压力管道等特种设备的主要原材料，为保障其安全运行，一般要求进行超声检测。本章将分别介绍板材以及管材的加工方法、常见缺陷和常用检测方法。

7.1 钢板超声检测

7.1.1 钢板加工及常见缺陷

普通钢板是由板坯轧制而成的，板坯则可用浇铸法或由坯料轧制或锻造制成，普通钢板包括碳素钢、低合金钢以及奥氏体钢板、镍及镍合金板材和双相不锈钢板材等。钢板中常见缺陷有分层、折叠、白点等，裂纹少见，如图7—1所示。

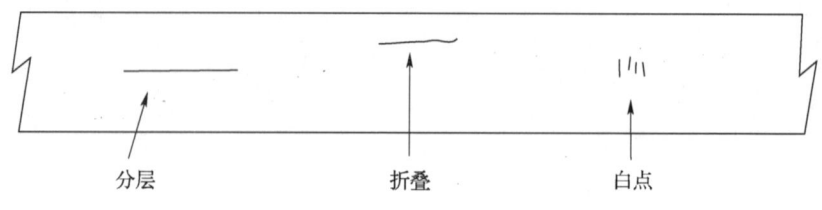

图7—1 钢板中常见缺陷

分层是板坯中缩孔、夹渣等在轧制过程中未熔合而形成的分离层。分层破坏了钢板的整体连续性，影响钢板承受垂直板面的拉应力作用的强度。折叠是钢板表面局部形成互相折合的双层金属。白点是钢板在轧制后冷却过程中氢原子来不及扩散而形成的，白点的断裂面呈白色，多出现在厚度大于 40 mm 的钢板中。

由于钢板中的分层、折叠等缺陷经过轧制等工序，因此它们大都平行于板面。

根据钢板的厚度不同，从超声检测的角度可将钢板分为薄板与中厚板。一般薄板厚度 $\delta < 6$ mm，中厚板 $\delta \geqslant 6$ mm（中板 $\delta = 6 \sim 40$ mm，厚板 $\delta > 40$ mm）。中厚板常用垂直板面入射的纵波直探头检测法，又称为垂直入射法；薄板常用板波检测法，板波检测法已在前述的 5.3.4 中介绍。下面介绍中厚板检测方法。

7.1.2 检测方法

中厚板一般采用脉冲反射式垂直入射法检测,耦合方式有直接接触法和水浸法。采用的探头有聚焦或非聚焦的单晶直探头、双晶直探头。

采用单晶直探头检测,在调节检测仪扫描线时,一般采用多次底波反射法,即在示波屏上显示多次反射底波。这样不仅可以根据缺陷波来判定缺陷情况,而且可根据底波衰减情况来判定缺陷情况。只有当板厚很大时才采用一次底波或二次底波法。一次底波法示波屏上只出现钢板界面回波与一次底波,只考虑界面回波与底波 B_1 之间的缺陷波。

1. 直接接触法

直接接触法是探头通过薄层耦合剂与工件接触进行检测。当探头位于完好区时,示波屏上显示多次等距离的底波、无缺陷波,如图 7—2a 所示。当板中缺陷较小时,示波屏上缺陷波与底波共存,底波有所下降,如图 7—2b 所示。当板中缺陷较大时,示波屏上出现缺陷的多次反射波,底波明显下降或消失,如图 7—2c 所示。

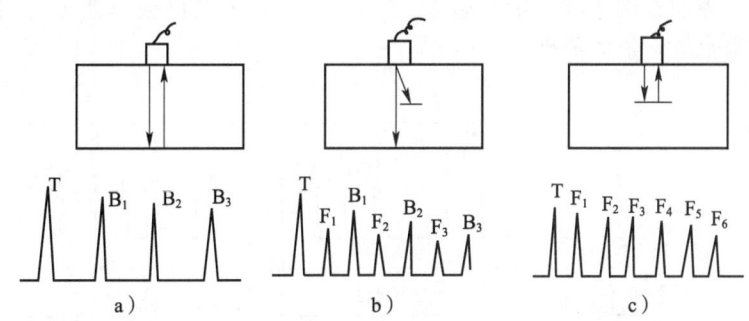

图 7—2 钢板接触法检测
a) 无缺陷 b) 小缺陷 c) 大缺陷

在钢板检测中值得注意的是:当板厚较薄且板中缺陷较小时,各次底波之前的缺陷波开始几次逐渐升高,然后再逐渐降低。这种现象是由于不同反射路径声波互相叠加造成的,因此称为叠加效应,如图 7—3 所示。图中 F_1 只有一条路径,F_2 比 F_1 多三条路径,F_3 比 F_1 多五条路径。路径多,叠加能量多,缺陷回波高。但当路径进一步增加时,衰减也迅速增加,这时衰减的影响比叠加效应更大,因此缺陷波升高到一定程度后又逐渐降低。

在钢板检测中,若出现叠加效应,一般应根据 F_1 来评价缺陷。只有当板厚 $\delta<20$ mm 时,才以 F_2 来评价缺陷,这主要是为了减小近场区的影响。

2. 水浸法(充水耦合法)

水浸法中探头与钢板不直接接触,而是通过一层水来耦合。这时水/钢界面(钢板上表面)多次回波与钢板底面多次回波互相干扰,不利检测。但是通过调整水层厚度,可使水/钢界面回波分别与钢板多次底波重合,这时示波屏上波形就会变的清晰利于检测,这种

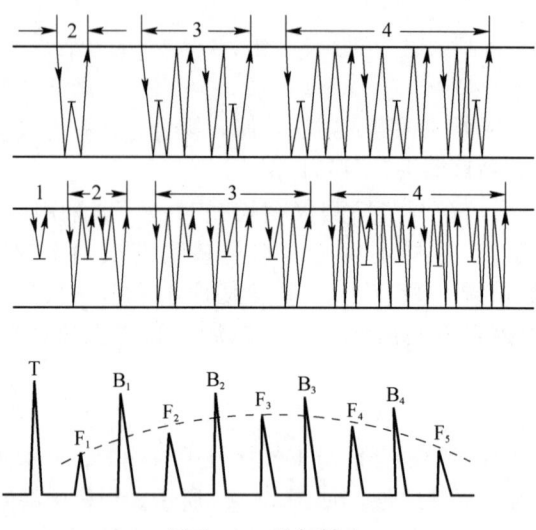

图 7—3　叠加效应

方法称为多次重合法,如图 7—4 所示。当界面各次回波分别与钢板底波一一重合时,称为一次重合法。当界面各次回波分别与第 2、第 3、第 4、…次钢板底波重合时称为二次重合法,三、四次重合法,依此类推。

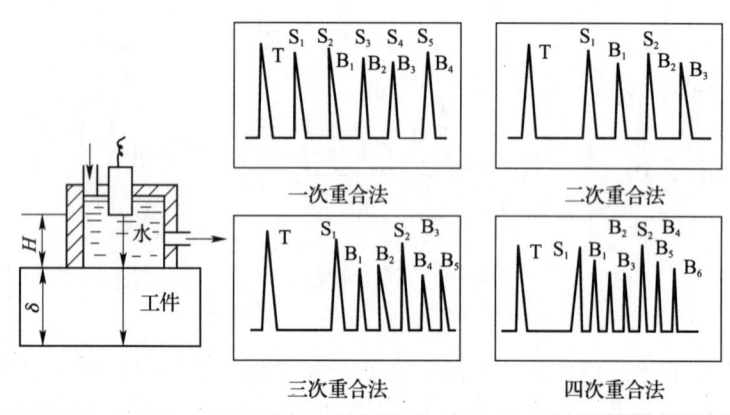

图 7—4　水浸多次重合法

根据钢和水中的声速,可得各次重合法水层厚度 H 与钢板厚度 δ 的关系:

$$H = n\frac{c_{水}}{c_{钢}}\delta \approx n\frac{\delta}{4} \qquad (7-1)$$

式中　n——重合波次数,如 $n=1$ 为一次重合法,$n=2$ 为二次重合法。

例如用水浸法检测厚度 30 mm 的钢板,若采用四次重合法检测,则其水层厚度为

$$H = n\frac{\delta}{4} = 4 \times \frac{30}{4} = 30 \text{ mm}$$

应用水浸多次重合法检测不仅可以减小近场区的影响,而且可以根据多次底波衰减情况来判断缺陷严重程度,一般常用四次重合法。

7.1.3 探头与扫查方式的选择

1. 探头的选择

探头的选择包括探头频率、直径和结构形式的选择。

由于钢板晶粒比较细,为了获得较高的分辨力,宜选用较高的频率,一般为 2.5～5.0 MHz。

钢板面积大,为了提高检测效率,宜选用较大直径的探头。但对于厚度较小的钢板,探头直径不宜过大,因为大探头近场区长度大,对检测不利。一般探头直径范围为 $\phi10$ mm～$\phi25$ mm。

探头的结构形式主要根据板厚来确定。板厚较大时,常选用单晶直探头。板厚较薄时可选用双晶直探头,因为双晶直探头盲区很小。双晶直探头主要用于检测厚度为 6～20 mm 的钢板。

探头数量根据需求来决定,在钢板生产厂一般选择多探头多通道检测,以提高检测效率。

承压设备用板材超声检测一般可根据表 7—1 选用探头。

表 7—1　　承压设备用板材超声检测探头选用

板厚（mm）	采用探头	公称频率（MHz）	探头晶片尺寸
6～20	双晶直探头	5	晶片面积不小于 150 mm²
>20～40	单晶直探头	5	$\phi14$ mm～$\phi20$ mm
>40～250	单晶直探头	2.5	$\phi20$ mm～$\phi25$ mm

2. 扫查方式的选择

根据钢板用途和要求不同,采用的主要扫查方式分为全面扫查、列线扫查、边缘扫查和格子扫查几种。

(1) 全面扫查　对钢板作 100% 的扫查,每相邻两次扫查应有 10% 重复扫查面,探头移动方向垂直于钢板压延方向。全面扫查用于要求较高的钢板检测。

(2) 列线扫查　在钢板上划出等距离的平行列线,探头沿列线扫查,一般列线间距不大于 100 mm,并垂直于压延方向,如图 7—5a 所示。

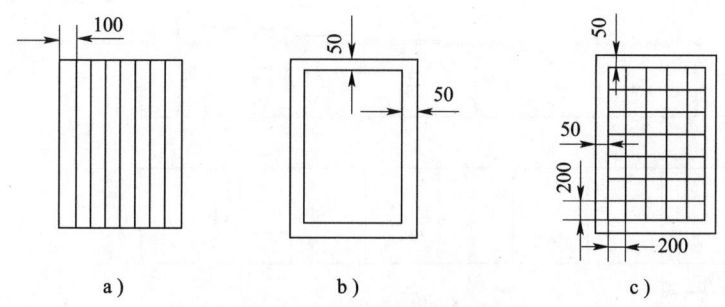

图 7—5　钢板检测扫查方式
a) 列线扫查　b) 边缘扫查　c) 格子扫查

(3) 边缘扫查　在钢板边缘的一定范围内作全面扫查，例如某钢板四周 50 mm 范围内作全面扫查，如图 7—5b 所示。

(4) 格子扫查：在钢板边缘 50 mm 范围内作全面扫查，其余按 200 mm×200 mm 的格子线扫查，如图 7—5c 所示。

3. 扫查速度的选择

为了防止漏检，手工检测时扫查速度应在 0.2 m/s 以内，但还要根据所使用仪器的脉冲重复频率和响应速度调整扫查速度，液晶显示屏和其他响应速度较慢的仪器，应使用较小的扫查速度。

水浸自动检测系统的最大扫查速度与要求检出的最小缺陷尺寸、所检钢板的板厚和超声检测仪器限定的脉冲重复频率有关。

在检测时超声脉冲之间的间隔时间，至少应大于超声在材料中传播时间（脉冲在材料中往返所需时间）的 60 倍，只有这样才能避免前一个脉冲的多次回波的干扰，避免形成幻象波。但脉冲最大重复频率还应根据板厚决定。在高速扫查时，脉冲重复频率应该足够高，但至少是超声脉冲在板中传播时间的 3 倍，以便最小尺寸的缺陷信号能够显示。

7.1.4　检测范围和灵敏度的调整

1. 检测范围的调整

检测范围的调整一般根据板厚来确定。用接触法检测板厚在 30 mm 以下的钢板时，应能看到 B_{10}，检测范围调至 300 mm 左右。板厚在 30～80 mm 时，应能看到 B_5，检测范围为 400 mm 左右。板厚大于 80 mm 时，可适当减少底波的次数，但检测范围仍要保证在 400 mm 左右。

2. 灵敏度的调整

钢板检测中灵敏度的调整方法有以下几种：

(1) CBI 标准试块法　当板厚≤20 mm 时，可采用如图 7—6 所示的 CBⅡ标准试块，使之与工件等厚的底面第一次底波达满幅度的 50%，再提高 10 dB 作为基准灵敏度。

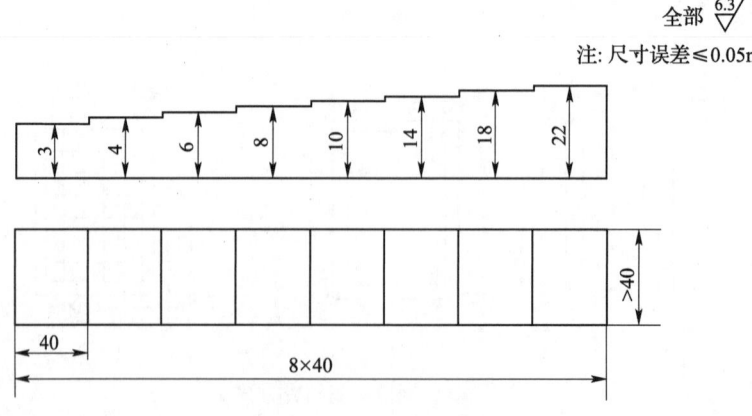

图 7—6　CBⅠ标准试块

(2) CBⅡ标准试块法 当板厚>20 mm 时，可采用如图 7—7 所示的 CBⅡ标准试块，使其 φ5 mm 平底孔第一次回波达 50% 作为基准灵敏度。CBⅡ试块的尺寸见表 7—2。

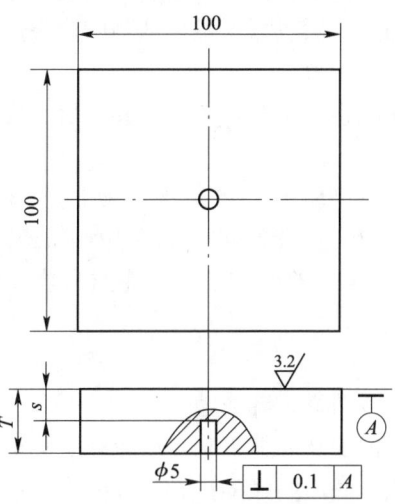

图 7—7 CBⅡ标准试块

表 7—2　　　　　　　　　　CBⅡ标准试块尺寸　　　　　　　　　　　单位：mm

试块编号	被检钢板厚度	检测面到平底孔的距离 s	试块厚度 T
CBⅡ-1	>20~40	15	≥20
CBⅡ-2	>40~60	30	≥40
CBⅡ-3	>60~100	50	≥65
CBⅡ-4	>100~160	90	≥110
CBⅡ-5	>160~200	140	≥170
CBⅡ-6	>200~250	190	≥220

(3) 底波法 还可利用多次底波来调节灵敏度，例如要求示波屏上出现五次底波，那么底波 B_5 达 50% 即可。当板厚不小于探头的 3 倍近场区时，也可取钢板无缺陷完好部位的第一次底波来校准灵敏度。

7.1.5 缺陷的判别与测定

1. 缺陷的判别

钢板检测中，一般根据缺陷波和底波来判别钢板中的缺陷情况，JB/T 4730—2005 规定发现以下几种情况之一即作为缺陷：

(1) 缺陷第一次反射波 $F_1 \geq 50\%$。
(2) 第一次底波 $B_1 < 100\%$，第一次缺陷波 F_1 与第一次底波 B_1 之比 $F_1/B_1 \geq 50\%$。
(3) 第一次底波 $B_1 < 50\%$。

2. 缺陷的测定

检测中发现缺陷以后，要测定缺陷的位置、大小，并估判缺陷的性质。

（1）缺陷位置的测定　缺陷位置的测定包括确定缺陷的深度和平面位置。前者可据示波屏上缺陷波所对应的刻度来确定。后者根据发现缺陷的探头位置来确定，并在工件或记录纸上标出缺陷至工件相邻两边界的距离。

（2）缺陷定量　钢板中缺陷常采用测长法测定其指示长度和面积。JB/T 4730—2005 规定：

当 $F_1 \geqslant 50\%$ 或 $F_1/B_1 \geqslant 50\%$（$B_1 < 100\%$）时，使 F_1 达 25% 或 F_1/B_1 达 50% 时探头中心移动距离为缺陷指示长度（以较严重者为准），探头中心轨迹即为缺陷边界。

当 $B_1 < 50\%$ 时，使 B_1 达 50% 时探头中心移动距离为缺陷指示长度，探头中心轨迹即为缺陷边界。

3. 缺陷性质的估计：

分层：缺陷波形陡直，底波明显下降或消失。

折叠：不一定有缺陷波，但底波明显下降，次数减少甚至消失，始波加宽。

白点：波形密集尖锐活跃，底波明显降低，次数减少，重复性差，移动探头，回波此起彼伏。

7.1.6　钢板质量级别判定

JB/T 4730—2005 根据缺陷指示长度与缺陷指示面积不同将钢板质量分为Ⅰ、Ⅱ、Ⅲ、Ⅳ、Ⅴ五级，Ⅰ级最高，Ⅴ级最低。具体分级方法见表 7—3。

表 7—3　　　　　　　　　　　钢板质量分级

等级	单个缺陷指示长度（mm）	单个缺陷指示面积（cm²）	在任一 1 m×1 m 检测面积内存在的缺陷面积百分比（%）	以下单个缺陷指示面积不计（cm²）
Ⅰ	<80	<25	≤3	<9
Ⅱ	<100	<50	≤5	<15
Ⅲ	<120	<100	≤10	<25
Ⅳ	<150	<100	≤10	<25
Ⅴ	超过Ⅳ级者			

单个缺陷指示长度是指缺陷指示的最大长度尺寸。若单个缺陷的指示长度小于 40 mm 时，可不作记录。

缺陷指示面积是指缺陷边界范围内的面积。对于间距小于 100 mm 或小于相邻较小缺陷指示长度（取其较大值）的多个缺陷，以各缺陷面积之和作为单个缺陷指示面积。

检测过程中，若检测人员确认钢板中有白点、裂纹等危害性缺陷存在时，应直接评为

Ⅴ级。

【例】 超声检测 1 m² 甲、乙两钢板。甲钢板有以下缺陷：90 cm² 2 个，60 cm² 2 个，20 cm² 3 个，各缺陷间距均大于 100 mm。乙钢板有以下缺陷：40 cm² 2 个，间距为 80 mm；30 cm² 8 个，间距为 100 mm。试根据 JB/T 4730—2005 标准评定甲、乙钢板的质量级别。

解：（1）甲钢板评级

①按单个缺陷评级：最大单个缺陷面积为 90 cm²，标准中规定，面积小于 50 cm² 为 Ⅱ 级；面积小于 100 cm² 为 Ⅲ 级，故评为 Ⅲ 级。

②按 1 m² 内缺陷总面积占的百分比评级：JB/T 4730—2005 标准规定，Ⅱ 级中 <15 cm² 的单个缺陷不计，Ⅲ 级中 <25 cm² 的单个缺陷不计。这里按 Ⅱ 级计算缺陷总面积：

$$F_{总} = 90 \times 2 + 60 \times 2 + 20 \times 3 = 360 \text{ cm}^2$$

$F_{总}$ 占 1 m² 的百分比：$\frac{360}{10\ 000} \times 100\% = 3.6\% < 5\%$，评为 Ⅱ 级。

③综合评级：根据 JB/T 4730—2005 标准，甲钢板为 Ⅲ 级。

（2）乙钢板评级

①单个缺陷评级：40 cm² 2 个，缺陷间距为 80 mm<100 mm，以二者之和作为单个缺陷，则单个缺陷最大面积为：$F_m = 40 \times 2 = 80$（cm²）。标准中规定：面积小于 50 cm² 为 Ⅱ 级；面积小于 100 cm² 为 Ⅲ 级，故评为 Ⅲ 级。

②据 1 m² 内缺陷总面积占的百分比评级：缺陷总面积为：$F_{总} = 40 \times 2 + 30 \times 8 = 320$ cm²。

$F_{总}$ 占 1 m² 的百分比：$\frac{320}{10\ 000} \times 100\% = 3.2\% < 5\%$，评为 Ⅱ 级。

③综合评级：根据 JB/T 4730—2005 标准，乙钢板应评为 Ⅲ 级。

7.2 铝及铝合金、钛及钛合金板材超声检测

7.2.1 铝及铝合金板加工及常见缺陷

铝及铝合金由板坯轧制而成的，而板坯又是由铝锭轧制而成的。板中常见缺陷有气孔、夹杂、微细裂纹。

铝锭铸冶期间形成的小孔和空腔，经轧制之后，常常会消失。但是，在厚板和中厚板中热轧的作用有时不能清除这些小孔和空腔。

在铝合金铸件或板坯锻件中，夹杂物是非铝颗粒，这些颗粒经轧制之后，以夹杂物的形式留在铝板材中。

7.2.2 铝及铝合金、钛及钛合金板材检测方法

1. 检测方法特点

铝及铝合金和钛及钛合金板材超声检测与钢板检测方法基本相同。

2. 探头与扫查方式的选择

（1）探头的选择　由于铝及铝合金和钛及钛合金板材晶粒细，与钢和其他铁合金不同，以常用的不同频率超声波检测时，其衰减差异非常小。且板材表面的粗糙度较高，为获得较高的检测灵敏度，可选用较高的频率，可选择 2.5～5.0 MHz 或更高的频率，。

（2）扫查方式的选择　根据板材的用途和要求不同，采用的主要扫查方式分为全面扫查、列线扫查、边缘扫查和格子扫查等几种。

其中列线扫查的间距与钢板列线扫查的间距不同，探头沿垂直于板材压延方向、间距不大于 40 mm 的平行线进行扫查。

（3）扫查速度的选择　与钢板扫查的选择基本相同。

3. 检测范围和灵敏度的调整

（1）检测范围的调整　一般根据板厚来确定，其方法与钢板调整方法相同。

（2）灵敏度的调整　铝及铝合金和钛及钛合金板检测中灵敏度的调整方法与钢板不同，应先将探头置于待检板材完好部位，再调节第一次底波高度为荧光屏满刻度的 80%，以此作为基准灵敏度。

7.2.3　缺陷的判别与测定

1. 缺陷的判别

检测中，一般根据缺陷波和底波来判别板材中的缺陷情况，JB/T 4730—2005 确定以下几种情况作为缺陷。

（1）缺陷第一次反射波（F_1）波高大于或等于满刻度的 40%，即 $F_1 \geqslant 40\%$；

（2）缺陷第一次反射波（F_1）波高低于满刻度的 40%，同时，缺陷第一次反射波（F_1）波高与底面第一次反射波（B_1）波高之比大于或等于 100%，即 $F_1/B_1 \geqslant 100\%$；

（3）当底面第一次反射波（B_1）波高低于满刻度的 5%，即 B_1 小于 5%。

2. 缺陷边界范围或指示长度的测定方法

（1）检出缺陷后，应在它的周围继续进行检测，以确定缺陷的延伸。

（2）用双晶直探头确定缺陷的边界范围或指示长度时，探头的移动方向应与探头的隔声层相垂直，并使缺陷波下降到基准灵敏度条件下荧光屏满刻度的 20% 或使缺陷第一次反射波高与底面第一次反射波高之比为 100%。此时，探头中心的移动距离即为缺陷的指示长度，探头中心点即为缺陷的边界点。两种方法测得的结果以较严重者为准。

（3）用单直探头确定缺陷边界或指示长度时，移动探头，使缺陷第一次反射波高下降到检测灵敏度条件下荧光屏满刻度的 20% 或使缺陷第一次反射波高与底面第一次反射波高之比为 100%。此时，探头中心移动距离即为缺陷的指示长度，探头中心即为缺陷的边界点；两种方法测得的结果以较严重者为准。

（4）确定底波降低缺陷的边界或指示长度时，移动探头（单直探头或双直探头），使底面第一次反射波升高到荧光屏满刻度的 40%。此时，探头中心移动距离即为缺陷的指示长度，探头中心点即为缺陷的边界点。

7.2.4 缺陷的评定方法

1. 缺陷指示长度

一个缺陷按其指示的最大长度作为该缺陷的指示长度,若单个缺陷的指示长度小于 25 mm 时,可不作记录。若两个缺陷相邻间距小于 25 mm 时,其指示长度为两单个缺陷的指示长度再加上间距之和。

2. 缺陷指示面积

一个缺陷按其指示的最大面积作为该缺陷的单个指示面积,若多个缺陷其相邻间距小于相邻较小缺陷的指示长度(取其较大值)时,以各缺陷面积之和作为单个缺陷指示面积。指示面积不计的单个缺陷见表7—4。

7.2.5 质量级别判定

JB/T 4730—2005 据缺陷指示长度与缺陷指示面积不同将钢板质量分为Ⅰ、Ⅱ、Ⅲ、Ⅳ等四级,Ⅰ级最高,Ⅳ级最低。具体分级方法见表7—4。

表 7—4　　　　　　　　　　板材质量分级

等级	单个缺陷指示长度,(mm)	单个缺陷指示面积,(cm²)	以下单个缺陷指示面积不计(cm²)
Ⅰ	<25	<6	<4
Ⅱ	<50	<20	<9
Ⅲ	<75	<50	<25
Ⅳ	缺陷大于Ⅲ级者		

同时,若在坡口预定线两侧各 50 mm 内,缺陷的指示长度大于或等于 25 mm 时,应评为Ⅳ级;或在检测过程中,检测人员确认板中有裂纹等危害性缺陷存在时,可直接评为Ⅳ级。

7.3 复合板超声检测

7.3.1 复合材料中常见缺陷

复合材料是由母材与复合层粘合而成,常见的复合材料是在碳钢或低合金母材上,粘接不锈钢、钛、铝、铜合金等复合层,以提高钢板的耐腐蚀性。

复合材料一般用轧制、爆炸和堆焊等方法制造。复合材料中常见缺陷是脱层(脱接),即复合层与母材在界面处复合不良。

7.3.2 检测方法

复合材料检测与一般钢板的检测方法基本相同，常用单晶直探头或双晶直接头进行纵波检测，检测频率一般为 2.5~5.0 MHz，探头直径一般不大于 $\phi25$ mm。

复合材料检测灵敏度设置：将复合板完好区的第一次底波 B_1 调至示波屏满幅度的 80% 即可。

检测时，可从母材一侧检测，也可从复合层一侧检测。

7.3.3 缺陷的判别

1. 两种复合材料声阻抗相近时

当复合的两种材料声阻抗相近时，如不锈钢/碳钢复合板 $m=\dfrac{Z_1}{Z_2}=0.993$，$r=\dfrac{Z_2-Z_1}{Z_2+Z_1}=\dfrac{1-m}{1+m}=0.0035$，复合良好区基本上无界面回波。若存在脱接缺陷，则在示波屏上出现缺陷波 F。

当从母材一侧检测时，若无脱接，则无缺陷波 F，只有底波 B_1，如图 7—8a 所示。若存在不完全脱接，则在 B_1 前不远处 F 波出现多次彼连，底波 B_1 降低，如图 7—8b 所示。若为完全脱接，则 F 波较强，底波消失，如图 7—8c 所示。

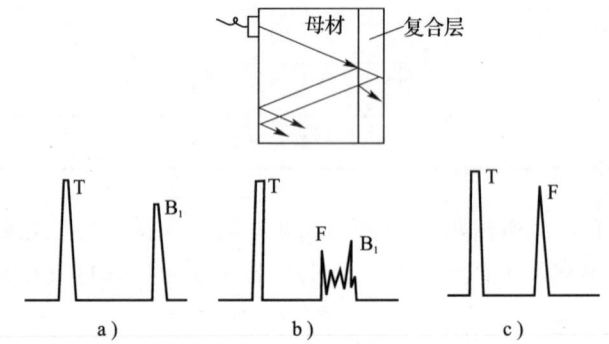

图 7—8　从母材侧检测（图中为清楚起见，将垂直波束倾斜画出）
a) 完好区　b) 不完全脱接区　c) 完全脱接区

当从复合材料一侧检测时，若无脱接，则无缺陷波 F，只有底波 B_1，如图 7—9a 所示。如图 7—9b 所示为不完全脱接，底波 B_1 下降，F 波多次彼连，并紧随始波 T 与底波 B_1 之后。如图 7—9c 所示为完全脱接，F 波多次彼连，宽度增加，底波消失。

2. 两种复合材料声阻抗相差较大时

当复合的两种材料的声阻抗相差较大时，如钛/碳钢复合板，$m=Z_1/Z_2=0.596$，$r=0.25$，即使复合良好也会出现界面回波。这时缺陷波判别困难，为此常常利用如图 7—10 所示的试块来比较。根据复合界面反射波宽度、高度和底波变化来判别。

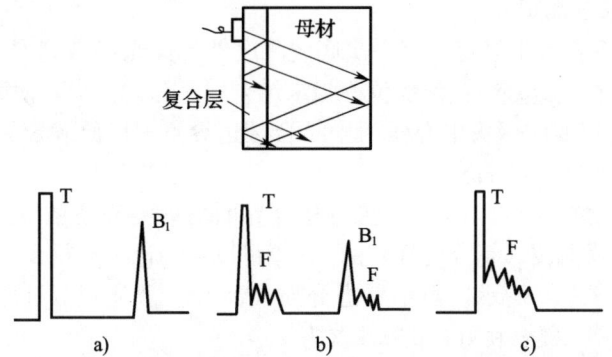

图 7—9　从复合层侧检测（图中为清楚起见，将垂直波束倾斜画出）
a) 完好区　b) 不完全脱接区　c) 完全脱接区

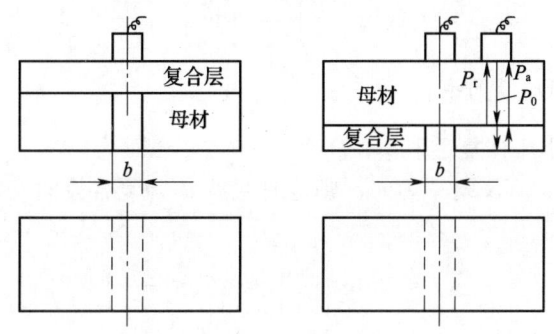

图 7—10　复合材料检测用对比试块

当从复合材料侧检测时，需根据复合界面反射波宽度 L 和底波 B_1 高度来判别复合是否良好。若工件复合界面反射波宽度 $L_工$ 小于试块上的反射波宽度 $L_试$，且工件底波高于试块底波，则复合良好，如图 7—11 所示。

当从母材侧检测时，需要根据复合界面反射波 S 和底波 B_1 高度来判别复合是否良好。若工件中 S 波低于试块中的 S 波，工件中底波 B_1 高于试块中 B_1，则复合良好，如图 7—12 所示。反之复合不好。

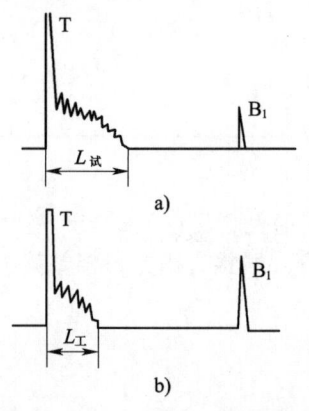

图 7—11　从复合材料侧检测
a) 从复合层侧检测（试块）　b) 从复合层侧检测（工件）

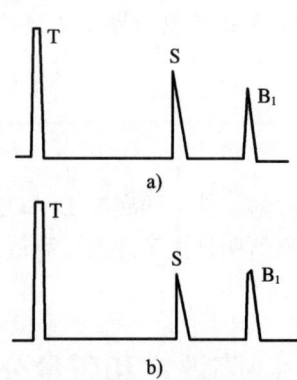

图 7—12　从母材侧检测
a) 从母材侧检测（试块）　b) 从母材侧检测（工件）

3. 未结合区缺陷的测定

JB/T 4730—2005 标准中规定，第一次底波高度低于荧光屏满刻度的 5%，且明显有未接合缺陷反射波存在时（≥5%），该部位称为未结合区。移动探头，使第一次底波升高到荧光屏满刻度的 40%，以此时探头中心作为未结合区边界点。以此确定缺陷的边界并确定单个缺陷的指示长度和未接合区面积。

对于重要的复合材料还可以结合底波与复合界面反射波高度的 dB 差来判别其复合情况，底波与复合界面反射波（复合良好）的 dB 差可以由理论计算得到。

如图 7—10 与图 7—12 所示，当不考虑介质衰减和扩散衰减，且底面全反射时，底波 B_1 与复合界面反射波 S（复合良好）的 dB 差为

$$\Delta_{BS} = 20\lg\left|\frac{B_1}{S}\right| = 20\lg\left|\frac{P_a/P_0}{P_r/P_0}\right|$$

$$= 20\lg\left|\frac{T}{r}\right| = 20\lg\left|\frac{1-r^2}{r}\right| \tag{7—2}$$

式中 r——复合界面声压反射率，$r = \frac{Z_2 - Z_1}{Z_2 + Z_1}$；

T——复合界面声压往复透射率，$T = 1 - r^2$。

若底面不是全反射，其反射率为 r'，则这时底波 B_1 与复合界面反射波 S（复合良好）的 dB 差为

$$\Delta_{BS} = 20\lg\left|\frac{B_1}{S}\right| = 20\lg\left|\frac{Tr'}{r}\right|$$

$$= 20\lg\left|\frac{(1-r^2)r'}{r}\right| \tag{7—3}$$

式中 r'——底面声压反射率，$r' = \frac{Z_3 - Z_2}{Z_3 + Z_2}$。

例如超声检测钢/铝复合材料，钢中 $Z_1 = 45 \times 10^6$ kg/m² · s，铝中 $Z_2 = 17.3 \times 10^6$ kg/m² · s，不计介质衰减和扩散衰减，且底面全反射。

则复合界面的声压反射率为：

$$r = \frac{Z_2 - Z_1}{Z_2 + Z_1} = \frac{17.3 - 45}{17.3 + 45} = -0.445$$

这时底波 B_1 与复合界面回波 S 的 dB 差为：

$$\Delta_{BS} = 20\lg\left|\frac{B_1}{S}\right| = 20\lg\left|\frac{1-r^2}{r}\right|$$

$$= 20\lg\left|\frac{1-0.445^2}{-0.445}\right| = 5.1 \text{ dB}$$

复合材料工件中的底波 B_1 与复合界面回波 S（不一定复合良好）的 dB 差可由实测得到。当实测值明显大于理论计算值时，说明该复合材料存在脱接。当二者相差甚小时，说明复合良好。

7.3.4 缺陷评定和质量分级

JB/T 4730—2005 标准中关于评定复合板材未接合缺陷评定和质量级别的方法如下：

1. 缺陷指示长度的评定

一个缺陷按其指示的最大长度作为该缺陷的指示长度。若单个缺陷的指示长度小于 25 mm 时,可不作记录。

2. 缺陷面积的评定

多个相邻的未结合区,当其最小间距小于等于 20 mm 时,应作为单个未结合区处理,其面积为各个未结合区面积之和。

3. 未结合率的评定

未结合区总面积占复合板总面积的百分比。

4. 质量分级

(1) 复合钢板的质量分级方法见表 7—5。

(2) 在坡口的预定线两侧各 50 mm 的范围内,未结合的指示长度大于或等于 25 mm 时,定级为Ⅳ级。

表 7—5　　　　　　　　　　复合钢板质量分级

等　级	单个未结合指示长度（mm）	单个未结合区面积（cm²）	未结合率（%）
Ⅰ	0	0	0
Ⅱ	≤50	≤20	≤2
Ⅲ	≤75	≤45	≤5
Ⅳ	大于Ⅲ级者		

7.4　板材自动超声检测

目前,冶金行业的中厚钢板生产线普遍具备了船板、桥梁板、压力容器板的生产能力,对于大面积、高强度的板材内部缺陷检测,依靠手工超声检测,存在着检测覆盖率低,速度慢,检测人员劳动强度大等问题,难以满足日益扩大的生产需求,生产效率受到影响。多通道自动化超声检测设备的使用,不仅可以提高品种钢的产量,更重要的它大大提高了检测覆盖率,避免漏探,能够更客观地反映缺陷,因而受到中厚钢板生产厂家的普遍欢迎。

7.4.1　系统的基本原理

多通道检测设备的基本原理是：使用分时机制,在同步电路的控制下,多个通道的探头分时轮流循环工作;每个通道的回波信号根据同步编程,经多路选择开关选取后,顺序进入高速 A/D 变换电路,进行数字化;数字化后的回波数据,由报警电路和高速处理器对波形的相位、幅度等特征进行分析,剔除干扰杂波后,根据设定的报警门限,将越过门限的波形数据存入缓存并产生中断信号,数据处理微机收到中断信号后,读取探头的扫查位置和回波数据,然后依据当前所检板材的种类、厚度及波形的特征,与已知的相关特征库中的数据进行比较,得出缺陷的当量大小。对于连续存在的缺陷,根据缺陷波的幅度定界。最后用图像信息处理的办法,生成缺陷分布图。

7.4.2 系统的基本结构和组成

基于PC微机的全数字化板材自动超声检测设备,是以高速实时数据采集、处理及数字成像为主要技术的实时检测系统。系统主要由下列部分组成:超声回波数据处理微机、控制微机、多通道超声波发射接收器、高速数据采集卡、数据处理和分析软件包以及探头耦合机构和扫描控制系统等。

板材自动超声检测一般采用脉冲反射式纵波直探头(双晶)检测。耦合方法上,由于自动检测探头数量多,检测速度快,热轧钢板表面较粗糙、探头磨损快,不宜采用直接接触法,因而一般选用水浸法,比如间隙水浸法,使水层间隙厚度可调,减小磨损和粗糙表面对耦合的影响。

1. 扫查机构和控制系统

根据钢板内部缺陷分布的特点,采用垂直于钢板压延方向的扫查方式,最容易检测到缺陷。例如,将80通道的双晶探头沿钢板长度方向等间隔(其间隔距离为探头有效声束宽度的整数倍)"一"字排列,探头的隔声层与钢板长度方向平行。整个扫查机构置于中厚钢板生产线精整段的冷床上,扫描机架(见图7—13)可以在控制微机的操纵下,带动80通道探头作三维方向的移动。

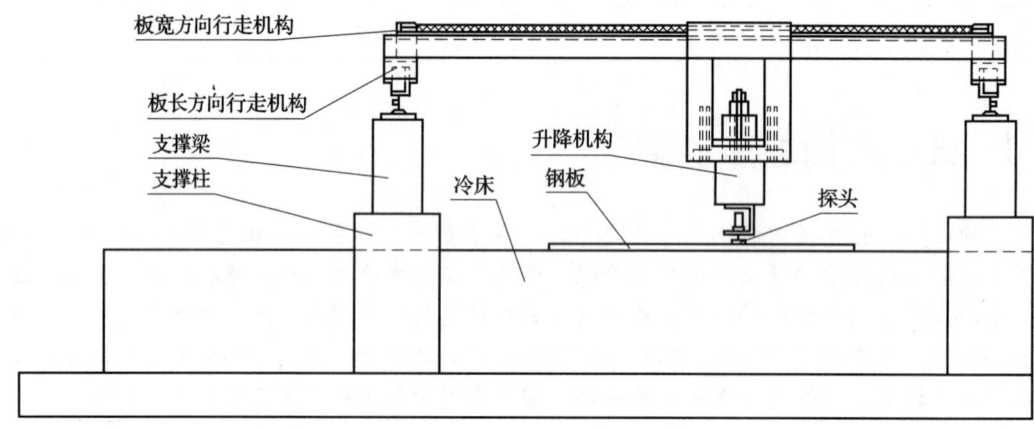

图7—13 扫查机构示意图

控制系统的控制过程为:①当钢板由拉钢机拉到扫查机架下后,控制微机检测到钢板拉到预定位置,则停止钢板的运动,告知检测仪准备本块钢板的检测;②检测仪将检测人员设置的参数下传到控制微机,控制微机启动本块钢板的检测;③控制仪打开耦合水开关,控制探头压下到钢板表面,当收到检测仪的耦合好信号后,停止压下;④控制微机启动板宽方向(设为X轴方向)行走机构开始沿板宽方向扫查,同时告知检测仪本块钢板开始检测,当控制微机通过检测开关检测到探头到达板边时,停止X方向移动;⑤控制微机控制板长方向行走机构沿钢板长度方向(设为Y轴方向)移动一间距为探头声束宽度的距离后,沿X轴反向移动到板边,这样往复运动直到将两探头之间的间隔扫查完毕;⑥控制微机控制探头沿Y轴移动一间距为80个探头排列长度的距离,进行下一区段的扫查;⑦重复第五、六步,直到整个钢板扫查完毕；⑧通知检测仪结束本块钢板检测，关闭耦合水，抬起探头，准备下一块钢板的检测。

2. 数据处理和缺陷评价

为了显示缺陷在钢板内的分布，我们以钢板的端头某一边的顶点作为坐标原点、钢板长度方向作 Y 轴，宽度方向作 X 轴，厚度方向作 Z 轴，建立坐标系。在检测过程中，如果存在缺陷，数字信号处理电路将发生中断，检测仪在中断服务程序中从数字信号处理电路读取回波数据 AD[n] 以及缺陷波的高度 H、相位 t，从位置接口电路中读取报警通道对应探头的位置编码 M、N。根据这些参数可以计算出缺陷点 $F(x, y, z)$ 的坐标值。有了缺陷点的坐标值和波形数据，就可以在监视器上进行 A 型、B 型、C 型显示。

钢板质量的分级和对缺陷的评价，要结合国家标准的要求来进行评定。常用的标准是《承压设备无损检测》(JB/T 4730—2005) 和《中厚板超声波检验方法》(GB/T 2970—91)。标准里规定了中厚钢板超声波检测的条件与方法、缺陷的测试与评定，钢板的质量分级等。分级的关键是将缺陷点合并为缺陷区并计算出缺陷区的指示长度和指示面积。我们可以将 C 型显示的钢板缺陷分布图作为一幅图像并细分为 $x \times y$ 个正方形网格。对有缺陷的网格标记为 1，无缺陷的网格标记为 0，这样就得到一幅二值化的图像。

7.5 管材超声检测

7.5.1 管材加工及常见缺陷

管材种类很多，根据加工方法不同，可分为无缝钢管和焊接管；按材料不同，可分为金属管和非金属管；按管径不同，可分为小径管和大径管。管材中常见缺陷与加工方法有关。

无缝钢管是通过穿孔法和高速挤压法得到的，穿孔法是用穿孔机穿孔，并同时用轧辊滚轧，最后用芯棒轧管机定径压延平整成型，高速挤压法是在挤压机中直接挤压成形，这种方法加工的管材尺寸精度高，无缝钢管中的主要缺陷有裂纹、折叠、分层和夹杂等。对于厚壁大口径管也可由钢锭经锻造、轧制等工艺加工而成，锻轧管常见缺陷与锻件类似，一般为裂纹、白点、重皮等。

焊接管是先将经检测合格的板材卷成管形后，再用电阻焊或埋弧自动焊焊接而成，一般大口径管多用这种方法加工。由于板材已检测过，所以焊接管中常见缺陷为焊缝缺陷，一般为裂纹、气孔、夹渣、未焊透等。

从超声的角度，一般将外径大于 100 mm 的管材称为大直径管，外径小于 100 mm 的称为小直径管。将壁厚与管外径之比不大于 0.2 的金属管材称作薄壁管，大于 0.2 的金属管材称为厚壁管。薄壁管和厚壁管的区分，是以折射横波是否可以到达管材内壁来区分的。

管材超声检测的目的是发现管材制造过程中产生的各种缺陷，避免将带有危险缺陷的管材投入使用，在役管材可能存在的缺陷（如疲劳裂纹）也可采用同样的检测方法进行质量监控。管材中的缺陷大多与管材轴线平行，因此，管材的检测以沿管材外圆作周向扫查的横波检测为主。在无缝管中也可能存在与管材轴线垂直的缺陷，因此必要时还应沿轴线方向进行斜入射检测。对于某些管材，可能还需进行纵波垂直入射检测。

下面以钢管为例来说明管材的超声检测方法。

7.5.2 管材横波检测技术基础

1. 实现周向横波检测的条件

沿外圆作周向扫查的横波检测是管材检测的主要方式。在实际检测时，通常希望管材中存在的波形单一，形成的 A 显示波形清晰简单，以便于缺陷信号的正确判断。因此常将管材检测的声束入射角选择在第一临界角和第二临界角之间，选择管材中只存在纯横波进行检测。

管材检测最重要的目的是检测内、外壁的纵向裂纹。下面讨论的是横波检测时。在管材中产生纯横波的条件下，使声束能够检测到内壁缺陷的前提条件。

如图 7—14 所示，当超声波束以纵波入射角 α 进入管材（壁厚为 t，外径为 D），折射角为 β。声束按照齿形路径传播，入射到管材内壁时，入射角为 β_1，将折射声束的轴线 PQ 延长，并由圆心 O 引垂线与该延长线相交于 q。由直角三角形 PqO 和 QqO，可推导得到下面的关系式：

$$\sin\beta_1 = \frac{\sin\beta}{\left(1-\frac{2t}{D}\right)} = \frac{\sin\beta}{\frac{r}{R}} \quad （r\text{ 为内半径}, R\text{ 为外半径}）$$

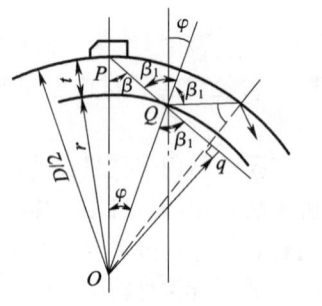 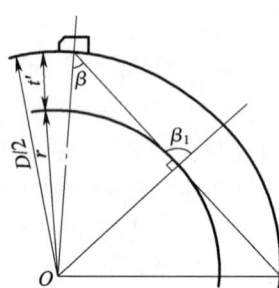

图 7—14　斜角入射纵波检测时管材中横波折射角及主声束传播情况

当 $\beta_1 = 90°$ 时，声束轴线与管子内壁相切，为声束到达内壁的临界状态。此时，折射角 β 满足下列关系：

$$\sin\beta = 1 - \frac{2t}{D} = \frac{r}{R} \tag{7—4}$$

因此，从几何关系上推导得出的声束到达内壁的条件为：

$$\sin\beta < 1 - \frac{2t}{D} = \frac{r}{R}$$

由第一临界角公式可知，产生纯横波的条件是：

$$\sin\alpha > \frac{c_{11}}{c_{12}}$$

式中 c_{11}——入射介质中的纵波速度；

c_{12}——管材中的纵波速度。

结合上面两个条件，可以得到，要在管材中得到纯横波并到达内壁，入射角必须满足以下条件：

$$\frac{c_{11}}{c_{12}} < \sin\alpha = \frac{c_{11}}{c_{S2}}\sin\beta < \frac{c_{11}}{c_{S2}}\left(1-\frac{2t}{D}\right) \tag{7—5}$$

式中 c_{S2}——管材中的横波速度。

显然，并不是任何条件下式（7—5）均可成立，成立的条件是：

$$\frac{c_{11}}{c_{12}} < \frac{c_{11}}{c_{S2}}\left(1-\frac{2t}{D}\right) \tag{7—6}$$

所以，管材中为纯横波条件下，声束可到达内壁的前提条件是：

$$\left(\frac{t}{D}\right)_{临界} < \frac{1}{2}\left(1-\frac{c_{S2}}{c_{12}}\right)$$

对于钢管，纵波速度为 5 850 m/s，横波速度为 3 200 m/s，$\sin\beta=0.55$，$\left(\frac{t}{D}\right)_{临界}=0.23$。对于铝和铜，该值稍大，约为 0.25 和 0.26。粗略地估计金属管材能否用横波检测时，通常用厚度与外径比是否小于 0.2 作为判据，小于 0.2，则认为可以检测，并称这样的管材为薄壁管。

上述结果是以声束轴线扫查到内壁为依据的。实际上，由于声束具有一定的宽度，即使声束轴线稍偏离管子内壁，扩散声束仍有可能检测到管材内壁的缺陷，但此时的灵敏度会降低。

2. 周向检测缺陷定位与修正

横波轴向检测管材时，缺陷定位与平板工件类似。但横波周向检测时，缺陷定位与平板工件不同，如图 7—15 所示。这样平板工件缺陷定位计算公式也就不适用了，可参见 6.5.3 中所述。

为了便于计算，特引进声程修正系数 μ 和跨距修正系数 m。其中：

$$\mu = \frac{AC}{AG}$$

$$m = \frac{\widehat{AE}}{AH}$$

声程修正系数 μ 和跨距修正系数 m 可由相关图表查得。

管材缺陷大多出现在内外壁上，内壁缺陷可用一次波检测到，外壁缺陷可用二次波检测到。

一次波检测发现内壁缺陷时，缺陷定位计算公式为：

$$\begin{cases} AC = \dfrac{\mu T}{\cos\beta} \\ \widehat{AD} = mT\tan\beta \end{cases} \tag{7—7}$$

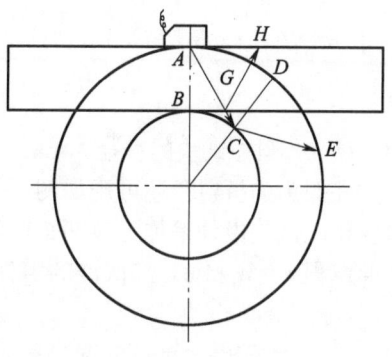

图 7—15 横波周向检测管材与平板

式中 μ——声程修正系数；

m——跨距修正系数；

T——管材壁厚，mm；

β——探头折射角，°。

二次波检测发现外壁缺陷时，缺陷定位计算公式为：

$$\begin{cases} ACE = \dfrac{2\mu T}{\cos\beta} \\ \widehat{AE} = 2mT\tan\beta \end{cases} \tag{7—8}$$

3. 探头入射点与折射角的测定

在管材检测中，为了实现良好的耦合，常将探头修磨为与管材曲率半径相同的曲面，如图7—16所示，但这时探头的入射点和折射角发生了变化。因此需要重新测定入射点和折射角。由于这时探头表面为曲面，因此常规测定入射点和折射角的方法就不能用了，而要用特殊的方法和试块来测定。

(1) 入射点的测定　如图7—17所示，将探头楔块的圆弧置于试块的棱角上，前后移动探头，使棱角反射波最高时试块棱角处对应的点为探头入射点。这种方法称为棱角反射法。

(2) 折射角的测定　先加一个如图7—18所示的实心圆柱体试块，试块材质曲率半径与被探管材相同，在试块表面附近加工一个 $\phi 1.5\,\text{mm} \times 20\,\text{mm}$ 的横孔。然后将探头置于试块上，前后移动探头，找到 $\phi 1.5\,\text{mm}$ 横孔的最高回波，测定探头入射点 A 至 $\phi 1.5\,\text{mm}$ 横孔的距离 b，并连接过入射点 A 的直径 AB，这时 $\angle BAC$ 为探头的折射角 β。

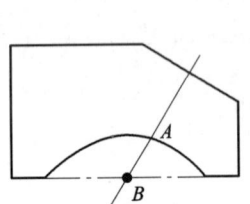  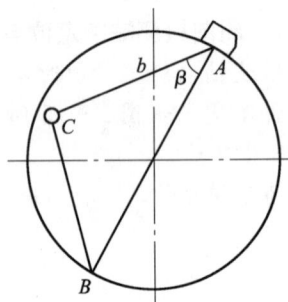

图7—16　曲面探头　　图7—17　入射点测定　　图7—18　折射角测定

由 $b = AB \cdot \cos\beta = D\cos\beta$ 得

$$\beta = \arccos\dfrac{b}{D} \tag{7—9}$$

式中　D——圆柱试块的直径，mm。

此外探头的折射角还可用如图7—19所示的试块来测定。该试块的材质、外径、壁厚同被探管材。试块内外壁加工有两个同深度的小槽，设探头楔块中的声程为 δ，则示波屏上一次波的声程 $a = W_s + \delta$，二次波的声程 $b = 2W_s + \delta$。则试块内一次波声程 W_s 为：

$$W_s = b - a \tag{7—10}$$

式中　a——示波屏上试块内壁小槽对应的读数；

b——示波屏上试块外壁小槽对应的读数。

在图 7—19 所示的△OBA 中，由余弦定理得探头折射角为：

$$\beta = \arccos\left[\frac{t}{W_s}\left(1-\frac{t}{D}\right)+\frac{W_s}{D}\right] \quad (7\text{—}11)$$

式中　t——试块的壁厚，mm；
　　　D——试块的外径，mm；
　　　W_s——试块中一次波声程，mm。

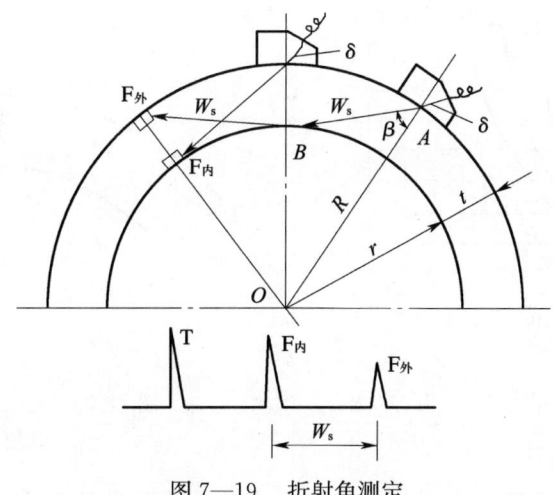

图 7—19　折射角测定

4. 探头入射点与折射角的推荐测定方法

上述测试曲面探头折射角 β 和入射点的方法不大方便，同时精度也不高。下面推荐两种方法。

(1) 采用与工件曲率相同的对比试块测　将探头置于如图 7—20 所示的对比试块Ⅰ上，测出横孔直射波与第一次反射波最大值所对应的简化水平距离 L'_1、L'_2，根据对比试块曲率半径 R、壁厚 δ，计算出 $(L'_2-L'_1)/2R$ 和 $\delta/2R$ 的值，从图 7—21 查出折射角 β。然后将图 7—22 所示的中心发现仪角度指针拨到 β 值，并使指针线通过试块横孔中心，则中心发现仪上 β 角顶点对应的点即为探头的入射点。

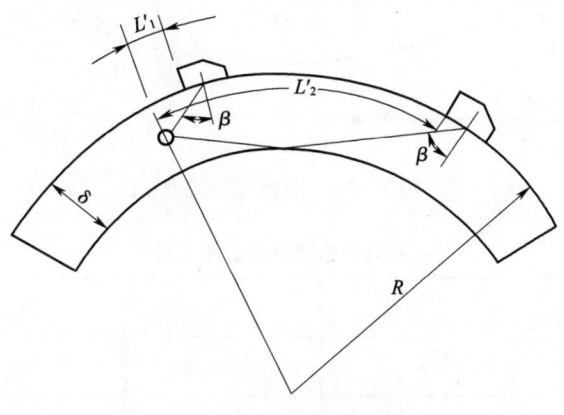

图 7—20　曲面对比试块Ⅰ

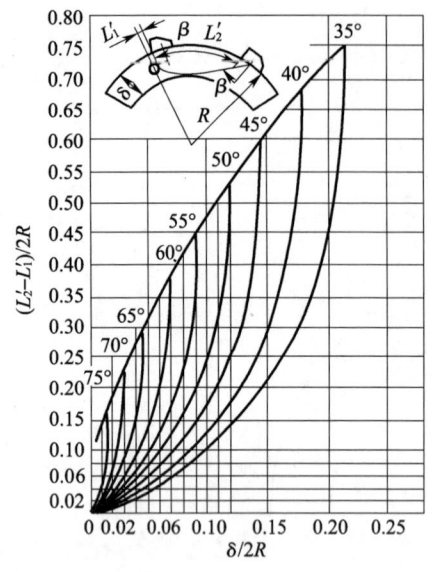

图 7—21 折射角 β 与 $\delta/2R$、$(L'_2-L'_1)/2R$ 的关系

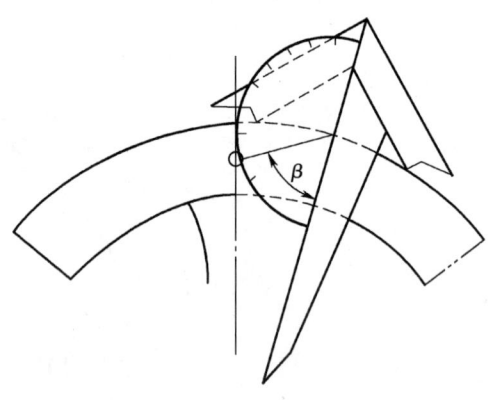

图 7—22 利用中心发现仪在对比试块 I 上测入射点

(2) 采用与工件曲率不同的对比试块测 当工件曲率半径与试块不同时,可利用如图 7—23 所示对比试块 II 来测试探头的折射角 β 和入射点。该试块曲率半径与工件相差 $<10\%$,试块的上下曲率半径不同,共有 4 种规格,其曲率半径尺寸见表 7—6。

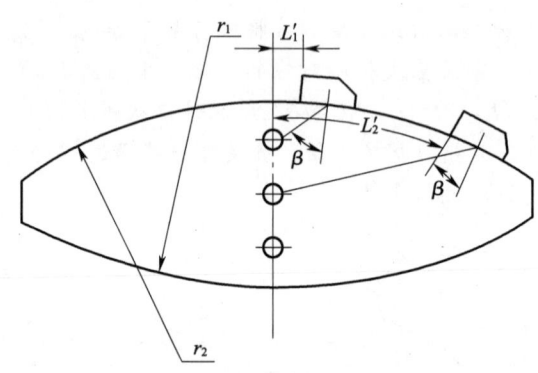

图 7—23 曲面对比试块 II

表 7—6   不同规格试块的曲率半径   单位: mm

试块编号	1	2	3	4
曲率半径 r_1	191	212	292	360
曲率半径 r_2	179	180	230	324

折射角 β 与入射点测试方法：将探头置于对比试块Ⅱ上，测出第一、二横孔最大反射波幅对应的简化水平距离 L'_1、L'_2，根据检测面曲率半径 r 从图 7—24 中查出探头折射角 β。然后将图 7—25 所示的中心发现仪角度指针拨到 β 值上，并使指针线通过试块横孔中心，则中心发现仪上 β 角顶点对应的点为探头的入射点。

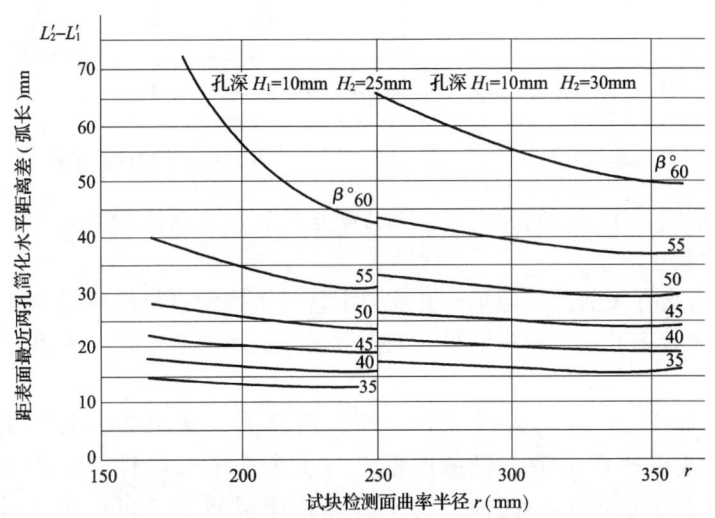

图 7—24　折射角 β 与 $L'_2 - L'_1$、r 的关系

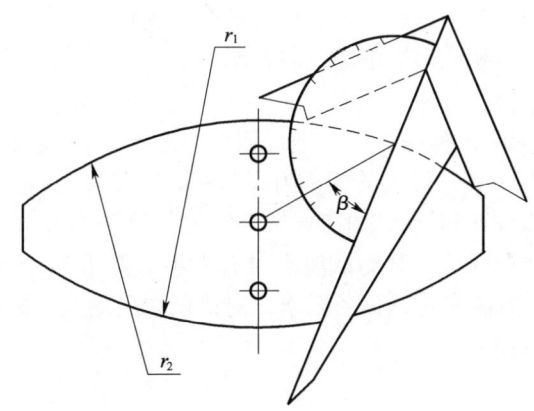

图 7—25　利用对比试块Ⅱ测入射点

7.5.3　小直径薄壁管检测

这种管材一般为无缝管，其主要缺陷为平行于管轴的径向缺陷（称纵向缺陷），有时也有垂直于管轴的径向缺陷（称横向缺陷）。

对于管内纵向缺陷，一般利用横波进行周向扫查检测，如图 7—26 所示。对于管内横向缺陷，一般利用横波进行轴向扫查检测，如图 7—27 所示。

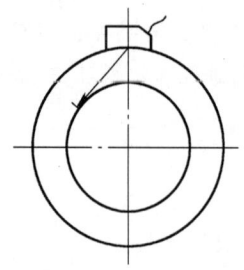 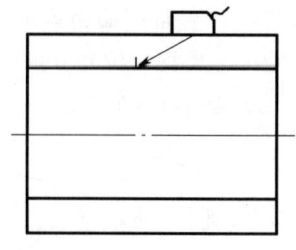 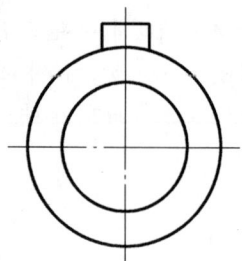

图 7—26 纵向缺陷检测　　　　图 7—27 横向缺陷检测

按耦合方式不同，小口径管检测可分为接触法检测和水浸法检测。

1. 接触法检测

接触法检测是指探头通过薄层耦合介质与钢管直接接触进行检测的方法。这种方法一般为手工检测，检测效率低，但设备简单，操作方便，机动灵活性强。适用于单件小批量及规格多的情况。

接触法检测小口径管时，由于其管径小，曲率大，常规横波斜探头与管材接触面小、耦合不良，波束严重扩散，灵敏度低。为了改善耦合条件，常将探头有机玻璃斜楔加工成与管材表面相吻合的曲面。为了提高检测灵敏度，可以采用接触聚焦探头来检测。

在实际检测中有机玻璃斜楔在检测过程中磨损较大，斜楔磨损后会引起入射角变化，使检测灵敏度降低，所以应在检测过程中增加检测校准的次数。

下面分别介绍纵向缺陷和横向缺陷的一般检测方法。

（1）纵向缺陷检测

1）探头：检测纵向缺陷的斜探头，应进行加工使之与工件表面吻合良好。探头压电晶片的长度或直径不大于 25 mm，探头的频率为 2.5～5.0 MHz。

2）试块：检测纵向缺陷的对比试块应选取与被检钢管规格相同，材质、热处理工艺和表面状况相同或相似的钢管制备。对比试块不得有大于或等于 $\phi 2$ mm 当量的自然缺陷。对比试块的长度应满足检测方法和检测设备要求。对比试块上的人工缺陷为尖角槽，尖角槽的位置和尺寸见图 7—28 和表 7—7。

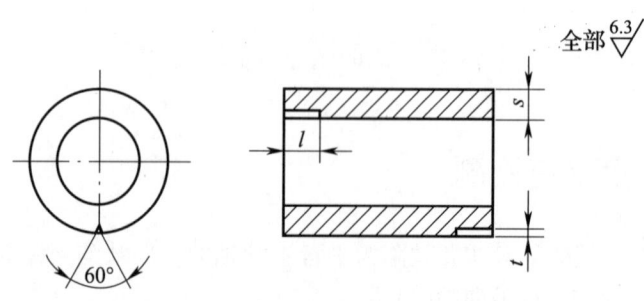

图 7—28 纵向缺陷对比试块

表 7—7　　　　　　　　　　　对比试块上人工缺陷尺寸

级　　别	长度 l (mm)	深度 t 占壁厚的百分比（%）
Ⅰ	40	5（0.2 mm$\leqslant t \leqslant$1 mm）
Ⅱ	40	8（0.2 mm$\leqslant t \leqslant$2 mm）
Ⅲ	40	10（0.2 mm$\leqslant t \leqslant$3.mm）

3）灵敏度调节：把探头置于对比试块上作周向扫查检测，然后将试块上内壁尖角槽的最高回波调至满幅度的 80%，再移动探头找到外壁尖角槽的最高回波，二者波峰的连线为距离—波幅曲线，作为基准灵敏度。一般在基准灵敏度的基础上提高 6 dB 作为扫查灵敏度。

4）扫查：探头沿径向按螺旋线进行扫查。具体扫查方式有四种：一是探头不动，管材旋转的同时作轴向移动；二是探头作轴向移动，管材转动；三是管材不动，探头沿螺旋线运动；四是探头旋转，管材作轴向移动。探头扫查螺旋线的螺距不能太大，要保证超声波束对管材进行 100% 扫查，并有不小于 15% 的覆盖。

5）探头沿周向扫查，以使声束在管壁内沿周向呈锯齿形传播，如图 7—29 所示。

6）评定和验收：在扫查过程中，当发现缺陷时，要将仪器调回到基准灵敏度，若缺陷回波幅度≥基准灵敏度，则判为不合格。不合格品允许在公差范围内采取修磨方法进行处理，然后再复检。

(2) 横向缺陷的探检

1）探头：检测横向缺陷的探头，应进行加工使之与工件表面吻合良好。探头的晶片长度或直径不大于 25 mm，探头的频率为 2.5～5.0 MHz。

2）试块：检测横向缺陷用的对比试块，同样应选用与被检管材规格相同，材质、热处理及表面状态相同或相似的管材制成。对比试块上的人工缺陷为周向尖角槽，尖角槽位置和尺寸见图 7—30 和表 7—8。

3）灵敏度调节：对于只有外表面人工缺陷的试块，可直接将对比试块上的人工缺陷最高回波调至 50% 作为基准灵敏度。

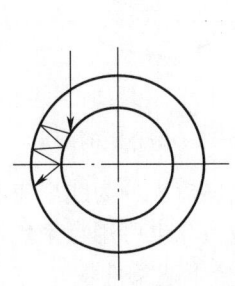

图 7—29　管壁内声束的周向传播

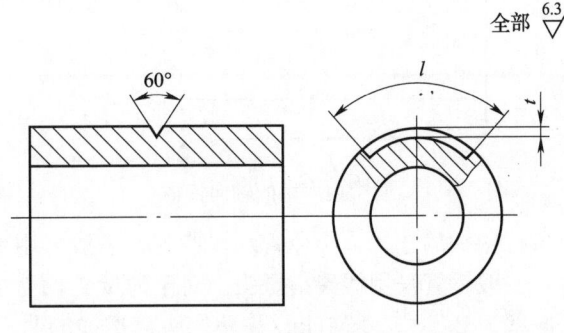

图 7—30　横向缺陷试块

表7—8　　　　　　　　　　　缺陷等级划分　　　　　　　　　　　　单位：mm

等级	长度（l）	人工缺陷槽深度（t）
Ⅰ	40	公称壁厚的5%，最小为0.2，最大为1.0
Ⅱ	40	公称壁厚的8%，最小为0.2，最大为2.0
Ⅲ	40	公称壁厚的10%，最小为0.2，最大为3.0

对于内外表面均有人工缺陷的试块，应将内表面人工缺陷最高回波调至80%，然后找到外表面人工缺陷最高回波，二者波峰的连线为距离—波幅曲线，该曲线为基准灵敏度。

一般在基准灵敏度的基础上提高6 dB作为扫查灵敏度。

4）扫查检测：探头沿轴向按螺旋线进行扫查，以使声束在管壁内沿轴向呈锯齿形传播，如图7—31所示。

5）评定和验收：当发现缺陷时，仪器调回到基准灵敏度。若缺陷回波幅度≥基准灵敏度，则该管材为不合格。不合格品允许在公差范围内进行修磨，修磨后复探。

合格级别由供需双方商定。

2. 水浸检测

水浸检测是将水浸纵波探头置于水中，利用纵波倾斜入射到水/钢界面，当入射角$\alpha_{\text{I}} \leqslant \alpha \leqslant \alpha_{\text{II}}$时，可在钢管内实现纯横波检测，如图7—32所示。为了增强水对钢管表面的润湿作用，需加入少量活性剂，为了防止钢管生锈，需加入适量的防锈剂。

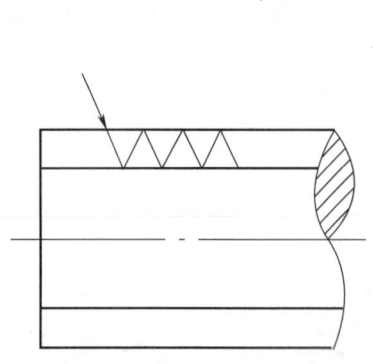

图7—31　管壁内声束的轴向传播

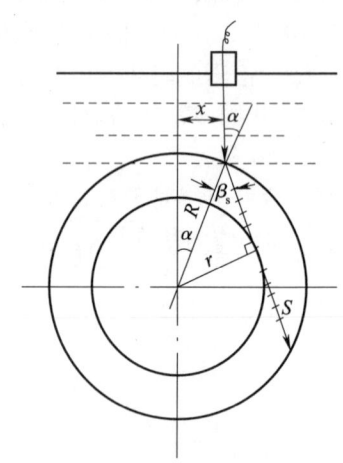

图7—32　偏心距的确定

（1）探头的选择　小径管水浸检测，一般采用聚焦探头。聚焦探头分为线聚焦和点聚焦两种。一般钢管采用线聚集探头。对于薄壁管，为了提高检测能力，也可用点聚焦探头。探头的频率为2.5～5.0 MHz。聚焦探头声透镜的曲率半径r应符合下述条件：

$$r = \frac{c_1 - c_2}{c_1} F \tag{7—12}$$

式中 c_1——声透镜中纵波波速，m/s；

c_2——水中波速，m/s；

F——水中焦距，mm。

对于有机玻璃声透镜，$c_1=2\,730$ m/s，$c_2=1\,480$ m/s，则：

$$r=\frac{c_1-c_2}{c_1}F\approx\frac{2\,730-1\,480}{2\,730}F=0.46F$$

（2）检测参数的选择

1）偏心距的选择　如图 7—32 所示，偏心距是指探头声束轴线与管材中心轴线的水平距离，常用 x 表示。入射角 α 随偏心距 x 增大而增大，控制 x 就可控制 α。

偏心距范围由以下两个条件决定：

①纯横波检测条件

$$\alpha_1\geqslant\arcsin\frac{c_{L1}}{c_{L2}}$$

②横波检测内壁条件

因为

$$\frac{\sin\alpha_2}{\sin\beta_s}=\frac{c_{L1}}{c_{s2}}$$

所以

$$\alpha_2\leqslant\arcsin\frac{c_{L1}}{c_{s2}}\cdot\frac{r}{R}$$

综合①、②，有：

$$\arcsin\frac{c_{L1}}{c_{L2}}\leqslant\alpha\leqslant\arcsin\frac{c_{L1}}{c_{s2}}\cdot\frac{r}{R}$$

又

$$\alpha=\arcsin\frac{x}{R}$$

所以

$$\frac{c_{L1}}{c_{L2}}\cdot R\leqslant x\leqslant\frac{c_{L1}}{c_{s2}}\cdot r \tag{7—13}$$

对于水浸检测钢管，$c_{L1}=1\,480$ m/s，$c_{L2}=5\,900$ m/s，$c_{s2}=3\,230$ m/s，得到偏心距 x 的选择条件：

$$0.251R\leqslant x\leqslant 0.458r \tag{7—14}$$

可取平均值：

$$\bar{x}=\frac{0.251R+0.458r}{2} \tag{7—15}$$

式中 R——小径管外半径，mm；

r——小径管内半径，mm。

2）水层厚度的选择　如图 7—33 所示，在水浸检测中，要求水层厚度 H 大于钢管中横波全声程的 1/2（即 $H>x_s$）。这是因为水中 $c_水=1\,480$ m/s，钢中 $c_S=3\,230$ m/s，$c_水/c_S\approx 1/2$。当水层厚度大于钢管中横波声程的 1/2 时，水/钢界面的第二次回波 S_2 将位于管子的缺陷波 $F_内$（一次波）、$F_外$（二次波）之后，这样有利于对缺陷的判别。

3）焦距的选择　用水浸聚焦探头检测小径管，应使探头的焦点落在与声束轴线垂直的管心线上，如图 7—34 所示。

在 $\triangle OAB$ 中，$OA=R$，$OB=F-H$，则：

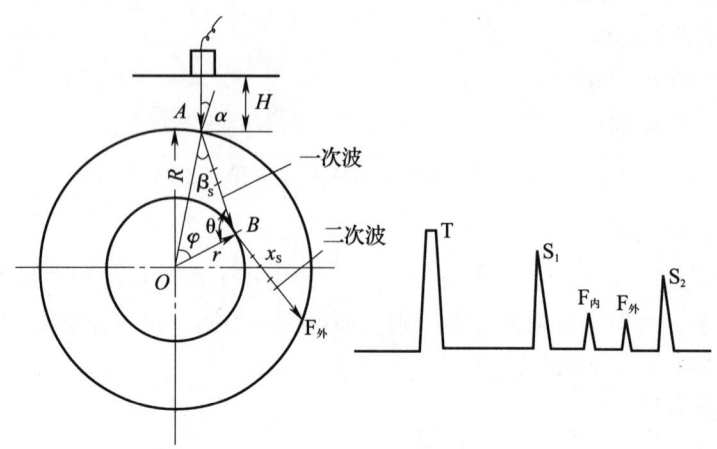

图 7—33 水层厚度的选择

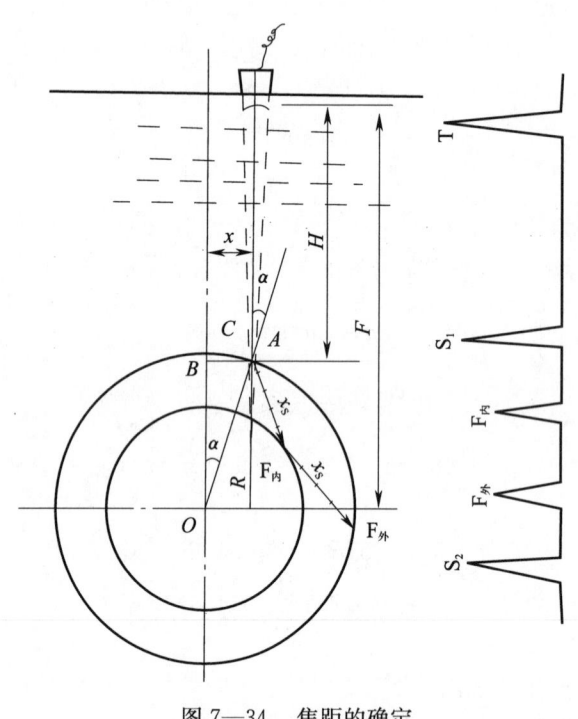

图 7—34 焦距的确定

$$F = H + \sqrt{R^2 - x^2} \tag{7—16}$$

式中　F——焦距，mm；

　　　H——水层厚度，mm；

　　　R——钢管外半径，mm；

　　　x——偏心距，mm。

【例1】　用有机玻璃聚焦探头水浸检测 $\phi42$ mm×4 mm 小径管，已知水中 $c_水 = 1\,480$ m/s，钢中 $c_{L2} = 5\,900$ m/s，$c_{S2} = 3\,230$ m/s。求偏心距 x、水层厚度 H、透镜曲率半径 r'。

解：① 求偏心距 $\bar{x}$（平均值）

$$R = 21, r = R - t = 21 - 4 = 17$$

$$\bar{x} = \frac{0.251R + 0.458r}{2}$$

$$= \frac{0.251 \times 21 + 0.458 \times 17}{2}$$

$$= 6.5 \text{ mm}$$

② 求水层厚度 H

a. 求 $\sin\alpha$：
$$\sin\alpha = \frac{\bar{x}}{R} = \frac{6.5}{21} = 0.31$$

b. 求 $\sin\beta_S$：
$$\sin\beta_S = \frac{c_{S2}}{c_{L1}} \cdot \sin\alpha = \frac{3\,230}{1\,480} \times 0.31 = 0.677$$

c. 求钢中横波全声程之半 x_S

在图 7—33 的 △ABO 中，由正弦定律得：

$$\frac{\sin\theta}{R} = \frac{\sin\beta_S}{r},$$

$$\theta = \arcsin\left(\frac{R}{r}\sin\beta_S\right) = \arcsin\left(\frac{21}{17} \times 0.677\right)$$

$$= 56.7°$$

因为 θ 最小为 90°，

所以 $\theta = 180° - 56.7° = 123.3°$

$\varphi = 180° - \theta - \beta_S = 180° - 123.3° - \arcsin 0.677$

$= 14.2°$

又由正弦定律得：

$$x_S = \frac{\sin\varphi}{\sin\beta_S} \cdot r = \frac{\sin 14.2°}{0.677} \times 17 = 6.2 \text{ mm}$$

d. 水层厚度选取：$H > 6.2$ mm，这时可取 $H = 10$ mm。

③ 求焦距 F：

$$F = H + \sqrt{R^2 - x^2} = 10 + \sqrt{21^2 - 6.5^2} = 30 \text{ mm}$$

④ 求声透镜曲率半径 r'

由 $F = 2.2r'$ 得：

$$r' = 0.455F = 30 \times 0.455 = 13.7 \text{ mm}$$

【例2】 水浸聚焦检测 $\phi 60$ mm$\times 8$ mm 小径管，声透镜曲率半径 $r' = 36$ mm，求偏心距 x 和水层厚度 H。

解：① 偏心距 $\bar{x}$：

$$R = 30, r = 30 - 8 = 22$$

$$\bar{x} = \frac{0.251R + 0.458r}{2}$$

$$= \frac{0.251 \times 30 + 0.458 \times 22}{2}$$

$$= 8.8 \text{ mm}$$

②求焦距 F：
$$F = 2.2r' = 2.2 \times 36 = 79.2 \text{ mm}$$
③求水层厚度 H：
$$\begin{aligned}H &= F - \sqrt{R^2 - x^2} \\ &= 79.2 - \sqrt{30^2 - 8.8^2} \\ &= 50.5 \text{ mm}\end{aligned}$$

（3）扫查方式　水浸检测时探头扫查方式为螺旋线，可采取前述的四种方式。无论哪种方式，螺距都应小于或等于探头声束有效宽度且应有 15% 的覆盖率，探头与管材轴向相对移动速度 v 为：

$$v = nt$$

式中　n——转速，rad/min；
　　　t——螺距，mm。

在实际工作中，因管子均有一定的不直度，检测中会造成探头的偏心距（超声波入射角）、水层厚度发生变化，严重影响检测结果。所以在水浸检测中保证探头偏心距（超声波入射角）、水层厚度不发生变化，是保证检测结果的关键。

（4）检测灵敏度的调整和质量评定　调整检测灵敏度的对比试块同接触法。

调整时，转动水中试块使内外壁人工槽回波均达 50% 基准高，以此作为基准灵敏度。扫查检测灵敏度比基准灵敏度高 6 dB。

检测中当缺陷回波≥基准灵敏度时，应判为不合格。不合格品允许在壁厚的公差范围内进行打磨，然后再复探。

7.5.4　大直径薄壁管检测

超声检测中，大口径管一般是指外径大于 100 mm 的管材。

大口径管曲率半径较大，探头与管壁声耦合较好，通常采用接触法检测，批量较大时也可采用水浸检测。采用接触法检测时，若管径不太大，为了实现更好的耦合，也需将探头斜楔磨成与管材表面相吻合的曲面，也可在探头前加装与管材吻合良好的滑块，如图 7—35 所示。

检测方法的选择

大口径管成型方法较多，如穿孔法、高速挤压法、锻造法和焊接法等。因此大口径管内缺陷比较复杂，既可能有平行于轴线的径向和周向缺陷，又可能有垂直于轴线的径向缺陷。不同类型的缺陷需要采用不同的方法来检测。常用的方法有纵波垂直入射检测法，横波周向、轴向检测法。

（1）纵波垂直入射检测法　如图 7—36 所示，对于与管轴平行的周向缺陷，一般采用纵波单晶直探头或双晶直探头检测。当缺陷较小时，缺陷波 F 与底波 B 同时出现。这时可根据 F 波的高度来评价缺陷的当量大小。当缺陷较大时，底波 B 将会消失，这时可用半波高度法来测定缺陷的面积大小。

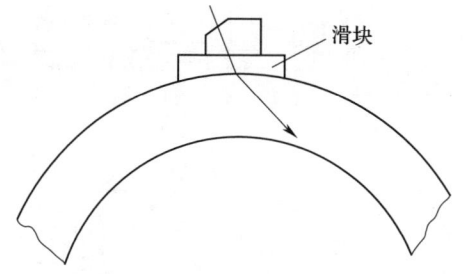

图 7—35　探头前加装滑块

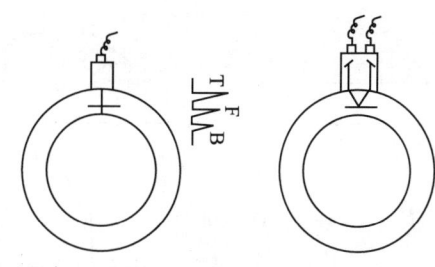

图 7—36　纵波垂直入射检测法

（2）横波周向检测法　如图 7—37 所示，对于与管轴平行的径向缺陷，常采用横波单斜探头或双斜探头进行周向检测。

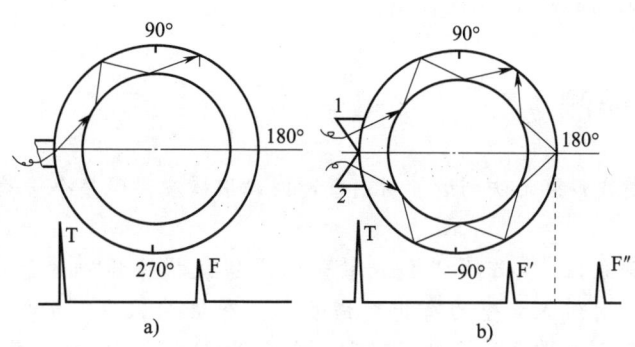

图 7—37　横波周向检测
a）单斜探头检测　b）双斜探头检测

单斜探头检测如图 7—37a 所示，这时缺陷的判别与普通斜探头检测类似。考虑到缺陷的取向不同，检测时，探头应作正反两个方向的全面扫查，以免漏检。

双斜探头检测如图 7—37b 所示，这时两个探头单独收发，同一缺陷在示波屏上可能同时出现两个缺陷波，如图中 F′、F″ 就是探头 1、2 接收到的同一缺陷回波，它们处于 180° 的两侧对称位置。当探头沿管外壁作周向移动时，F′、F″ 在 180° 的两侧作对称移动。据此可对缺陷进行判别。

（3）横波轴向检测法　如图 7—38 所示，对于与管轴垂直的径向缺陷，常用单斜探头或双晶斜探头进行轴向检测。如图 7—38a 所示为单斜探头检测，这时声束在内壁的反射波更进一步发散，声能损失大，因此外壁缺陷灵敏度较低，检测时要注意这一点。如图 7—38b 所示为双晶斜探头检测，这时只要内外壁缺陷处于两晶片发射声场交集区内，则内外壁缺陷灵敏度基本一致。

（4）水浸聚焦检测法　图 7—39 所示为水浸聚焦检测大口径管的情况，这时聚焦探头声束敛聚，能量集中，灵敏度高。一般采用线聚焦探头，焦点调在管材中心线上。这样横波声束在管内外壁多次反射，产生多次敛聚发散。在整个管子截面上形成平均宽度基本一致的声束，这样不仅检测灵敏度较高，而且内外壁缺陷检出灵敏度大致相同。

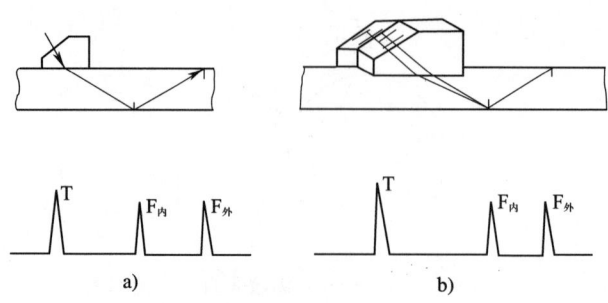
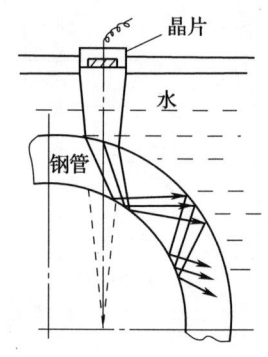

图 7—38　横波轴向检测
a) 单斜探头检测　b) 双斜探头检测

图 7—39　水浸聚焦检测法

7.5.5　厚壁管检测

对于厚壁管，横波声束无法到达管材内壁，因此用横波实现整个管壁横截面的检测是很困难的。

（1）变型横波斜射法　以钢管为例，管子水浸法纯横波检测的最小入射角为 14.8°，当入射角小于该角度时进入管壁的有折射横波，也有折射纵波。折射横波不接触管子内壁，只在外壁上反射。如图 7—40 所示，取入射角为 12.7°，则进入管材后纵波折射角为 60°。当折射纵波入射到外壁上时，折射纵波在外壁上发生波型转换，产生反射横波，反射角为：

$$\beta_t = \arcsin\left(\frac{c_{S钢}}{c_{L钢}}\sin 60°\right) = 28.3°$$

此时，$\frac{t}{D}=\frac{(1-\sin\beta_t)}{2}=\frac{1}{2}(1-\sin 28.3)=26.3\%$，横波射到内壁上可用于内壁缺陷的检测。从入射纵波在钢—水界面反射和透射能量分配曲线可知，纵波按 60° 入射时，如果对透入水中的超声能量忽略不计，经纵波—横波—纵波的声压往复反射率可达 97%。如果入射角小于此值，声压往复反射率就会减小，灵敏度就会降低。可见对于钢管来说，变型横波斜射法适用于壁厚和管外径比为下列情况的管材：$23\%<\frac{t}{D}<26.3\%$。

（2）纵波斜射法　在被检管材尺寸使变型横波检测法也难以采用的情况下，可采用纵波斜射法。如图 7—41 所示，选择第一临界角以下的小角度入射，进入管壁的超声波型既有纵波也有横波，但后者强度很弱，检测主要以纵波为主。纵波斜射法的缺点是检测时显示的除折射纵波外，还存在折射横波在内壁上产生的多次反射回波，波形比较复杂。同时，由于变型横波具有较高能量，因此纵波斜射法与变型横波检测法相比，检测灵敏度较低。

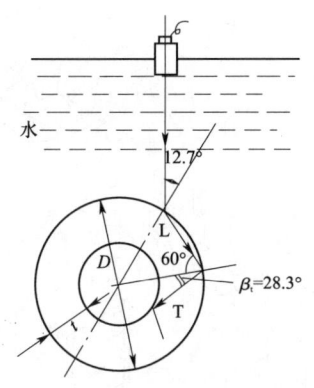
图7—40 变形横波斜射法示意图

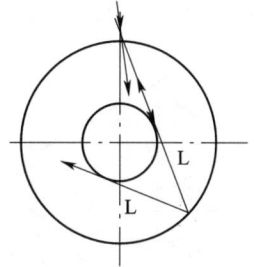
图7—41 纵波斜射法示意图

7.5.6 管材自动检测

管材手工检测，检测效率低，劳动强度大，仅适用于单件小批量多规格管材检测。大批量生产时，一般采用自动超声检测。

国内管材自动检测设备分为探头旋转式和管子旋转式两类。探头旋转式设备是管材直线送给，探头绕管材旋转或管子不动探头旋转送进，这种设备适用于中小直径管材自动检测。管子旋转式设备是探头固定不动管材旋转送进或管材转动探头直线移动。这种设备多用于大直径管材自动检测。

下面以探头旋转式设备为例来说明管材自动检测设备的概况。

1. 自动检测设备系统

某种管材超声波自动检测设备系统示意图如图7—42所示。该设备由多通道超声检测仪与机械传动系统组成。其检测工艺流程如下。

当设备调试好以后，开动主机同时供水，于是上料装置2将钢管送到进料辊道3，当管子前进到达开关4时，上料装置复位，堵球装置6动作将一个橡胶球送入堵球装置，管子头部达到前定心辊5后自动堵球，接着进入探头架7进行检测。

管子检测后到达开关9时，落球装置10动作，将橡胶球打掉，球返回堵球装置。若管内无超标缺陷，则经后定心辊11进入出料辊道14，当管材离开开关18时，翻料装置13动作，管子落入成品收集槽16。若管内有超标缺陷，探头对应的仪器通道报警，同时仪器延迟单元记忆此信号，当缺陷部位走到标记装置12处时，延迟单元发出信号，驱动标记喷枪动作，在缺陷处喷漆标记。与此同时分选装置15动作使管子落入废品收集槽17。

2. 探头架结构

探头架是探头旋转式自动检测设备的主要部件。图7—43所示为一种喷水耦合式探头架，图中主轴1为定心轴，上面安装有探头盘、输水器、电气耦合装置等，被检测钢管从空心轴内通过。探头盘2的作用是固定探头和调节探头的位置。探头盘根据三爪卡盘的原理设计，每个探头盘上安装3只探头。该探头架有4个探头盘，共安装12只探头。探头纵横向位置可调。输水器5套在主轴上，在探头与管子之间形成稳定水柱，起声耦合作用。电气耦合装置7的作用是使高速旋转的探头与检测仪保持良好的信号导通。

超声检测

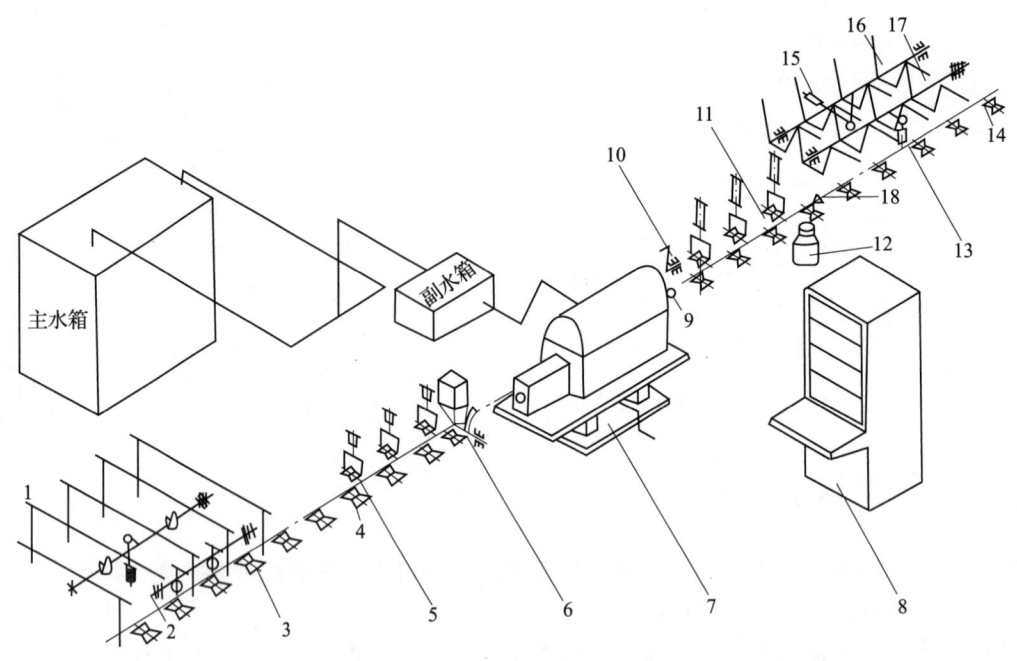

图 7—42　管材超声波自动检测装置示意图

1—上料台架　2—上料装置　3—进料辊道　4—上料、上球开关　5—前定心辊　6—堵球装置　7—探头架
8—检测仪　9—落球开关　10—落球装置　11—后定心辊　12—标记装置　13—翻料装置
14—出料滚道　15—分选装置　16—成品收集槽　17—废品收集槽　18—翻料开关

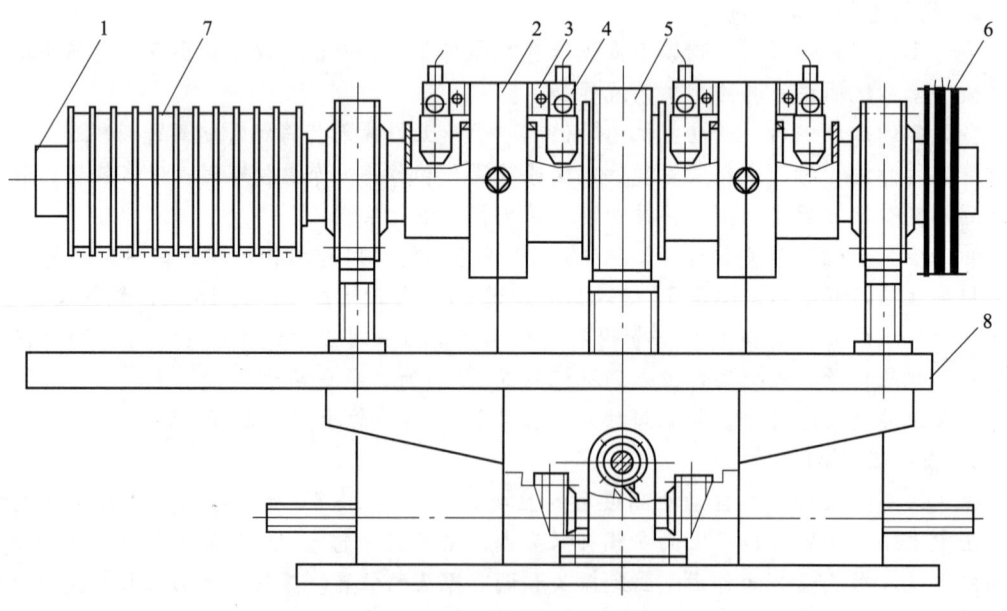

图 7—43　喷水耦合式探头架示意图

1—主轴　2—探头盘　3—横向调整装置　4—探头座　5—输水器
6—传动装置　7—电气耦合装置　8—工作台装置

248

3. 主要工艺参数的选择

水浸聚焦自动检测以前,要确定以下工艺参数。

(1) 水层厚度 H　水层厚度是指探头至钢管表面的距离,水浸自动检测时为使管材界面回波不致于干扰对缺陷波的判别,要求水层厚度 H 满足以下条件:

$$H > x_s \text{（钢管中一次波声程）}$$

(2) 偏心距 x　水浸自动检测,欲实现纯横波检测钢管内壁,探头偏心距 x 应在下述范围内:

$$x = 0.251R \sim 0.458r$$
$$\bar{x} = \frac{0.251R + 0.458r}{2}$$

式中　R——钢管外半径,mm;
　　　r——钢管内半径,mm;
　　　$\bar{x}$——平均偏心距,mm。

(3) 焦距 F　水浸自动检测时,要求声束焦点落在钢管水平轴线上,这时的焦距 F 为:

$$F = H + \sqrt{R^2 - x^2} \tag{7—17}$$

(4) 聚焦探头的曲率半径　水浸聚焦探头分为线聚焦和点聚焦两种。线聚焦探头检测速度较快,点聚焦探头灵敏度较高。此外,二者对于同一缺陷回波幅度不同,如图 7—44 所示。对于点聚焦探头,当缺陷长度大于焦距时,缺陷长度增加,其回波幅度不变,如图 7—44 中 B 线。对于线聚焦探头,当缺陷长度增加时,其回波幅度随之增加。当缺陷长度超过焦线长度时,回波才不再增加,如图 7—44 所示 A 线。A、B 线交点为线聚焦探头发现缺陷的临界长度。

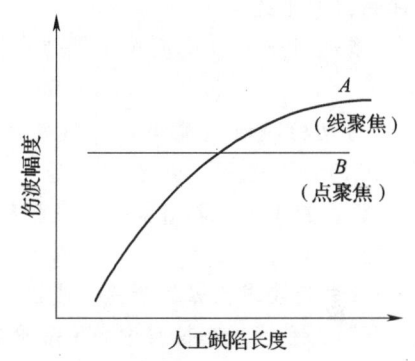

图 7—44　缺陷回波幅度与缺陷长度的关系

目前聚焦探头一般采用声透镜来实现聚焦,声透镜的曲率半径 r 为:

$$r = \frac{c_1 - c_2}{c_1} F \tag{7—18}$$

式中　c_1——声透镜中声速,m/s;
　　　c_2——水中声速,m/s。

(5) 扫查速度 v　自动检测管材时,探头的聚焦声束在管外壁上的扫查轨迹为螺旋线。扫查速度 v 为:

$$v = nt \tag{7—19}$$

式中　n——探头与管子的相对转速,r/min;
　　　t——螺旋线的螺距,mm。

由上式可知,扫查速度与螺距及转速成正比。但螺距受聚焦声束宽度和检测标准中关于相邻两次扫查覆盖率规定的限制。转速对检测稳定性有影响,转速太高,稳定性下降,一般转速控制在 1 000~3 000 r/min 范围内。

(6) 仪器重复频率 f　重复频率是指单位时间内检测仪发射脉冲的次数。对于脉冲式检测仪，若重复频率太低，将不能保证声束对管材100％的扫查检测。为使聚焦声束扫查整个管材，避免产生漏检，仪器发射的重复频率 f 应满足下式：

$$f \geqslant \frac{2\pi nR}{60L} \tag{7—20}$$

式中　n——管子与探头的相对转速，r/min；

　　　R——管子外半径，mm；

　　　L——管子外壁处聚焦声束的宽度，mm。

4. 对仪器、机械设备的要求

(1) 多通道检测仪　钢管自动检测系统一般采用多通道检测仪。多通道检测仪为若干单通道检测仪的组合，对于其中一个通道来说，其功能相当于一台单通道仪。因此其整机性能除要满足一般单通道仪的检测性能要求外，还应具有以下特殊性能：

1) 要保持各通道检测仪性能一致性，检测前要严格挑选性能一致的探头。各通道放大器增益应能单独调节，以补偿各探头灵敏度差异。

2) 多通道仪器的各通道应依次轮流工作，防止相邻探头声束相互扩散和耦合而产生通道之间的信号干扰。

3) 多通道仪器应使用数字式超声检测，以便调试中比较任意两个以上通道的工作情况。

4) 自动检测时速度快，一般采用自动报警方式反映检测结果，报警闸门位置、宽度有一定的调节范围。对于厚壁管，为区分内外壁缺陷，还应该有两路独立报警系统。

5) 设备应至少还具有耦合不良报警（仅限于接触法）和可调的水层报警（仅限于水浸法）功能。

6) 此外还要求仪器抗干扰性能强，工作稳定性好，具有自动监视功能和综合信号处理功能。如自动补偿检测过程中的灵敏度波动，自动处理回波信号，对管材质量进行分级，自动记录打印检测结果等。

(2) 机械设备　机械设备包括探头箱、管材驱动系统和其他辅助设备。为了与多通道检测仪配套，实现高速可靠的自动检测，机械设备应满足以下要求：

1) 探头架（箱）与管材要保持良好的同心度，并保证探头的入射角不发生变化，以减小检测灵敏度的波动。

2) 探头位置的调整装置结构要合理，调整要方便，并要设有可靠的锁紧装置，防止高速旋转时松动。

3) 配备有与驱动系统同步的缺陷延迟标记装置，以保证准确打印标记。

4) 探头对管材作螺旋线扫查的速度应可调节，适用不同规格的管材检测，工作稳定性好。

5) 探头旋转式设备的电耦合装置应具有良好的信号传输性能，不产生干扰检测仪的信号。

复习思考题

一、钢板检测

1. 钢板中常见缺陷有哪几种？各是怎样形成的？
2. 钢板分哪几类？各采用什么方法检测？
3. 什么是多次底波检测法？多次底波法有何优点？如何根据底波变化情况来判别缺陷大小？
4. 什么是叠加效应？叠加效应是怎样产生的？产生叠加效应时应根据第几次 F 波来评价缺陷大小？为什么？
5. 什么是水浸重合波检测法？这种方法有何优点？
6. 检测钢板时，常采用哪几种方法进行扫查？各适用于什么情况？
7. 在钢板超声检测中，常采用什么方法来调节检测灵敏度？
8. 在钢板检测中，哪几种情况作为缺陷？
9. 在钢板检测中，引起底波消失的原因是什么？
10. 钢板检测中，如何测定缺陷的位置和大小？
11. 钢板中常见缺陷回波有何特点？如何判别？
12. 压力容器用钢板超声检测标准 ZBJ 74003—1988 适用于什么范围？
13. JB/T 4730—2005 标准将钢板质量分为哪几级？钢板的级别是怎样划分的？
14. 什么是复合板材？复合板材中常见缺陷是什么？一般采用什么方法检测？如何调节检测灵敏度？
15. 试分别说明两种材质声阻抗相近和相差较大时判别缺陷的具体方法。
*16. $\delta < 6$ mm 的薄板一般采用什么方法检测？为什么？该方法有何优点？
*17. 板波是怎样产生的？它的波速与哪些因素有关？
*18. 板波的衰减及反射与纵、横波有何不同？
*19. 试说明板波检测的一般方法。
20. 用水浸四次波重合法检测 $T=40$ mm 的钢板，水层厚度应为多少？（$H=40$ mm）
21. 水浸检测 $T=30$ mm 的钢板，已知水层厚度 $H=15$ mm，问这时是几次波重合法？（二次波）
22. 用水浸二次波重合法检测 $T=40$ mm 的钢板，仪器在钢试块上按 1∶2 调节扫描速度，并校正 "0" 点。求：
    (1) 水层厚度为多少？（$H=20$ mm）
    (2) 钢板中距上表面 12 mm 处的缺陷回波的水平刻度值为多少？（$\tau_f=46$）
    (3) 示波屏上 $\tau_f=50$ 处缺陷在钢板中的位置？（$d_f=20$ mm）
23. 从钢材一面检测钢/钛复合板，已知 $Z_{钢}=46\times10^6$ kg/m² · s，$Z_{钛}=27.4\times10^6$ kg/m² · s，不计扩散和介质衰减。求：
    (1) 复合界面声压反射率为多少？（$r=0.25$）

超声检测

(2) 底波与复合界面回波的 dB 差为多少？(11.5 dB)

24. 水浸检测钢/钛复合板，已知 $Z_{钢}=46\times10^6$ kg/m²·s，$Z_{钛}=27.4\times10^6$ kg/m²·s，$Z_{水}=1.48\times10^6$ kg/m²·s，求底波长界面回波的 dB 差为多少？(10.4 dB)

25. 水浸二次重合波检测 $T=40$ mm 的钢板，仪器按 1∶2 调节扫描速度，并校正"0"点，试在示波屏上刻度线上画出各种反射波？

26. 超声检测面积为 1 m² 的甲、乙两钢板，甲板有以下缺陷：80 cm² 8个、50 cm² 2个、20 cm² 1个；乙板有以下缺陷：20 cm² 6个、15 cm² 8个、10 cm² 5个。试根据 JB/T 4730—2005 标准判定甲、乙两钢板的级别。(甲：Ⅲ级，乙：Ⅰ级)

27. JB/T 4730—2005 标准规定Ⅱ级质量的钢板，不允许存在的单个缺陷面积是多少？每 1 m² 内不允许存在的缺陷总面积占检测总面积的百分比是多少？允许几个 25 cm² 的缺陷存在？(50 cm²，4%，16个)

二、钢管检测

1. 钢管是怎样加工成形的？常见缺陷有哪几种？一般采用什么方法检测？
2. 试说明小径管纵向、横向缺陷的一般检测方法。
3. 写出聚焦探头声透镜曲率半径的计算公式，并说明各参数的物理意义。
4. 什么是偏心距？确定偏心距的原则是什么？
5. 写出水浸检测小径管时偏心距范围的计算公式，并说明各参数的物理意义。
6. 写出水浸检测小径管时焦距的计算公式，并说明各参数的物量意义。
7. 水浸检测钢管时，为什么水层厚度要大于钢管中横波全声程的 1/2？
8. 横波检测钢管的最大允许壁厚是根据什么原则确定的？钢管的壁厚与外径比 t/D 的最大值为多少？
9. 水浸检测小径管时，如何调节检测灵敏度？
10. 试说明大口径管的一般检测方法。
*11. 什么是声程修正系数 μ 和跨距修正系数 m？为什么要引进 μ、m？试说明横波周向检测大口径管时缺陷定位的方法。
*12. 如何测试曲面探头的入射点和和折射角？
*13. 简述管材自动检测设备的分类和应用，并说明其主要工艺参数的选择方法和对仪器设备的特殊要求。

14. 水浸聚焦检测 $\phi50$ mm$\times6$ mm 无缝钢管，声透镜半径 $r'=40$ mm，求偏心距和水层厚度？($x=7.5$ mm，$H=63$ mm)

15. 水浸检测钢管，入射角 $\alpha=12°$ 时能检测的钢管壁厚与外径之比 t/D 为多少？($t/D=0.273$)

16. 用 $K1.0$ 斜探头检测外径 $D=600$ mm 筒体的最大壁厚为多少？($t_{max}=87.8$ mm)

17. 用 $K3.0$ 斜探头检测外径 $D=300$ mm，壁厚 $t=15$ mm 的钢管，问能否检测到钢管的内壁？(不能)

18. 水浸检测外径 $D=80$ mm 的钢管，已知钢管中横波折射 β_S 角 $=40°$，$c_{L1}=1\,480$ m/s，$c_{S2}=3\,230$ m/s，求偏心距为多少？($x=11.8$ mm)

19. 水浸聚焦检测 $\phi40$ mm 的钢管，水层厚度为 10 mm，求声透镜的曲率半径？($r'=13.3$ mm)

20. 水浸聚焦检测 ϕ40 mm×4 mm 钢管，水层厚度为 30 mm，求偏心距 x、入射角 α、折射角 β、焦距 F 和声透镜曲率半径 r' 各为多少？($x=6.5$ mm，$\alpha=18°$，$\beta=42.40°$，$F=50$ mm，$r'=22.7$ mm）

21. 用接触法检测外径 $D=300$ mm，壁厚 $t=60$ mm 的钢管，探头的 K 值最大为多少？（$K=0.75$）

第 8 章 锻件与铸件超声检测

锻件和铸件是制造各种机械设备及锅炉、压力容器的重要毛坯件,特别是锻件,在高参数大型容器中和受压元件制造中应用非常广泛。它们在生产加工过程中常会产生一些缺陷,影响设备的安全使用,因此有必要对其进行超声检测。本章重点讨论锻件检测问题,对铸件检测也将作简单介绍。

8.1 锻件超声检测

8.1.1 锻件加工及常见缺陷

锻件是将铸锭或锻坯在锻锤或模具的压力下变形制成一定形状和尺寸的零件毛坯。锻压过程包括加热、形变和冷却。锻造的方式大致分为镦粗、拔长和滚压,镦粗是锻压力施加于坯料的两端,形变发生在横截面上,拔长是锻压力施加于坯料的外圆,形变发生在长度方向。滚压是先镦粗坯料,然后冲孔,再插入芯棒并在外圆施加锻压力。滚压既有纵向形变,又有横向形变。其中镦粗主要用于饼类锻件,拔长主要用于轴类锻件,而筒形锻件一般先镦粗,后冲孔,再镦压。

为了改善锻件的组织性能,锻后还要进行正火、退火或调质等热处理,因此锻件的晶粒一般都很细,有良好的透声性。

锻件中的缺陷主要有两个来源:一种是由铸锭中缺陷引起的缺陷;另一种是锻造过程及热处理中产生的缺陷。常见的缺陷类型有:

1. 缩孔

缩孔是铸锭冷却收缩时在头部形成的缺陷,锻造时因切头量不足而残留下来,多见于轴类锻件的头部,具有较大的体积,并位于横截面中心,在轴向具有较大的延伸长度。

2. 缩松

缩松是在铸锭凝固收缩时形成的孔隙和孔穴,在锻造过程中因变形量不足而未被消除。缩松缺陷多出现在大型锻件中。

3. 夹杂物

根据其来源或性质,夹杂物又可分为内在非金属夹杂物、外来非金属夹杂物和金属夹杂物。

内在非金属夹杂物是铸锭中包含的脱氧剂、合金元素等与气体的反应产物,尺寸较小,常漂浮于熔液上,最后集结在铸锭中心及头部。

外来非金属夹杂物是冶炼、浇注过程中混入的耐火材料或杂质，尺寸较大，故常混杂于铸锭下部。偶然落入的非金属夹杂则无确定位置。

金属夹杂物是冶炼时加入合金较多且尺寸较大，或者浇注时飞溅小粒或异种金属落入后未被全部熔化而形成的缺陷。

4. 裂纹

锻件裂纹的形成原因很多。按形成原因，裂纹的种类可大致分为以下几种：

因冶金缺陷（如缩孔残余）在锻造时扩大形成的裂纹。

因锻造工艺不当（如加热温度过高、加热速度过快、变形不均匀、变形量过大、冷却速度过快等）而形成的裂纹。

热处理过程中形成的裂纹。如淬火时加热温度较高，使锻件组织粗大，淬火时可能产生裂纹；冷却不当引起的开裂，回火不及时或不当，由锻件内部残余应力引起的裂纹。

5. 折叠

热金属的凸出部位被压折并嵌入锻件表面形成的缺陷称为折叠，多发生在锻件的内圆角和尖角处。折叠表面上的氧化层，能使该部位的金属无法连接。

6. 白点

钢锻件中由于氢的存在所产生的小裂纹称为白点。白点对钢材的力学性能影响很大，当白点平面垂直方向受应力作用时，会导致钢件突然断裂。因此，钢材不允许白点存在。白点多在高碳钢、马氏体钢和贝氏体钢中出现。奥氏体钢和低碳铁素体钢一般不出现白点。

锻件中缺陷所具有的特点与其形成过程有关。铸锭组织在锻造过程中沿金属延伸方向被拉长，由此形成的纤维状组织通常被称为金属流线。金属流线方向一般代表锻造过程中金属延伸的主要方向。除裂纹外，锻件中的多数缺陷，尤其是由铸锭中缺陷引起的锻件缺陷常常是沿金属流线方向分布的，这是锻件中缺陷的重要特征之一。

8.1.2 检测方法概述

锻件可采用接触法或水浸法进行检测。随着计算机技术的发展，以及人们对于水浸法便于实现自动检测、人为因素少、检测可靠性高的特点的认识不断加深，那些要求高分辨力、高灵敏度和高可靠性检测的重要锻件，越来越多地采用水浸法进行检测。锻件的组织很细，由此引起的声波衰减和散射影响相对较小，因此，锻件上有时可以应用较高的检测频率（如10 MHz 以上），以满足高分辨力检测要求和实现对较小尺寸缺陷检测的目的。

由于经过锻造变形，锻件中的缺陷一般具有一定的方向性。通常冶金缺陷的分布和方向与锻造流线方向有关。因此，为了得到最好的检测效果，锻件检测时声束入射面和入射方向的选择需要考虑锻造变形工艺和流线方向，并应尽可能使超声声束方向与锻造流线方向垂直。以模锻件为例，模锻件的变形流线是与外表面平行的，因此检测时一般要求超声声束方向应与外表面垂直入射，扫查需沿着外表面形状进行，通常需要采用水浸法或水套探头方可实现。

锻件常用于使用安全要求较高的关键部件，因此，通常需要对其表面和外形进行加工，以保证锻件具有光滑的声入射面满足高灵敏度检测的需要，同时使其外形尽可能为超声波覆盖整个锻件区域提供方便的入射面。

超声检测

锻件检测的时机，原则上应选择在热处理后，冲孔、开槽等精加工工序之前进行。因为孔、槽、台阶等复杂形状会形成超声声束无法到达的区域，增加检测的盲区，同时可能产生因形状引起的非缺陷干扰波，影响缺陷的检测和判别。而在热处理后进行检测，有利于发现热处理过程中产生的缺陷，如热处理裂纹等。

锻件超声检测常用技术有：纵波直入射检测、纵波斜入射检测、横波检测。由于锻件外形可能很复杂，有时为了发现不同取向的缺陷，在同一个锻件上需同时采用纵波和横波检测。其中纵波直入射检测是最基本的检测方式。

1. 轴类锻件的检测方法

轴类锻件的锻造工艺主要以拔长为主，因而大部分缺陷的取向与轴线平行，此类缺陷的检测以纵波直探头从径向检测效果最佳。考虑到缺陷会有其他的分布及取向。因此轴类锻件检测，还应辅以直探头在端面的轴向检测，必要时还应附以斜探头的径向检测及轴向检测。

（1）直探头径向和轴向检测　如图 8—1 所示，用直探头作径向检测时要将探头置于轴的外圆作全面扫查，以发现轴类锻件中常见的纵向缺陷。

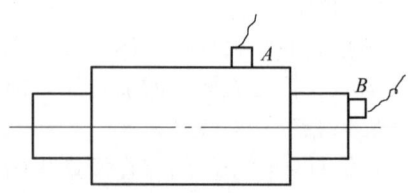

用直探头作轴向检测时，探头置于轴的端面，并在轴端作全面扫查，以检出与轴线相垂直的横向缺陷。但当轴的长度太长或轴有多个直径不等的轴段时，会有声束扫查不到的死区，因而此方法有一定的局限性。

图 8—1　轴类锻件直探头径向、轴向检测示意图

（2）斜探头周向及轴向检测　当缺陷呈径向且为单片状时，或轴上有几个不同直径的轴段，直探头径向或轴向检测方式都很难发现。此时，需要使用适当折射角的斜探头作周向及轴向检测。考虑到缺陷的取向，检测时探头应作正、反两个方向的全面扫查，如图 8—2 所示。

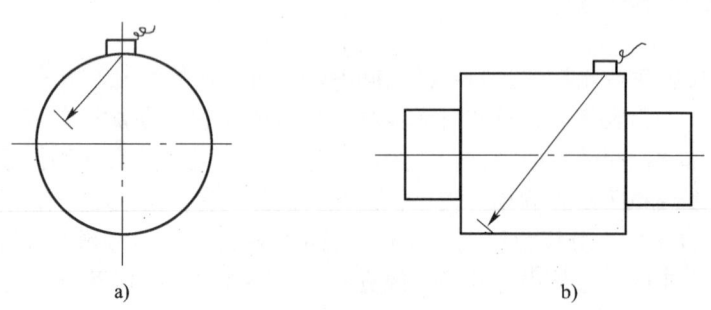

图 8—2　轴类锻件斜探头周向、轴向检测
a）周向检测　b）轴向检测

2. 饼类、碗类锻件的检测

饼类和碗类锻件的锻造工艺主要以镦粗为主，缺陷以平行于端面分布为主，所以用直探头在端面检测是检出缺陷的最佳方法。

对于某些重要的饼类、碗类锻件或厚度大的锻件，应从两个端面进行检测，此外有时还需从外圆面进行径向检测，如图 8—3 所示。

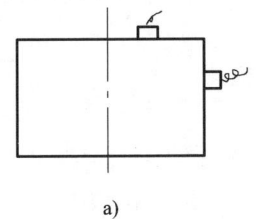 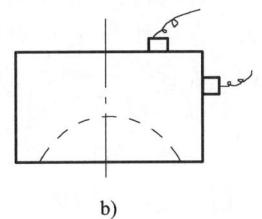

图 8—3 饼类、碗类锻件检测
a) 饼类锻件 b) 碗类锻件

从两端面检测时,探头置于锻件端面进行全面检测,以检出与端面平行的缺陷。从锻件侧面进行径向检测时,探头在锻件侧面扫查,以发现某些轴向缺陷。

3. 筒形或环形锻件的检测

筒形或环形锻件的锻造工艺是先镦粗,后冲孔,再滚压。因此,缺陷的取向比轴类锻件和饼类锻件中的缺陷的取向复杂,所以该类锻件的检测既需要进行纵波直入射检测,还应进行横波斜探头检测。由于铸锭中质量最差的中心部分已被冲孔时去除,因而筒形或环形锻件的质量一般较好。

(1) 直探头检测 如图 8—4 所示,用直探头从筒体外圆面或端面进行检测。外圆检测的目的是发现与轴线平行的周向缺陷,端面检测的目的是发现与轴线垂直的横向缺陷。

(2) 双晶直探头检测 为了检测筒体近表面缺陷,可采用双晶直探头从外圆面或端面检测,如图 8—4 所示。

(3) 斜探头检测 如图 8—5 所示,轴向检测为了发现与轴线垂直的径向缺陷,周向检测是为了发现与轴线平行的径向缺陷。周向检测时,缺陷定位应考虑修正。

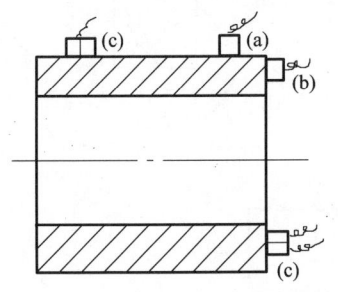 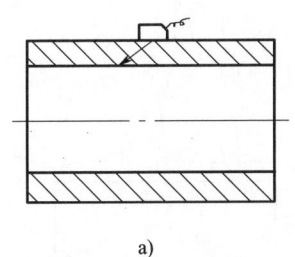 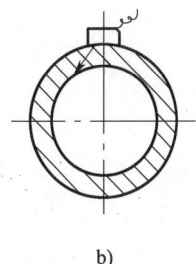

图 8—4 筒形锻件直探头检测

图 8—5 筒形锻件斜探头检测
a) 轴向检测 b) 周向检测

8.1.3 检测条件的选择

1. 探头的选择

对于纵波直入射法,可选用单晶直探头,其参数如公称频率和探头晶片与被检材料有关,若材料为低碳钢或低合金钢,可选用较高的检测频率,常用 2~5 MHz,探头晶片尺寸为 $\phi 14$ mm~$\phi 25$ mm;若材料为奥氏体钢,为了避免出现"草状回波",提高信噪比,可选择较低的频率和较大的探头晶片尺寸,频率常用 0.5~2 MHz,晶片尺寸为 $\phi 14$ mm~

$\phi30$ mm。对于较小的锻件或为了检出近表面缺陷,考虑到直探头的盲区和近场区的影响,还可选用双晶直探头,常用频率为 5 MHz。

对于横波检测,一般选择 $K=1.0$ 的斜探头进行检测。

2. 耦合选择

接触法时,为了实现较好的声耦合,一般要求检测面的表面粗糙度 R_a 不高于 6.3 μm,表面平整均匀,无划伤、油垢、污物、氧化皮、油漆等。当在试块上调节检测灵敏度时,要注意补偿试块与工件之间因曲率半径和表面粗糙度不同引起的耦合损失,可参考 6.4.1 所述。锻件检测时,常用机油、糨糊、甘油等作耦合剂,当锻件表面较粗糙时也可选用黏度更大的水玻璃作耦合剂。

水浸法时,对检测表面的要求低于接触法。

3. 纵波直入射法检测面的选择

锻件检测时,原则上应从两个相互垂直的方向进行检测,并尽可能地检测到锻件的全体积,主要检测方向如图 8—6 所示;若锻件厚度超过 400 mm 时,应从相对两端面进行 100% 的扫查。

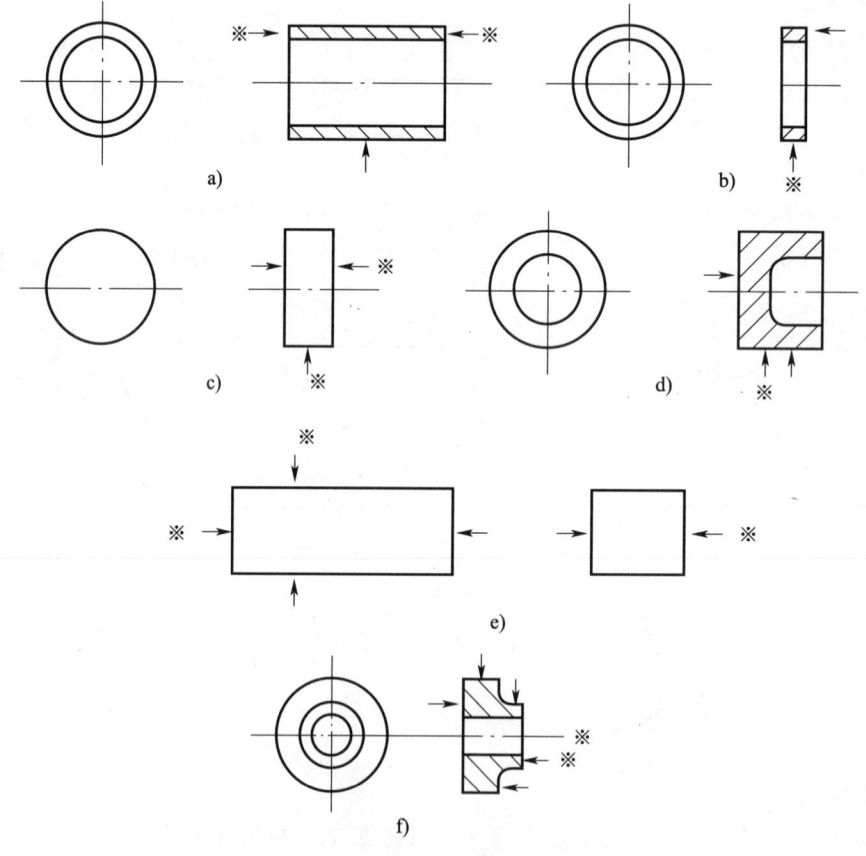

注:↑为应检测方向;※为参考检测方向

图 8—6 检测方向(纵波直入射法)

4. 材质衰减系统的测定

当锻件尺寸较大时,材质的衰减对缺陷定量有一定的影响。特别是若材质衰减严重时,影响更明显。因此,在锻件检测中有时要测定材质的衰减系数 α,衰减系数的测定参见 6.4.1 节"4. 工件材质衰减系数的测定"。

5. 试块选择

锻件检测中,要根据探头和检测面的情况选择试块。

采用单晶直探头检测时,常选用 CSⅠ 标准试块,其结构尺寸见图 8—7 和表 8—1。

工件检测距离小于 45 mm 时,应采用双晶直探头和 CSⅡ 标准试块来调节检测灵敏度,CSⅡ 标准试块的结构尺寸见图 8—8 和表 8—2。

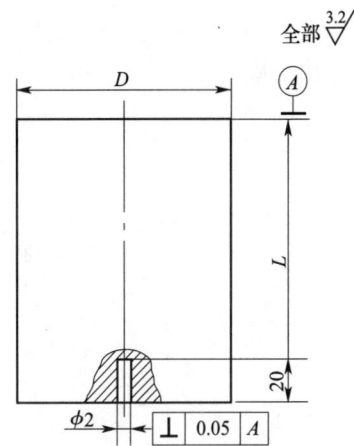

图 8—7 CSⅠ 标准试块

表 8—1		CSⅠ 标准试块尺寸		单位:mm
试块序号	CSⅠ-1	CSⅠ-2	CSⅠ-3	CSⅠ-4
L	50	100	150	200
D	50	60	80	80

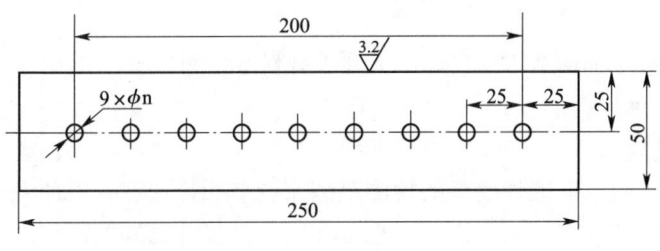

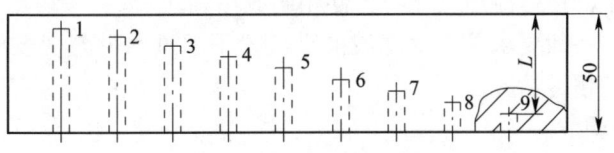

图 8—8 CSⅡ 标准试块

表 8—2		CSⅡ 标准试块尺寸								单位:mm
试块序号	孔径	检测距离 L								
		1	2	3	4	5	6	7	8	9
CSⅡ-1	φ2	5	10	15	20	25	30	35	40	45
CSⅡ-2	φ3									
CSⅡ-3	φ4									
CSⅡ-4	φ6									

当检测面为曲面时，应采用 CSⅢ 标准试块来测定由于曲率不同引起的耦合损失，CSⅢ 标准试块如图 8—9 所示。

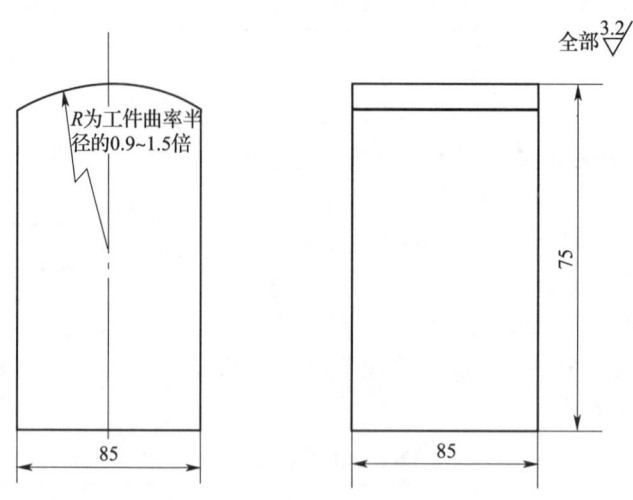

图 8—9　CSⅢ 标准试块

8.1.4　扫描速度和灵敏度的调节

扫描速度和灵敏度的调节方法已在 6.4.1 "检测设备的调整"中述及，此处简要介绍其主要内容。

1. 扫描速度的调节

锻件检测前，一般根据锻件要求的检测范围来调节扫描速度，以便发现缺陷，并对缺陷定位。扫描速度的调节可在试块上进行，也可在锻件上尺寸已知的部位上进行，在试块上调节扫描速度时，试块上的声速应尽可能与工件相同或相近。

调节扫描速度时，一般要求第一次底波前沿位置不超过水平刻度极限的 80%，以利观察一次底波之后的某些信号情况。

2. 检测灵敏度的调节

锻件的扫查灵敏度一般不低于最大检测距离处的 $\phi 2 \text{ mm}$ 平底孔当量直径。

调节锻件检测灵敏度的方法有两种：一种是利用锻件底波来调节，另一种是利用试块来调节。

(1) 底波调节法　当锻件被探部位厚度 $x \geqslant 3N$，且锻件具有平行底面或圆柱曲底面时，常用底波来调节检测灵敏度。

1) 计算：对于大平底面或实心圆柱体底面，同距离处底波与平底孔回波的分贝差为：

$$\Delta = 20\lg \frac{P_B}{P_f} = 20\lg \frac{2\lambda x}{\pi D_f^2} \tag{8—1}$$

式中　λ——波长，mm；

x——被探部位的厚度，mm；

D_f——平底孔直径，mm。

对于空心圆柱体，同距离处圆柱曲底面与平底孔回波分贝差为：

$$\Delta = 20\lg \frac{P_B}{P_f} = 20\lg \frac{2\lambda x}{\pi D_f^2} \pm 10\lg \frac{d}{D} \tag{8—2}$$

式中　d——空心圆柱体内径，mm；

　　　D——空心圆柱体外径，mm；

　　　"+"——外圆径向检测，内孔凸柱面反射；

　　　"-"——内孔径向检测，外圆凹柱面反射。

2) 调节：探头对准完好区的底面，调"增益"使底波 B_1 达基准高，然后用"衰减器"增益 ΔdB，这时灵敏度就调好了。为了便于发现缺陷可再增益 5～10 dB 作为扫查灵敏度。

【例1】　用 2.5P20Z 探头径向检测 ϕ500 mm 的实心圆柱体锻件，c_L=5 900 m/s，问如何利用底波调节 500/ϕ2 灵敏度？

解：由题意得 $\lambda = \dfrac{c}{f} = \dfrac{5.9}{2.5} = 2.36$ mm

① 计算：500 mm 处底波与 ϕ2 mm 平底孔回波分贝差为：

$$\Delta = 20\lg \frac{2\lambda x}{\pi D_f^2} = 20\lg \frac{2 \times 2.36 \times 500}{3.14 \times 2^2} = 45.5 \text{ dB}$$

② 调节：将探头对准完好区圆柱底面，调"增益"使底波 B_1 达基准 60% 高，然后用"衰减器"增益 46 dB，这时 ϕ2 灵敏度就调好了，必要时再增益 6 dB 作为扫查灵敏度。

【例2】　用 2.5P20Z 探头径向检测外径为 ϕ1 000 mm，内径为 ϕ100 mm 的空心圆柱体锻件，c_L=5 900 m/s，问如何利用内孔回波调节 450 mm/ϕ2 mm 灵敏度？

解：由题意得 $\lambda = \dfrac{c}{f} = \dfrac{5.9}{2.5} = 2.36$ mm，$D = 1\ 000$ mm，$d = 100$ mm，$x = \dfrac{D-d}{2} = \dfrac{1\ 000 - 100}{2} = 450$ mm

① 计算：450 mm 处内孔回波与 ϕ2 回波的分贝差为：

$$\Delta = 20\lg \frac{2\lambda x}{\pi D_f^2} + 10\lg \frac{d}{D} = 20\lg \frac{2 \times 2.36 \times 450}{3.14 \times 2^2} + 10\lg \frac{100}{1\ 000} = 34.5 \text{ dB}$$

② 调节：将探头对准完好区的内孔，衰减 45 dB，调"增益"使底波 B_1 达基准 60% 高。然后用"衰减器"增益 35 dB 作为检测灵敏度，再增益 6 dB，作为扫查灵敏度。

(2) 试块调节法

1) 单直探头检测：当锻件的厚度 $x < 3N$ 或由于几何形状所限或底面粗糙时，应利用具有人工反射体的试块来调节检测灵敏度，如 CSⅠ和 CSⅡ试块。调节时将探头对准试块的平底孔，调"增益"使平底孔回波达基准高即可。

值得注意是，当试块表面形状、粗糙度与锻件不同时，要进行耦合补偿。当试块与工件的材质衰减相差较大时，还要考虑介质衰减补偿。

【例1】　用 2.5P20Z 探头检测厚度为 50 mm 的小锻件，采用 CSⅠ试块调节 50/ϕ2 灵敏度，试块与锻件表面耦合差 3 dB，问如何调节灵敏度？

解：利用 CSⅠ试块调节灵敏度的方法如下：

将探头对准CSⅠ试块中1号试块的 $\phi2$ mm 平底孔，距离为50 mm，调"增益"使 $\phi2$ 回波达60%高，然后再用"衰减器"增益3 dB，这时50/$\phi2$ 灵敏度就调好了。

【例2】 用2.5P14Z探头检测底面粗糙厚为400 mm的锻件，问如何利用100/$\phi4$ 平底孔试块调节400/$\phi2$ 灵敏度？试块与工作表面耦合差6 dB。

解：计算：100/$\phi4$ 与 400/$\phi2$ 回波分贝差：

$$\Delta = 20\lg \frac{P_{f1}}{P_{f2}} = 40\lg \frac{\phi_1 x_2}{\phi_2 x_1} = 40\lg \frac{4 \times 400}{2 \times 100} = 36 \text{ dB}$$

调节：将探头对准100/$\phi4$ 平底孔试块的平底孔，调"增益"使 $\phi4$ 平底孔回波达基准高，然后用"衰减器"增益 36+6=42 dB，这时400/$\phi2$ 灵敏度就调好了。这时工件上400/$\phi2$ 平底孔缺陷回波正好达基准高。

2) 双晶直探头检测：采用双晶直探头检测时，要利用如图8—8所示CSⅡ标准试块的平底孔来调节检测灵敏度。先根据检测要求选择相应的平底孔试验块，并依次测试一组距离不同直径相同的平底孔的回波，使其中最高回波达满刻度的80%，在此灵敏条件下测出其他平底孔的回波最高点，并标在示波屏上，然后连接这些回波最高点，从而得到一条平底孔距离——波幅曲线，并以此作为检测灵敏度。

8.1.5 缺陷位置和大小的测定

1. 缺陷位置的测定

在锻件检测中，主要采用纵波直探头检测，因此可根据示波屏上缺陷波前沿所对的水平刻度值 τ_f 和扫描速度 1：n 来确定缺陷在锻件中的位置。缺陷至探头的距离 x_f 为：

$$x_f = n \tau_f \tag{8—3}$$

2. 缺陷大小的测定

锻件检测中，对于尺寸小于声束截面的缺陷一般用当量法定量。若缺陷位于 $x \geqslant 3N$ 区域内时，常用当量计算法和当量 AVG 曲线法定量；若缺陷位于 $x < 3N$ 区域内，常用试块比较法定量，对于尺寸大于声束截面的缺陷一般采用测长法，常用的测长法有6 dB法和端点6 dB法。必要时还可采用底波高度法来确定缺陷的相对大小。

在平面工件检测中，用6dB法测定缺陷的长度时，探头的移动距离就是缺陷的指示长度，如图8—10所示。然而在对圆柱形锻件进行周向检测时，探头的移动距离不再是缺陷的指示长度了，如图8—11所示。

外圆周向测长时，缺陷的指示长度 L_f 为：

$$L_f = \frac{L}{R}(R - x_{f1}) \tag{8—4}$$

式中：L——探头移动的外圆弧长，mm；

R——圆柱体外半径，mm；

x_{f1}——缺陷的声程，mm。

内孔周向测长时，缺陷的指示长度 L_f 为：

$$L_f = \frac{L'}{r}(r + x_{f2}) \tag{8—5}$$

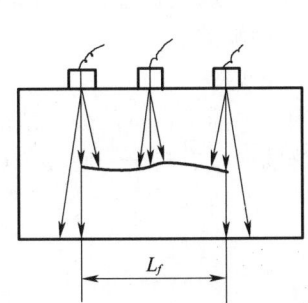

图 8—10　平面工件检测 6 dB 测长法　　　图 8—11　圆弧面检测 6 dB 测长法

式中：L'——探头移动的内圆弧长，mm；

　　　r——圆柱体内半径，mm；

　　　x_{f2}——缺陷的声程，mm。

8.1.6　缺陷回波的判别

在锻件检测中，不同性质的缺陷回波是不同的，实际检测时，可根据示波屏上的缺陷回波情况来分析缺陷的性质和类型。

1. 单个缺陷回波

锻件检测中，示波屏上单独出现的缺陷回波称为单个缺陷回波。一般单个缺陷是指与邻近缺陷间距大于 50 mm、回波高不小于 ϕ2 mm 的缺陷。如锻件中单个的夹层、裂纹等。检测中遇到单个缺陷时，要测定缺陷的位置和大小，当缺陷较小时，用当量法定量，当缺陷较大时，用 6 dB 法测定其边界和面积范围。

2. 分散缺陷回波

锻件检测时，工件中的缺陷较多且较分散，缺陷彼此间距较大，这种缺陷回波称为分散缺陷回波。一般在边长为 50 mm 的立方体内少于 5 个，不小于 ϕ2 mm，如分散性的夹层。分散缺陷回波一般不太大，因此常用当量法定量，同时还要测定分散缺陷的位置。

3. 密集缺陷回波

锻件检测中，示波屏上同时显示的缺陷回波很多，缺陷之间的间隔很小，甚至连成一片，这种缺陷回波称为密集缺陷回波。

密集缺陷的划分，根据不同的验收标准有不完全相同的定义。

(1) 以缺陷的间距划分，规定相邻缺陷间的间距小于某一值时为密集缺陷。

(2) 以单位长度时基线内显示的缺陷回波数量划分，规定在相当于工件厚度值的基线内，当探头不动或稍作移动时，一定数量的缺陷回波连续或断续出现时为密集缺陷。

(3) 以单位面积中的缺陷回波划分，规定在一定检测面积下，探出的缺陷回波数量超过某一值时定为密集缺陷。

（4）以单位体积内缺陷回波数量划分，规定在一定体积内缺陷回波数量多于规定值时定为密集缺陷。

实际检测中，以单位体积内缺陷回波数量划分较多。一般规定在边长 50 mm 的立方体内，数量不少于 5 个，当量直径不小于 $\phi 2$ mm 的缺陷为密集缺陷。

密集缺陷可能是疏松、非金属夹杂物、白点或成群的裂纹等。

锻件内不允许有白点缺陷存在，这种缺陷的危险性很大。通常白点的分布范围较大，且基本集中于锻件的中心部位，它的回波清晰、尖锐，成群的白点有时会使底波严重下降或完全消失。这些特点是判断锻件中白点的主要依据，如图 8—12 所示。

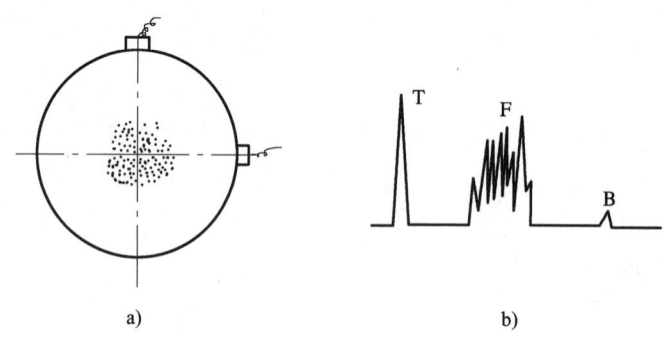

图 8—12　白点的分布与波形
a) 白点分布　b) 白点波形

4. 游动回波

在圆柱形轴类锻件检测过程中，当探头沿着轴的外圆移动时，示波屏上的缺陷波会随着该缺陷检测声程的变化而游动，这种游动的动态波形称为游动回波。

游动回波的产生是由于不同波束射至缺陷产生反射引起的。波束轴线射至缺陷时，缺陷声程小，回波高。左右移动探头，扩散波束射至缺陷时，缺陷声程大，回波低。这样同一缺陷回波的位置和高度随探头移动发生游动，如图 8—13 所示。

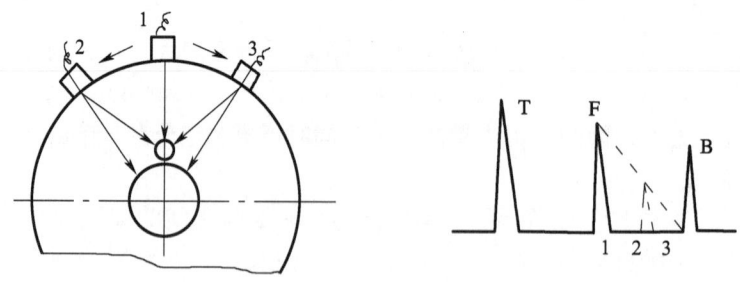

图 8—13　游动回波

不同的检测灵敏度，同一缺陷回波的游动情况不同。一般可根据检测灵敏度和回波的游动距离来鉴别游动回波。一般规定游动范围达 25 mm 时，才算游动回波。

根据缺陷游动回波包络线的形状，可粗略地判别缺陷的形状。

5. 底面回波

锻件检测中，有时还可根据底波变化情况来判别锻件中的缺陷情况。

当缺陷回波很高，并有多次重复回波，而底波严重下降甚至消失时，说明锻件中存在平行于检测面的大面积缺陷。

当缺陷回波和底波都很低甚至消失时，说明锻件中存在大面积且倾斜的缺陷或在检测面附近有大缺陷。

当示波屏上出现密集的互相彼连的缺陷回波，底波明显下降或消失时，说明锻件中存在密集性缺陷。

8.1.7 非缺陷回波分析

锻件检测中会出现一些非缺陷回波，从而影响对缺陷波的判别。

在锻件检测中，常见的非缺陷回波有以下几种：周向检测圆柱形锻件时产生的三角反射波；轴向检测细长轴类锻件时，由于波形转换，在示波屏上出现的迟到波；当锻件中存在与检测面成61°倾角的缺陷时，示波屏上会出现61°反射波；以及锻件的台阶、凹槽等外形轮廓也会引起一些轮廓回波，检测中要注意判别。

此外，在锻件检测中还可能产生一些其他的非缺陷回波，这时应根据锻件的结构形状、材质和锻造工艺，应用超声波反射、折射和波形转换理论进行分析判别。

8.1.8 锻件质量级别的评定（见 JB/T 4730.3—2005 标准）

1. 缺陷引起底波降低量的质量分级见表8—3。

表8—3　　　　　　由缺陷引起底波降低量的质量分级　　　　　　单位：dB

等　级		Ⅰ	Ⅱ	Ⅲ	Ⅳ	Ⅴ
底波降低量	BG/BF	≤8	>8~14	>14~20	>20~26	>26

注：本表仅适用于声程大于近场区长度的缺陷。

2. 单个缺陷的质量分级见表8—4。

表8—4　　　　　　　　单个缺陷的质量分级　　　　　　　　单位：mm

等级	Ⅰ	Ⅱ	Ⅲ	Ⅳ	Ⅴ
缺陷当量直径	≤φ4	φ4+（>0 dB~8 dB）	φ4+（>8 dB~12 dB）	φ4+（>12 dB~16 dB）	>φ4+16 dB

3. 密集区缺陷质量分级见表8—5。

表8—5　　　　　　　密集区缺陷的质量分级

等级	Ⅰ	Ⅱ	Ⅲ	Ⅳ	Ⅴ
密集区缺陷占检测总面积的百分比（%）	0	>0~5	>5~10	>10~20	>20

4. 表8—3、表8—4和表8—5的等级应作为独立的等级分别使用。

5. 当缺陷被检测人员判定为危害性缺陷时，锻件的质量等级为Ⅴ级。

下面举例说明锻件的评级方法。

【例1】 用2.5P20Z探头检测400 mm厚的钢锻件，钢中$c_L=5\ 900$ m/s，衰减系数$\alpha=0.005$ dB/mm，检测灵敏度为400 mm/ϕ4 mm平底孔。检测中在250 mm处发现一处缺陷，其波高比基准波高20 dB，试根据JB/T 4730.3—2005标准评定该锻件的质量级别。

解：(1) 条件判别：

$$\lambda = \frac{c}{f} = \frac{5.9}{2.5} = 2.36$$

$$N = D_s^2/4\lambda = 20^2/(4 \times 2.36) = 42.4$$

$$3N = 3 \times 42.4 = 127 < 250$$

所以 符合当量计算的条件。

(2) 求250 mm处ϕ4 mm当量的dB值：

$$\Delta_{12} = 20\lg\frac{P_{f1}}{P_{f2}} = 40\lg\frac{x_2}{x_1} + 2\alpha(x_2 - x_1)$$

$$= 40\lg\frac{400}{250} + 2 \times 0.005 \times (400-250)$$

$$= 9.5 \text{ dB}$$

(3) 求该缺陷的当量并评级：

缺陷当量：$\phi 4 + 20 - 9.5 = \phi 4 + 10.5$ dB

缺陷评级：该锻件评为Ⅲ级。

【例2】 用2.5P20Z探头检测面积为400 cm²的锻件，检测中发现一密集缺陷，其面积为24 cm²，缺陷处底波为30 dB，无缺陷处底波为44 dB。试根据JB/T 4730.3—2005标准评定该锻件的质量级别。

解：(1) 据密集性缺陷评级：

因为 $\frac{24}{400} \times 100\% = 6\% > 5\%$

所以 评为Ⅲ级

(2) 据底波降低量评级：

因为 $[B]_G - [B]_F = 44 - 30 = 14$ dB

所以 评为Ⅱ级

8.2 铸件超声检测

8.2.1 铸件的特点及常见缺陷

铸件是将金属或合金熔化后注入铸模中冷却凝固而成的，铸件具有如下特点：

1. 组织不均匀

液态金属注入铸模后，与模壁首先接触的液态金属因温度下降更快且模壁有大量固态微粒形成晶核，因此很快凝固成为较细晶粒。随着与模壁距离的增加，模壁影响逐渐减弱，晶体的主轴沿散热的平均方向而生长，即沿与模壁相垂直的方向生长成彼此平行的柱状晶体。在铸件的中心，散热已无显著的方向性，冷却凝固缓慢，晶体自由地向各个方向生长，形成等轴晶区。显然，铸件的组织是不均匀的。并且一般来说，晶粒比较粗大。

2. 组织不致密

液态金属的结晶是以树枝状生长方式进行的，树枝间的液态金属最后会凝固，但树枝间很难被金属液体全部填满，这就造成了铸件普遍存在的不致密性。另外，液态金属在冷却凝固中体积会产生收缩，如果得不到及时、足够的补充，也可形成疏松或缩孔。

3. 表面粗糙，形状复杂

铸件是一次浇铸成形的，形状往往复杂且不规则，表面常常难以加工。

4. 缺陷的种类和形状复杂

铸件中主要的缺陷类型有：孔洞类缺陷（包括缩孔、缩松、疏松、气孔等）、裂纹冷隔类缺陷（冷裂、热裂、白点、冷隔和热处理裂纹）、夹杂类缺陷以及成分类缺陷（如偏析）等。由于应力的原因，裂纹多出现于冷却速度快、几何形状复杂、截面尺寸变化大的铸件中，是具有危险性的缺陷。

8.2.2　铸件超声检测特点

上述铸件的特点，给超声检测带来了不利的影响，形成了铸件超声检测的特殊性和局限性。

1. 超声波穿透性差

铸件中粗大的晶粒、不均匀的组织、粗糙的表面都会导致超声散射增大，声能损失严重，与锻件相比，铸件的可探厚度减小。另外粗糙的表面使耦合变差，也是造成铸件检测灵敏度低的原因。

2. 杂波干扰严重

铸件中的组织不致密和不均匀，以及晶粒粗大，都会使超声波产生严重的散射，被探头接收后，在荧光屏上将显示为较强的草状杂波信号；粗糙的铸造表面对声波的散射也会形成杂波信号；另外，铸件形状复杂，也非常容易产生外轮廓反射回波以及迟到回波。这些干扰信号可能会妨碍缺陷信号的识别。

3. 缺陷检测要求较低

铸件中一般允许存在的缺陷尺寸较大，数量可较多，特别是工艺性的检测，有的只要求检出危险性的缺陷，以便修补处理。

8.2.3　铸件超声检测常用技术

1. 检测技术

根据铸件的不同情况，可选择相应的检测技术。

（1）缺陷反射波法　对于厚度较大，表面较光滑的铸件，可采用纵波直探头，通过观察一次底面回波之前是否出现缺陷信号进行检测。如需检测裂纹，或由于形状和缺陷取向原因无法采用纵波检测的部位,可采用斜探头检测。要检测近表面缺陷,可采用双晶探头。

(2) 二次缺陷反射波法 对于厚度不大,表面较粗糙的铸件,可采用纵波直探头检测,通过观察一次底面和二次底面回波之间是否出现缺陷信号进行判断。

(3) 多次回波法 对于厚度较薄,材质均匀,检测面与底面平行的铸件,可采用纵波直探头,通过底面多次回波法检测。

(4) 分层检测法 厚度特大的铸件,如果用缺陷回波法检测,通常检测灵敏度需按最大厚度调整,这就使得仪器增益必须设置的很大,根据超声波的衰减特性,这样势必造成靠近表面位置的信号幅度过高,散射引起的杂波信号幅度也过高。如果该部位存在缺陷,则缺陷信号将混于杂波信号中,无法分辨。因此对于厚度特别大的铸件,一般采用分层法检测,即检测时将铸件厚度分为若干层,每一层分别采用该层的深度调整灵敏度进行检测,如图8—14所示。对于近表面层,由于该层厚度小,声衰减较小,需要的仪器增益相对较低,杂波幅度也可相应下降,采用一般全厚度检测的缺陷回波法无法分辨的缺陷,此时有可能被观测到。这样既满足了深层缺陷检测灵敏度要求,也解决了较小厚度部位的缺陷检测问题。可见,分层检测法是解决铸件检测时杂波干扰的一种有效措施。

在实际检测时,利用仪器的距离幅度补偿(DAC)功能,不分层检测,也可达到与分层检测同样的效果。

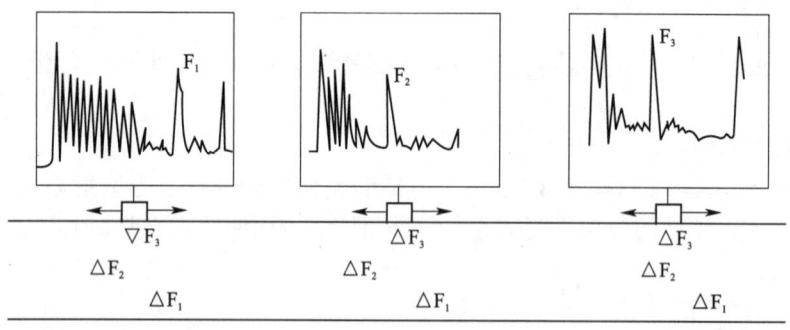

图8—14 大厚度铸件分层检测示意图

8.2.4 铸件的检测条件的选择

1. 探头

铸钢件检测,一般以纵波直探头为主。辅以横波斜探头和纵波双晶探头。

铸钢件晶粒比较粗大,衰减严重,宜选用较低的频率,一般为0.5~2.5 MHz。对于厚度不大经过热处理的铸钢件,可选用2.0~2.5 MHz;对于厚度较大和未经热处理的铸钢件,宜选用0.5~2.0 MHz。

纵波直探头的直径一般为ϕ10 mm~ϕ30 mm,横波斜探头的折射角常为45°、60°、70°等。

2. 试块

纵波直探头检测常用如图8—15所示的ZGZ系列平底孔对比试块。试块材质与被检铸钢件相似,不允许存在ϕ2 mm平底孔缺陷。试块平底孔直径d分别为ϕ3、ϕ4、ϕ6等三种。

平底孔声程 l 为 25、50、75、100、150、200 六种。该试块用于测试距离—波幅曲线和调整检测灵敏度。

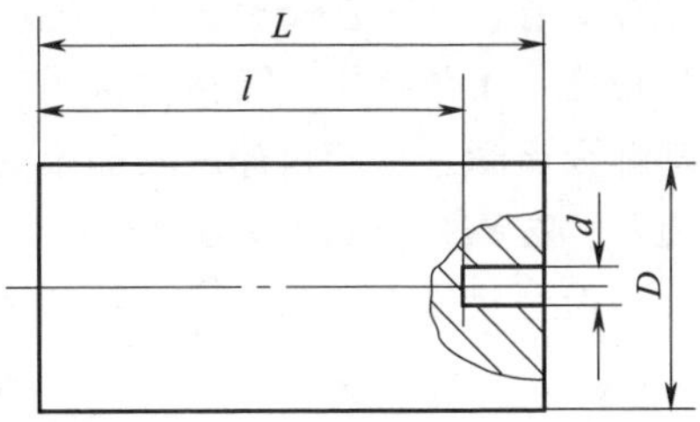

3. 检测表面与耦合剂

铸钢件表面粗糙,耦合条件差,检测前应对其表面进行打磨清理,要求粗糙度 R_a 不大于 12.5 μm。

铸钢件检测时,常用黏度较大的耦合剂,如浆糊、黄油、甘油、水玻璃等。

4. 透声性测试

图 8—15 ZGZ 系列平底孔对比试块

铸钢件晶粒较粗,组织不致密,对声波吸收和散射严重,透声性差,对检测结果影响较大。一般检测前要测试其透声性。铸钢件透声性可用纵波直探头来测试。将探头对准工件底面,用衰减器测出底波 B_1 与 B_2 的 dB 差即可。为了减少测试误差,一般测三点取平均值。测得的 dB 差愈大,说明透声性愈差。

8.2.5 距离—波幅曲线的测试与灵敏度调节

根据检测要求选定一组平底孔对比试块（平底孔直径相同声程不同）,测出工件与对比试块的透声性和耦合损失差 ΔdB。将探头置于厚度与工件相近的试块上,对准平底孔,调节仪器使平底孔最高回波达 10%～20%,然后固定各旋钮,将探头分别对准不同声程的平底孔,标记各平底孔回波的最高点,连成曲线,从而得到该平底孔的距离—波幅曲线（即面板曲线）。用衰减器增益 ΔdB,这时灵敏度就调好了。为了便于发现缺陷,有时再增益 6 dB 作为扫查灵敏度。

8.2.6 缺陷的判别与测定

探头按选定的方式进行扫查,相邻两次扫查重叠 15%,探头移动速度≤150 mm/s。扫查中根据缺陷波高与底波降低情况来判别工件内部是否存在缺陷。以下几种情况要作为缺陷记录。

（1）缺陷回波幅度达到距离—波幅曲线者。
（2）底面回波幅度降低量≥12 dB 者。
（3）不论缺陷回波高低,认为是线状或片状缺陷者。

发现缺陷以后,要测定缺陷的位置与大小。

缺陷的位置由示波屏上缺陷波前沿对应的水平刻度值来确定。

缺陷的面积大小用下述方法测定：当利用缺陷反射法判别缺陷时,用缺陷 6 dB 法测定缺陷面积大小；当采用底波降低 12 dB 法时,用底波降低 12 dB 作为缺陷边界来测定缺陷面积。

8.2.7 铸钢件质量级别的评定

GB/T 7233—87《铸钢件超声检测方法及质量评级方法》中规定,根据平面型缺陷和非平面型缺陷的尺寸,将其分为Ⅰ、Ⅱ、Ⅲ、Ⅳ、Ⅴ五级,其中Ⅰ级最高,Ⅴ级最低。

超声检测

评定时,评定区面积为 10^5 mm² (317 mm×317 mm 的正方形或面积相同的矩形),尽可能使最严重的缺陷位于评定区内。位于评定区边界线上的缺陷,只计入缺陷位于评定区内的那部分面积。位于内外层界面上的非平面型缺陷,若大部分在外层,则计入外层,反之计入内层。若检测面积不足 10^5 mm²,则按比例折算允许的缺陷面积。

平面型缺陷分级见表8—6,非平面型缺陷分级见表8—7。

表8—6　　　　　　　　　　平面型缺陷质量等级划分

等　级	Ⅰ	Ⅱ	Ⅲ	Ⅳ	Ⅴ
单个缺陷在厚度方向尺寸 (mm)	0	5	8	11	超过Ⅳ级
单位个缺陷面积 (mm²)	0	75	200	360	
缺陷总面积 (mm²)	0	150	400	700	

表8—7　　　　　　　　　　非平面型缺陷等级划分

	等　级	Ⅰ	Ⅱ	Ⅲ	Ⅳ	Ⅴ
外层	单个缺陷在厚度方向尺寸占外层厚度百分比 (%)	20	20	20	20	超过Ⅳ级
	单个缺陷面积 (mm²)	250	1 000	2 000	4 000	
	缺陷总面积 (mm²)	5 000	10 000	20 000	40 000	
内层	单个缺陷在厚度方向尺寸占总厚度百分比 (%)	10	10	15	15	
	缺陷总面积 (mm²)	12 500	20 000	30 000	50 000	

注:
① 单个缺陷尺寸大于 320 mm 者为Ⅴ级。
② 单个缺陷面积为缺陷最大尺寸和与其垂直方向最大尺寸之积。
③ 位于外层间距小于 25 mm 的两个或多个缺陷可视为一个缺陷,其面积为各缺陷面积之和。
④ 凡检测区存在裂纹的铸钢件,评为Ⅴ级。
⑤ 某铸钢件的质量级别,系指平面型缺陷和非平面型缺陷均满足该级别的规定。即二者中级别较低的级别为该铸钢件的级别。

复习思考题

一、锻件检测

1. 锻件中常见缺陷有哪几种?各是怎样形成的?
2. 锻件一般分哪几类?各采用什么方法检测?
3. 在锻件超声检测中,调节灵敏度的常用方法有哪几种?各适用于什么情况?
4. 利用锻件底波调节灵敏度有何好处?调节时应注意什么?
5. 锻件检测中,常用哪几种方法对缺陷定量?各适用于什么情况?
6. 锻件检测中,常见的非缺陷回波有哪几种?各是怎样产生的?如何判别?
7. 什么是游动回波?游动回波是怎样产生的?如何鉴别游动回波?
8. 锻件检测中,常用什么方法测定材质的衰减系数?影响测试结果精度的主要因素是什么?

9. 试制订 $\phi 500$ mm×400 mm 饼形锻件超专用波检测工艺过程。

10. 用 2.5P20Z 探头检测厚为 400 mm 的饼形钢锻件，$c_L = 5\,900$ m/s。问如何利用底波调节 400/ϕ2 灵敏度? ($\Delta = 44$ dB)。

11. 用 2.5P20Z 探头检测外径 $D = 800$ mm 的实心圆柱体锻件，$c_L = 5\,900$ m/s，衰减系数 $\alpha = 0.005$ dB/mm，问如何利用底波来调节 800/ϕ2 和 400/ϕ2 灵敏度? ($\Delta_1 = 50$ dB, $\Delta_2 = 50$ dB)

12. 用 2.5P14Z 探头检测外径 $D = 1\,000$ mm，内径 $d = 200$ mm 的空心圆柱体钢锻件，$c_L = 5\,900$ m/s。

(1) 外圆检测时，如何利用内孔回波调节 400/ϕ2 灵敏度? ($\Delta = 37$ dB)

(2) 内孔检测时，如何利用外圆回波调节 400/ϕ2 灵敏度? ($\Delta = 51$ dB)

13. 用 2.5P14Z 探头检测厚为 400 mm 的锻件，$c_L = 5\,900$ m/s，锻件与试块同材质，$\alpha = 0.01$ dB/mm。

(1) 如何利用 200/ϕ4 的试块 CSⅠ-4 调节 400/ϕ2 灵敏度? ($\Delta = 28$ dB)

(2) 如何利用厚为 100 mm 大平底试块来调节 400/ϕ2 灵敏度? ($\Delta = 61.5$ dB)

14. 用 2.5P14Z 探头检测厚为 400 mm 的锻件，$c_L = 5\,900$ m/s，锻件与试块同材质，$\alpha = 0.005$ dB/mm，锻件与试块表面耦合损失差为 5 dB，问如何利用 100/ϕ4 试块 CSⅠ 来调节 400/ϕ2 灵敏度? ($\Delta = 44$ dB)

15. 用 2.5P20Z 探头检测厚为 500 mm 的饼形钢锻件，$c_L = 5\,900$ m/s，利用底波调灵敏度，底波高 50 dB，检测中在 200 mm 处发现一缺陷波高 26 dB，求此缺陷的当量大小? ($D_f = 2.75$ mm)

16. 用 2.6P14Z 检测检测厚为 300 mm 锻件，已知 300/ϕ2 回波为 12 dB, 170 mm 处缺陷波高为 32 dB。求此缺陷的当量大小? ($D_f = 3.6$ mm)

17. 用 2.5P20Z 探头检测 500 mm，锻件 $\alpha = 0.005$ dB/mm, $c_L = 5\,900$ m/s，检测中在 200 mm 处发现一缺陷，其回波高比低波低 9 dB，求此缺陷的当量大小? ($D_f = 5.5$ mm)

18. 用 2.5P14Z 探头检测锻件，已知 200/ϕ4 回波达 80% 高时, 180 mm 处缺陷波达 60%，求此缺陷的当量大小? ($D_f = 3.1$ mm)

19. 用 2.5P14Z 探头检测锻件，$c_L = 5\,900$ m/s，利用 100 mm，大平底试块调灵敏度，检测中在 200 mm 处发现一缺陷，其波高比试块度波低 43 dB；二者的材质相同，$\alpha = 0.005$ dB/mm，求此缺陷的当量大小? ($D_f = 2.2$ mm)

20. 用 2.5P14Z 探头检测锻件，利用 100 mm 大平底试块调灵敏度，$c_L = 5\,900$ m/s，底波高 50 dB，锻件 $\alpha = 0.001$ dB/mm，试块 $\alpha = 0.005$ dB/mm，二者表面耦合损失差为 8 dB。检测中在 150 mm 处发现一缺陷，其波高为 15 dB，求此缺陷的当量大小? ($D_f = 4.4$ mm)

21. 用 2.5P20Z 探头检测 400 mm 锻件，利用 400/ϕ4 试块调节 400/ϕ2 灵敏度，二耦合差为 6 dB，锻件第一次底波达 100% 时第二次底波高为 20%，检测中在 200 mm 处发现一缺陷，其波高比 400/ϕ2 高 18 dB，求此缺陷的当量大小? ($D_f = 2.2$ mm)

22. 用 2.5P20Z 探头检测外径 $D = 1\,000$ mm 的实心圆柱体，$c_L = 5\,900$ m/s, $\alpha = 0.005$ dB/mm。

超声检测

(1) 如何利用底波调节 500/ϕ2 灵敏度？($\Delta=35$ dB)

(2) 检测中在 250 mm 处发现一缺陷，其波高比底波低 10 dB，求此缺陷的大小？($D_f=3.5$ mm)

23. 用 2.5P20Z 探头检测外径 $D=1\,000$ mm，内孔 $d=100$ mm 的锻件，$c_L=5\,900$ m/s，$\alpha=0.005$ dB/mm。

(1) 如何利用内孔回波调节 450/ϕ2 灵敏度？($\Delta=35$ dB)

(2) 检测中在 200 mm 处发现一缺陷，其波高比内孔回波低 12 dB，求此缺陷的大小？($D_f=2.8$ mm)

24. 用 2.5P20Z 探头检测厚为 400 mm 的锻件，$c_L=5\,900$ m/s，$\alpha=0.001$ dB/mm，仪器按 1∶4 调节扫描速度，检测中在示波屏 80 处发现一缺陷，其波高比底波低 30 dB，求此缺陷的位置和大小？($x_f=320$ mm，$D_f=3.2$ mm)

25. 用 2.5P14Z 探头检测 300 mm 厚锻件，$c_L=5\,900$ m/s，$\alpha=0.005$ dB/mm，已知 300 mm 处 ϕ4 加波高为 10 dB，检测中在 150 mm 处发现一缺陷，其波高为 26 dB，试根据 JB/T4730.3—2005 标准评定该锻件的质量级别。(ϕ4+2.5 dB，Ⅱ级)

26. 超声检测甲、乙、丙三锻件。甲锻件有一个 ϕ6 当量平底孔缺陷。乙锻件由缺陷引起底波降低量为 20 dB。丙锻件检测面积为 1 m²，密集缺陷面积为 300 cm²。试根据 JB/T 4730.3—2005 标准评定甲、乙、丙三锻件的质量级别。（甲：Ⅱ级，乙：Ⅲ级，丙：Ⅱ级）

二、铸件检测

1. 铸件中常见缺陷有哪几种？有何特点？

*2. 铸件超声检测的困难是什么？

3. 铸件超声检测，一般采用什么方法调节检测灵敏度？

4. 铸件超声检测，一般选用较低的频率的原因是什么？

5. 为什么要测定铸钢件的透声性？如何测定？

6. 试说明铸件检测中距离—波幅曲线的测定方法和灵敏度调节方法。

*8. 铸件检测中，哪几种情况要作为缺陷记录？

*9. 铸件检测中，如何测定缺陷的位置与面积？

*10. 铸件分哪几级？如何评定铸钢件的质量级别？

第 9 章 焊接接头超声检测

在国内外,几乎各个工业部门都应用焊接技术制造各种重要结构,特别是锅炉、压力容器、压力管道和各种钢结构主要是采用焊接方法制造的。有资料表明,通过焊接加工的钢材占世界钢材产量的50%以上。超声检测是检测焊接接头缺陷并为焊接接头质量评价提供重要数据的主要无损检测手段之一。为了能够合理地选择检测方法和检测条件,获得比较正确的检测结果,检测人员应了解有关焊接的基本知识,如焊接接头形式、焊接坡口形式、焊接方法及工艺、焊接缺陷等。本章主要结合 JB/T 4730.3—2005 来详细介绍焊接接头的超声检测方法。

9.1 焊接加工及常见缺陷

9.1.1 焊接过程

焊接是指通过加热或加压,或两者兼用,并且用或不用填充材料,使工件达到原子结合的一种加工方法。常用的焊接方法有熔焊、压焊、钎焊和特种焊接等。虽然新焊接方法不断出现,但应用最广泛的仍是熔焊,特别是在特种设备生产过程中。所以,超声检测的主要对象是熔焊焊接接头,如焊条电弧焊(Shielded Metal Arc Welding)、埋弧焊(Submerged Arc Welding)、气体保护焊(Gas Metal Arc Welding)、钨极氩弧焊(TIG)等形成的焊接接头。熔焊过程实际上是一个冶炼和铸造过程,首先利用电能或其他形式的能量产生高温使金属熔化,形成熔池,熔融金属在熔池中经过冶金反应后冷却,将两工件牢固地结合在一起。

焊条电弧焊(SMAW)是指用手工操纵焊条进行焊接的电弧焊方法。焊条由焊芯和药皮两部分组成,焊接时焊芯可作为电极和填充材料,药皮在高温下分解产生中性或还原性气体作为保护层,防止空气中的氧、氮进入熔融金属,同时药皮可对焊缝金属起脱氧、脱硫,向焊缝渗入合金元素,调节焊缝金属凝固和冷却速度等作用。焊条电弧焊应用广泛,主要不足是通常每条焊道焊后必须清除熔渣,劳动强度大;焊接质量受焊工操作水平和体力影响严重。值得注意的是,其形成的焊接接头是特种设备超声检测的重要对象。

埋弧焊(SAW)是利用焊剂做保护层,电弧在焊剂层下加热并熔化金属,利用电气和机械装置控制送丝和移动电弧的焊接方法。主要用于碳素钢、低合金钢、耐热钢及不锈钢焊缝的水平位置焊接，适用于厚度 20 mm 以上的纵缝、环缝焊接，也可进行不锈钢和低合金钢的带极堆焊，在锅炉、压力容器和船舶制造中应用广泛。

气体保护焊（GMAW）是利用氩气或二氧化碳等保护气体作保护层的电弧焊方法。其中，氩弧焊通常适用于 0.5～5 mm 范围的薄板或管子的全位置焊接和堆焊，还经常使用于锅炉及压力容器重要受压元件焊缝根部的打底焊，从而确保焊缝根部质量。用二氧化碳气体或其他混合气体作为保护气体的电弧焊，在锅炉、压力容器制造中，如一些支座角焊缝、容器附件、膜式水冷壁的焊接，已逐步取代焊条电弧焊。

9.1.2　接头形式

金属熔化焊焊接部位的总称叫焊接接头，简称接头，包括焊缝、热影响区和临近母材。检验接头性能应考虑焊缝（焊件经焊接后所形成的结合部分，对熔化焊而言，为熔池凝固后形成的焊缝）、熔合区、热影响区甚至邻近母材等不同部位。

焊接接头可以有不同的接头形式以满足工程需要。主要有对接、角接、T 形和搭接接头等几种，如图 9—1 所示。最常见的是对接焊接接头，其次是角接和 T 形接头，搭接则很少使用。对接接头常用于板、管道的焊接，角接接头常见于箱形部件的边角焊接，T 形接头常见于压力容器内外部辅助结构与壳体的焊接。

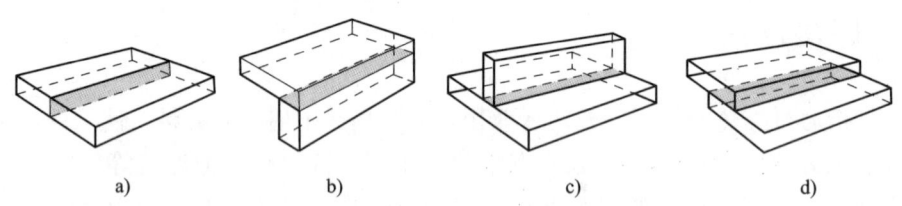

图 9—1　焊接接头形式
a）对接接头　b）角接接头　c）T 形接头　d）搭接接头

9.1.3　坡口形式

根据设计或工艺需要，如为适应电弧熔化的要求或"可达性"的要求，焊前常须将母材焊口边缘加工并装配成一定的几何形状，这种几何形状称为坡口形式。根据板厚、焊接方法、接头形式和要求不同，可采用不同的坡口形式，这样也就形成了不同形状的焊缝。常见的坡口形式如图 9—2 所示。V 形坡口各部分的名称如图 9—3 所示，焊接后形成的焊接接头各部分的名称如图 9—4 所示。更详细的内容可参见 GB/T 985—1988《气焊、手工电弧焊及气体保护焊焊缝坡口的基本形式与尺寸》和 GB/T 986—1988《埋弧焊焊缝坡口的基本形式和尺寸》。值得注意的是，不论接头形式如何，最基本的焊缝只有两种：角焊缝（填角焊缝）和坡口焊缝。

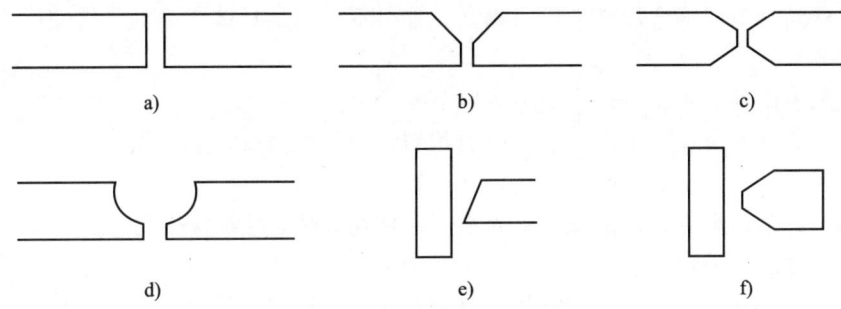

图 9—2 常见焊接坡口形式
a) I形 b) V形 c) X形 d) U形 e) 单边V形 f) K形

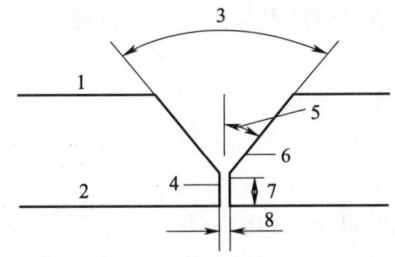

图 9—3 V形坡口各部分名称
1—表面 2—背面 3—坡口角 4—根部面（钝边） 5—倾斜角
6—坡口面 7—根部高度 8—根部间隙

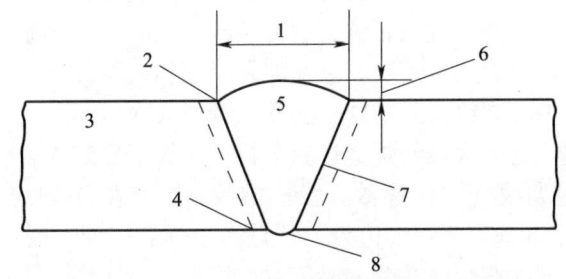

图 9—4 V形坡口焊接接头各部分名称
1—焊缝宽度 2—焊道缝边 3—母材 4—根部 5—焊缝金属 6—余高 7—热影响区 8—焊趾

9.1.4 常见焊接缺陷

焊接接头中常见焊接缺陷主要有不连续性、几何偏差、冶金不均匀性，其中不连续性主要有气孔、夹渣、未焊透、未熔合和裂纹等。在焊接接头超声检测过程中，由于焊接接头余高的影响及接头中裂纹、未焊透、未熔合等危险性大的缺陷往往与检测面垂直或成一定角度，故一般采用横波斜探头法检测。

GB/T 6417.1—2005《金属熔化焊接头缺陷分类及说明》中关于焊接缺欠（welding imperfection）的定义为"在焊接接头中因焊接产生的金属不连续、不致密或连接不良的现象"；关于焊接缺陷（welding defect）的定义为"超过规定限值的缺陷"，即对于超过相应技术标准的缺陷，应根据合用性准则来判断，如果不能满足具体产品的具体使用要求，则应称之为缺陷。

焊接缺陷根据其性质、特征主要分为以下 6 个大类：
(1) 裂纹：纵向裂纹、横向裂纹、放射状裂纹、弧坑裂纹、支状裂纹等。
(2) 孔穴：气孔、结晶缩孔、弧坑缩孔等。
(3) 固体夹杂：夹渣、焊剂或熔剂夹渣、氧化物夹杂、金属夹杂等。
(4) 未焊透及未熔合。
(5) 形状和尺寸不良：咬边、缩沟、下塌、焊瘤、错边、烧穿、未焊满等。
(6) 其他缺陷：电弧擦伤、飞溅等。

根据影响断裂机理分类，又可分为平面缺陷和非平面缺陷。裂纹、未熔合是平面缺陷，危害性大；焊缝中的气孔、夹渣是体积型缺陷，危害性较小。

1. 裂纹

焊接接头中影响很大的缺陷，不仅有产生于焊接过程中的焊接裂纹，还有焊后热处理（如消除应力处理或焊后时效处理）时产生的裂纹以及焊接接头在服役期间在环境作用下产生的裂纹，如蠕变裂纹、应力腐蚀裂纹及疲劳裂纹等。

按裂纹的取向不同可分为纵向裂纹和横向裂纹，按产生原因不同可分为热裂纹、冷裂纹和再热裂纹。焊接过程中在高温阶段（多在固相线附近）产生的开裂现象，称为"热裂纹"，可发生在各种金属材料的焊缝中，尤其是含有各种杂质的焊缝金属中，一般含 Ni 量高的焊缝或合金钢母材、奥氏体不锈钢及铝合金焊缝对热裂纹敏感。热裂纹可能分布于焊缝中、熔合区、近缝区、多层焊前一层焊缝中或弧坑。部分开口热裂纹的断口有氧化色。

焊件在室温阶段产生的开裂现象，称为"冷裂纹"，常发生在高强钢或中、高碳钢的焊缝中，主要受材料性能、应力集中情况、存在淬硬组织和氢脆等影响。一般淬硬倾向大的钢种焊接热影响区易于产生冷裂纹，氢或缺口的存在会增大冷裂倾向。冷裂纹主要有四种分布形式：焊道下裂纹，裂纹走向大体与焊缝边界平行，一般不显露于表面；缺口裂纹，起源于应力集中部位，如焊根裂纹和焊趾裂纹；横向裂纹，多产生于焊缝边界而延伸于焊缝和（或）热影响区，走向基本垂直于焊缝边界，常显露于焊缝表面；凝固过渡层裂纹，常发生在异种钢焊接时沿焊缝边界在焊缝一侧的凝固过渡层中。

焊后对焊接接头再次加热时所产生的开裂现象，称为"再热裂纹"，常发生在析出强化的高强钢和 Cr－Mo（V）耐热钢以及镍基合金的焊接接头中。主要产生于焊接热影响区的粗晶区，常沿熔合线发展，呈典型的沿晶开裂特征。

2. 未熔合及未焊透

焊缝金属与母材之间或焊道金属和焊道金属之间未完全熔化结合的现象，称为"未熔合"。主要分为：侧壁未熔合，层间未熔合，根部未熔合。

实际熔深小于公称熔深而形成的差异部分称为"未焊透"。主要是根部未焊透，即焊接接头根部未完全熔透。应注意，未焊透是否视为缺陷应根据产品的技术规范或设计要求评价。

3. 孔穴

气孔是最典型的孔穴类缺陷，是焊接过程中熔池高温时吸收了过量的气体或冶金反应产生的气体，在冷却凝固之前来不及逸出而残留在焊缝金属内形成的孔穴。根据形状、分布情况可分为：球形气孔、条形气孔、虫形气孔、表面气孔、均布气孔、链状气孔和局部密集气孔等。

结晶缩孔是冷却过程中在焊缝中心形成的长形收缩孔穴，通常在垂直焊缝表面方向上出现。

弧坑缩孔是指焊道收弧处的凹陷，且在后续焊道焊接之前或在后续焊道焊接过程中未被消除。

4. 固体夹杂

夹渣是指残留在焊缝金属中熔渣，可能是线状的、孤立的、成簇的，是典型的固体夹杂。金属夹杂是残留在焊缝金属中的外来金属颗粒，可能是钨、铜或其他金属。

9.2 钢制承压设备对接焊接接头的超声检测

母材厚度为 8~400 mm 的全熔化焊对接焊接接头是特种设备行业超声检测的主要对象之一。低碳钢、低合金钢对接接头的超声检测是焊接接头超声检测技术中最基本的一种应用，掌握了此类接头检测方法，有助于了解和掌握其他材料和形式的焊接接头超声检测方法。

9.2.1 焊接接头超声检测技术等级的选择

由于不同类别焊接接头的重要性、失效后果严重性和危害性，超声检测的有效性和成本等都可能存在显著差异，有必要根据实际情况和要求采用相适应的超声检测技术等级对焊接接头进行检测。

焊接接头超声检测技术等级主要根据检测面的数量、检测探头的多少、是否检测横向缺陷、焊缝余高是否磨平等来进行划分。不同的检测技术等级对质量的保证是不一样的。因此设计、制造、安装和检验检测部门应根据承压设备产品的重要程度进行选用。JB/T 4730.3—2005《承压设备无损检测第 3 部分：超声检测》中规定"超声检测技术等级分为 A、B、C 三个检测级别。超声检测技术等级选择应符合制造、安装、在用等有关规范、标准及设计图样规定"。

1. A 级检测

原则上 A 级检测技术适用于与承压设备有关的支承件和结构件焊接接头检测。其技术要求如下：A 级检测仅适用于母材厚度 8~46 mm 的焊接接头检测，一般用一种 K 值探头，可采用直射波法和一次反射波法（或称为二次波法）在焊接接头的单面单侧进行检测。一般不要求进行横向缺陷的检测。

2. B 级检测

B 级检测技术适用于一般承压设备对接焊接接头检测。其技术要求如下：

（1）母材厚度为 8~46 mm 时，一般用一种 K 值探头，采用直射波法和一次反射波法在对接焊接接头的单面双侧进行检测。

（2）母材厚度为 46~120 mm 时，一般用一种 K 值探头，采用直射波法在焊接接头的双面双侧进行检测，如受几何条件限制，也可在焊接接头的双面单侧或单面双侧采用两种

K 值探头进行检测。

(3) 母材厚度为 120~400 mm 时,一般用两种 K 值探头,采用直射波法在焊接接头的双面双侧进行检测。两种探头的折射角相差应不小于 10°。

(4) 为检测焊接接头及热影响区的横向缺陷应进行斜平行扫查。检测时,可在焊接接头两侧边缘使探头与焊接接头中心线成 10°~20°作两个方向的斜平行扫查,如焊接接头余高磨平,探头应在焊接接头及热影响区上作两个方向的平行扫查。

3. C 级检测

C 级检测技术适用于重要承压设备对接焊接接头检测。同 A、B 级相比,主要是要求将焊接接头的余高磨平并用直探头对斜探头扫查经过的母材区域进行检测,后者主要是避免在检测声束(包括斜探头和直探头)经过的母材区域存在的一些小缺陷影响焊接接头缺陷的检测效果。其技术要求如下:

(1) 采用 C 级检测时应将焊接接头的余高磨平,对焊接接头两侧斜探头扫查经过的母材区域要用直探头进行检测。

(2) 母材厚度为 8~46 mm 时,一般用两种 K 值探头采用直射波法和一次反射波法在焊接接头的单面双侧进行检测。两种探头的折射角相差应不小于 10°,其中一个折射角应为 45°。

(3) 母材厚度为 46~400 mm 时,一般用两种 K 值探头采用直射波法在焊接接头的双面双侧进行检测。两种探头的折射角相差应不小于 10°。对于单侧坡口角度小于 5°的窄间隙焊缝,如有可能应增加对检测与坡口表面平行缺陷的有效检测方法。

(4) 应进行横向缺陷的检测。检测时,将探头放在焊缝及热影响区上作两个方向的平行扫查。

9.2.2 检测方法和检测条件选择

1. 检测面的准备

检测面包括检测区和探头的移动区。

检测区的宽度应是焊缝本身,再加上焊缝两侧各相当于母材厚度 30%的一段区域,这个区域最小为 5 mm,最大为 10 mm,如图 9—5 所示。

探头的移动区与检测方法和母材的厚度有关。

当采用一次反射法检测时,探头移动区大于或等于 1.25 P:

$$P = 2TK \quad (9—1)$$

或

$$P = 2T\tan\beta \quad (9—2)$$

式中:

P——跨距,mm;

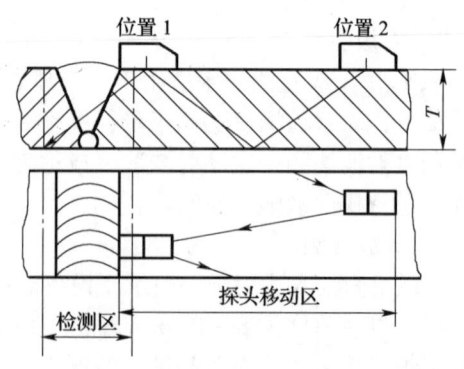

图 9—5 检测区和探头的移动区

T——母材厚度，mm；

K——探头K值；

β——探头折射角，°。

当采用直射法检测时，探头移动区应大于或等于0.75P。

检测面表面状况好坏，直接影响检测结果。一般检测要求探头的移动区表面粗糙度R_a不大于6.3 μm。因此，应清除检测面表面的飞溅物、氧化皮、凹坑、锈蚀、油垢及其他杂质。一般使用砂轮机、锉刀、喷沙机、钢丝刷和砂纸等对检测面进行修整。对于去除余高的焊缝，应将余高打磨到与邻近母材平齐。保留余高的焊缝，如果焊缝表面有咬边、较大的隆起和凹陷等也应进行适当的修磨，并作圆滑过渡以免影响检测结果的评定。

2. 耦合剂的选择

耦合的好坏决定着超声能量传入工件的声强透射率高低。在焊缝检测中，常用的耦合剂材料有：水、甘油、机油、变压器油、化学糨糊和润滑脂等。

（1）在焊缝自动检测系统中常常采用水作为耦合剂，这是因为水的流动性好，传输方便，价格便宜，但是水容易流失，也容易使焊缝生锈，有时不宜润湿工件。使用时可加入润湿剂和防腐剂等。

（2）在较小工作量的情况下，焊缝检测可采用甘油作耦合剂。其优点是声阻抗大，耦合效果好，缺点是易吸取空气中的水分，容易对工件形成腐蚀坑、价格较贵。

（3）机油和变压器油的附着力、黏度、润湿性都较适当，也无腐蚀性、价格又不贵，因此是最常用的耦合剂。

（4）化学糨糊的耦合效果与机油和变压器油差别不大，而且具有较好的水洗性，也是一种常用的耦合剂。

3. 探头频率和K值（角度）的选择

特种设备焊缝一般晶粒较细，且超声波各向同性。因此，检测波形一般为横波，频率为2.5～5 MHz。对于母材厚度较大或材质衰减较明显的焊缝，可考虑较低的频率。

由于A、B级焊缝余高的存在和斜探头前沿的影响，一次波只能检测到焊缝中下部。当焊缝宽度较大，若斜探头的K值（角度）选择较小，则一次波可能无法检测到焊缝中下部。

因此，斜探头的K值（角度）选取应考虑以下三个方面：

①斜探头的声束应能扫查到整个检测区截面；

②斜探头的声束中心线应尽量与该焊缝可能出现的危险性缺陷垂直；

③尽量使用一次波判别缺陷，减少误判并保证有足够的检测灵敏度。

如图9—6所示为用一、二次波单面检测双面焊焊缝时声束覆盖情况。

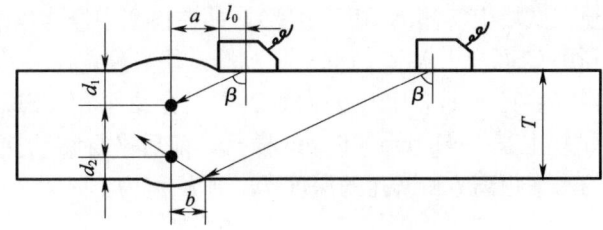

图9—6 一、二次波单面检测双面焊焊缝

由图 9—6 可以看出：

$$d_1 = \frac{a+l_0}{K}, \quad d_2 = \frac{b}{K}$$

其中一次波只能检测到 d_1 以下的部分（受上部余高的限制），二次波只能检测到 d_2 以上的部分（受下部余高的限制）。为保证能检测到整个检测区截面，必须满足 $d_1+d_2 \leqslant T$，从而得到：

$$K \geqslant \frac{a+b+l_0}{T} \tag{9—3}$$

式中　a——上焊缝宽度的一半，mm；
　　　b——下焊缝宽度的一半，mm；
　　　l_0——探头的前沿长度，mm；
　　　T——焊缝母材厚度，mm；
　　　K——斜探头 K 值。

对于单面焊焊缝，b 可忽略不记，此时：$K \geqslant \dfrac{a+l_0}{T}$

注：以上公式只有当 $l_0 \geqslant$ 焊缝的热影响区（5～10 mm）时适用。当 $l_0 \leqslant$ 焊缝的热影响区（5～10 mm）时，公式中 l_0 应直接代入焊缝热影响区的数值。

一般斜探头 K 值（角度）可根据焊缝母材的板厚来选取。板厚较薄的采用大 K 值，以避免近场区检测，提高定位、定量精度。板厚较厚的采用小 K 值，以便缩短声程、减小衰减、提高检测灵敏度，还可减小探头移动区、减小打磨宽度。JB/T 4730.3—2005 中规定关于斜探头的 K 值（角度）选取可参照表 9—1。条件允许时，应尽量采用较大 K 值探头。

表 9—1　　　　　　　　推荐采用的斜探头 K 值（角度）

板厚 T (mm)	K 值 (°)
8～25	3.0～2.0（72°～60°）
>25～46	2.5～1.5（68°～56°）
>46～120	2.0～1.0（60°～45°）
>120～400	2.0～1.0（60°～45°）

斜探头 K 值（角度）因焊缝及母材的声速、温度的变化而变化，随使用中的磨损而改变，因此，检测前必须在试块上实测 K 值（角度），并在检测中经常校准。

实际检测中，常利用 CSK—ⅠA 和 CSK—ⅢA 等试块来测定探头的 K 值。

CSK—ⅠA 试块测定参见 4.5.2 中相关内容。下面介绍采用 CSK—ⅢA 试块测定法。探头对准 CSK—ⅢA 试块上某一 $\phi 1$ mm×6 mm 横孔，前后平行移动探头，找到最高回波，并量出入射点至该孔的水平距离 l 和该孔的深度 d，则 K 值为：

$$K = \tan\beta = \frac{l}{d} \tag{9—4}$$

4. 探头晶片尺寸的选择

对于板厚较大的焊缝检测，若探头的移动区很平整，使用大晶片探头进行检测也能达到良好的耦合，在这种情况下，为了提高检测速度和效率，可使用晶片尺寸较大的探头。如果板厚较薄且变形较大，为了较好的耦合，应选择晶片尺寸较小的探头。

5. 母材的检测

当焊缝的边缘母材内部存在分层或夹层缺陷时，它会影响声束传播路径，从而使焊缝区域内的缺陷难以发现或造成错误的判定，如图 9—7 所示。

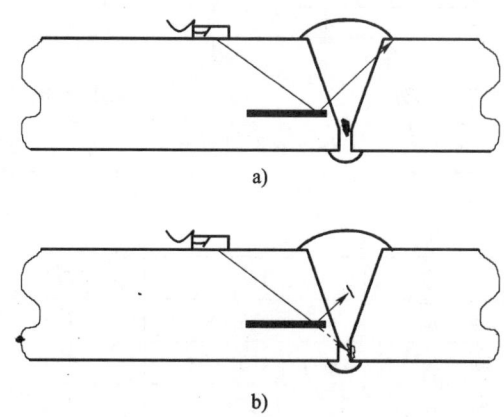

图 9—7　母材缺陷的影响
a) 母材内部存在分层可能造成漏检　b) 母材内部存在分层可能造成误判

因此，对于 C 级检测，斜探头扫查声束通过的母材区域，应先用直探头检测，以便检测是否有影响斜探头检测结果的分层或其他种类缺陷存在。该项检测仅作记录，不属于对母材的验收检测。母材检测的要点如下：

（1）检测方法　接触式脉冲反射法，采用频率 2～5 MHz 的直探头，晶片直径 10～25 mm；

（2）检测灵敏度　将无缺陷处第二次底波调节为荧光屏满刻度的 100%；

（3）记录要求　凡缺陷信号幅度超过荧光屏满刻度 20% 的部位，应在工件表面作出标记，并予以记录。

9.2.3　标准试块

超声检测焊接接头用的标准试块是用来校准仪器探头系统性能和检测灵敏度。焊接接头用的标准试块有：CSK－ⅠA、CSK－ⅡA、CSK－ⅢA、CSK－ⅣA。CSK－ⅠA、CSK－ⅢA 标准试块已在本教材的前面章节叙述，本章节重点介绍 CSK－ⅡA、CSK－ⅣA。CSK－ⅡA、CSK－ⅣA 的材料和质量要求与 CSK－ⅠA、CSK－ⅢA 相同，其形状和尺寸应分别符合如图 9—8 和图 9—9 所示的要求。图中 L 为试块长度，由使用的声程确定；尺寸误差不得大于 ± 0.05 mm。CSK－ⅣA 试块的尺寸见表 9—2。

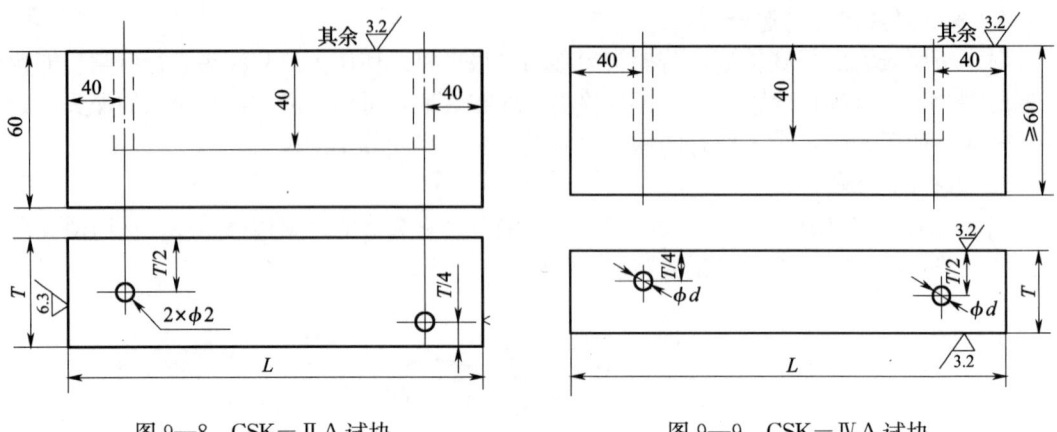

图 9—8　CSK—ⅡA 试块　　　　　　　图 9—9　CSK—ⅣA 试块

表 9—2　　　　　　　　　　　　CSK—ⅣA 试块尺寸　　　　　　　　　　　　　　mm

CSK—Ⅳ	被检工件厚度	对比试块厚度 T	标准孔位置 b	标准孔直径 d
No.1	>120~150	135	$T/4$、$T/2$	6.4（1/4 in）
No.2	>150~200	175	$T/4$、$T/2$	7.9（5/16 in）
No.3	>200~250	225	$T/4$、$T/2$	9.5（3/8 in）
No.4	>250~300	275	$T/4$、$T/2$	11.1（7/16 in）
No.5	>300~350	325	$T/4$、$T/2$	12.7（1/2 in）
No.6	>350~400	375	$T/4$、$T/2$	14.3（9/16 in）

CSK—ⅠA、CSK—ⅡA 和 CSK—ⅢA 试块适用壁厚范围为 6~120 mm 的焊接接头，CSK—ⅠA 和 CSK—ⅣA 系列试块适用壁厚范围为 120~400 mm 的焊接接头。在满足灵敏度要求时，试块上的人工反射体根据检测需要可采取其他布置形式或添加，也可采用其他形式的等效试块。

9.2.4　超声检测仪扫描速度的调节

在 6.5.1 中介绍了三种调节扫描速度的方法，即声程法、水平法和深度法。在用斜探头检测焊缝时，最常用的是后两种。当板厚小于 20 mm 时，常用水平法；当板厚大于 20 mm 时，常用深度法。声程法多用于直探头。对于数字式超声检测仪，调节好任意一个参数，其他两个参数也就调节好了。

1. 声程法

声程法能使示波屏水平刻度值直接显示反射体实际声程。焊缝检测中常用 CSK—ⅢA 和半圆试块来调整，具体方法见 6.5.1。

2. 水平法

该方法能使示波屏水平刻度值直接显示反射体的水平投影距离。焊缝检测中常用 CSK—ⅠA、CSK—ⅡA、CSK—ⅢA 和半圆试块等来调整。下面介绍利用 CSK—ⅢA 试块来调整扫描速度的方法，其他试块的调整方法见 6.5.1。

(1) CSK—ⅢA 试块横孔反射法 该方法是利用 CSK—ⅢA 试块上不同距离的 $\phi 1\text{ mm} \times 6\text{ mm}$ 两个短横孔来调整时间扫描线，如图 9—10 所示。为了减小误差，其中 A 孔应在近场区外，B 孔接近最大声程。具体调整方法如下：

1）测出探头的入射点和 K 值。

2）把示波屏上的始脉冲先左移约 10 mm。

3）将探头对准横孔 A，找到最高回波 A，量出水平距离 l_1、调微调旋钮使 A 波前沿对准水平刻度 l_1，并作好标记（可用仪器上的标距点标出）。

4）后移探头，找到 B 孔最高回波 B，量出水平距离 l_2。若 B 波的读数 Y 和 l_2 不符，应算出二者差值：

$$X = l_2 - Y$$

若 X 为正值，应将 B 波向大读数移动，当 B、A 两孔深度比为 2 时，顺时针转动微调旋钮，将 B 波调至 $Y+2X$。若 X 为负值，应将 B 波向小读数移动至 $Y-2X$。

5）用脉冲移位旋钮将 B 波调至 l_2。再前移探头，找到 A 波，若 A 波正对 l_1，这时水平 1∶1 就调好了。若 A 波不是正对 l_1，则应利用 A、B 波反复调至与读数相符。该法同时调好了零位。

例如：已知 A 孔 $l_1=40$ mm，B 孔 $l_2=80$ mm。按水平 1∶1 调整扫描速度的方法如下：先将 A 孔最高回波 A 调至 40 处，若这时 B 孔最高回波 B 读数 $Y=78$，则 $X=80-78=2$，那么转动微调旋钮使 B 波移至 82 处，然后用脉冲移位旋钮将 B 波移回到 80 处，再看 A 波是否对准 40。若 A 波正对 40，则水平 1∶1 调整完毕。如果要求精确，应扣除横孔半径对应的水平距离。

(2) CSK—ⅢA 试块边角反射法 该方法是利用试块上边角和下边角进行定位的一种方法。调整方法如下：

将探头放在试块上前后移动，找到下边角最大反射波 H_1，同时量出水平距离 l_1，如图 9—11 所示。调节仪器使 H_1 对准水平刻值 l_1。然后移动探头找出上边角的最大反射波 H_2，同时量出水平距离 l_2，调节仪器使 H_2 对准水平刻度 l_2。注意要反复调节几次，直至 H_1 对准 l_1 的同时 H_2 对准 l_2。

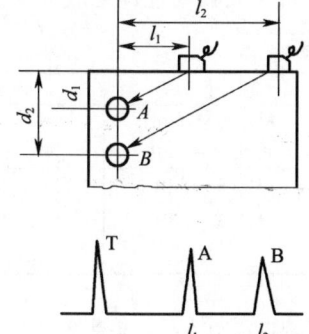
图 9—10 CSK—ⅢA 试块横孔反射法

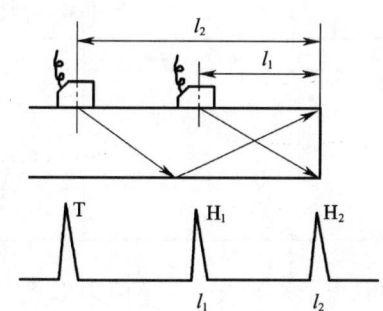
图 9—11 CSK—ⅢA 试块边角反射法

3. 深度法

此方法是使示波屏水平刻度值直接显示反射体的垂直深度。焊缝检测中常用 CSK—ⅢA、CSK—ⅡA、CSK—ⅠA、RB 和半圆试块等来调整。下面介绍利用 CSK—ⅢA

来调整的方法，其他试块调节法见 6.5.1。

探头分别对准 A、B 两横孔，如图 9—10 所示。反复调节脉冲移位和微调旋钮，使两孔的最高回波分别对准水平刻度 d_1、d_2 即可。如果要求精确，应扣除横孔半径对应的深度值。该法同时调好了零位。

9.2.5 距离—波幅曲线和灵敏度调节

1. 距离—波幅曲线

缺陷波高与缺陷大小及距离有关，大小相同的缺陷由于距离不同，回波高度也不同。描述某一确定反射体回波高度随距离变化的关系曲线称为距离—波幅曲线。它是 AVG 曲线的特例。国内外关于焊缝检测方法的标准，几乎都采用类似的距离—波幅曲线进行检测灵敏度的调整和缺陷当量的评定，只是绘制距离—波幅曲线所用的试块、人工反射体类型和尺寸有所不同而已。例如，GB11345—1989 和 CB/T—3559《船舶钢焊缝手工超声检测工艺和质量分级》中采用 $\phi 3$ mm 横孔，而 JB/T 4730.3—2005 中采用 $\phi 2$ mm×40 mm 长横孔和 $\phi 1$ mm×6 mm 短横孔。

距离—波幅曲线与实用 AVG 曲线一样可以实测得到，也可由理论公式或通用 AVG 曲线得到，但在 3 倍近场区内只能实测。焊缝超声检测的距离—波幅曲线是按所用探头和仪器在试块上实测的数据绘制而成的，该曲线族由评定线、定量线和判废线组成。评定线与定量线之间（包括评定线）为 I 区，定量线与判废线之间（包括定量线）为 II 区，判废线及其以上区域为 III 区，如图 9—12 所示。

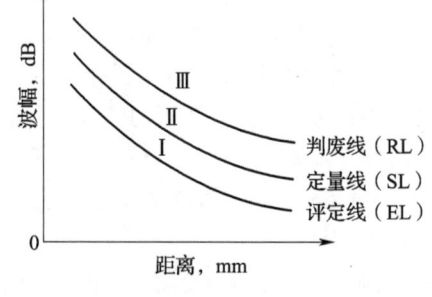

图 9—12 距离—波幅曲线

2. 不同壁厚的距离—波幅曲线灵敏度选择

在 JB/T 4730.3—2005 中，灵敏度选择和壁厚有关。

(1) 壁厚为 6～120 mm 的焊接接头，其距离—波幅曲线灵敏度选择见表 9—3。

表 9—3　　　　　　　　距离—波幅曲线的灵敏度

试块型式	板厚（mm）	评　定　线	定　量　线	判　废　线
CSK-IIA	6～46	$\phi 2 \times 40 - 18$ dB	$\phi 2 \times 40 - 12$ dB	$\phi 2 \times 40 - 4$ dB
	>46～120	$\phi 2 \times 40 - 14$ dB	$\phi 2 \times 40 - 8$ dB	$\phi 2 \times 40 + 2$ dB
CSK-IIIA	8～15	$\phi 1 \times 6 - 12$ dB	$\phi 1 \times 6 - 6$ dB	$\phi 1 \times 6 + 2$ dB
	>15～46	$\phi 1 \times 6 - 9$ dB	$\phi 1 \times 6 - 3$ dB	$\phi 1 \times 6 + 5$ dB
	>46～120	$\phi 1 \times 6 - 6$ dB	$\phi 1 \times 6$	$\phi 1 \times 6 + 10$ dB

(2) 壁厚为 120～400 mm 的焊接接头，其距离—波幅曲线灵敏度选择见表 9—4。

表 9—4　　　　　　　　距离—波幅曲线的灵敏度

试块型式	板厚（mm）	评定线	定量线	判废线
CSK-IVA	>120～400	$\phi d - 16$ dB	$\phi d - 10$ dB	ϕd

注：d 为横孔直径，单位 mm，见表 9—2。

(3) 检测横向缺陷时,应将各线灵敏度均提高 6 dB。

(4) 若工件的表面耦合损失和材质衰减与试块不同,应进行传输修正(详细内容参见下一节)。

3. 距离—波幅曲线的绘制方法及其应用

实用中,距离—波幅曲线有两种形式。一种是用 dB 值表示的波幅作为纵坐标,距离为横坐标,称为距离—dB 曲线;另一种是以 mm(或%)表示的波幅作为纵坐标,距离为横坐标,实际检测中将其绘在示波屏面板上,称为面板曲线。下面以板厚 $T=30$ mm 为例。

(1) 距离—dB 曲线的绘制及应用

1) 距离—dB 曲线的绘制

①测定探头的入射点和 K 值,并根据板厚按水平或深度调节扫描速度,一般为 1∶1,这里按深度 1∶1 调节。

②将探头置于 CSK—ⅢA 试块上,衰减 48 dB(假定),调增益旋钮使深度为 10 mm 的 $\phi 1 \times 6$ 横孔的最高回波达基准 80% 高,记下这时衰减器的读数和孔深。然后分别检测不同深度的 $\phi 1 \times 6$ 孔,增益旋钮不动,用衰减器将各孔的最高回波调至 80% 高,记下相应的 dB 值和孔深填入表 9—5 中。并将板厚 $T=30$ mm 对应的定量线、判废线和评定线的 dB 值填入表中(实际检测中,只要测到 60 mm 深的横孔即可)。

③利用表 9—5 中所列数据,以孔深为横坐标,以 dB 值为纵坐标,在坐标纸上描点绘出定量线、判废线和评定线,标出Ⅰ区、Ⅱ区和Ⅲ区,并注明所用探头的频率、晶片和 K 值,如图 9—13 所示。

表 9—5 举例数据表

孔深(mm)	10	20	30	40	50	60	70	80	90
$\phi 1 \times 6$ dB	52	50	47	44	41	38	36	34	32
$\phi 1 \times 6 + 5$ dB(判废线)	57	55	52	49	46	43	41	39	37
$\phi 1 \times 6 - 3$ dB(定量线)	49	47	44	41	38	35	33	31	29
$\phi 1 \times 6 - 9$ dB(评定线)	43	41	38	35	32	29	27	25	23

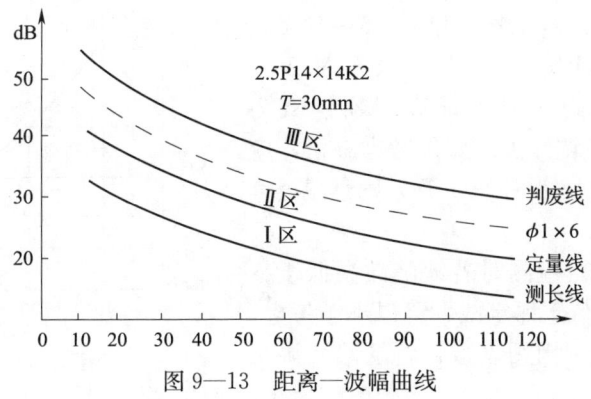

图 9—13 距离—波幅曲线

④用深度不同的两孔校验距离—波幅曲线，若不相符，应重测。

2) 距离—dB 曲线的应用

①了解反射体波高与距离之间的对应关系。

②调整检测灵敏度：标准要求焊缝检测灵敏度不低于评定线。这里 $T=30$ mm，评定线为 $\phi1×6-9$ dB，二次波检测最大深度为 60 mm。由距离—波幅曲线可知扫查灵敏度为 29 dB，因此将衰减器调到 29 dB 时灵敏度就调好了。若考虑耦合补偿 3 dB，那么灵敏度为 26 dB。实际检测过程中还应定期利用某一深度的孔来校验检测灵敏度。例如 $d=40$ mm 的 $\phi1×6$ 横孔回波是否为 44 dB。

③比较缺陷大小：例如，检测中发现两缺陷，缺陷 1：$d_{f1}=30$ mm，波高为 45 dB；缺陷 2：$d_{f2}=50$ mm，波高为 40 dB，试比较二者的大小。

由距离—波幅曲线可知，$d=30$ mm，$\phi1×6$ 波高为 47 dB，所以缺陷 1 当量为 $\phi1×6+45-47=\phi1×6-2$ dB。$d=50$ mm，$\phi1×6$ 波高为 41 dB，所以缺陷 2 当量为 $\phi1×6+40-41=\phi1×6-1$ dB。不难看出缺陷 1 小于缺陷 2。

④确定缺陷所处区域：例如检测中发现一缺陷 $d_{f1}=20$ mm，波高为 45 dB；另一缺陷 $d_{f2}=60$ mm，波高为 40 dB。由距离—波幅曲线可知，$d=20$ mm，定量线为 47 dB，缺陷 1 波高为 45 dB<47 dB，在定量线以下，即 Ⅰ 区。$d=60$ mm，定量线为 35 dB，判废线为 43 dB，缺陷 2 波高为 40 dB，在定量线以上和判废线以下，即 Ⅱ 区。

(2) 面板曲线 实际检测中，使用距离—dB 曲线比较麻烦，而面板曲线使用方便，可根据缺陷波高直接确定缺陷当量和区域，目前国内外应用很广。

1) 面板曲线的绘制

①测定探头的入射点和 K 值，根据板厚按深度或水平调节扫描速度，这里按深度 1∶1 调节。

②探头对准 CSK—ⅢA 试块上深为 10 mm 的 $\phi1×6$ 横孔找到最高回波，调至满幅度的 100%（但不饱和），在面板上标记波峰对应的点①，并记下此时的 dB 值 N（假定 $N=30$ dB）。

③固定增益旋钮和衰减器，分别检测深度为 20、30、40、50、60 mm 的 $\phi1×6$ 横孔，找到最高回波，并在面板上标记相应波峰对应的点②、③、④、⑤、⑥，然后连接点①、②、③、④、⑤、⑥得到一条 $\phi1×6$ 的参考曲线，这就是面板曲线，如图 9—14 所示。

2) 面板曲线的应用

①灵敏度的调节：若工作厚度在 15~46 mm 范围内，评定线为 $\phi1×6-9$ dB，只要在 $N=30$ dB 的基础上再提高 9 dB，即衰减器读数为 21 dB，这时灵敏度就调好了。如果考虑补偿，应再提高需补偿的 dB 数。设补偿 5 dB，则衰减器读数为 16 dB 即可。

②确定缺陷区域：检测时若缺陷波高低于参考线，则说明缺陷波低于评定线，可以不予考虑。若缺陷波高于参考线，则用衰减器将缺陷波调至

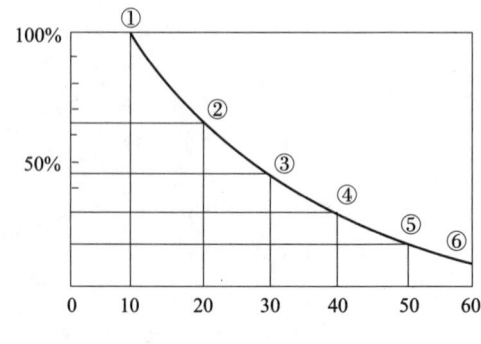

图 9—14 面板曲线

参考线，根据衰减的 dB 值求出缺陷的当量和区域。例如：

+4 dB，则缺陷当量为 $\phi1\times6-9+4=\phi1\times6-5$ dB，在Ⅰ区。

+8 dB，则缺陷当量为 $\phi1\times6-9+8=\phi1\times6-1$ dB，在Ⅱ区。

+16 dB，则缺陷当量为 $\phi1\times6-9+16=\phi1\times6+7$ dB，在Ⅲ区。

应用上述面板曲线时，只要记住+6 dB 和+14 dB 即可。+6 dB 表示缺陷达定量线；+14 dB 表示缺陷达到判废线，应直接评为Ⅲ级。若将判废线、定量线、评定线都绘在示波屏面板上，使用起来将更加方便。

对于现在广泛使用的数字式超声检测仪，只需测出不同距离处的 $\phi1\times6$ 最高回波，输入评定线、定量线和判废线与 $\phi1\times6$ 波幅的 dB 差值，仪器即可同时将各线显示于屏上，使用起来很方便。

9.2.6 传输修正

传输修正又称为声能传输损耗补尝。工件本身影响反射波幅的两个主要因素是：材料的材质衰减、工件表面粗糙度及耦合状况造成的表面声能损失。

碳钢或低合金钢板材的材质衰减，在频率低于 3 MHz、声程不超过 200 mm 时，或者衰减系数小于 0.01 dB/mm 时，可以不计。标准试块和对比试块均应满足这一要求。

被检工件检测时，如声程较大，或材质衰减系数超过上述范围，在确定缺陷反射波幅时，应考虑材质衰减修正。如被检工件表面比较粗糙还应考虑表面声能损失问题。

1. 横波超声材质衰减的测量

首先制作与被检工件材质相同或相近，厚度约 40 mm，表面粗糙度与试块相同的平板试块，如图 9—15 所示。

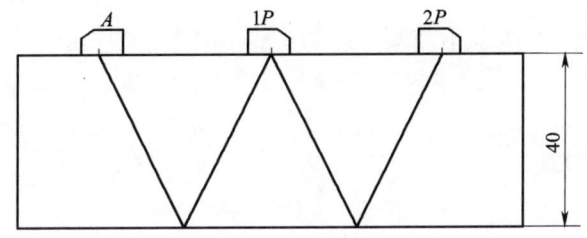

图 9—15　超声材质衰减的测量

斜探头按深度 1∶1 调节仪器时基扫描线。

仪器调为一发一收状态。另选用一只与该探头尺寸、频率、K 值相同的斜探头，两探头按如图 9—15 所示方向置于平板试块上，两探头入射点间距为 1P 时，找到最大反射波幅，记录其波幅值 H_1（dB）。

将两探头拉开到距离为 2P 处，找到最大反射波幅，记录其波幅值 H_2（dB）。

衰减系数 α_H 可用下式计算：

$$\alpha_H = (H_1 - H_2 - \Delta)/S \tag{9—5}$$

式中：

S——声程差，$S=80/\cos\beta$；

Δ——不考虑材质衰减时，声程 S_1、S_2 大平面的反射波幅 dB 差；Δ 可用公式 $20\lg\dfrac{S_2}{S_1}$ 计算或从该探头的距离—波幅曲线上查得，Δ 约为 6 dB。

如果如图 9—15 所示平板试块和设置灵敏度所用试块的检测面测得的波幅相差不超过 1 dB，则可不考虑工件的材质衰减。

2. 传输损失差的测定

若同时考虑材质衰减与表面声能损失，可按如下方法测定传输损失差：

斜探头按深度调节仪器时基扫描线。仪器调为一发一收状态。

选用另一只与该探头尺寸、频率、K 值相同的斜探头，两探头按如图 9—16 所示的方向置于对比试块检测面上，两探头入射点距离为 1P。

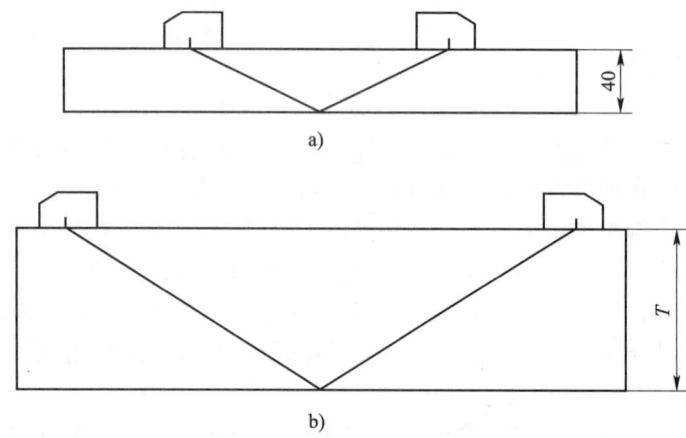

图 9—16　传输损失的测定
a）对比试块　b）工件母材

在对比试块上，找出最大反射波幅，记录其波幅值 H_1（dB）。

在被检工件上（不通过焊接接头）同样测出接收波最大反射波幅，记录其波幅值 H_2（dB）。

则传输损失差 ΔV 为：

$$\Delta V = H_1 - H_2 - \Delta_1 - \Delta_2 \tag{9—6}$$

式中：

Δ_1——不考虑材质衰减时，工件与试块因声程不同引起的扩散衰减 dB 差；

Δ_2——工件与试块中因衰减系数和声程不同引起的材质衰减 dB 差。

Δ_1 可用公式 $20\lg\dfrac{S_2}{S_1}$ 计算；$\Delta_2 = \alpha_2 S_2 - \alpha_1 S_1$。其中 S_1 为在对比试块中的声程，S_2 为在工件母材中的声程。

9.2.7　扫查方式

扫查的目的是为了寻找和发现缺陷。为了达到这个目的，必须采用正确的扫查方式。在焊缝检测过程中，扫查方式有多种。

1. 锯齿形扫查

锯齿形扫查是手工超声检测中最常用的扫查方式，往往作为检测纵向缺陷的初始扫查方式，速度快，易于发现缺陷。作锯齿形扫查时，斜探头应垂直于焊缝中心线放置在检测面上，如图 9—17 所示。探头前后移动的范围应保证扫查到全部焊接接头截面，在保持探头垂直焊缝作前后移动的同时，还应作 10°～15° 的左右转动。应注意每次前进的齿距不得超过探头晶片直径的 85%，以避免间距过大造成漏检。

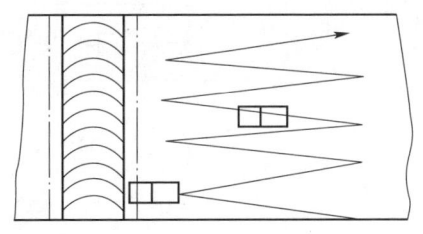

图 9—17 锯齿形扫查

2. 前后、左右、转角、环绕扫查

发现缺陷后，为观察缺陷动态波形和区分缺陷信号或伪缺陷信号，确定缺陷的位置、方向和形状，可采用前后、左右、转角和环绕四种探头基本扫查方式，如图 9—18 所示。

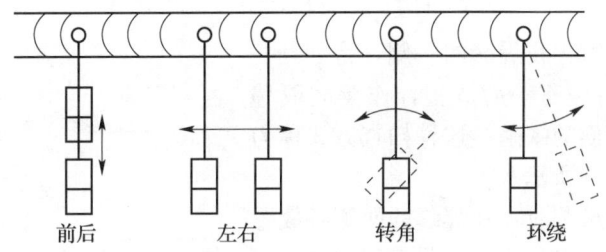

图 9—18 四种基本扫查方式

前后与左右扫查：当用锯齿形扫查发现缺陷后，可用前后与左右扫查找到缺陷的最大回波处，用前后扫查来确定缺陷的水平距离或深度，用左右扫查来确定缺陷沿焊缝方向的长度。

转角扫查：可利用转角扫查推断缺陷的方向。

环绕扫查：可利用环绕扫查大致推断缺陷的形状。扫查时如果缺陷回波高度几乎保持不变，则可大致判断为点状缺陷。

3. 检测横向缺陷的扫查方式

为检测焊缝或热影响区的横向缺陷，可采用如下扫查方式，同时将扫查灵敏度适当提高，一般提高 6 dB。

(1) 平行扫查 对于磨平的焊缝，可将斜探头直接放在焊缝上作平行扫查，如图 9—19a 所示。

(2) 斜平行扫查 对于有余高的焊缝可在焊缝两侧边缘，使探头与焊缝成一定夹角（<10°）作斜平行扫查，如图 9—19b 所示。

(3) 交叉扫查 对于电渣焊中的人字形横裂，可用 $K1$ 斜探头在焊缝两侧 45° 方向作交叉扫查，如图 9—19c 所示。

4. 双探头扫查方式

上述扫查方式是焊缝检测用单探头进行扫查的方式。串列扫查、V 形扫查、交叉扫查则是用双探头进行扫查的常用方式。

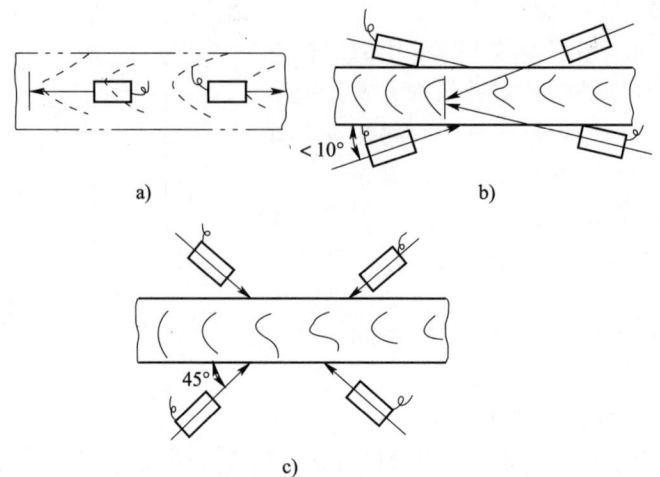

图 9—19 检测横向缺陷的扫查方式
a) 平行扫查　b) 斜平行扫查　c) 交叉扫查

对厚壁焊缝检测时,在焊缝的一侧,将一发一收两个斜探头同方向一前一后放置,作等间隔移动,以检测垂直检测面的缺陷,这种扫查方式称为串列扫查,如图 9—20 所示。

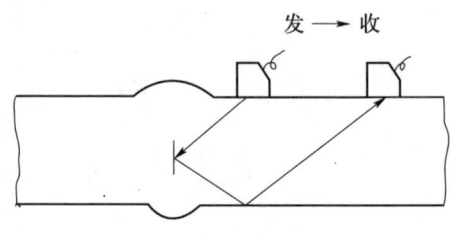

图 9—20　串列扫查

对平板对接焊缝检测时,在焊缝的两侧各放置一个探头,两个探头一发一收,作垂直于焊缝中心线的相向移动,以检测平行于检测面的缺陷,这种扫查方式称为 V 形扫查,如图 9—21 所示。

对平板对接焊缝检测时,在焊缝两侧各放置一个探头,使两个探头的声束轴线相交于要检测的部位,两个探头一发一收,在焊缝两侧作平行于焊缝中心线移动,以检测横向缺陷,这种扫查方式称为交叉扫查,如图 9—22 所示。

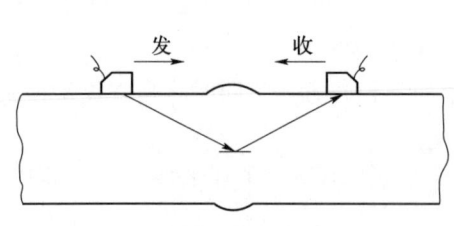

图 9—21　V 形扫查

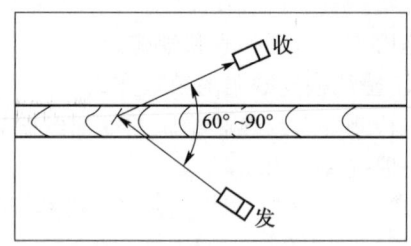

图 9—22　交叉扫查

9.2.8　扫查速度和扫查间距

1. 扫查速度

检测时,探头与检测面相对运动的速度即为扫查速度。扫查速度要适当,才能使检测人员分辨清楚荧光屏上显示的缺陷回波信号,或者使记录仪能明确地记录下缺陷回波信号。

扫查速度与探头的有效直径以及仪器的重复频率有关。如果探头的有效直径大，仪器的重复频率高，则扫查速度可以快一点。如果探头的有效直径小，仪器的重复频率低，则扫查速度就需要慢一些。焊缝手工检测的扫查速度不应大于 150 mm/s。对于要求很高的检测场合，扫查速度要慢。总之，扫查速度既要保证检测人员能看清楚荧光屏上显示的缺陷回波信号，又要保证记录仪能明确地记录下缺陷回波信号，在此前提下可适当提高扫查速度。

2. 扫查间距

扫查间距指的是相邻扫查线（探头移动路线）之间的距离（锯齿扫查为齿距）。扫查间距一般不大于探头晶片直径或探头有效声束宽度的 1/2。

所谓有效声束宽度，是指声束边缘的声压比声束轴线上的声压低某规定的分贝数（如"-6 dB"）的声束截面宽度。距探头的距离（声程）不同，其有效声束宽度是不相同的。

9.2.9 缺陷的评定和质量分级

焊接接头的缺陷评定包括确定缺陷的位置、缺陷性质、缺陷幅度和缺陷的指示长度，然后结合所用标准中的规定，对焊接接头进行质量分级。

超声检测发现反射波幅超过Ⅰ区的缺陷以后，首先要判断缺陷是否位于焊缝中或在焊缝截面的位置，之后判断缺陷是否具有裂纹、未熔合等危害性缺陷特征（参见 9.10 节）。如为危害性缺陷则直接评定为最低质量级别。如不是危害性缺陷，则确定缺陷的最大反射波幅在距离—波幅曲线上的区域，并对缺陷指示长度进行测定。缺陷的幅度区域和指示长度确定之后，需要结合相关标准的规定，评定质量级别。

1. 缺陷位置的测定

焊接接头中发现缺陷以后，可根据缺陷最大反射波幅在时基线上的位置，采用 6.5.3 节中所介绍的方法，确定缺陷的水平位置与垂直深度。但焊接接头的定位还要考虑一个特殊的问题，即确定缺陷是否在焊缝中。

在平板对接焊缝检测时，一般情况下，探头不在焊缝上，声束经过的路径中有很大部分是通过母材的，因此，有时显示屏上出现的缺陷回波并不是焊缝中的缺陷。如果将此缺陷回波误认为是焊缝中的缺陷，就会给焊缝质量评定及焊缝返修带来错误。所以，在焊缝检测缺陷定位时首先要确定缺陷是否在焊缝中，具体可采用如下方法：

首先采用 6.5.3 节中的方法，确定缺陷到探头入射点的水平距离 l_f。用直尺测量出缺陷波幅度最大时探头入射点到焊缝边缘的距离 l 及焊缝的宽度 a。如果 $l < l_f < l + a$，则缺陷在焊缝中。如果 $l_f < l$ 或 $l_f > l + a$，则缺陷不在焊缝中，不属于焊接缺陷（见图 9—23）。

实际检测时，可在缺陷波幅度最大时的探头实际位置用尺子量出 l_f 所对应的缺陷位置，从而直接判断缺陷是否在焊缝中。

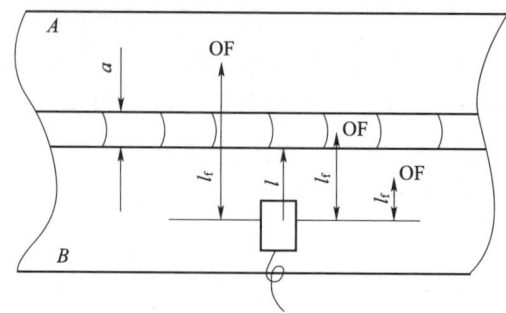

图 9—23 焊缝检测缺陷位置的确定

2. 缺陷幅度的确定

焊接接头中发现的缺陷，需确定缺陷最大反射波幅度在距离—波幅曲线上所在的区域。

缺陷幅度的表示方式是：以距离—波幅曲线上某一条线为基准，用缺陷信号的最大峰值高于或低于该线的 dB 数表示缺陷的幅度。如缺陷信号高于定量线上同深度处人工反射体幅度 3 dB，可称缺陷幅度为定量线+3 dB（SL+3 dB）；按 JB/T 4730—2005 的规定，若定量线幅度为 $\phi 1 \times 6 - 6$ dB，则该缺陷位于Ⅱ区，其幅度为 $\phi 1 \times 6 - 3$ dB。

3. 缺陷指示长度的测定和计量

缺陷指示长度的测定方法可参照 6.5.3 节的相关内容进行，6.5.3 节中所介绍的 6 dB 法、端点 6 dB 法、绝对灵敏度法等均可用于焊接接头缺陷指示长度的测定。

各个标准中规定了允许采用的测长方法。如 GB 11345—1989 中规定：当缺陷波只有一个高点时，要采用 6 dB 法测其指示长度；当有多个高点时，要用端点峰值法测其指示长度。

（1）JB/T 4730—2005 中关于测长方法的规定：

1）当缺陷反射波只有一个高点，且位于Ⅱ区或Ⅱ区以上时，使波幅降到显示屏满刻度的 80% 后，用 6 dB 法测其指示长度。

2）当缺陷反射波峰值起伏变化，有多个高点，且位于Ⅱ区或Ⅱ区以上时，使波幅降到显示屏满刻度的 80% 后，应以端点 6 dB 法测其指示长度。

3）当缺陷反射波峰位于Ⅰ区，如认为有必要记录时，将探头左右移动，使波幅降到评定线，以此测定缺陷指示长度。

（2）JB/T 4730—2005 中关于缺陷指示长度计量的规定：

1）缺陷指示长度小于 10 mm 时，按 5 mm 计。

2）相邻两缺陷在一直线上，其间距小于其中较小的缺陷长度时，应作为一条缺陷处理，以两缺陷长度之和作为其指示长度（间距不计入缺陷长度）。

4. 质量分级

缺陷定位定量之后，要根据缺陷的当量和指示长度结合有关标准的规定评定焊缝的质量级别。

（1）JB/T 4730.3—2005 标准将焊接接头质量级别分为Ⅰ、Ⅱ、Ⅲ 3 个等级，其中Ⅰ级质量最高，Ⅲ级质量最低。具体分级规定见表 9—6。

表 9—6　　　　　　　　　　　　　焊接接头质量分级　　　　　　　　　　　　　单位：mm

等级	板厚 T	反射波幅（所在区域）	单个缺陷指示长度 L	多个缺陷累计长度 L'
Ⅰ	6～400	Ⅰ	非裂纹类缺陷	
Ⅰ	6～120	Ⅱ	L=T/3，最小为 10，最大不超过 30	在任意 9T 焊缝长度范围内 L'不超过 T
	>120～400		L=T/3，最大不超过 50	
Ⅱ	6～120	Ⅱ	L=2T/3，最小为 12，最大不超过 40	在任意 4.5T 焊缝长度范围内 L'不超过 T
	>120～400		最大不超过 75	
Ⅲ	6～400	Ⅱ	超过Ⅱ级者	超过Ⅱ级者
		Ⅲ	所有缺陷	
		Ⅰ、Ⅱ、Ⅲ	裂纹等危害性缺陷	

注：1. 母材板厚不同时，取薄板侧厚度值。
　　2. 当焊缝长度不足 9T（Ⅰ级）或 4.5T（Ⅱ级）时，可按比例折算。当折算后的缺陷累计长度小于单个缺陷指示长度时，以单个缺陷指示长度为准。

(2) GB 11345—89 标准将焊缝质量分为Ⅰ、Ⅱ、Ⅲ、Ⅳ 4 个等级。其中Ⅰ级质量最高，Ⅳ级质量最低。具体分级规定如下：

1) 存在以下缺陷时评为Ⅳ级
①反射波高位于Ⅲ区的缺陷者。
②反射波超过评定线，检验人员判为裂纹等危害性缺陷者。
③位于Ⅱ区的缺陷指示长度超过表 9—7 中Ⅲ级者。

2) Ⅰ、Ⅱ、Ⅲ级焊缝评定
①位于Ⅱ区的缺陷按表 9—7 评定其级别。
②位于Ⅰ区的非危害性缺陷评为Ⅰ级。

表 9—7　　　　　　　GB 11345—89 标准Ⅱ区缺陷级别评定　　　　　　　单位：mm

级别	A	B	C
	8～50	8～300	8～300
Ⅰ	2T/3（最小 12）	T/3（最小 10，最大 30）	T/3（最小 10，最大 20）
Ⅱ	3T/4（最小 12）	2T/3（最小 12，最大 50）	T/2（最小 10，最大 30）
Ⅲ	T（最小 20）	3T/4（最小 16，最大 75）	2T/3（最小 12，最大 50）
Ⅳ		超过Ⅲ级者	

(3) 举例说明

【例 1】　检测 $T=45$ mm 的对接接头，发现波幅为 $\phi1\times6+2$ dB、指示长度为 12 mm 的条状缺陷 3 个且位于同一直线上，其间距均为 7 mm，试据 JB/T 4730.3—2005 标准评定该焊缝质量级别。

解：①缺陷反射波幅所处区域

$T=45$ mm，定量线为 $\phi1\times6-3$ dB，判废线为 $\phi1\times6+5$ dB，该缺陷当量为 $\phi1\times6+2$ dB，位于Ⅲ区。

②缺陷指示长度计量

由已知得 $T/3=45/3=15$ mm，$2T/3=30$ mm

由于缺陷间距为 7 mm<相邻缺陷中较小指示长度 12 mm，应以缺陷之和作为单个缺陷，则缺陷总长为：

$$L=12\times3=36 \text{ mm}>2T/3$$

故该焊接接头质量级别为Ⅲ级。

【例2】 检测 $T=40$ mm 对接接头，发现一个缺陷，其当量为 $\phi2\times40-2$ dB，长为 10 mm，试评定该焊接接头的质量级别。

解： ①缺陷反射波幅所处区域

$T=40$ mm，定量线为 $\phi2\times40-12$ dB，判废线为 $\phi2\times40-4$ dB，该缺陷当量为 $\phi2\times40-2$ dB，位于Ⅲ区。

②质量分级：Ⅲ级。

9.3 曲面工件、管座角焊缝和 T 形焊接接头的超声检测

9.3.1 曲面工件对接焊接接头

曲面工件是指直径小于或等于 500 mm 的承压设备，其检测方法基本与 9.2 节所述的平板对接焊接接头的检测方法类似。但曲面工件纵缝和环缝因其曲率的原因，有其自身特点。

1. 检测条件的选择

(1) 探头 应根据工件的曲率和材料厚度选择探头 K 值，为了达到较好的耦合宜选用小晶片探头。

纵缝：同管材纵向缺陷检测类似，应考虑几何临界角的限制，确保声束能扫查到整个焊接接头。为了达到较好的耦合效果，若曲率较大，应将探头接触面修磨成与工件外表面相吻合的曲面，此时应注意探头入射点和 K 值的变化，并用曲率试块作实际测定。

环缝：一般探头不需修磨也可有较好的耦合效果。若耦合效果不好，可考虑修磨探头接触面。

(2) 对比试块 直接采用 CSK 系列标准试块时，缺陷定位定量时考虑修正。也可采用曲率试块，其结构形式和人工反射孔的设置可参照 CSK 系列标准试块确定。

1) 如检测面曲率半径 $R \leqslant W^2/4$ 时（W 为探头接触面宽度，环缝检测时为探头宽度，纵缝检测时为探头长度），应采用与检测面曲率相同的对比试块，试块宽度 b 一般应满足：

$$b \geqslant 2\lambda S/D_0 \tag{9—7}$$

式中：

b——试块宽度，mm；

λ——声波波长，mm；

S——声程，mm；

D_0——声源有效直径,mm。

2) 如检测面曲率半径 $R>W^2/4$ 时:

纵缝:对比试块的曲率半径与检测面曲率半径之差应小于10%。

环缝:对比试块的曲率半径应为检测面曲率半径的0.9~1.5倍。

2. 仪器的调整

扫描速度与检测灵敏度的调整方法一般与对接接头相同。

3. 扫查

与对接接头相同。

4. 缺陷定位定量

纵缝:定位时应注意显示屏指示的缺陷深度或水平距离与缺陷实际的径向埋藏深度或水平距离弧长的差异,必要时应进行修正。

环缝:定位定量与对接接头基本相同。

9.3.2 管座角焊缝超声检测

1. 结构特点与检测方法

管座角焊缝的结构形式有插入式和安放式两种。

在选择检测方法时应考虑到各种类型缺陷的可能性,并使声束尽可能垂直于该焊接接头结构中的主要缺陷。

(1) 插入式管座角焊缝是接管插入容器筒体内焊接而成,如图9—24所示,可采用以下几种方式检测:

1) 在接管内壁采用直探头检测,见图9—24位置1。

2) 在容器外壁采用斜探头检测,见图9—24位置2。

3) 在接管内壁采用斜探头检测,见图9—24位置3。

4) 在容器内壁采用斜探头检测,见图9—24位置4。

(2) 安放式管座角焊缝是接管安放在容器筒体上焊接而成,如图9—25所示,可采用以下几种方式检测:

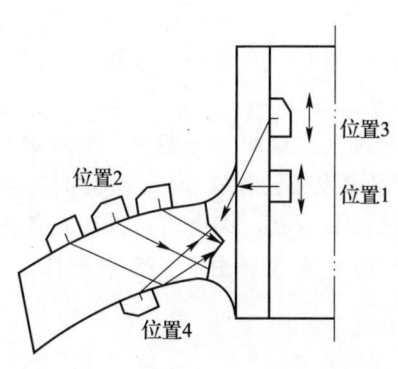

图9—24 插入式管座角焊缝

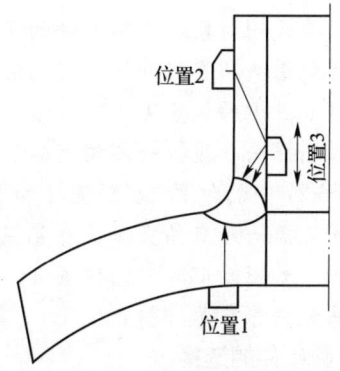

图9—25 安放式管座角焊缝

1) 在容器内壁采用直探头检测，见图9—25位置1。
2) 在接管外壁采用斜探头检测，见图9—25位置2。
3) 在接管内壁采用斜探头检测，见图9—25位置3。

由于管座角焊缝中，危害最大的是未熔合和裂纹等纵向缺陷（沿焊缝方向），因此以纵波直探头检测为主。对直探头扫查不到的区域，如安放式接管角焊缝根部，需要增加斜探头检测。

2. 检测条件的选择

（1）探头　采用直探头检测时，由于筒体或接管表面为曲面，二者接触面小，为保证耦合，探头的尺寸不宜过大。

（2）试块　直探头检测用试块与锻件检测的平底孔试块相似。试块材质、曲率半径、表面粗糙度与被检工件相同。斜探头检测用试块与平板对接接头检测用试块相同。

3. 仪器调整

（1）扫描速度调节　直探头可利用工件或试块底面调节；斜探头可利用CSK－ⅠA试块按声程法调节。

（2）灵敏度调节　直探头检测可按试块对比法或工件底波计算法调节；斜探头按平板对接接头检测的方法调整。

4. 缺陷评定

（1）缺陷定量　直探头检测时，可用当量计算法、距离—波幅曲线或试块比较法确定缺陷当量；斜探头检测时，可按平板对接接头方法测定缺陷幅度和所在区域。

（2）质量分级　可按表9—7进行质量分级。

9.3.3　T形焊接接头的超声检测

1. 结构特点与检测方法

T形接头由翼板和腹板焊接而成，坡口开在腹板上。

在选择检测面和探头时应考虑到检测各类缺陷的可能性，并使声束尽可能垂直于该焊接接头结构中的主要缺陷。根据焊接接头结构形式，T形接头焊接接头的检测有以下三种检测方式，如图9—26、图9—27和图9—28所示。可选择其中一种或几种方式组合实施检测，并应考虑主要检测对象和几何条件的限制。

（1）用斜探头从翼板外侧用直射法进行检测，如图9—26中的位置1、图9—27中的位置1和图9—28中的位置1。

（2）用斜探头在腹板一侧用直射法或一次反射法进行检测，如图9—26中的位置2、位置4，图9—27中的位置2、位置4和图9—28中的位置2、位置4。

（3）用直探头或双晶直探头在翼板外侧沿焊接接头检测，或者用斜探头在翼板外侧沿焊接接头检测，如图9—26中的位置3、图9—27中的位置3和图9—28中的位置3。位置3包括直探头和斜探头两种扫查。

2. 检测条件的选择

（1）探头　采用纵波直探头时，探头的频率可选为2.5 MHz，探头的晶片尺寸不宜过大。

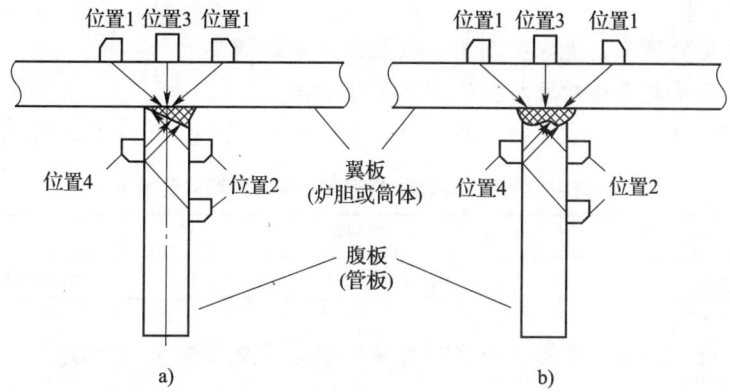

图 9—26 T形接头焊接接头（形式Ⅰ）

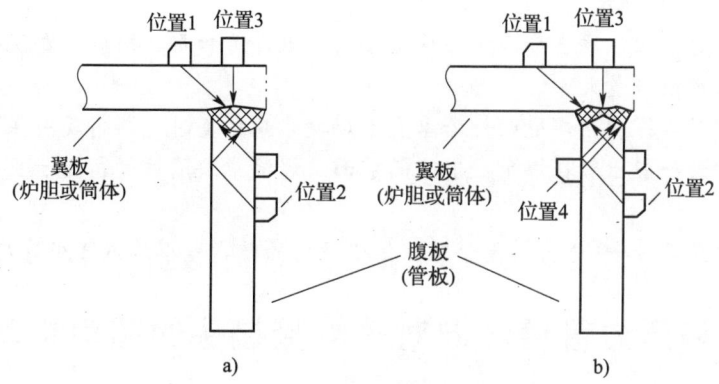

图 9—27 T形接头焊接接头（形式Ⅱ）

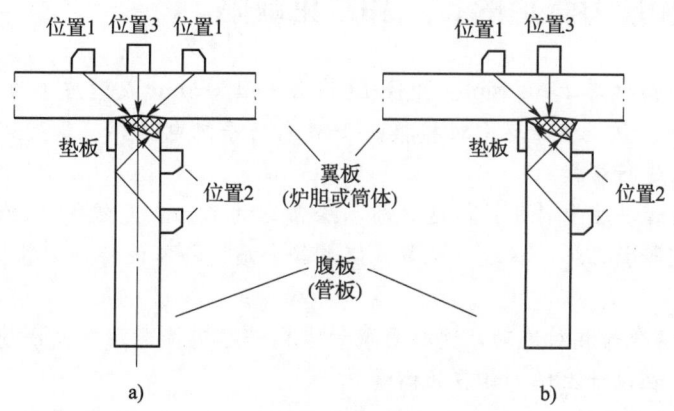

图 9—28 T形接头焊接接头（形式Ⅲ）

采用斜探头时，探头的频率为 2.5～5 MHz；在翼板外侧进行检测时，推荐使用 K1 探头；用斜探头在腹板一侧进行检测时，探头 K 值根据腹板厚度按表 9—1 进行选择。

（2）试块　直探头检测用试块为平底孔试块或利用翼板底面。

斜探头检测用试块与平板对接接头检测用试块相同。

3. 仪器的调整

（1）扫描速度的调节　直探头利用翼板底波或试块调节。

斜探头调节方法与平板对接接头检测用试块相同。

（2）检测灵敏度调整　直探头检测灵敏度应以翼板厚度按表9—8进行调整。

表9—8　　　T形接头焊接接头直探头距离—波幅曲线的灵敏度

评定线	定量线	判废线
$\phi2$ mm平底孔	$\phi3$ mm平底孔	$\phi4$ mm平底孔

斜探头检测时，距离—波幅曲线灵敏度应以腹板厚度按表9—2确定。

4. 扫查

直探头和斜探头的扫查可按如图9—26、图9—27或图9—28所示的方法进行。

5. 缺陷的判别和评定

直探头检测时，应注意区分底波与焊接接头中未焊透和层状撕裂。发现缺陷后确定缺陷的位置、指示长度或当量大小。

斜探头检测时，探头在焊缝两侧沿垂直于焊缝方向扫查时，焊角反射强烈。当焊缝中存在缺陷时，缺陷波一般出现在焊角反射波的前面。焊缝中缺陷位置、指示长度的测定方法同平板对接接头。

缺陷评定参照表9—9进行质量分级。值得注意的是，壁厚均以腹板厚度为准。

9.4　管子和压力管道环向对接焊接接头的超声检测

9.4.1　管子和压力管道的特点和常见缺陷

本节所述管子指壁厚$t\geqslant4$ mm、外径D为32～159 mm或壁厚t为4～6 mm、外径$D\geqslant159$ mm的管子。该类管子环向对接接头一般采用手工电弧焊、氩弧焊打底手工焊填充或等离子焊等方法进行焊接。

管子和压力管道其主要作用是输送介质，除常见的石油、天然气外，还有工业用气体，如氧气、二氧化碳等、乙烯、液氨、矿浆、煤浆等介质。与其他特种设备相比，主要有以下几方面的特点：

1. 管道与输送介质相对流动，这就要求管道内部尽可能光滑，减小磨阻；另外还要考虑介质的腐蚀性，在设计上增加相应的裕量。

2. 管道是相对固定的。比如，埋地管道埋于地下，除改造、敷设新线路等原因外，管道一般不会发生位移。

3. 输送的连续性。即管道一旦建成、投产，一般情况下应连续运行。

4. 在役运行的管道对地面建构筑物或区域长期构成威胁，尤其是天然气、煤气、LPG等易燃气体管道，其威胁程度更大。

5. 长输管道除特殊地形，一般均为地下敷设，运行中不易发现潜在的危险，尤其是建设中未检出的缺陷。

通过上述分析，说明管子和压力管道的质量对整个输送系统的安全运行和使用寿命是非常重要的。因此，管子和压力管道焊接质量是影响管道质量的极其重要的因素。

管子和压力管道在锅炉制造安装中应用也较广，经常承受较高的压力。过去主要采用 X、γ 射线检验，但由于管子透照厚度差大，安装过程中管子有时密集排列，X、γ 射线检测缺陷检出率低。为此人们开始研究利用超声波来进行检测，目前已取得一定的成效，而且在一些大型锅炉厂及电建单位中已用于实际生产。

焊接接头中常见缺陷有气孔、夹渣、未焊透、未熔合和裂纹等。管子曲率半径小，管壁厚度薄，常规超声检测困难大。曲率半径小，普通探头的检测接触面就小，曲面耦合的损失就大。同时超声波在内表面反射发散严重，检测灵敏度低。壁薄、杂波多，从而判断缺陷难度大。大量实验表明，利用大 K 值小晶片短前沿横波斜探头在焊缝两侧进行检测，可以有效地检出焊接接头中的各种缺陷。

9.4.2 检测方法和检测条件选择

1. 探头

探头频率一般采用 5 MHz，当管壁厚度大于 15 mm 时，采用 2.5 MHz 的探头。探头主声束轴线水平偏离角不应大于 2°。

斜探头 K 值的选取可参照表 9—9 的规定。如有必要，也可采用其他 K 值的探头。

表 9—9　　　　　　　　　　斜探头 K 值的选择

管壁厚度（mm）	探头 K 值	探头前沿值（mm）
4.0～8	2.8～2.4	≤6
>8～15	2.0～1.5	≤8
>15	2.0～1.5	≤12

注：当壁厚≥8 mm 时，如焊接接头坡口留有钝边，应增加大 K 值探头（K≥2.2）的根部扫查。

探头楔块的曲率应加工成与管子外径相吻合的形状。加工好曲率的探头应对其 K 值和前沿值进行测定，要求一次波至少扫查到焊接接头根部。

2. 试块

试块的耦合面曲率应与被探管径相同或相近，其曲率半径之差不应大于被探管径的 10%。采用的试块型号为 GS—1、GS—2、GS—3、GS—4。其形状和尺寸应分别符合图 9—29 和表 9—10 的规定。GS—1 试块适用于曲率半径为 16～24 mm 的锅炉、压力容器管子和压力管道环向焊接接头的检测；GS—2 试块适用于曲率半径为 24～35 mm 的锅炉、压力容器管子和压力管道环向焊接接头检测。GS—3 试块适用于曲率半径为 35～54 mm 的锅炉、压力容器管子和压力管道环向焊接接头的检测；GS—4 试块适用于曲率半径为 54～80 mm 的锅炉、压力容器管子和压力管道环向焊接接头检测。

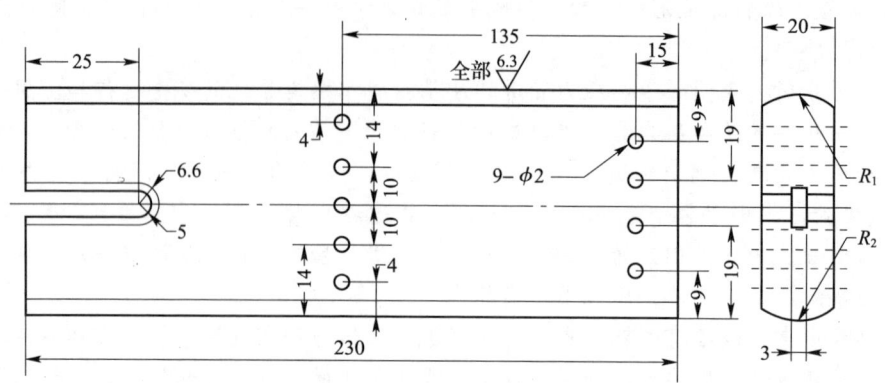

图 9—29　GS 试块形状和尺寸

表 9—10　　　　　　　　　试块圆弧曲率半径　　　　　　　　　　单位：mm

试块型号	试块圆弧曲率半径	
	R_1	R_2
GS—1	18	22
GS—2	26	32
GS—3	40	50
GS—4	60	72

3. 检测位置及探头移动区

一般要求从焊接接头两侧进行检测，确因条件限制只能从焊接接头一侧检测时，应采用两种或两种以上的不同 K 值探头进行检测。

探头移动区应清除焊接飞溅、铁屑、油垢及其他杂质，其表面粗糙度 $R_a \leqslant 6.3~\mu m$，探头移动区应大于 1.5 P。P 的计算参见 9.2.2 节。

9.4.3　灵敏度调节和距离—波幅曲线

1. 距离—波幅曲线的绘制

选择与实际工件相对应的曲面校准试块。距离—波幅曲线按所用探头和仪器在所选择的试块上实测的数据绘制而成，该曲线图由评定线、定量线和判废线组成。

2. 灵敏度选择

不同管壁厚度的距离—波幅曲线灵敏度按表 9—11 选择。

表 9—11　　　　　不同管壁厚度的距离—波幅曲线灵敏度

壁　厚	评 定 线	定 量 线	判 废 线
≤8 mm	—	$\phi 2 \times 20 - 16$ dB	$\phi 2 \times 20 - 10$ dB
>8～15 mm	$\phi 2 \times 20 - 16$ dB	$\phi 2 \times 20 - 13$ dB	$\phi 2 \times 20 - 7$ dB
>15 mm	$\phi 2 \times 20 - 16$ dB	$\phi 2 \times 20 - 10$ dB	$\phi 2 \times 20 - 4$ dB

检测时,由于工件的表面耦合损失和材质衰减,应根据实测结果对检测灵敏度进行补偿,补偿量应计入距离—波幅曲线。

9.4.4 扫查方法

一般将探头从焊接接头两侧垂直于焊接接头作锯齿形扫查,齿距间距应小于探头晶片宽度的一半。

为了观察缺陷动态波形或区分伪缺陷信号以确定缺陷的位置、方向、形状,可采用前后、左右、转角等扫查方法。

9.4.5 缺陷的评定和质量分级

缺陷位置测定、缺陷最大反射波幅的测定和缺陷指示长度的测定方法与平板对接接头相同。

但缺陷的指示长度 I 应按下式进行修正:

$$I = L \times (R-H)/R \tag{9—8}$$

式中:L——探头左右移动距离,mm;

R——管子外径,mm;

H——缺陷距外表面深度(指示深度),mm。

关于缺陷指示长度的计量,JB/T 4730—2005 中规定:

(1)单个点状缺陷指示长度按 5 mm 计。

(2)相邻两缺陷在一直线上,其间距小于其中较小的缺陷长度时,应作为一条缺陷处理,以两缺陷长度之和作为其指示长度(间距不计入缺陷长度)。

缺陷定位定量之后,要根据缺陷的性质、当量和指示长度结合有关标准的规定评定焊缝的质量级别。JB/T 4730.3—2005 标准中将焊接接头质量级别分为Ⅰ、Ⅱ、Ⅲ 3 个等级,其中Ⅰ级质量最高,Ⅲ级质量最低。具体分级规定见表 9—12。

表 9—12　　　　　　　焊接接头质量等级评定

焊接接头等级	焊接接头内部缺陷		焊接接头根部未焊透缺陷	
	反射波幅所在区域	单个缺陷指示长度 L(mm)	缺陷指示长度(mm)	缺陷累计长度($mm^{2)}$)
Ⅰ	Ⅰ	非裂纹类缺陷	$L=T/3$,最小为 5	长度小于或等于焊缝周长的 10%,且小于 30
	Ⅱ	$\leqslant T/4^{1)}$,最大为 10		
Ⅱ	Ⅱ	$\leqslant T/3$,最大为 15	$L=2T/3$,最小为 6	长度小于或等于焊缝周长的 15%,且小于 40
Ⅲ	Ⅱ	超过Ⅱ级者	超过Ⅱ级者	超过Ⅱ级者
	Ⅲ	所有缺陷		
	Ⅰ、Ⅱ、Ⅲ	裂纹等危害性缺陷		

注:在 10 mm 焊缝范围内,同时存在条状缺陷和未焊透时,应评为Ⅲ级。

①板厚不等的焊接接头,取薄板侧厚度值。

②当缺陷累计长度小于单个缺陷指示长度时,以单个缺陷指示长度为准。

9.5 奥氏体不锈钢对接焊接接头的超声检测

9.5.1 组织结构特点和检测方法

同铁素体钢焊接接头相比,奥氏体不锈钢对接焊接接头组织有较大区别。奥氏体焊缝凝固时未发生相变,室温下以铸态柱状奥氏体晶粒存在,这种焊缝组织一般具有以下特点:

1. 晶粒粗大。
2. 柱状晶粒且各向异性,如图9—30b所示,图9—30a所示为各向同性组织。
3. 与母材存在明显的异质界面,特别是在熔合面处组织变化明显。
4. 焊缝组织受焊接工艺、规范影响大。

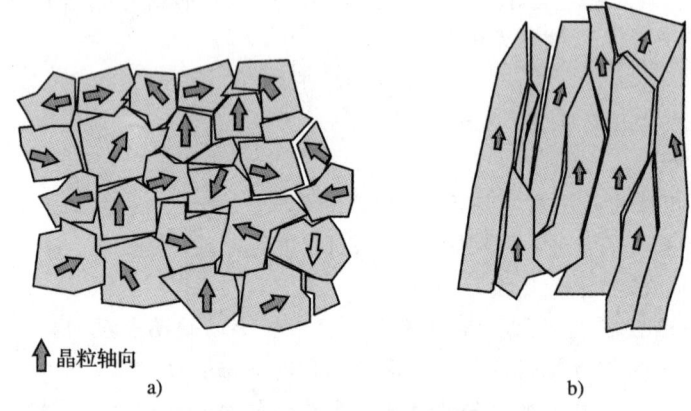

图9—30 各向同性和各向异性组织
a) 各向同性组织(等轴晶粒) b) 各向异性组织(柱状晶粒)

奥氏体不锈钢对接焊接接头的柱状晶粒尺寸和取向受焊接工艺影响较大,一般晶粒沿冷却方向生长,取向基本垂直于熔化金属凝固时的等温线。通常,柱状晶粒开始生长时垂直于焊缝坡口的表面。然而,根据焊接工艺和凝固时的热流状态,柱状晶粒会逐渐改变方向,也有可能从一个焊道延伸到另一个或几个焊道。应注意,手工电弧焊、自动埋弧焊、气体保护焊等不同工艺会形成不同的焊缝组织结构;即使同样是手工电弧焊,不同的焊接顺序也会导致晶粒结构显著差异而影响超声波的传播。

上述焊缝组织对超声检测而言是一种弹性非匀质材料,对超声检测的主要影响体现在如下几个方面:

1. 粗大晶粒的影响

当焊缝晶粒的直径接近超声波波长的1/10时,就会有明显的声散射;当晶粒直径达到半个波长时,声散射剧增,无法进行超声检测。很多奥氏体焊缝的平均晶粒直径一般大于0.5 mm,长度往往超过10 mm,因此很难用一般横波斜探头进行超声检测。此外,杂乱的散射回波会导致检测信噪比低,这也是检测奥氏体焊缝的主要困难所在。为实施有效的检测,一般要求检测信噪比在10 dB以上。

2. 各向异性的影响

超声波在各向异性介质中传播时,声衰减值和声速大小都受波束方向和晶轴之间夹角的影响。当两者之间的夹角在 45°～49°之间时声衰减值最小,声速最大;在 0°和 90°时声衰减最大,声速最小。此外,在各向异性介质中传播的超声波,超声能量的传输方向并不与波前相垂直,这将造成超声声束被扭曲。折射角为 60°的常规探头和聚焦探头,分别以纵波、垂直极化横波和水平极化横波穿过粗晶焊缝后的传播情况,如图 9—31 所示。理论计算和实验结果都证明,对纵波来说最大的扭曲角约为 15°～20°,而对于通常所使用的水平极化横波来说最大的扭曲角可达 50°。由此可见,采用横波检测时定位误差很大。此外应注意的是焊缝中心部位带来的影响极为显著,所以应尽可能避免利用穿过焊缝中心的声束检测结果评定缺陷。

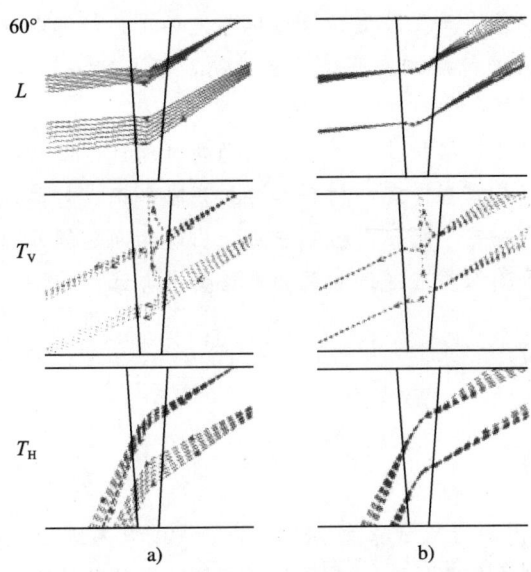

图 9—31 粗晶焊缝声束传播路径示意图
a) 常规探头 b) 聚焦探头

3. 异质界面的影响

首先,奥氏体不锈钢的焊缝熔合面与基体组织差异显著,超声波束入射到该熔合面会发生反射、折射和波形转换,产生假信号,如图 9—32 所示,超声检测过程中必须仔细分析。

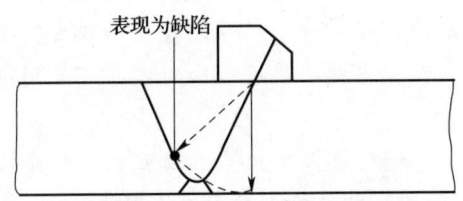

图 9—32 纵波斜入射在熔合面反射而产生的假信号

此外,焊缝内部晶粒间的界面反射回波叠加累积也会产生假信号,而回波脉冲宽度越大,该现象越显著。因此,采用窄脉冲探头有助于减少假信号。

4. 焊接工艺、规范的影响

为便于检测，应采用控制奥氏体焊缝的焊接工艺规范，来实现有利于超声检测的晶粒方向，也就是说应尽可能采用45°~49°的声束与晶轴之间的夹角来进行检测，同时尽量减少焊缝受热，对厚焊缝最好采用窄坡口。此外，如能采取细化晶粒的手段将使焊缝具有良好的可检性。

奥氏体不锈钢对接焊接接头中常见缺陷主要有裂纹、夹杂、气孔等缺陷，其中热裂纹、再热裂纹是奥氏体不锈钢对接焊接接头最常见缺陷，纵向和横向分布都有可能。

超声检测奥氏体不锈钢对接焊接接头时，相同频率的纵波波长约为横波波长的两倍，因此推荐使用纵波斜入射进行检测，这有助于减小粗大晶粒的散射影响，而且纵波扭曲程度也小于横波，这有利于提高缺陷定位的准确性。在采用纵波斜入射检测时，仅使用直射波法，因为经过反射后的纵波能量小而且波形转换后信号更加复杂，难以分析。此外，对于近表面区域，推荐采用爬波探头进行检测。有关试验表明，双晶爬波探头检测盲区小，且信噪比高。

鉴于奥氏体不锈钢对接焊接接头超声检测问题的特殊性，因此进行奥氏体不锈钢对接焊接接头超声检测的人员，应掌握一定的材料和焊接基础知识，对奥氏体不锈钢的焊接、固溶处理和稳定化处理等需有一定了解，对检测中可能出现的问题能作出正确的分析、判断和处理。有些规范甚至要求检测人员应通过相关的资格鉴定考试。

9.5.2 检测条件的选择

1. 探头和检测仪

（1）探头

1）类型　一般应选用高阻尼窄脉冲纵波单斜探头或双晶纵波聚焦斜探头。这两种探头的脉冲宽度窄，可减小晶界的影响；声束聚焦，可使特定区域波束截面积小，减小晶粒散射的作用面积，而且可提高特定区域的灵敏度，但可能需要几个聚焦探头配合方能覆盖整个被检区域。此外，经验证，满足灵敏度和信噪比要求的探头还有单晶聚焦纵波斜探头、相控阵探头等其他超声探头。

2）探头角度　由于奥氏体不锈钢对接焊接接头中的焊缝组织多为柱状晶，不同方向检测信噪比和衰减不同，因此，应合理选择纵波斜探头的折射角。有关试验表明，对于对接接头，采用纵波折射角45°的纵波斜探头检测信噪比较高，衰减较小。当接头厚度较大时，可采用纵波折射角37°的探头检测；当接头厚度较小时，也可采用纵波折射角为60°~70°的探头检测。

3）探头频率　奥氏体不锈钢对接焊接接头晶粒粗大，超声检测时，频率愈高，衰减愈大，穿透力愈低。因此，宜选用较低的检测频率，通常为0.5~2.5 MHz。如经验证，有更好的灵敏度和信噪比，可以使用其他检测频率。

例如，某管道外径约为890 mm，厚度为80 mm，U形坡口，奥氏体焊缝，若从管道内部进行超声自动检测，可采用表9—13的探头组合。

表 9—13　　　奥氏体检测用探头规格

序号	折射角	标称频率（MHz）	焦点深度（mm）	探头类型	晶片尺寸	方向
1	70°	1.5	20	TRL	7.6 mm×14 mm	轴向/周向
2	60°	1.8	20	TRL	7.6 mm×14 mm	轴向/周向
3	45°	1.8	30	TRL	9 mm×15 mm	轴向/周向
4	45°	1.5	80	TRL	16 mm×29 mm	轴向
5	37°	1.0	80	TRL	16 mm×29 mm	轴向/周向

注：TRL——纵波双晶一发一收探头。

(2) 超声检测仪　选择的超声仪应与选用的探头、电缆相匹配，推荐超声仪具有带宽可选功能，以便获得最佳灵敏度和信噪比。

2. 对比试块

一般要求对比试块应包括对接焊接接头。这是与铁素体钢对接焊接接头超声检测在试块上的主要差别。对比试块的材料、几何形状、焊接工艺等应与被检工件相同，且不得存在大于或等于 $\phi 2$ mm 平底孔当量直径的缺陷。

JB/T 4730.3—2005 资料性附录 N 中采用的对比试块的形状和尺寸如图 9—33 所示，其人工反射体为 $\phi 2$ mm×30 mm 的横通孔。

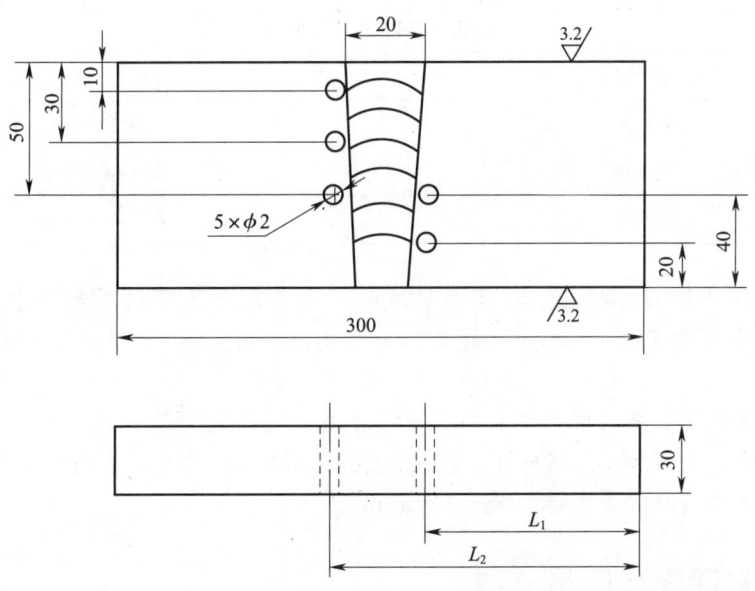

图 9—33　奥氏体对接接头检测用对比试块

3. 耦合剂

奥氏体不锈钢对接焊接接头超声检测过程中应选用透声性好的耦合剂，如声阻抗较大的甘油等。此外，一般要求耦合剂应对被检工件无害，如 ASME 规范要求奥氏体不锈钢上使用的耦合剂中卤素（氯和氟）的质量分数不应大于 $250×10^{-6}$。

4. 可检性评价

进行奥氏体不锈钢对接焊接接头超声检测前,应针对选用的检测技术进行可检性评价,以保证有意义的检测结果。不同规范对此有不同的规定,但有些规范对此无明文规定。

例如,JB/T 4730.3—2005 资料性附录 N 中要求,利用对比试块,分别测绘声束通过母材和通过焊接接头检测参考反射体的两条距离—波幅曲线,要求其间距应小于 10 dB。

俄罗斯相关规范《奥氏体钢焊接接头检验》(ПНАЭГ—7—032—92)中关于可检性评价主要体现在检测信噪比和定位偏差两个指标上。要求如下:

(1)信噪比,即参考反射体比相应检测范围内的最大组织结构噪声至少要高 6 dB。

(2)对纵波斜探头而言,同声束经过母材相比,当经过焊接接头熔敷金属时,超声波束角度的改变应小于 5°,以免定位偏差大。

9.5.3 灵敏度调节和距离—波幅曲线

利用纵波斜探头检测工件时,一般采用一次波法(直射波法)检测。因此,需要利用对比试块上的人工反射体分别绘制检测声束穿过焊缝金属的和检测声束只在母材中传播的两条距离—波幅曲线。

例如,采用 JB/T 4730.3—2005 资料性附录 N 中的对比试块进行检测时,利用试块上 $\phi 2\ mm \times 30\ mm$ 的横通孔绘制距离—波幅曲线,其灵敏度见表 9—14。

表 9—14　　　　　　　距离—波幅曲线灵敏度

板厚(mm)	$T \leqslant 50$
判废线	$\phi 2 \times 30$—4 dB
定量线	$\phi 2 \times 30$—12 dB
评定线	$\phi 2 \times 30$—18 dB

采用爬波探头检测焊接接头近表面区域时,人工反射体可以是表面开口槽或距表面不同距离的一系列横孔或平底孔,上述人工反射体一般应位于焊缝中心线附近或熔合面处。

此外,也有规范要求利用平均晶粒噪声水平进行灵敏度调节并规定大于平均晶粒噪声 6 dB 以上的显示,必须加以分析研究。此处所说的平均晶粒噪声,是指特定检测深度 D 的一定范围内的平均晶粒噪声水平,例如 $D \pm 5\ mm$。

9.5.4 缺陷评定和质量分级

1. 利用纵波斜探头(单晶或双晶)直射波法检测工件时,由于奥氏体不锈钢焊缝金属对超声波的传播具有显著的影响,因此,进行缺陷评定时,应首先考虑以下评定准则:

(1)以扫查灵敏度进行检测发现缺陷时,应将从缺陷反射的回波信号与对比试块中埋藏深度和位置最为接近的参考反射体的回波信号相比较。因此，有必要在设计制作参考试块时充分考虑参考反射体的设置。

（2）凡是达到或超过定量线或参考反射体回波幅度的，必须在不同扫查方向进行检测，并对得到的不同数据进行分析，比较。必要时可进行补充检验。

（3）一般而言，如缺陷定位表明其位于焊接接头中靠近检测探头一侧，则应利用检测声束只在母材中传播的距离—波幅曲线评定；如缺陷定位表明其远离检测探头位于焊接接头另一侧，则应利用检测声束穿过焊缝金属的距离—波幅曲线评定。

（4）如从焊缝两侧皆能扫查到同一缺陷，则推荐利用受焊缝影响小的一侧进行评定。

2. JB/T 4730.3—2005 资料性附录 N 中，关于奥氏体焊接接头超声检测缺陷的评定规则和质量分级的主要内容如下：

（1）超过评定线的回波应注意其是否具有裂纹等危害性缺陷特征，并结合缺陷位置，动态波形及工艺特征作判定。如不能作出准确判断应辅以其他方法作综合评定。

（2）指示长度小于 10 mm 时，按 5 mm 计。

（3）相邻两缺陷间距小于较小缺陷长度时，作为一条缺陷处理，两缺陷长度之和作为单个缺陷指示长度。条状缺陷近似分布在一条直线上时，以两端点距离作为其间距；点状缺陷以两缺陷中心距离作为间距。

（4）焊接接头质量等级评定按表 9—15 的规定进行。

表 9—15　　　　　　　　焊接接头质量等级评定

等级	板厚 T（mm）	反射波幅所在区域	单个缺陷指示长度 L（mm）
I	10～50	I	非裂纹类缺陷（无缺陷指示长度要求）
	10～50	II	$L \leq T/3$，最小 10。
II	10～50	II	$L \leq 2T/3$，最小 12，最大 30
		II	超过 II 级者
III	10～50	III	所有缺陷（无缺陷指示长度要求）
		I、II、III	裂纹等危害性缺陷（无缺陷指示长度要求）

注：板厚不等的对接焊接头，取薄板侧厚度值。

9.5.5　奥氏体焊接接头检测新技术

目前，国际上通过采用 LLT（纵波—纵波—横波）的波型转换超声检测技术、变型波超声检测技术、ADEPT 检测技术、超声相控阵检测技术等，或单独、或与前面所述方法组合进行奥氏体不锈钢对接焊接接头的检测，在缺陷检测和定性、定量方面取得了较好的检测效果。

其中，如图 9—34 所示，发射晶片所发射的纵波经过焊缝底面反射后返回上表面，如果在这个传播途径上存在缺陷，纵波将转换成横波而被接收晶片接收。该方法对于垂直于检测面的体积

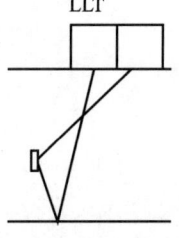

图 9—34　LLT 检测技术声束传播路径

状和面状缺陷检测灵敏度高。从图中还可以看到，入射角不同的声束具有不同的灵敏度区域，根据这种特性可以在同一探头内布置多种角度不同的发射晶片，从而实现大厚度工件的全体积检测。

变型波 N_1 检测方法实际上是纵波斜探头中伴生的横波经底面反射后转换成的纵波，例如图 9—35 中 55°和 70°双晶纵波斜探头。利用此转换，纵波可以检测焊缝底面的体积状缺陷以及裂纹。该方法的特点在于调整探头入射角即可以获得不同的检测区域和检测灵敏度。同时结合变型波 N_2 可以用于评估裂纹高度。变型波 N_2 是纵波斜探头中伴生的横波在底面发生波型转换后出现的沿底面传播的纵波，类似于爬波探头产生的爬波，所以通常也被称为二次爬波。这种检测方法对垂直于底面生长的面状缺陷非常灵敏，例如焊缝根部的疲劳裂纹等。但是这种方法的实施必须是在底面为平面的条件下，因为如果底面存在截面突变的情况（如内表面镗孔），那么由于变型波 N_2 的声束传播方向与缺陷不垂直，将严重影响反射回波幅度，从而造成缺陷定量偏差。

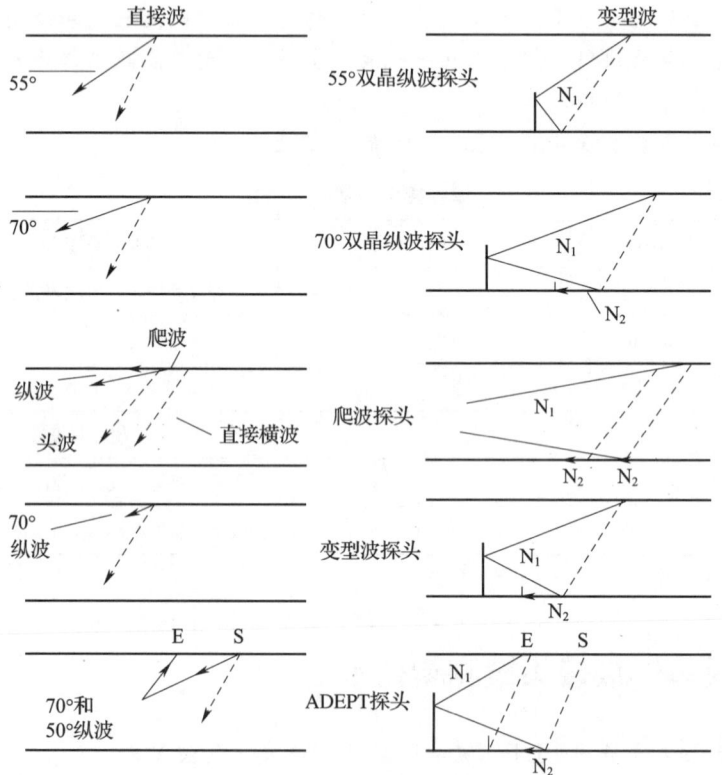

图 9—35　不同检测技术声束传播路径示意

ADEPT 检测技术是 Advanced Dual Probe Technology 的英文缩写，ADEPT 探头设计上最大的特点是收、发晶片不是平行布置，而是一前一后布置。这样就形成了一个声束边缘平行的灵敏度区域。这种探头适用范围比较大，其对焊缝表面区域的检测灵敏度类似于爬波探头，其中的纵波检测区域包括了 0～25 mm。

9.6 堆焊层的超声检测

9.6.1 堆焊层的焊接过程和堆焊层组织结构特点

当工件既要求有较高的强度又要求有良好的耐腐蚀性时，工程上往往在工件表面堆焊一层耐腐蚀的材料，通常为不锈钢或镍基合金等。以厚壁加氢反应器为例，其基板材质通常为2.25Cr1Mo钢，堆焊层一般采用347和309超低碳奥氏体不锈钢（347主要是堆焊层，309是过渡层），制造采用带极堆焊。奥氏体不锈钢和镍基合金堆焊层凝固过程中没有奥氏体向铁素体转变的相变而且凝固过程中垂直于母材方向散热条件好，因此室温下仍保留铸态奥氏体晶粒而且奥氏体晶粒生长取向基本垂直于母材表面。带极堆焊时，其柱状晶更为典型，声学性能各向异性明显。对于堆焊层检测，如采用横波斜探头从堆焊层侧检测，散射衰减严重，检测信噪比低。

9.6.2 堆焊层中的常见缺陷

堆焊层中常见缺陷主要有：
1. 堆焊层内缺陷，如气孔、夹杂、层间未熔合等。
2. 堆焊层层下再热裂纹，一般出现在奥氏体不锈钢堆焊层下的母材中，裂纹方向垂直于表面且垂直于堆焊方向。裂纹长度一般小于10 mm，深度为堆焊层下1～2.5 mm，往往成群出现，相邻裂纹之间的间隔为2～10 mm。
3. 堆焊层与基板间的未熔合（未结合），取向基本平行于母材表面。

9.6.3 检测方法

堆焊层中不同部位不同性质的缺陷危害不同，使用状况千差万别，既有用于高温、高压和含有氢介质的场合，也有仅用于只有防腐要求的低压容器上，因此，应根据设计使用要求、检测目的选择合适的检测方法，通常可以是以下检测方法的一种或几种的组合。

1. 堆焊层内缺陷和层下再热裂纹的检测

堆焊层内缺陷主要为气孔、夹杂等，因此，一般采用纵波双晶直探头从堆焊层侧或母材侧（如母材厚度较薄）进行检测，或者使用纵波单直探头从母材侧进行超声检测。纵波双晶斜探头或双晶爬波探头也可用来从堆焊层侧检测堆焊层内缺陷和堆焊层层下再热裂纹。

对比试块应采用与被检工件材质相同或声学特性相近的材料，并采用相同的焊接工艺制成。其母材、熔合面和堆焊层中均不得有大于或等于$\phi 2$ mm平底孔当量直径的缺陷存在。试块的堆焊层表面状态应和工件堆焊层的表面状态相同。

采用纵波双晶直探头从堆焊层侧检测时，可利用如图9—36所示的T1型试块来调整检测灵敏度。将探头放在试块的堆焊层表面上，移动探头使其从$\phi 3$ mm平底孔获得最大波幅，

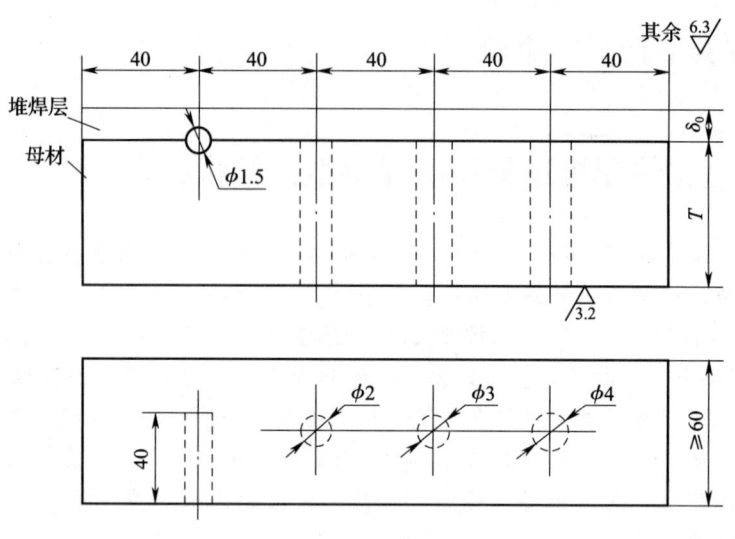

图 9—36　T1 型试块

调整衰减器使回波幅度为满刻度的 80%，以此作为基准灵敏度。这时，母材厚度 T 至少应为堆焊层厚度的两倍。

采用纵波双晶斜探头从堆焊层侧检测堆焊层内缺陷或堆焊层层下再热裂纹时，灵敏度的校准过程如下：将探头放在 T1 型试块的堆焊层表面上，移动探头使从 $\phi 1.5$ mm 横孔获得最大反射波幅，调节衰减器使回波幅度为满刻度的 80%，以此作为基准灵敏度。纵波双晶料探头检测堆焊层时，推荐 $K=2.75$ 并且探头焦点深度位于堆焊层和母材的结合部位，以保证在焦点区域具有较高的灵敏度和信噪比。

直探头从母材侧检测堆焊层内缺陷时，可利用如图 9—37 所示的 T2 型试块来调整检测灵敏度。将探头放在母材一侧，使 $\phi 3$ mm 平底孔回波幅度为满刻度的 80%，以此作为基准灵敏度。母材厚度 T 与被检工件母材的厚度差不得超过 10%。

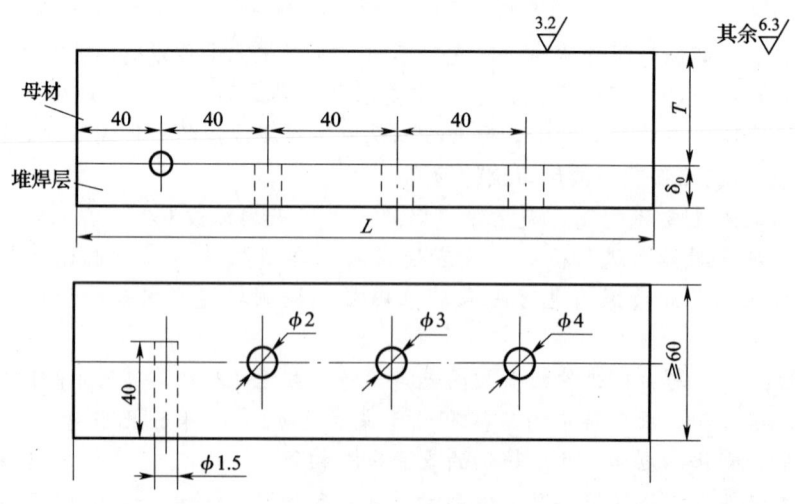

图 9—37　T2 型试块

采用纵波斜探头从母材侧检测堆焊层内缺陷和层下再热裂纹时,利用 T2 型试块来调整检测灵敏度。将探头放在母材一侧,移动探头使从 $\phi 1.5$ mm 横孔获得最大反射波幅,调节衰减器使回波幅度为满刻度的 80%,以此作为基准灵敏度。

2. 堆焊层与基板间未熔合的检测

对于此种缺陷,一般使用双晶直探头从堆焊层侧进行检测或使用单直探头从母材侧进行检测。一般选择一种方法检测即可。如对检测结果有怀疑,也可选另一种方法作补充检测。检测时可采用如图 9—38 所示的 T3 型试块。利用单直探头从母材侧进行检测时,采用 T3a 型试块,被检测的工件母材厚度和试块母材厚度差不应超过 10%。将探头放在母材一侧,使 $\phi 10$ mm 平底孔回波幅度为满刻度的 80%,以此作为基准灵敏度。

双晶直探头从堆焊层侧进行检测时,采用 T3b 型试块,试块的母材厚度至少应为堆焊层厚度的两倍。双晶直探头放在堆焊层一侧,使 $\phi 10$ mm 平底孔回波幅度为满刻度的 80%,以此作为基准灵敏度。

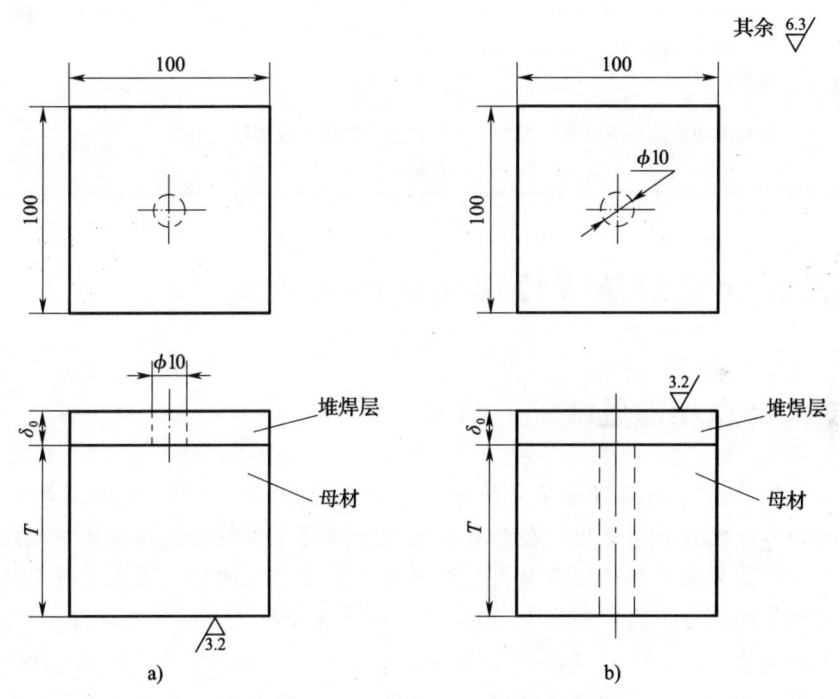

图 9—38 T3 型试块
a) a 型试块 b) b 型试块

此外,进行堆焊层超声检测应注意以下事项:

(1) 采用双晶直探头检测时应垂直于堆焊方向进行扫查,探头的隔声层应平行于堆焊层方向。

(2) 如堆焊层表面条件严重影响从堆焊层侧进行超声扫查时,应考虑从母材侧进行检测。

(3) 扫查灵敏度应在基准灵敏度基础上提高 6 dB。缺陷当量尺寸应采用 6 dB 法确定。

9.6.4 堆焊层的质量分级

JB/T 4730.3—2005中规定的堆焊层质量等级评定见表9—16。

表9—16　　　　　　　　　堆焊层质量等级评定

缺陷等级	堆焊层内缺陷	堆焊层界面缺陷	堆焊层未结合缺陷
Ⅰ	当量小于ϕ1.5－2 dB的缺陷（纵波双晶斜探头、纵波斜探头） 当量小于ϕ3 mm的缺陷（单直探头、双晶直探头）	当量小于ϕ1.5－2 dB的缺陷（纵波双晶斜探头、纵波斜探头）	缺陷直径小于25 mm的未结合区域
Ⅱ	当量≥ϕ1.5－2 dB～ϕ1.5＋2 dB的缺陷（纵波双晶斜探头、纵波斜探头） 当量≥ϕ3 mm～ϕ4 mm且长度＜30 mm的缺陷（单直探头、双晶直探头）	当量ϕ1.5－2 dB～ϕ1.5＋2 dB的缺陷（纵波双晶斜探头、纵波斜探头）	缺陷直径为25～40 mm的未结合区域
Ⅲ	超过Ⅱ级或发现裂纹等危害性缺陷	超过Ⅱ级或发现裂纹等危害性缺陷	超过Ⅱ级

9.7　铝及铝合金对接焊接接头的超声检测

9.7.1　结构特点和常见缺陷

铝及铝合金主要采用MIG（金属焊丝惰性气体保护焊）和TIG（钨极氩弧焊）电弧焊技术进行焊接加工，也可采用其他特种焊接技术进行焊接。与钢对接焊接接头相比，其主要特点是熔点低、导热率大、热膨胀系数大、塑性好、强度低。此外，工业上使用的铝及铝合金对接焊接接头厚度一般不大，超过40 mm厚度的焊接接头所占比例较低。

铝的纵波声速为6 300 m/s，比钢中纵波声速快；横波声速为3 150 m/s，比钢中横波声速慢，铝焊缝中声衰减一般比碳钢焊缝中小。此外，应注意铝和铝合金各向异性对超声声场的影响，如采用不同人工反射体测量探头前沿和K值可能存在较大差异，对反射体的定位造成一定影响。

铝及铝合金对接焊接接头常存在以下缺陷：

（1）夹渣　铝及铝合金在空气中极易与氧化合生成一层致密结实的Al_2O_3薄膜，其熔点高达2 050℃，远远超过铝及铝合金的熔点（560～660℃）。氧化铝薄膜会阻碍金属之间的良好结合，易造成氧化膜夹渣。

（2）未焊透和未熔合　例如，管道焊接时其焊缝根部熔融金属和处于高温下的金属极易被氧化，生成的氧化膜会阻碍焊缝根部充分焊透，尤其在全位置焊接时，更应注意此类缺陷。

（3）气孔　焊接时熔池中的液态铝通过与水蒸气发生反应,可吸收大量的氢气。在凝固时,氢气的溶解度突然降低,导致大量的气体逸出。由于焊接熔池的迅速凝固,来不及逸出的部分气体聚集在焊缝中最终形成气孔。

（4）焊接裂纹　铝凝固时会产生较大的收缩量以及较大的热膨胀系数,使其在加热和冷却过程中产生形状变化,易于引起焊接裂纹。

（5）塌陷　铝及铝合金焊接熔池金属由固态变成液态时,其表面没有明显的颜色变化,这就给焊接操作带来不便,焊接时容易形成塌陷。

9.7.2　检测条件的选择

1. 探头

在铝焊缝检测中,要使用检测铝的专用探头。由于铝焊缝衰减较小,因此宜选用较高的频率检测,一般为 5.0 MHz。探头的横波折射角有 70°、60°和 45°等几种。为了有效检出坡口未熔合,应尽量使波束轴线与坡口面垂直。实际检测中常根据板厚来选择折射角,当板厚较厚时,常用 45°;当板厚较薄时,常用 60°或 70°。

2. 对比试块

可采用钢制 CSK-A 试块或铝制横孔对比试块,铝制横孔对比试块材质应与被检铝件声学性能相同或相近,不得有大于或等于 $\phi 2$ mm 平底孔当量直径的缺陷存在,用于测定探头的折射角、调整仪器时基线比例和测试距离——波幅曲线。JB/T 4730.3—2005 中规定的对比试块尺寸、形状见图 9—39 和表 9—17。

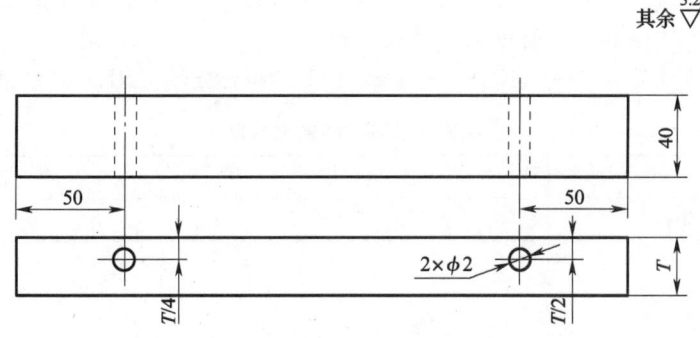

图 9—39　对比试块形状

表 9—17　　　　　　　　　　对比试块尺寸　　　　　　　　　　单位:mm

试块号	试块长度 L	试块厚 T	试块的测定适用范围
1	300	25	8～40
2	500	50	>40～80

3. 耦合剂

可选用机油、甘油等非碱性耦合剂。

9.7.3 检测准备和仪器调整

1. 入射点测定

检测铝的专用斜探头入射点可在 CSK-IA 钢试块或如图 9—39 所示的对比试块上测定，测定方法同普通斜探头。

2. 折射角的测定

将探头对准铝制对比试块上的 $\phi 2$ mm 横孔，前后移动探头，使横孔回波达最高，然后测定这时的水平距离 L 和深度 d，则探头的折射角 β 为：

$$\beta = \arctan^{-1} \frac{L}{d}$$

测定折射角 β 时，要考虑一次波的声程和近场区长度，要尽量避免在近场区内测定。

3. 时基线比例调整

可利用铝制横孔对比试块或 CSK-IA 钢试块来调整。利用 CSK-IA 钢试块调整时，要将 CSK-IA 钢试块的尺寸 X_{Fe} 换算为铝的尺寸 X_{Al}，设铝中横波声速 $c_{AL}=3\ 150$ m/s，钢中横波声速 $c_{Fe}=3\ 230$ m/s，则换算方法为：

$$X_{Al} = \frac{3\ 150}{3\ 230} X_{Fe} = 0.975 X_{Fe}$$

4. 检测方式

根据板厚 T 来确定，当 $T<40$ mm 时，采用单面双侧利用一、二次波检测；当 $T \geqslant 40$ mm 时，采用双面双侧利用一次波检测。

5. 距离—波幅曲线和灵敏度调整

铝焊缝检测距离—波幅曲线常利用铝制横孔对比试块来测试。可绘在坐标纸上，也可绘在仪器面板上，不过绘在仪器面板上使用较方便。

距离—波幅曲线的评定线（EL）、定量线（SL）和判废线（RL）灵敏度见表 9—18。

表 9—18　　　　　　　　距离—波幅曲线的灵敏度

评 定 线	定 量 线	判 废 线
$\phi 2-18$ dB	$\phi 2-12$ dB	$\phi 2-4$ dB

9.7.4 扫查

扫查灵敏度不低于评定线。

扫查方式有锯齿形扫查及前后、左右、环绕和转角扫查等。

9.7.5 缺陷的评定和质量分级

缺陷的定位、定量方法与平板对接接头基本一样。

质量分级可参照有关标准规定。

9.8 钛及钛合金对接焊接接头的超声检测

9.8.1 结构特点和常见缺陷

工业纯钛可分为 TA1、TA2、TA3 三种牌号，工业纯钛的焊接性能良好，容易加工成型，但加工后会产生冷作硬化现象。工业纯钛尽管强度不高，但塑性、韧性优良，尤其是具有良好的低温冲击韧性，同时具有良好的抗腐蚀性能。所以，多用于化学工业、石油工业等。根据钛合金退火状态的室温组织，可将钛合金分为三种类型：α钛合金，如 TA4、TA5、TA6 型的 Ti—Ai 系合金和 TA7、TA8 型的 Ti＋Ai＋Sn 合金，α钛合金的焊接性能优良；β钛合金，如 TB2，β钛合金的焊接性能差，易形成冷裂纹；α＋β钛合金，如 TC4，α＋β钛合金的焊后接头塑性差，有形成冷裂纹倾向。应注意的是工业上使用钛及钛合金容器和管道一般厚度不大。

钛及其合金焊接时的主要问题是易产生气孔和裂纹这两种缺陷。气孔是钛及其合金焊接时最常见的缺陷之一，形成气孔的根本原因是钛的化学活性强，焊接过程中更容易受氢影响。冷裂纹是钛及其合金焊接时另一种常见的缺陷。对接接头的冷裂纹一般处于焊缝横断面上。此外，由于钛的化学活性强，在 400℃ 以上高温下极易由表面吸收氧、氮、氢、碳等，由于溶解度的变化引起 β 相（脆性相）过饱和析出并由焊接过程中体积膨胀引起较大的内应力作用而导致冷裂纹。

钛及钛合金对接焊接接头的超声检测还应注意以下问题：

1. 母材组织不均匀会导致超声检测时组织噪声较高。
2. 焊接过程可能会使晶粒更加粗大，影响超声检测。
3. 目前钛及钛合金对接焊接接头超声检测和缺陷评定以及质量分级的有关国内外规范标准较少。建议使用 JB/T 4730.3—2005 资料性附录 M《钛制承压设备对接焊接接头超声检测和质量分级》时，应与设计及使用单位进行有效沟通确认是否满足检测目的和要求。

9.8.2 检测方法

通常采用横波斜探头，如频率为 2.5 MHz、K2 的斜探头来检测钛及钛合金对接焊接接头。利用对比试块绘制距离—波幅曲线并进行灵敏度调节。对比试块应满足如下要求：

（1）对比试块材质应与被检钛板性能相同或相近，经超声检测后不得有大于或等于 $\phi 2$ mm 平底孔当量直径以上的缺陷存在。

（2）对比试块尺寸、形状见表 9—19 和图 9—40。

表 9—19　　　　　　　　　对比试块尺寸　　　　　　　　　单位：mm

试块号	试块长度 L	试块厚度 T	试块的测定范围
1	300	25	8～40
2	500	50	＞40～80

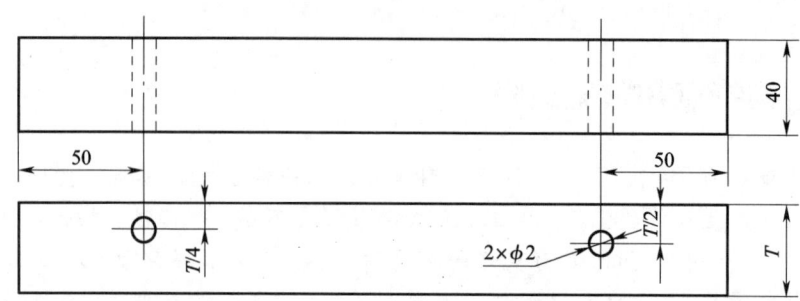

图 9—40 对比试块形状

灵敏度调整：在对比试块上实测绘制距离—波幅曲线，由定量线、判废线和评定线组成。距离—波幅曲线的灵敏度见表 9—20。通常扫查灵敏度不低于评定线。

表 9—20　　　　　　　　　距离—波幅曲线的灵敏度

评 定 线	定 量 线	判 废 线
$\phi 2 - 18$ dB	$\phi 2 - 12$ dB	$\phi 2 - 4$ dB

9.8.3　缺陷的评定和质量分级

缺陷的定位、定量方法与平板对接接头基本一样。

质量分级可参照有关标准规定。

9.9　在用承压设备的超声检测

在用承压设备超声检测同制造安装时相比，主要存在以下特点：

1. 可达性问题

同制造安装阶段相比，在用承压设备受检部位一般可达性差，有的需要拆除保温层；有的空间狭小，检测人员难以接近或操作；有的需要专用机械工具辅助解决可达性问题。

2. 缺陷性质

制造安装阶段，母材和焊接接头中主要存在某些制造缺陷。在用承压设备的母材和焊接接头，随运行工况、环境条件、介质条件、应力状态等不同，制造缺陷可能会逐渐扩大，也可能产生新的缺陷，如腐蚀减薄、应力腐蚀裂纹、疲劳裂纹等。

3. 检测目的

在用承压设备超声检测的目的主要是通过检测判定缺陷是否是制造缺陷还是使用缺陷，是否有扩展，为安全评定人员提供缺陷相关信息以便进行安全评价，进而保证设备在下一次检测周期前能够正常运行。

4. 检测的要求和方法

同制造安装阶段相比，由于检测目的的变化，对检测的要求也有不同。要求应进行缺陷自身高度、缺陷位置、缺陷密集程度的测量,并对缺陷的类型和性质尽可能作出判定。因此,检测的方法也有变化,尤其是缺陷自身高度的测量一般会采用诸如端点衍射回波法、端部最大回波法等适合的方法进行测定。

5. 检测的环境

同制造安装阶段相比,检测环境的变化可能会严重影响检测结果。如由于打磨导致表面平整度、粗糙度等表面条件的变化,会影响耦合效果和检测结果。工件温度的变化对探头 K 值的影响,尤其是对大 K 值探头影响明显。

本节将结合 JB/T 4730.3—2005 介绍在用承压设备的超声检测方法和要求。

9.9.1 在用钢制承压设备对接接头

1. 检测方法和检测技术

在用锅炉、压力容器进行对接接头超声检测前,应根据其运行工况、环境条件、介质条件、应力状态确定主要缺陷类型和形态,有针对性地选择检测方法和检测技术。

在实际检测发现缺陷回波时,应对位于定量线及定量线以上的超标缺陷进行回波幅度、埋藏深度、指示长度、缺陷取向、缺陷位置和自身高度的测定,并对缺陷的类型和性质尽可能作出判定。但对能判定为危害性的缺陷,即使位于定量线及定量线以下,也应对其进行上述参数的测定。

在测定上述参数时,原则上应采用直射波检测,扫查灵敏度可根据需要确定,但不得使噪声回波高度超过满屏的 20%。

2. 缺陷几何尺寸的测量

在 JB/T 4730.3—2005 中规定了以下缺陷尺寸测量原则:

(1) 点状缺陷 可采用 AVG 法估计缺陷面积的数值。

(2) 线状缺陷 缺陷高度方向的尺寸,可采用 AVG 法进行估计。

(3) 体积状缺陷和平面状缺陷 缺陷高度方向的尺寸,可用端点衍射回波法或端部最大回波法测定。如无法确定端点衍射回波和端部最大回波,可采用 6 dB 法进行测定。

(4) 多重缺陷和群集缺陷的尺寸确定方法

1) 若在 A 型扫描回波包络线中,各反射回波波峰在荧光屏扫描线中不能分辨时(即不能用手工操作确定各反射体的间距),则只能作为一个缺陷考虑(由缺陷多个反射回波的波形轮廓线来确定),其高度方向的尺寸可用端点衍射回波法、端部最大回波法测定。如无法确定端点衍射回波和端部最大回波,可采用 6 dB 法进行测定。

2) 若在 A 型扫描回波包络线中,各反射分支回波波峰在荧光屏扫描线上能够分辨,那么在这种情况下,各个缺陷高度方向的尺寸可按照上述方法分别进行测定。

在测定缺陷自身高度时,如可行,尽量采用端点衍射回波法测定缺陷自身高度,此时应注意区分端点反射波和端点衍射波;如无法获取或识别缺陷端点衍射波,尽量采用端部最大回波法测定缺陷自身高度;如也无法获取或识别缺陷端部最大回波,可采用 6 dB 法测定缺陷自身高度。但 6 dB 法测定缺陷自身高度时应注意进行声束扩散测量并绘制主声束半波高度的范围,以避免自身高度较小的缺陷测得的指示高度为主声束半波高度,测量可以利用对比试块上不同深度的横孔进行。

3. 缺陷类型的确定

（1）对超标缺陷应根据缺陷的波幅高度、位置、取向、指示长度、自身高度，再结合缺陷静态波形、动态波形、回波包络线和扫查方法，以及焊接接头的焊接方法、焊接工艺、工件结构、坡口形式、材料特性、热处理状态来判断缺陷类型和性质。通常应确定点状缺陷、线状缺陷（条状夹渣、未焊透、未熔合等）、面状缺陷（裂纹、面状未焊透、面状未熔合等）。具体判定方法见9.11节所述。

（2）对采用超声检测确定缺陷尺寸和类型比较困难或分布比较密集的缺陷，应增加X射线检测或其他检测，以便进一步综合判断。

（3）对在用承压设备超声检测中发现的缺陷，应与制造和安装的原始资料或上一检测周期的检测报告核对，以进一步判定本次发现的缺陷是否是新产生的，以及是否有扩展。

4. 缺陷记录

（1）应根据在用压力容器定期检验规则、锅炉定期检验规则的技术规程的要求对缺陷的超声检测结果进行记录。

（2）根据需要，也可由安全评定人员根据容器设计、制造、使用和检测记录提供允许缺陷的临界尺寸（缺陷位置、长度和自身高度），检测时只记录大于该界限尺寸的缺陷，交由评定人员评定处理。

（3）记录内容应包括缺陷位置、类型、取向、波幅、指示长度和自身高度以及缺陷分布图。记录应由操作人员和责任人员签字。

9.9.2　在用承压设备不锈钢堆焊层超声检测

在用压力容器不锈钢堆焊层进行超声检测时，其检测方法和检测技术参见9.6节。当发现超标缺陷后，应测定缺陷位置、类型、取向、波幅、指示长度和自身高度，并提供缺陷分布图和缺陷记录。

9.9.3　在用铝及铝合金制压力容器焊接接头超声检测

在用铝及铝合金制压力容器焊接接头进行超声检测时，其检测方法和检测技术参见9.7节。当发现超标缺陷后，应测定缺陷位置、类型、取向、波幅、指示长度和自身高度，并提供缺陷分布图和缺陷记录。

9.9.4　在用承压设备管子和压力管道环向对接焊接接头超声检测

在用钢制承压设备管子和压力管道环向焊接接头进行超声检测时，其检测方法和检测技术参见9.4节。

当检测时如发现反射波幅位于Ⅲ区的缺陷、按有关规定评定为不合格的缺陷以及检测人员判定为危害性的缺陷，应测定缺陷位置、类型、取向、波幅、指示长度和自身高度，并提供缺陷分布图和缺陷记录。同时根据在用工业管道定期检验规程等技术规程的要求对缺陷的超声检测结果进行记录。

9.10 焊接接头缺陷性质分析与非缺陷回波分析

超声检测除了确定焊接接头中缺陷的位置和大小外，还应尽可能判定缺陷的性质。不同性质的缺陷危害程度不同，例如裂纹就比气孔、夹渣危害大得多。因此，缺陷定性十分重要。缺陷定性是一个很复杂的问题，目前的 A 型超声检测仪只能提供缺陷回波的时间和幅度两方面的信息。检测人员根据这两方面的信息来判定缺陷的性质是有困难的。实际检测中常常是根据经验结合工件的加工工艺、缺陷特征、缺陷波形和底波情况来分析估计缺陷的性质。缺陷特征是指缺陷的形状、大小和密集程度。对于平面形缺陷，在不同的方向上检测，其缺陷回波高度显著不同。在垂直于缺陷方向检测，缺陷回波高；在平行于缺陷方向检测，缺陷回波低，甚至无缺陷回波。一般的裂纹、未熔合等缺陷就属于平面形缺陷。对于点状缺陷，在不同的方向检测，缺陷回波无明显变化。气孔就属于点状缺陷。对于密集形缺陷，缺陷波密集互相彼连，在不同的方向上检测，缺陷回波情况类似。一般密集渣、密集气孔等属于密集形缺陷。

9.10.1 缺陷波形

缺陷波形分为静态波形和动态波形两大类。静态波形是指探头不动时缺陷波的高度、形状和密集程度。动态波形是指探头在检测面上的移动过程中，缺陷波的变化情况。

1. 静态波形

缺陷内含物的声阻抗对缺陷回波高度有较大的影响，气孔等内含气体，声阻抗很小，反射回波高。非金属或金属夹渣声阻抗较大，反射回波低。另外，不同类型缺陷反射波的形状也有一定的差别。例如气孔与夹渣，气孔表面较平滑，界面反射率高，波形陡直尖锐；而夹渣表面粗糙，界面反射率低，同时还有部分声波透入夹渣层，形成多次反射，波形宽度大并带锯齿，如图 9—41 所示。以上特点对于区分气孔与夹渣也是有参考价值的。

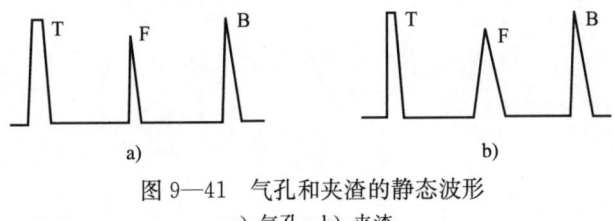

图 9—41　气孔和夹渣的静态波形
a）气孔　b）夹渣

单个缺陷与密集缺陷的区分比较容易。一般单个缺陷回波是独立出现的，而密集缺陷则是杂乱出现，且互相彼连。

2. 动态波形

超声波入射到不同性质的缺陷上，其动态波形是不同的。为了便于分析估计缺陷的性质，常绘出动态波形图。动态波形图横坐标为探头移动距离，纵坐标为波高。一般可使用回波包络图，即探头移动过程中最大反射波幅连线图。回波动态波形反映了超声波束沿平行或垂直焊缝扫查时，缺陷反射信号高度和信号形状相对应的变化形态。

常见不同性质的缺陷的动态波形模式有以下几种：

（1）**波形模式Ⅰ** 如图9—42所示为点反射体产生的波形模式Ⅰ，即在显示屏上显示出的一个尖锐回波。当探头前后、左右扫查时，其幅度平滑地由零上升到最大值，然后又平滑地下降到零，这是尺寸小于分辨力极限（即缺陷尺寸小于超声探头在缺陷位置处声束直径）缺陷的信号特征。

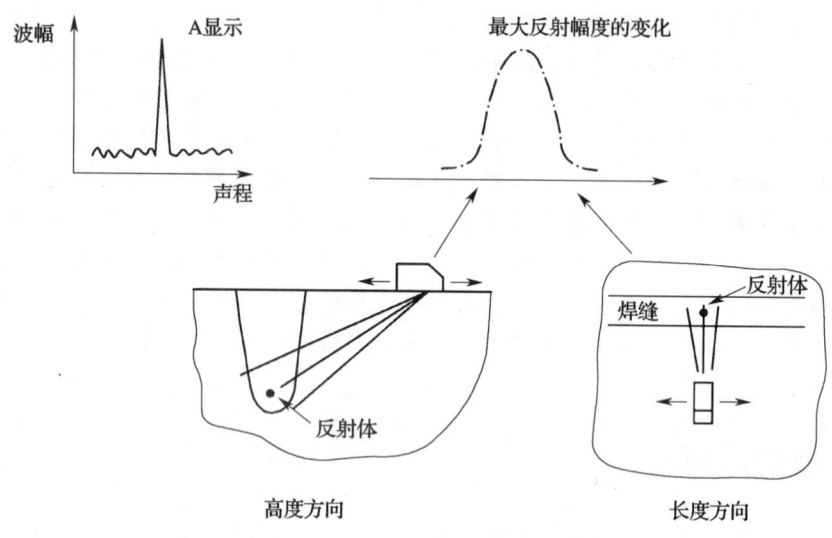

图9—42 点反射体的回波动态波形

（2）**波形模式Ⅱ** 图9—43所示为声束接近垂直入射时，由光滑的大平面反射体所产生的波形模式Ⅱ。探头在各个不同的位置检测缺陷时，荧光屏上均显示一个尖锐回波。探头前后和左右扫查时，一开始波幅平滑地由零上升到峰值，探头继续移动时，波幅基本不变，或只在±4 dB的范围内变化，最后又平滑地下降到零。

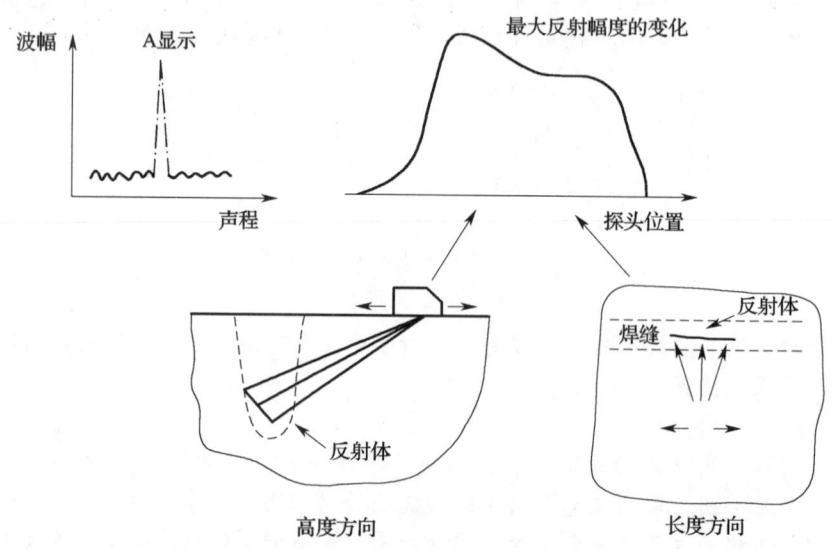

图9—43 接近垂直入射时光滑大平面反射体的回波动态波形

(3) 波形模式Ⅲ

1) 波形模式Ⅲa　图9—44所示为声束接近垂直入射，由不规则的大反射体所产生的波形模式Ⅲa。探头在各个不同的位置检测缺陷时，显示屏上均呈一个参差不齐的回波。探头移动时，回波幅度显示很不规则的起伏态（±6 dB）。

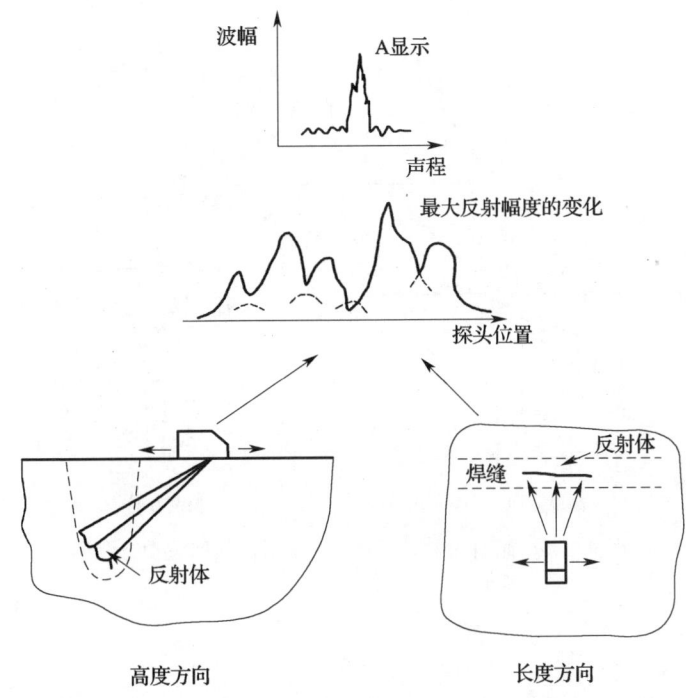

图9—44　接近垂直入射时不规则大反射体的回波动态波形

2) 波形模式Ⅲb　图9—45所示为声束倾斜入射时，由不规则大反射体所产生的动态波形模式Ⅲb。探头在各个不同的位置检测缺陷时，显示屏上显示脉冲包络呈钟形的一系列连续信号（有很多小波峰）。探头移动时，每个小波峰也在脉冲包络中移动，波幅由零逐渐升到最大值，然后波幅又下降到零，信号波幅起伏较大（±6 dB）。

(4) 波形模式Ⅳ　图9—46所示为由密集缺陷所产生的反射动态波形模式Ⅳ。探头在各个不同的位置检测缺陷时，显示屏上显示一群密集信号（在显示屏时基线上有时可分辨，有时无法分辨），探头移动时，信号时起时伏。如能分辨，则可发现每个单独信号均显示波形Ⅰ的特征。

(5) 回波动态波形的区分　如要分清波形Ⅰ和Ⅱ，声程距离较大时就要特别仔细，因为平台式动态波形可能很难发现，除非反射体很大。当距离超过200 mm时，应对反射体标出衰减20 dB的边界点，再将其间距和20 dB声束宽度相比较，进行区分。

另外，探头在有曲率的表面扫查时也要特别注意，因为回波动态波形有可能明显改变。图9—47和图9—48所示两例即说明此点。在图9—47中，点反射体所显示的回波动态特征与波形Ⅱ相似，而不像波形Ⅰ。在图9—48中，在曲面部件中反射体的反射特征为波形Ⅲa，而在平表面上则为波形Ⅲb。

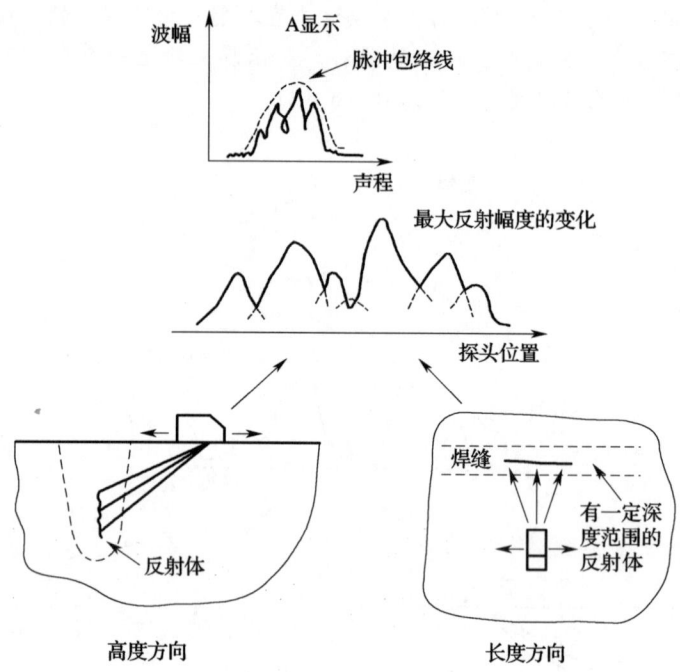

图 9—45　倾斜入射时不规则大反射体的回波动态波形

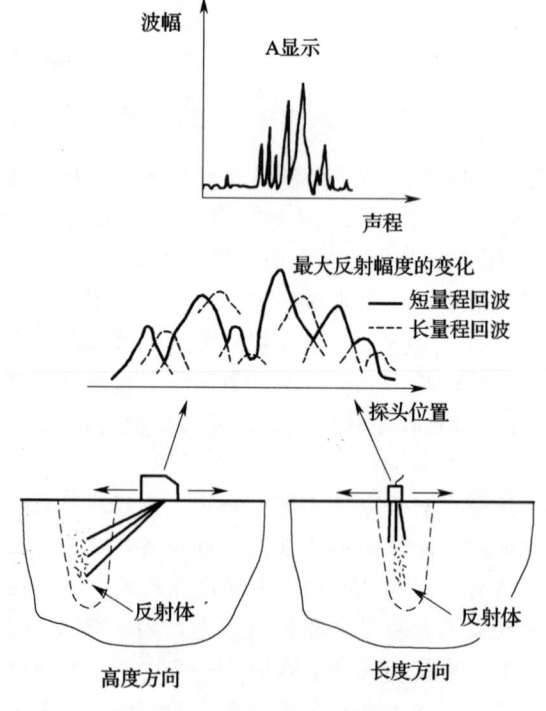

图 9—46　多重缺陷的回波动态波形

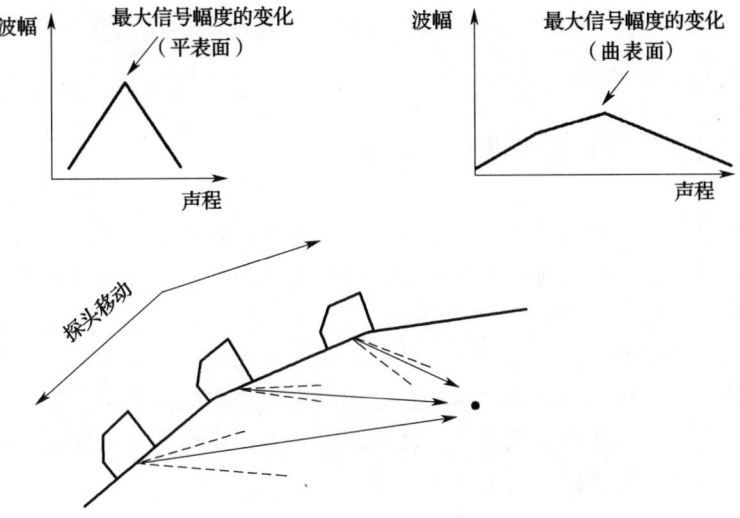

图 9—47 曲表面对点反射体回波动态特性的影响

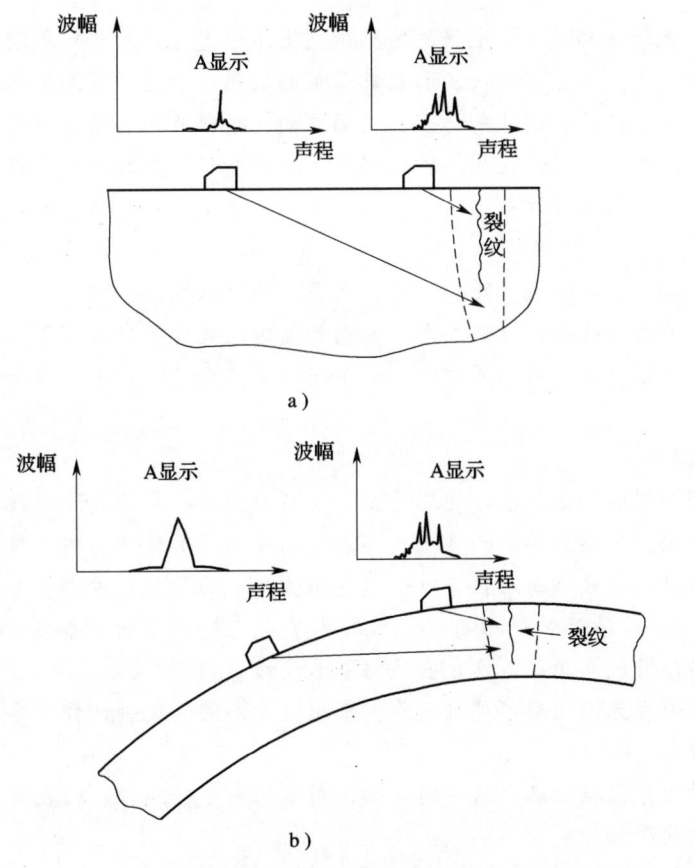

图 9—48 曲表面对平面状反射体回波动态特性的影响
a) 平面部件 b) 曲面部件

不同性质的密集缺陷的动态波形对探头移动的敏感程度不同。密集小裂纹对探头移动很敏感，只要探头稍一移动，缺陷波立刻此起彼伏，十分活跃，但夹渣对探头移动不太敏感，探头移动时，缺陷波变化迟缓。

9.10.2 缺陷类型识别和性质估判

在超声检测中，缺陷的类型是指缺陷是点状、线性、体积状、平面状或是多重缺陷。识别缺陷的类型是估判其性质的前提和基础。缺陷类型识别和定性与缺陷定位、定量一般应同时进行，也可单独进行。

缺陷类型识别是通过探头从一种或一种以上声束方向作多种扫查，包括前后、左右、转动和环绕扫查等，然后对多种超声信息进行综合评定以确定缺陷类型。这可以满足在用承压设备的检验和断裂力学计算的最低要求，在实践操作中，缺陷类型识别虽然会受到各种主客观条件限制，但还是具有较好的应用性和可操作性。

目前在无损检测行业对缺陷定性的理解就是准确判定原材料、零部件和焊接接头缺陷的性质，如气孔、夹渣、未焊透、未熔合、裂纹等，此外，还要确定是制造缺陷还是使用缺陷。

一般而言，反射波幅低于评定线的缺陷原则上不予定性；对于可判断为点状的缺陷一般不予定性；若判定为线状、体积状、面状或多重的缺陷，应进一步测定和参考缺陷平面、深度位置、缺陷高度、缺陷各向反射特性、缺陷取向、缺陷波形、动态波形、回波包络线和扫查方法等参数，同时结合工件结构、坡口形式、材料特性、焊接工艺和焊接方法进行综合判断，尽可能定出缺陷的实际性质。

1. 点状缺陷

点状缺陷是指气孔和小夹渣等小缺陷，大多属体积状缺陷。

点状缺陷回波幅度较小，探头左右、前后扫查时均显示动态波形Ⅰ，转动扫查时情况相同。对缺陷作环绕扫查时，从不同方向、用不同声束角度检测，进行声程差修正后，回波高度基本相同。

2. 线性缺陷

线性缺陷有明显的指示长度，但不易测出其断面尺寸。线状夹渣、线状未焊透或线状未熔合均属这类缺陷。这类缺陷在长度上也可能是间断的，如链状夹渣、断续未焊透和断续未熔合等。探头对准这类缺陷前后扫查时一般显示波形Ⅰ的特征，左右扫查则显示波形Ⅱ，或者有点象波形Ⅲa。转动和环绕扫查时，回波高度在与缺陷平面相垂直方向两侧迅速降落。只要信号未明显断开较大距离，则表明缺陷基本连续。

若缺陷断面大致为圆柱形，那么只要声束垂直于缺陷的纵轴，作声轴距离修正后，回波高度变化就应较小。

若缺陷断面为平面状，那么从不同方向、用不同角度检测时，回波高度在与缺陷平面相垂直方向应有明显降落。

断续的缺陷在长度方向上波高包络会有明显降落，应在明显断开的位置附近作转动和环绕扫查，如观察到在垂直方向附近波高迅速降落，且无明显的二次回波，则证明缺陷是断续的。

3. 体积状缺陷

这种缺陷有可测长度和明显断面尺寸，如不规则或球形的大夹渣。

左右扫查一般显示动态波形Ⅱ或Ⅲa，前后扫查显示波形Ⅲa或Ⅲb。

转动扫查时，若声束垂直于缺陷纵轴，所显示的波形颇似波形Ⅲb，一般可观察到最高回波。环绕扫查时，在缺陷轴线的垂直方向两侧，回波高度有不规则的变化。

这种缺陷在方向变动较大，或更换多种声束角度时，仍能被检测到，但回波高度有不规则变化。

4. 平面状缺陷

这种缺陷有长度和明显的自身高度。表面既有光滑的，也有粗糙的。如裂纹、面状未熔合或面状未焊透等。

左右、前后扫查时显示回波动态波形Ⅱ或Ⅲa、Ⅲb。

对表面光滑的缺陷作转动和环绕扫查时，在与缺陷平面相垂直方向的两侧，回波高度迅速降落。对表面粗糙的缺陷作转动扫查时，显示动态波形Ⅲb的特征，而作环绕扫查时，在与缺陷平面相垂直方向两侧回波高度的变化均不规则。

由于缺陷相对于波束的取向及其表面粗糙度不同，通常回波幅度变化很大。

5. 多重缺陷

这是一群相隔距离很近的缺陷，用超声波无法单独定位、定量。如密集气孔或再热裂纹等。

作左右、前后扫查时，由各个反射体产生的回波在时基线上出现位置不同，次序也不规则。每个单独的信号显示波形Ⅰ的特征。根据回波的不规则性，可将此类缺陷与有多个反射面的裂纹区分开来。

通过转动和环绕扫查，可大致了解密集缺陷的性质是球形还是平面型点状反射体。

从不同方向、用不同角度测出的回波高度的平均量值，若反射有明显方向性，这就表明是一群平面型点状反射体。

9.10.3 非缺陷回波分析

焊缝检测中常会出现一些独特的非缺陷回波，常见的有：沟槽回波、焊角回波等。

1. 沟槽回波

由焊缝沟槽产生的回波称为沟槽回波，如图9—49所示。

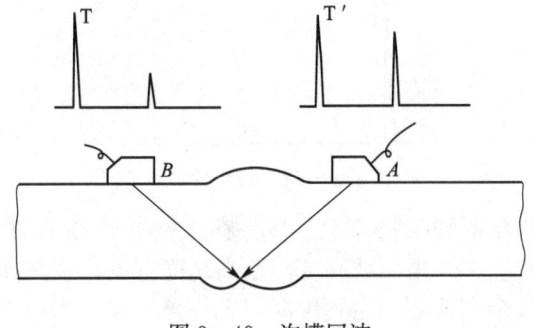

图9—49 沟槽回波

自动焊或手工焊的多道焊在焊缝表面常形成一道道沟槽，当超声波扫查到沟槽时，就会产生沟槽回波。沟槽回波的特点是，在沟槽一边（如图 9—49A 位置）检测时回波稍高，在沟槽另一边（如图 9—49B 位置）检测时回波低或者没有回波；如果用手指蘸上油在沟槽处轻轻敲击，回波会上下跳动；如果根据回波在显示屏上的位置计算出水平距离和垂直距离，那么计算出的位置会和工件焊缝上的沟槽位置相同，长度也会相等。

自动焊的沟槽大小、深浅比较规则、均匀，因此，自动焊沟槽产生的沟槽回波容易识别。手工焊的沟槽大小、深浅不规则不均匀，因此，手工焊沟槽产生的沟槽回波容易和焊缝下半部的缺陷回波相混淆，难以识别。

2. 焊角回波

焊缝一般都有一定的余高，余高与母材的交界处称为焊角，由焊角产生的回波称为焊角回波。

在阶梯试块上做一个实验：如图 9—50 所示，从 A、B 两个相反的方向检测同一个台阶，探头在 A 位置时会有回波，在 B 位置时没有回波。

实际焊缝产生的焊角回波如图 9—51 所示。

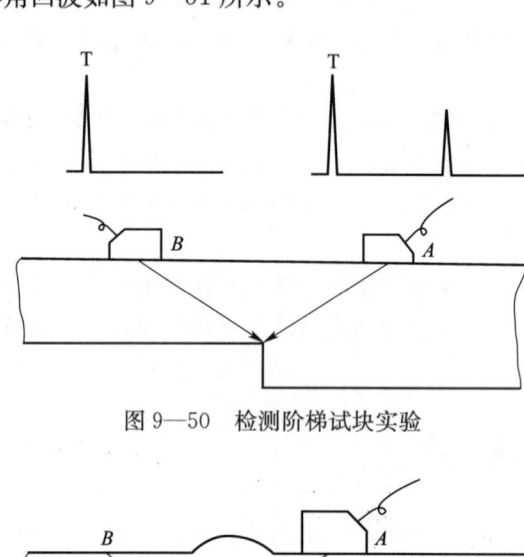

图 9—50　检测阶梯试块实验

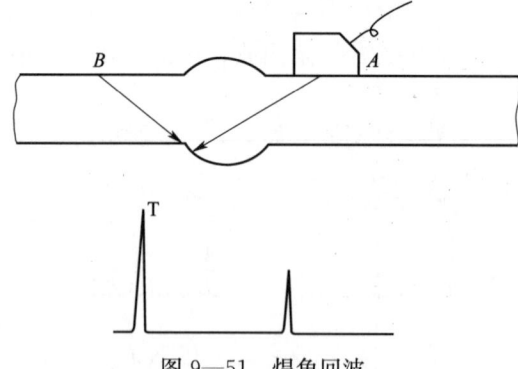

图 9—51　焊角回波

由上述实验可知，焊角回波的特点是：探头在工件上 A 位置处会有焊角回波产生，在 B 位置处则无焊角回波产生；焊角回波高度与余高高度有关，余高高时焊角回波高度高，余高低时焊角回波高度低，余高低到一定程度时，无焊角回波。当探头沿焊缝平行移动时，焊角回波的位置不会变动，当探头垂直焊缝作前后移动时，焊角回波的位置会相应的移动一段距离；如果根据最高焊角回波的位置计算出它的水平距离和垂直距离，计算出的焊角位置与工件上的实际焊角位置相同；如果用手指蘸上油轻轻敲击工件的焊角处，焊角回波会上下跳动。根据焊角回波的这些特点就可识别焊角回波。

在焊缝检测中，由于工件结构特殊、表面状况和焊接状况等原因还会产生一些其他非缺陷回波，如上下错位回波、单面焊回波等。只要仔细观察工件结构、表面状况、焊接状况，精确对回波定位，认真分析回波特点，寻找反射条件，就可以识别非缺陷回波，避免误判。

复习思考题

1. 焊缝中常见缺陷有哪几种？各是怎样形成的？
2. 焊缝超声检测中，为什么常采用横波检测？
3. 横波检测焊缝时，如何选择探头的 K 值？
4. 试说明利用 CSK—IA 和 CSK—ⅢA 试块测定探头 K 值的方法。
5. 试分别说明焊缝纵向缺陷和横向缺陷的检测方法。
6. 焊缝检测中，调节扫描速度的常用方法有哪几种？各适用于什么情况？
7. 试说明利用 CSK—ⅢA 试块按水平和深度 1∶1 调节横波扫描速度的方法。
8. 什么是距离—波幅曲线？距离—波幅曲线有何用途？
9. 试说明利用 CSK—ⅢA 试块测试距离—dB 曲线和面板曲线的方法（设板厚为 40 mm）。
10. 如何测定薄板焊缝表面声能损失差？
11. 如何测定中厚板焊缝表面声能损失差？
12. 画图说明焊缝检测中扫查方式的种类和作用。
13. 焊缝检测中，如何测定缺陷在焊缝中的位置？
14. 焊缝检测中，测定缺陷指示长度的方法有哪几种？各适用于什么情况？
15. 试简要说明焊缝中常见缺陷回波的特点。
16. 焊缝检测中，常见的伪缺陷波有哪几种？
17. 锅炉和钢制压力容器对接焊缝超声检测标准 JB/T 4730—2005 适用于什么范围？不适用于何种情况？
18. 为什么测定探头的 K 值必须在 $2N$ 以外进行？
19. 焊缝检测中，如何选择探头的频率、晶片尺寸和耦合剂？
20. JB/T 4730—2005 标准规定如何调节焊缝检测灵敏度？
21. JB/T 4730—2005 标准规定在什么情况下测定缺陷的幅度和指示长度？
22. 用 $K2$ 探头在 $R50$ 半圆试块上按声程 1∶2 调节扫描速度，试画出探头对准 $R50$ 显示屏上可能出现的各种反射波。
23. 用 $K2$ 探头在 $R50$ 半圆试块上按水平和深度 1∶1 调节扫描速度，试画出探头对准 $R50$ 显示屏上可能出现的各种反射波。
24. 用 $K2$ 探头检测厚度分别为 30 mm 和 60 mm 的钢板对接焊缝，试确定焊缝两侧的打磨宽度。（$P=170$ mm）

25. 用K2探头检测厚度$T=40$ mm 的焊缝，仪器按深度1∶1调节扫描速度，检测时在示波屏水平刻度30和60处出现两缺陷波，求此两缺陷的位置。（F_1：$d_{f1}=30$ mm，$l_{f1}=60$ mm. F_2：$d_{f2}=20$ mm，$l_{f2}=120$ mm）

26. 用入射角$\alpha_L=50°$的斜探头检测$T=22$ mm 的钢焊缝，已知探头楔块中$c_L=2\,730$ m/s，钢中$c_S=3\,230$ m/s，仪器按水平1∶1调节扫描速度，检测时在水平刻度60处发现一缺陷，求此缺陷的位置？（$d_f=16$ mm，$l_f=60$ mm）

27. 用K2探头检测$c_S=3\,080$ m/s，$T=20$ mm 的铝焊缝，仪器在CSK—IA试块（钢）上按水平1∶1调节扫描速度，检测中在水平刻度20处发现一缺陷，求此缺陷的位置？（钢中$c_S=3\,230$ m/s）（$l_f=18.2$ mm，$d_f=11.2$ mm）

28. 用K值探头检测$T=20$ mm，上下焊缝宽度为20 mm 的工件，探头前沿长度为20 mm，为保证声束能扫查整个焊缝截面，试确定用一、二次波检测时探头的K值。（$K=2.0$）

29. 用K1探头检测$c_S=3\,840$ m/s，$T=40$ mm 的某合金钢焊缝，仪器在钢试块（$c_S=3\,230$ m/s）上按声程1∶2调节扫描速度，检测中在水平刻度60处发现一缺陷，求此缺陷的位置？（$f_1=120$ mm，$d_f=2.74$ mm）

30. 用K2探头检测$T=100$ mm 的焊缝，仪器按深度1∶1调节扫描速度。在CSK—ⅡA试块上测距离—波幅曲线。已知工件$\alpha=0.01$ dB/mm，试块上$\alpha=0$，二者表面耦合差为4 dB。试块上$\phi2$ mm×40 mm 横孔回波高的dB值为：

d (mm)	10	20	30	40	50	60	70	80	90	100
$\phi2$ mm×n (mm)	46	44	41	38	35	33	31	29	27	25

（1）如何利用CSK—ⅡA试块上$d=30$ mm 处的$\phi2$ mm×40 mm 来调节灵敏度？（$d=30$ mm 处，$\phi2$ mm×40 mm 回波达50%基准高后，增益38.5 dB即可）

（2）检测时在水平刻度30处发现一缺陷，其波高为28 dB。求此缺陷的当量和区域？（缺陷当量：$\phi2×40-8$ dB，区域：位于定量线上）

31. 在上题中，若不考虑表面耦合损失和衰减系数，其他条件不变。如何利用$d=30$ mm 处$\phi2$ mm×40 mm 调节灵敏度？检测时若在$d=30$ mm 和$d=50$ mm 处有一缺陷，其波高均为43 dB。求此二缺陷的当量和区域？（$d=30$ mm 处$\phi2$ mm×40 mm 回波达基准高时，增益30 dB为灵敏度。$d=30$处缺陷当量为$\phi2×40+2$ dB，位于判废线上。$d=50$处缺陷当量为：$\phi2×40+8$ dB，位于Ⅲ区）。

32. 超声检测厚度$T=40$ mm 的钢板焊缝，检测中发现位于Ⅱ区的缺陷情况为：14 mm 长一个，8 mm 长一个。以上缺陷间距大于8 mm，且均在8 mm 范围内。试根据JB/T 4730.3—2005标准评定该焊缝的级别。（Ⅱ级）

33. 超声检测厚度$T=100$ mm 的钢板焊缝，在150 mm 长度范围内发现间距大于8 mm 的缺陷情况如下：$\phi2×40+1$ dB长25 mm 一个，$\phi2×40-6$ dB长8 mm 三个，$\phi2×40-12$ dB长5 mm 二个，试根据JB/T 4730.3—2005标准评定焊缝的级别。（Ⅱ级）

34. 试说明管座角焊缝的结构特点、检测方法和质量级别评定方法。

*35. 试说明管节点焊缝的结构特点、检测方法和常见伪缺陷波产生原因。

*36. 试说明管节点焊缝检测中的"死区"是怎样产生的？它与哪些因素有关？串列式扫查检测平板焊缝中的"死区"与它有何不同？

37. 试说明T形焊缝的结构特点、常用检测方法和质量级别的评定方法。
*38. 试说明堆焊层中常见缺陷、晶体结构特点和常用检测方法。
*39. 试说明奥氏体不锈钢焊缝的组织特点、检测困难所在和目前所采用的检测方法。
*40. 用纵波斜探头检测奥氏体焊缝时，如何调节仪器时基线比例？
*41. 试说明铝焊缝的组织特点、常用检测方法和质量级别评定方法。
*42. 为什么检测铝焊缝时要用检测铝的专用斜探头？用普通斜探头检测会带来哪些问题？
*43. 铝焊缝检测中，能否利用钢制CSK-ⅠA试块来调节仪器的时基线比例？如何调节？
*44. 超声检测小径管对接焊缝的主要困难是什么？检测小径管焊缝的探头有何特点？
*45. 试说明小径管对接焊缝中缺陷的判别方法和质量级别评定方法。

第10章 特种设备超声检测通用工艺规程和工艺卡

10.1 特种设备超声检测通用工艺规程

超声检测通用工艺规程是根据相关法规、安全技术规范、产品标准、有关的技术文件和JB/T 4730.3—2005等相关检测标准要求,并针对检测机构的特点和检测能力而编制的技术文件。超声检测通用工艺规程应涵盖本单位(制造、安装或检验检测单位)产品(或检测对象)的检测范围。

超声检测通用工艺规程一般以文字说明为主,检测对象一般为某类工件,它应具有一定的覆盖性和通用性,至少应包括以下内容:

(1) 适用范围　指明该通用工艺规程适用于哪类工件或哪种产品的焊缝及焊缝类型等。

(2) 引用标准、法规　技术文件引用的法规、安全技术规范、技术标准等。

(3) 检测人员资格　对检测人员的资格要求。

(4) 检测设备、器材和材料　超声检测用的仪器、探头、试块和耦合剂等。主要性能指标有:检测设备规格型号、探头类型、晶片尺寸和频率;标准试块及对比试块型号名称;耦合剂型号名称。

(5) 检测表面制备　对被检工件表面的准备方法及要求等。

(6) 检测时机　指不同材料的被检工件超声检测的时间安排等。

(7) 检测工艺和检测技术　指明进行超声检测时可选择的检测技术等级、检测方法、检测方向、扫查方式、检测部位范围、仪器时基线比例和灵敏度调整、测定缺陷位置、当量和指示长度的方法等。

(8) 检测结果的评定和质量等级分类　指明检测结果评定所依据的验收标准或技术标准以及验收合格级别等。

(9) 检测记录、报告和资料存档　规定检测原始记录、报告内容及格式要求,资料、档案管理要求,安全管理规定等。

(10) 编制(级别)、审核(级别)和批准人、制定日期　超声检测通用工艺规程的编制、审核及批准应符合相关法规或标准的规定。

10.2 特种设备超声检测工艺卡

特种设备超声检测工艺卡是具体产品检测作业的指导性文件,一般用表、卡的形式。它是针对特种设备某一具体产品或产品上某一部件,依据超声检测通用工艺规程、被检工件的技术要求和 JB/T 4730.3—2005 等检测标准而专门制定的有关检测技术细节和具体参数的工艺文件,凡是工艺卡上没有规定的一些共性问题,应按通用工艺规程进行。工艺卡一般应包括以下内容:

(1) 工艺卡编号　应根据程序文件的规定编制。

(2) 产品部分　产品名称和编号,制造、安装或检验编号,特种设备类别、规格尺寸、材料牌号、热处理状态及表面状态。

(3) 检测设备与材料　仪器型号和编号、探头规格参数、试块和耦合剂等。

(4) 检测工艺参数　检测方法、检测比例、检测部位、仪器时基线比例和检测灵敏度调整等。

(5) 检测技术要求　执行标准、验收级别。

(6) 检测部位示意图。

(7) 编制人员(资质级别)、审核人员(资质级别)。

(8) 制定日期。

实施超声检测的人员应按检测工艺卡进行操作。

特种设备超声检测工艺卡的编制、审核应符合相关法规、安全技术规范或技术标准的规定。

"特种设备超声检测工艺卡"的格式示例见表 10—1。

表 10—1　　　　　　　　　　特种设备超声检测工艺卡　　　　　　　　编号:

	产 品 名 称		产 品 编 号	
工件	部件名称		厚度	mm
	部件编号		规格	mm
	材料牌号		检测时机	
	检测项目		坡口形式	
	表面状态		焊接方法	
仪器探头参数	仪器型号		仪器编号	
	探头型号		试块种类	
	检 测 面		扫查方式	
	耦 合 剂		表面补偿	dB
	扫描线调节		检测灵敏度	dB
技术要求	检测标准		检测比例	%
	验收标准		合格级别	

检测部位示意图:

编制(资格)		审核(资格)	
日期		日期	

特种设备超声检测工艺卡的填写内容：

产品名称、产品编号　按图样或工艺文件填写，如液化气球罐、发电锅炉、加氢反应器等。若对于尚无产品名称和编号的原材料和部件等，则杠划。

部件名称、部件编号　对于产品焊接接头杠划。对于板材或锻件部件名称填"板材"或"锻件"，部件编号对于锻件指受检锻件编号，对于板材指受检板材的厂内编号。

材料牌号　指被检工件的材质，如 16MnR、20 钢、18MnMoNiR。

厚度　指被检工件的厚度，如 20 mm。

规格　指被检工件的规格尺寸，如 $\phi 2\,800$ mm×8 000 mm×20 mm。

热处理状态　如（600±50）℃消除应力退火，900℃正火。

检测时机　一般焊缝应为"焊接完工后"；对有延迟裂纹倾向的材料，应为"焊后至少 24 h 后"；对 GB 12337—1998《钢制球形储罐》的焊缝，应为"焊后至少 36 h 后"，对锻件应为"最终热处理后"；其他工件可根据工序安排按实际填写。

表面状态　指被检工件检测面要求制备的表面状态。如果被检工件表面漆层厚，应为"除去漆层，露出金属光泽"，焊接接头可为"清除焊接飞溅，露出金属光泽"。

检测项目　按检测对象分为焊缝、板材和锻件。

坡口形式　指检测部位焊缝的坡口形式，按焊接工艺规程的坡口形式填写，如 V 形、U 形、X 形等，其他检测对象杠划。

焊接方法　按图样或焊接工艺规程的焊接方法填写，如焊条电弧焊、埋弧自动焊、氩弧焊等，对于锻件和钢板杠划。

仪器型号　超声检测仪器型号，如 CTS-22、HS600、PXUT350 等。

仪器编号　指检测单位内的仪器使用编号。

探头型号　指实现检测工艺需采用的探头参数。如 5P6×6K2.5、2.5P20Z、5T20FG10Z。

试块种类　指检测时用来调整仪器探头系统性能校准和检测灵敏度校准的试块。如焊缝检测为"CSK-ⅠA、CSK-ⅡA/CSK-ⅢA"，"CSK-ⅠB、RB-2"；锻件检测可为"CSⅠ"或"CSⅡ"；钢板检测可填写"CBⅠ"或"CBⅡ"；用大平底调整检测灵敏度时可填写"××mm 大平底"。

检测面　焊缝检测时可填写"单面单侧""双面单侧""双面双侧"；锻件或钢板检测时可填写"内壁""外圆面""轧制面"等。

扫查方式　指检测时应使用的扫查方式。焊缝检测时一般为"锯齿形扫查"或（和）"斜平行扫查"；钢板检测时为"列线扫查"，坡口边缘为"全面扫查"；锻件检测时为"全面扫查"。

耦合剂　一般可采用机油、水、甘油或工业糨糊等。

表面补偿　指检测时工件表面与试块表面状态引起的 dB 差。一般为 2～5 dB，具体值由实测确定，锻件或钢板采用底波计算法时应杠划。

扫描线调节　指扫描速度调节。如采用模拟检测仪可填写"深度 1∶1""水平 1∶2"或"声程 1∶1"等；当采用数字检测仪且用圆弧试块校准时可填写"声程 1∶1"。锻件检测时根据工件尺寸填写"深度 1∶10"或"声程 1∶100"等，钢板检测时根据钢板尺寸填写"深度 2∶1"或"声程 1∶1"等。

检测灵敏度 焊缝检测时填评定线灵敏度：如"$\phi1\times6-9dB$""$\phi2\times40-18dB$"，检测横向缺陷时要求提高 6 dB；锻件检测时填写如"最大检测距离处的 $\phi2$ mm 平底孔"；钢板检测时填写如"$\phi5$ mm 平底孔第一次反射波高为满刻度的 50%"。

检测标准 执行检测所依据的有关方法标准，如对承压设备为"JB/T 4730.3—2005"，若执行电力标准可填写"DL/T 820—2002"。

验收标准 对超声检测所发现的缺陷验收所依据的有关标准，如对承压设备验收标准一般为"JB/T 4730.3—2005"，若执行电力验收标准则为"DL/T 869—2004"。

合格级别 根据委托要求或执行的有关规程、规范填写，如依据《压力容器安全技术监察规程》Ⅰ级合格，则此处填写"Ⅰ级"。

检测部位示意图 标示工件形状、检测部位（包括检测面）和探头的检测位置等信息的示意图。

编制和审核（审批） 工艺的编制、审核、审批人员，这些人员的资质应符合相关法规标准或技术文件的规定，对于承压设备超声检测，要求编制人员具有 UTⅡ级及以上的资格，审核人员一般为 NDT 责任工程师，审批人员一般为单位技术负责人。

在上述各项的填写时，应注意探头、试块、检测面、扫描线调节和检测灵敏度之间是相关联的和系统的，当采用多种探头检测时，可对格式进行适当调整，同时在检测示意图中标示出来，见表 10—4。

10.3 特种设备超声检测工艺卡编制举例

一般每项产品或工件编写一份"特种设备超声检测工艺卡"。

这里仅举几个编制工艺卡的示例，因为有许多检测方法和设备及材料可供选择，可组合编制成多种形式工艺卡，所以这里提供工艺卡示例，并不是唯一形式，也不一定是最佳的，仅供参考，希望能起到举一反三的作用。

【例1】 1 000 m³ 液化气球罐

某公司现场安装了一台 1 000 m³ 液化气球罐，采用 16MnR 制造，其外形如图 10—1 所示，主要技术参数如下：容器类别：三类；设计压力：1.8 MPa；设计温度：50℃；规格：$\phi12\ 300$ mm×42 mm；容积：1 000 m³；超声检测执行 JB/T 4730.3—2005 标准，抽查 20% 的球壳板进行超声波检测，Ⅱ级合格；对接焊接接头焊后 36 小时应进行 100% 的超声波检测，Ⅰ级合格，自选条件优化编制球壳板超声检测工艺卡，见表 10—2；对接焊接接头超声检测工艺卡，见表 10—3。

以对球壳板进行超声检测时为例进行分析：

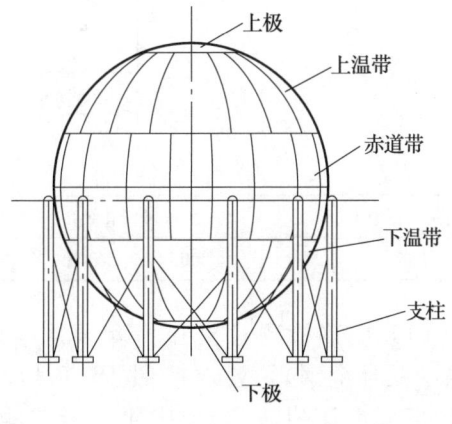

图 10—1 乙烯球罐示意图

超声检测

表 10—2　　　　　特种设备超声检测工艺卡　　　　编号：GYKUT200701

	产品名称	液化气球罐	产品编号	2007F148
工件	部件名称	球壳板	厚度	42 mm
	部件编号	—	规格	5 900 mm×1 900 mm 4 400 mm×1 800 mm
	材料牌号	16MnR	检测时机	安装前
	检测项目	板材	坡口形式	—
	表面状态	轧制	焊接方法	
仪器探头参数	仪器型号	HS600	仪器编号	FE0225
	探头型号	2.5P20Z	试块种类	CBⅡ—2
	检测面	轧制面	扫查方式	100 mm 列线扫查 （边缘 50 mm 全面扫查）
	耦合剂	水	表面补偿	4 dB
	扫描线调节	深度1∶2	检测灵敏度	ϕ5 mm 平底孔一次波高 50%
技术要求	检测标准	JB/T 4730.3—2005	检测比例	20 %
	验收标准	JB/T 4730.3—2005	合格级别	Ⅱ级

检测部位示意图：

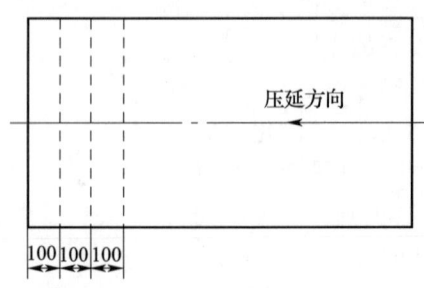

编制（资格）	×××（Ⅱ级）	审核（资格）	×××（Ⅲ级）
日期	2007年9月8日	日期	2007年9月9日

（1）明确检测对象和检测要求　球壳板是用钢板压制而成的，材质为16MnR（属于低合金钢），要求按照 JB/T 4730.3—2005 进行超声检测。按此要求和对象，确定应根据JB/T 4730.3中4.1节"承压设备用钢板超声检测和质量分级"进行检测和验收。

表 10—3　　　　　　　　　特种设备超声检测工艺卡　　　　　编号：GYKUT200702

工件	产品名称	液化气球罐	产品编号	2007F148
	部件名称	—	厚度	42 mm
	部件编号	—	规格	$\phi 12\ 300\ mm \times 42\ mm$
	材料牌号	16MnR	检测时机	焊后 36 h
	检测项目	对接焊接接头	坡口形式	X
	表面状态	打磨	焊接方法	手工焊
仪器探头参数	仪器型号	HS600	仪器编号	FE0225
	探头型号	2.5P13×13K2	试块种类	CSK-ⅠA、CSK-ⅡA
	检测面	单面双侧	扫查方式	锯齿形、斜平行
	耦合剂	机油	表面补偿	4 dB
	扫描线调节	声程 1:1	检测灵敏度	$\phi 2 \times 40 - 18$ dB
技术要求	检测标准	JB/T 4730.3—2005	检测比例	100 %
	验收标准	JB/T 4730.3—2005	合格级别	Ⅰ级

检测部位示意图：

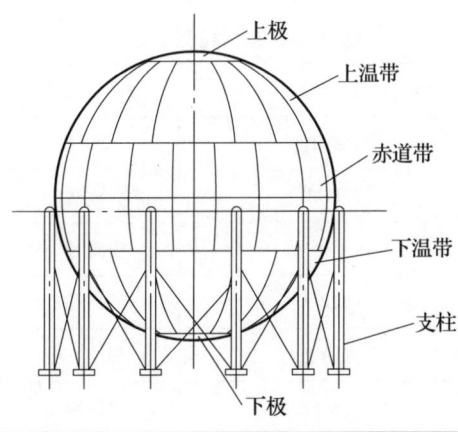

编制（资格）	×××（Ⅱ级）	审核（资格）	×××（Ⅲ级）
日期	2007 年 10 月 20 日	日期	2007 年 10 月 21 日

　　(2) 选择检测技术、检测面和检测方向　根据标准，应采用纵波直探头法，检测面和检测方向是在任一轧制钢板表面的垂直入射检测。由于在现场检测，可采用探头与工件直接接触法。

　　(3) 选择仪器、探头和耦合剂　仪器应适合钢板检测，本例对仪器无特殊要求，模拟式或数字式超声检测仪均可使用，本例选取 HS600；考虑到壁厚 42 mm，探头在标准中有规定，应选取 2.5 MHz、晶片尺寸在 $\phi 20$ mm～25 mm 之间的单晶直探头，可选择 2.5P20Z 型号；耦合剂选择应考虑对金属材料的腐蚀问题，本例中为 16MnR，不需考虑防锈问题，且

超声检测

球壳板面积较大，故选用水。

（4）选择试块　标准中有规定，对于厚度范围为 40～60 mm 的钢板，应选用 CBⅡ—2 标准试块。

（5）选择扫查方式，扫查方式有全面扫查、列线扫查、边缘扫查和格子扫查等几种，JB/T 4730—2005 标准中规定：探头沿垂直于钢板压延方向，间距不大于 100 mm 的平行线进行扫查（即列线扫查）。在钢板剖口预定线两侧各 50 mm（当板厚超过 100 mm 时，以板厚的一半为准）内应作 100% 扫查（即全面扫查）。

（6）仪器调节　扫描线调节，采用深度法，同时根据 7.1.4 中所述"板厚在 30～80 mm，一般应能看到 B_5，"，可将扫描比例调节为 1∶2。灵敏度调节，按 JB/T 4730—2005 标准中规定：板厚大于 20 mm 时，应将 CBⅡ 试块 ϕ5 mm 平底孔第一次反射波高调整到满刻度的 50% 作为基准灵敏度。

（7）表面补偿　标准试块表面粗糙度为 $R_a=3.2$，而钢板表面状况为轧制，因此应进行表面补偿，未知其差别时应按 6.4.1 的相关方法进行实测。根据经验，此例补偿 4 dB。

（8）检测部位示意图　应标示出检测面与检测方向，以及检测区域。

【例2】　筒形锻件

有一筒形锻件，内径为 2 000 mm，厚度为 150 mm，长度为 2 000 mm，材料为 SA508—Ⅲ，要求按 JB/T 4730.3—2005《承压设备无损检测》标准进行超声检测，验收级别为Ⅱ级。现有 CTS—22 超声波检测仪。自选条件优化编制筒形锻件超声检测工艺卡，见表 10—4。

表 10—4　　　　　特种设备超声检测工艺卡　　　　编号：GYKUT200703

工件		产品名称	—	产品编号	—
		部件名称	筒形锻件	厚度	150 mm
		部件编号	TD33	规格	ϕ2 000 mm×150 mm
		材料牌号	SA508—Ⅲ	检测时机	机加工后
		检测项目	锻件	坡口形式	—
		表面状态	机加工	焊接方法	—
仪器探头参数		仪器型号	CTS—22	仪器编号	FE0220
	纵波检测	探头型号	2.5P20Z	扫描线调节	深度 1∶3
		试块种类	CSI—3	检测灵敏度	150/ϕ2 平底孔
	横波检测	探头型号	2.5P20×20K1	扫描线调节	深度 1∶4
		试块种类	60° 1.5 mm V 形槽	检测灵敏度	使内圆面的标准沟槽最大反射高度为满刻度的 80%
		耦合剂	机油	表面补偿	4 dB
		检测面	轧制面	扫查方式	全面扫查

续表

技术要求	产品名称	—	产品编号	—
	检测标准	JB/T 4730.3—2005	检测比例	100%
	验收标准	JB/T 4730.3—2005	合格级别	Ⅱ级

检测部位示意图：

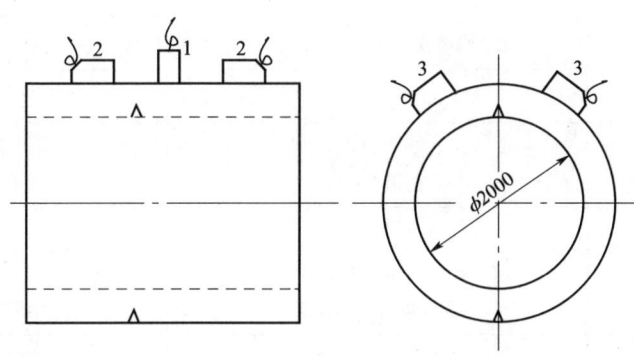

编制（资格）	×××（Ⅱ级）	审核（资格）	×××（Ⅲ级）
日期	2007年9月8日	日期	2007年9月8日

【例3】 在用压力管道环向对接接头

有一压力管道环向对接焊接接头，尺寸为$\phi133$ mm（外径）×5 mm与$\phi159$ mm（外径）×7 mm变径连接，材料为20钢，焊缝宽度10 mm，其结构如图10—2所示。要求按JB/T 4730.3—2005《承压设备无损检测》标准进行超声检测，验收级别为Ⅱ级。

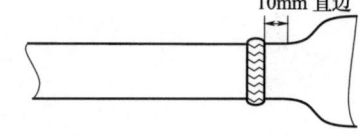

图10—2 压力管道环向对接焊接接头结构

现有仪器、探头、试块、耦合剂：

（1）超声波检测仪：CTS—22。

（2）探头：5P9×9K2.5前沿11 mm、5P6×6K2.5前沿5 mm、5P6×6K3前沿6 mm、5P6×6K2.7前沿7 mm。

（3）试块：GS—1、GS—2、GS—3、GS—4。

（4）耦合剂：化学糨糊、机油、水。

请编制工艺卡。

工艺关键点分析：由于管道接头靠大径端只有10 mm直边，无法采用现有的超声探头进行检测，因此只能在直管段单侧进行检测，依据JB/T 4730.3中6.1.4.1条规定："一般要求从对接焊接接头两侧进行检测，确因条件限制只能从焊接接头一侧检测时，应采用两种或两种以上的不同K值探头进行检测"，故需采用两种K值探头进行检测。

检测工艺卡见表10—5。

超声检测

表 10—5　　　　　　　　特种设备超声检测工艺卡　　　　编号：GYKUT200704

令　号	/	试件名称	管件连接件
规格（mm）	φ133（外径）/φ159（外径）	厚度（mm）	5/7
材质	20	检测时机	在用检测
检测标准	JB/T 4730.3—2005	合格级别	Ⅱ级
仪器型号	CTS—22	表面状态	打磨除漆
耦合剂	化学糨糊或机油	表面补偿（dB）	3 dB
探头序号	1		2
探头型号	5P6×6K2.5 前沿 5 mm		5P6×6K3 前沿 6 mm
试块	GS—3		GS—3
灵敏度调节说明	用 GS—3 试块制作距离—波幅曲线进行表面补偿		用 GS—3 试块制作距离—波幅曲线进行表面补偿
扫查灵敏度	φ2×20—16 dB		φ2×20—16 dB
评定线	φ2×20—16 dB		φ2×20—16 dB
定量线	φ2×20—16 dB		φ2×20—16 dB
判废线	φ2×20—10 dB		φ2×20—10 dB

扫查示意图：（或文字叙述扫查内容）

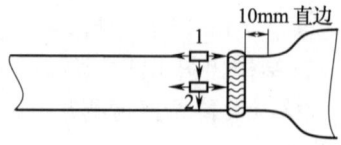

编制	××× 年　月　日	审核	××× 年　月　日

【例 4】 综合应用题—电站锅炉锅筒

某电站锅炉锅筒如图 10—3 所示，令号 400—50。它的设计压力为 15.8 MPa，设计温度为 348℃，材料为 13MnNiMoNbR（抗拉强度 R_m 为 570~700 MPa），尺寸为 φ1 800 mm（内径）×92 mm。其纵缝、下降管角焊缝采用埋弧自动焊，环缝采用手工电弧焊封底，埋弧自动焊盖面。筒体环缝如图 10—4 所示，下降管角焊缝结构和尺寸如图 10—5 所示。

(1) 现有仪器、试块、探头、耦合剂：

1) 仪器：CTS—22，CTS—26

2) 试块：CSK—ⅠA，CSK—ⅡA，CSK—ⅢA

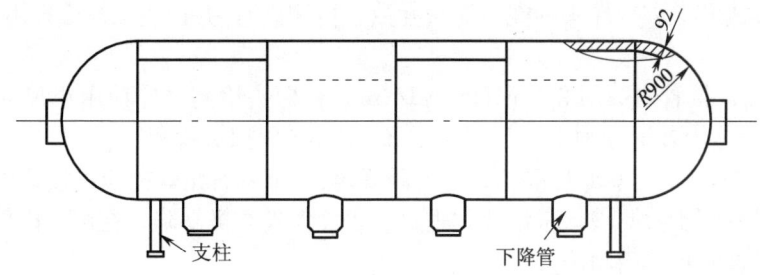

图 10—3 锅筒示意图

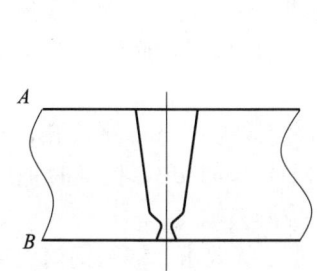

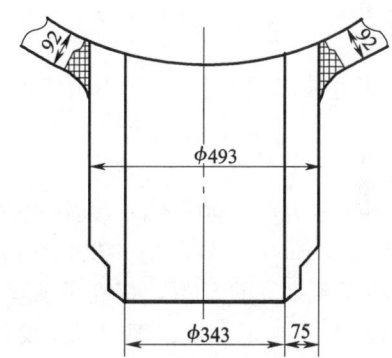

图 10—4 筒体环缝示意图　　　图 10—5 下降管结构尺寸示意图

3) 探头：2.5P10×10K1，2.5P10×10K1.5，2.5P10×10K2，2.5P20×20K1，2.5P20×20K1.5，2.5P20×20K2，5P20×20K1，5P20×20K1.5，5P20×20K2，2.5P20Z，2.5P30Z

4) 耦合剂：机油，化学糨糊

(2) 请确定制造过程中锅筒纵缝和环缝、下降管角焊缝焊接完成后无损检测要求，包括部位、方法、比例以及检测时机，并说明依据或理由。

答：

检测对象	方法	比例（包括必检部位）	时机	依据或理由
环缝、纵缝	UT	100%	焊后 24 h	1.《蒸汽锅炉安全技术监察规程》第 82 条 2. $R_m \geq 540$ MPa
	RT	25%（交叉部位及 UT 发现的可疑部位）	焊后 24 h	同上
下降管角焊缝	RT 或 UT	100%	焊后 24 h	1.《蒸汽锅炉安全技术监察规程》第 86 条 2. $R_m \geq 540$ MPa

（3）对于下降管角焊缝，请按 JB/T 4730.3—2005《承压设备无损检测》标准，确定合适的超声检测方法和参数（探头种类、探头参数、检测面），并说明依据或理由。

答：

1）检测方法：接管内壁用 2.5 MHz、φ14 mm 直探头检测（应使用小尺寸直探头以提高耦合效果），筒体内外壁分别用 2.5 MHz、K1 和 K2 斜探头检测。

2）按 JB/T 4730.3—2005 标准 5.1.6.3 条规定："下降管角焊缝应以接管内壁直探头检测为主，主要是有利于检测坡口未熔合和垂直于表面的裂纹类缺陷；在筒体内外壁增加斜探头检测，主要是检测焊缝内缺陷"。

（4）按 JB/T 4730.3—2005《承压设备无损检测》标准，用直探头检测下降管角焊缝，是否可以采用底波调节法校准检测灵敏度？说明理由。如果可以，试叙述其校准方法（焊缝宽度 50 mm）。

答：

1）如果底波声程大于等于探头的 $3N$，则可采用底波调节法，对 2.5 MHz、φ14 mm 探头，$N≈21$ mm，下降管底波声程为 75 mm，大于 $3N$，所以可以采用底波调节法校准检测灵敏度。

2）按 JB4730.3—2005《承压设备无损检测》标准，评定线为 φ2 mm 平底孔，则检测灵敏度为 φ2/（75+50+10），$\Delta_{Bf}=20\lg(P_B/P_f)-10(d/D)≈41$ dB，校准时把底波高度设置在示波屏满刻度的 80%，提高灵敏度 41dB，即为 φ2 检测灵敏度。

（5）按 JB/T 4730.3—2005《承压设备无损检测》标准 C 级要求，填写锅筒对接接头的超声检测工艺卡。

工艺卡式样见表 10—6。

表 10—6　　　　特种设备超声检测工艺卡　　　　编号：GYKUT200705

令　号	400—50		试件名称		筒体环缝	
规格（mm）	φ1 800（内径）		厚度（mm）		92	
材质	13MnNiMoNbR		焊接种类		手工焊+埋弧自动焊	
检测时机	焊后 24 h		检测比例		100%	
试块种类	CSK-ⅠA，CSK-ⅢA		仪器型号		CTS—22	
表面状态	打磨去除焊缝余高		耦合剂		糨糊或机油	
检测标准	JB/T 4730.3—2005		合格级别		Ⅰ级	
检测对象	纵向缺陷检测		横向缺陷检测		母材检测	
检测面	A、B	A、B	A、B	A、B	A	
探头	2.5P20×20K1	2.5P20×20K2	2.5P20×20K1	2.5P20×20K2	2.5P20Z	
参考反射体	φ1 mm×6 mm	φ1 mm×6 mm	φ1 mm×6 mm	φ1 mm×6 mm	B2	
表面补偿（dB）	4 或按实测数值	4 或按实测数值	4 或按实测数值	4 或按实测数值	0	

续表

令 号	400—50		试件名称	筒体环缝	
扫查灵敏度（评定线）	$\phi1\times6-6$ dB	$\phi1\times6-6$ dB	$\phi1\times6-12$ dB	$\phi1\times6-12$ dB	灵敏度调节说明：把无缺陷处第二次底波调节为示波屏满刻度的100%
定量线	$\phi1\times6$	$\phi1\times6$	$\phi1\times6-6$ dB	$\phi1\times6-6$ dB	
判废线	$\phi1\times6+10$ dB	$\phi1\times6+10$ dB	$\phi1\times6+4$ dB	$\phi1\times6+4$ dB	
编制	×××	审核	×××	日期	×××

复习思考题

1. 承压设备超声检测工艺规程和工艺卡主要区别是什么？
2. 承压设备超声检测工艺卡由具有什么资格的人员编制、审核和审批？

第11章 超声检测标准与质量控制

11.1 超声检测标准

根据我国对于标准的定义:"标准是对重复性事务和概念所作的规定,它以科学、技术和实践经验的综合成果为基础,经有关方面协商一致,由主管机构批准,以特定形式发布,作为共同遵守的准则和依据。"可见,标准是一种特定的文件。其主要作用是作为人们从事某种特定工作(如:制造一个产品,编制某种文本,进行一项检测)时共同遵守的准则和依据。

与超声检测相关的标准,其目的也是为了给人们进行超声检测工作提供共同遵循的原则,保证检测过程的正确实施和检测结果的正确评判,因而是超声检测质量控制的重要依据。不同检测单位共同遵守同一标准时,超声检测标准又可作为产品质量仲裁的依据。按标准的不同用途,可将超声检测标准分为以下几种主要类型:

(1) 术语标准　超声检测术语标准是对超声检测相关术语名称的规定和含义的解释。它的主要用途是使人们用科学的统一的语言编写与超声检测相关的文本,以避免发生理解上的误差,也便于进行纠纷的仲裁。

(2) 设备与器材标准　这部分标准中有规定超声检测仪、探头和试块等产品本身技术要求的标准,也有关于超声检测仪和探头的性能测试方法,以及标准试块和对比试块的制作和检验方法的标准。这些标准主要用于超声检测用器材的标准化和质量控制。

(3) 检测方法标准　超声检测方法标准是对超声检测过程各要素的控制规定,是保证超声检测可靠性的主要技术文件,也是超声检测质量控制的主要依据。方法标准有通用性的检测技术标准,也有针对某类产品的检测技术标准。

(4) 验收标准　超声检测验收标准规定了代表超声检测结果的一系列特征指标,依据这些指标,可对被检件的质量状态作出结论。多数情况下,验收标准不是一份独立的标准,常常是某种或某类材料技术条件或产品标准的一部分,是对被检对象的一系列质量要求之一。

上述各类标准中,检测方法标准和验收标准是与超声检测过程直接相关的标准,是编制超声检测规程的主要依据。检测方法标准是对超声检测过程的全面要求,用来保证超声检测过程能够提供用于产品验收的准确结果。验收标准不是对超声检测过程的要求,而是对被检对象的要求,但被检对象的验收标准是检测技术选择的依据之一,也是检测结果评定的依据之一。因此,验收标准也是对超声检测过程有直接影响的标准。

11.1.1 中国标准

中国的超声检测标准始于 20 世纪 70 年代初期，当时技术比较落后，标准种类不多，完善程度也不够，改革开放以后，随着科学技术的迅速发展，超声检测标准也很快发展起来。现在已发展到种类比较齐全、技术水平比较先进的阶段，有些标准已接近世界先进水平。

中国超声检测标准分为国家标准（GB）、行业标准〔如，机械标准（JB）、国家军用标准（GJB）、航空工业标准（HB）、航天工业标准（QJ）、兵器工业标准（WJ）、船舶工业标准（CB）、核工业标准（EJ）等〕、企业标准。

国家标准（GB）是由国家质量监督检验检疫总局/国家标准化管理委员会领导下的全国无损检测标准化技术委员会（代号：SAC/TC 56）组织，按照《中华人民共和国标准化法》的规定，为了在全国范围内统一超声检测技术要求而制定的标准。因此国家标准是适用范围最广的标准，可在全国范围内应用。

行业标准是由各行业根据本行业的特殊产品或特殊要求而制定的标准，仅在本行业范围内应用，如国家军用标准（GJB）、航空工业标准（HB）和航天工业标准（QJ）等。但无损检测的机械行业标准（JB）是较为特殊的行业标准，由于金属材料与零件的加工几乎均可归类为机械行业，而金属材料与零部件又是超声检测的主要对象，因此，超声检测的机械行业标准具有广泛的通用性，也常被其他各行业采用。

企业标准是由企业根据国家、行业标准要求，或者是由于国家尚无相关技术标准，结合自身情况而制定的，只适用本企业内部。《标准化法》规定："企业生产的产品没有国家标准和行业标准的，应当制定企业标准作为组织生产的依据，已有国家标准和行业标准的，国家鼓励企业制定严于国家标准或行业标准的企业标准，在企业内部使用"。

目前我国应用较广的有关特种设备超声检测的标准主要有以下几个：

GB 11345　《钢焊缝手工超声波探伤方法和探伤结果分级》

GB/T 5777　《无缝钢管超声波探伤检验方法》

GB/T 12604.1　《无损检测术语　超声检测》

GB/T 18694　《无损检测　超声检验　探头及其声场的表征》

GB/T 1786　《锻制圆饼超声波检验方法》

GB/T 4162　《锻轧钢棒超声波检验方法》

GB/T 11259　《超声波检验用钢对比试块的制作与校验方法》

JB/T 4730.3　《承压设备无损检测　第 3 部分：超声检测》

JB/T 9214　《A 型脉冲反射式超声探伤系统工作性能　测试方法》

JB/T 10061　《A 型脉冲反射式超声探伤仪通用技术条件》

JB/T 10062　《超声探伤用探头性能测试方法》

JB/T 10063　《超声探伤用 1 号标准试块技术条件》

11.1.2 国际标准

国际标准是由国际标准化组织颁布的标准。国际标准化组织（International Standardization Organization），简称为 ISO，是一个专门的国际标准化组织。ISO 国际标准由 ISO 各技术组织（包括技术委员会及下设的分技术委员会）负责草拟，经全体成员国协商表决通过，以国际标准形式颁布。其中的无损检测标准由代号为 ISO/TC 135 的无损检测技术委员会负责，在它之下还设有多个分技术委员会。声学方法分委员会代号为 TCl35/SC3。目前 ISO 标准中关于超声检测的标准不多，主要为术语和仪器、探头性能测试等基础性的标准。已颁布的部分 ISO 超声检测标准如下：

ISO5577：2000 Non-destructive testing-Ultrasonic inspection-Vocabulary（无损检测—超声检测—术语）

ISO10375：1997 Non-destructive testing-Ultrasonic inspection-Characterization of search unit and sound field（无损检测—超声检测—探头及其声场的表征）

ISO12710：2000 Non-destructive testing-Ultrasonic inspection-Evaluating electronic characteristics of ultrasonic test instruments（无损检测—超声检测—超声检测仪电子性能的评价）

ISO18715：2004 Non-destructive testing-Evaluating performance characteristics of ultrasonic pulse-echo testing systems without the use of electronic measurement instruments（无损检测—不使用电子仪器评价超声检测系统的性能）

上述前两份标准已转化为我国相应的国家标准。关于超声检测仪性能评价的两份标准是在美国 ASTM 相应标准的基础上制定的。

除 ISO 标准外，欧洲标准化委员会（CEN）也颁布了一系列无损检测标准，以（EN）作为代号，其中一些标准被作为制定 ISO 标准的参考。

11.1.3 日本标准

日本超声检测标准种类较多，也比较完善。主要行业标准有日本工业标准 JIS、日本非破坏检查协会标准 NDIS、日本高压技术协会标准 HPIS、日本锻钢协会标准 JFSS、日本建筑协会标准、日本造船相关工业协会标准等。

日本工业标准 JIS 是日本较早的标准，于 1958 年开始制定。该标准内容全面，范围广。主要内容包括金属材料超声检测的一般规则，超声检测用各种标准试块，钢焊缝、钢板、钢管、钢锻件、复合钢板检测等，此外还有铝焊缝、铝管焊缝超声检测。

日本非破坏检查协会标准 NDIS 主要内容有仪器性能测试方法，各种标准试块，压力容器钢板及钢结构焊缝超声检测方法与等级分类等。

日本高压技术协会标准 HPIS 主要内容为压力容器用钢板超声检测。

日本锻钢协会标准 JFSS 主要内容为船舶用锻钢件超声检测，如曲轴、螺旋桨轴，连杆等。

JIS 中有关特种设备的超声标准主要有如下几个：

JISZ 3060 《铁素体钢焊缝超声波探伤方法》

JISZ 3080 《铝焊缝超声波斜角检测方法及检测结果的等级分类方法》

JISZ 3050 《管道焊缝无损检查方法》

JISG 0801 《压力容器钢板超声波检验》

11.1.4 德国标准

德国超声检测标准根据法律地位和适用范围不同分为三个层次。最高层次是由官方颁布的标准，这些法律地位高，适用范围广，如压力容器工作委员会的标准 AD 规范。其次是行业标准，如钢铁工程师学会制定的钢铁交货条件标准 SEL，钢铁材料标准 SEW，钢铁试验标准 SEP，无损检测学会标准 DGZFP、焊接学会标准 DVS、反应堆安全委员会标准 RSK 等。层次最低的是德国标准化学会制定的国家标准 DIN，该标准比较完善，内容全面，涉及各部门，数量达 2 万件之多，常被各部门采用。

德国标准分为通用标准和专业标准两部分，通用标准包括名词术语、检验人员资格鉴定、仪器、探头、试块、检验一般工艺、缺陷分级评定等内容。专业标准包括适用范围、检测时机和方法、对被检工件的要求、检测的实施、检测人员级别、结果评定及记录等内容。

DIN 中有关特种设备的超声标准主要有如下几个：

DIN 54119　《名词术语》
DIN 54123　《复合层超声波检验》
DIN 54125　《焊缝超声波检验》
DIN 54126　《超声波检验一般规则》

11.1.5 美国标准

美国超声检测标准历史悠久，种类繁多，门类齐全，完善程度高，技术先进。下面介绍在美国应用较广的两种标准。

（1）美国机械工程师协会标准 ASME　ASME 锅炉压力容器规范（标准）是 1914 年颁布的，每年出版二次部分修订本，每三年颁布一次修订版本。现在该标准经多次修订后已比较完善了，目前，已被美国、加拿大及世界上许多国家使用。

ASME 标准共 11 卷，其中第 V 卷为无损检测的一般方法，该卷中第四章为在役检查超声波检验方法，第五章为材料和制造过程的超声波检验方法。具体检验对象的检验方法和验收标准在第 Ⅰ 卷动力锅炉、第 Ⅲ 卷混凝土反应堆容器及安全壳规范和第 Ⅷ 卷压力容器中。

（2）美国材料与试验协会标准 ASTM　该系列标准是美国材料与试验协会于 1955 年开始制定的。ASTM 标准质量高、适应性好，不仅被美国各工业界广泛采用，而且被美国联邦政府各机构采用。ASTM 下设 100 多个技术委员会，其中 E7 技术委员会是专门从事无损检测技术标准化的工作委员会，E7.06 是超声方法分技术委员会。

E7 技术委员会编制的超声检测标准很多，在各国标准中，是种类最全的系列标准。总体来说，ASTM 超声检测标准主要有以下几种类型：一是术语标准、仪器与探头评定标准、试块制作与校验标准等基础标准；二是关于不同超声检测技术应用的基本原则，包括接触法与液浸法的超声纵波与横波检测技术，以及声速、衰减和厚度的测量方法；三是某类检测对象的通用检测规范，如焊接件、金属管材等的超声检测。

ASTM 中有关特种设备的超声标准主要有如下几个：

ASTM E—114　《接触脉冲纵波反射法超声检验》

ASTM E—164　《焊缝超声波检验方法》
ASTM A—388　《大型钢锻件超声波检验方法》
ASTM A—435　《压力容器钢板超声波检验方法》
ASTM E—2373　《采用超声衍射时差法的标准实施规程》

11.1.6　英国标准

英国超声检测国家标准 BS 主要内容有名词术语、仪器、探头、试块及各专业标准。专业标准中有自动检验方法方面的内容，如 BS3923Pt.2 铁素体钢对接焊缝的自动检验。

BS 中有关特种设备的超声标准主要有如下几个：

BS 3923　《焊缝超声波检验方法》
BS 3889　《管子无损检验》
BS 4124　《钢锻件超声波检验方法》
BS 5996　《钢板超声波检验及质量评定方法》
BS 7706　《用于缺陷检测、定位和定量的超声波衍射时差法的校准和设置指南》

11.1.7　各国超声检测标准比较

世界各国都有本国标准，由于各国技术水平不同，因此各国同类标准也不完全相同。下面以焊缝超声检测标准为例，结合我国国家标准 GB 11345、日本工业标准 JISZ 3060、英国标准 BS 3923，德国标准 DIN 54125 来比较说明各国标准的异同，见表 11—1。

表 11—1　中日英德标准比较

代号	GB 11345	JISZ 3060	BS 3923	DIN 54125
名称	钢焊缝手工超声探伤方法和探伤结果分级	钢焊缝超声检测及检验结果等级分类方法	焊缝超声检测第1部分：铁素体钢熔化焊缝手工检测方法	焊缝超声波检测
标准类别	国家标准	行业标准	国家标准	国家标准
主要内容	检测方法及检测结果分级	检测方法及检测结果分级	检测方法及结果评定	检测方法
适用范围	板厚≥8 mm 铁素体钢全焊透焊缝	板厚≥6 mm 铁素体钢全焊透焊缝	板厚 6~150 mm 铁素体钢全焊透焊缝	未明确
不适用范围	①外径 $D<159$ mm 钢管对接焊缝 ②内径 $d≤200$ mm 管座角焊 ③外径 $D<250$ mm、$D/d<0.8$ 纵缝	①半径 $R≤1$ m 环缝 ②半径 $R≤1.5$ m 纵缝 ③分叉管道焊缝 ④制造过程中管道焊缝	外径 $D≤100$ mm 环缝	未明确

续表

代 号	GB 11345	JISZ 3060	BS 3923	DIN 54125
接头型式	对接、角接、T形、管座角焊缝	对接、T形、角接	对接、角接、交叉接头、管座角焊缝、T形接头、十字接头	对接
检验等级	分 A、B、C 三级	未明确	分 1、2A、2B、3 四级	分 A、B、C 三级
检测频率	2～5 MHz	2～5 MHz	1～6 MHz	2～5 MHz
仪器	45°、60°、70°（或 $K1.0$、$K1.5$、$K2.0$、$K2.5$）	45°、60°、70°	45°、60°、70°、80°	45°～70°
探头折射角	水平线性≤1% 垂直线性≤5% 衰减总量 60 dB 任意 12 dB±1 dB	水平线性≤1% 垂直性见 JISZ 2344 衰减总量 50 dB 总衰减量±1 dB	水平线性≤2% 20%～80%范围内任意一点精度±1 dB 衰减器 20 dB±1 dB	水平线性≤2%
分辨力	直探头：X≤30 dB 斜探头：Z≥6 dB	直探头：X≥30 dB 斜探头：Z≥15 dB	4～6 MHz 斜探头 分辨 2～3 mm 台阶 2～2.5 MHz 斜探头 分辨 4～5 mm 台阶	分辨力≤6 mm
对比试块	RB 试块（ϕ3 mm 横孔）	RB 试块（ϕ3.2～ϕ6.4 mm 横孔）	ϕ3 mm 横孔试块	ϕ2 mm 横孔试块
耦合剂	水、机油、甘油、糨糊等	浓度 75%甘油溶液	适当的液体、胶水或糊剂	未明确
距离—波幅曲线 8～50 mm 评定线	ϕ3－16 dB	ϕ3.2－12 dB	ϕ3－14 dB	ϕ2－（12～18）dB
距离—波幅曲线 8～50 mm 定量线	ϕ3－10 dB	ϕ3.2－6 dB	商定	ϕ2－6 dB
距离—波幅曲线 8～50 mm 判废线	ϕ3－4 dB	ϕ3.2＋（长度判废）	商定	
距离—波幅曲线 50～100 mm 评定线	ϕ3－14 dB	ϕ4.8－12 dB	ϕ3－14 dB	ϕ2－（12～18）dB
距离—波幅曲线 50～100 mm 定量线	ϕ3－8 dB	ϕ4.8－6 dB	商定	ϕ2－16 dB
距离—波幅曲线 50～100 mm 判废线	ϕ3－2 dB	ϕ4.8＋（长度判废）	商定	
距离—波幅曲线 >100 mm 评定线	ϕ3－14 dB	ϕ6.4－12 dB	ϕ3－14 dB	ϕ2－（12～18）dB
距离—波幅曲线 >100 mm 定量线	ϕ3－8 dB	ϕ6.4－6 dB	商定	ϕ2－6 dB
距离—波幅曲线 >100 mm 判废线	ϕ3－2 dB	ϕ6.4＋（长度判废）	商定	
检测灵敏度	不低于评定线	不低于评定线	不低于评定线	不低于评定线

续表

代　号	GB 11345	JISZ 3060	BS 3923	DIN 54125
扫查方式	锯齿形、左右、前后、转角、环绕、平行、斜平行、方形扫查等	锯齿形、左右、前后、转角、环绕、平行、斜平行、交叉、方形扫查等	未明确	未明确
缺陷测长	①一个高点时用6 dB法测长　②多个高点时用端点峰值法测长	①$T<75$ mm，用评定线测长　②$T \geqslant 75$ mm，用6 dB法测长	最大回波高度降低大于20 dB的探头移动距离与声束宽度之差	①按委托、检测单位双方规定确定　②用比记录极限低0 dB、6 dB、12 dB法测长
检测结果分级	分Ⅰ、Ⅱ、Ⅲ、Ⅳ级	分1、2、3、4级	未明确	未明确

11.2　超声检测质量控制

11.2.1　超声检测质量控制的目的

　　进行超声检测的目的是为了发现材料或制件中影响其使用的缺陷或特性，从而对其应用于特定目的的适用性进行评价。完成一项检测任务之后，需要按照已经确定的检测标准，根据检测的结果，对材料或制件是否符合要求进行评价。

　　因此，提供的检测结果是否准确可靠是人们十分关心的问题。这里所说的准确的含义，一方面是检测结果符合于真实情况的程度，另一方面，是检测结果的一致性和可重复性。对检测结果准确性与可靠性的要求，就是超声检测过程的质量要求。

　　同任何生产过程一样，超声检测过程也存在一系列影响检测质量的因素。这些因素可以归纳为人员、设备器材、技术文件、操作过程和环境几方面。通过对这些因素进行有效的规范与控制，可以最大限度地保证对材料和制件的检测能够获得准确有效的检测结果，从而对检测对象的质量或状态作出正确的评价，为保证产品的质量和使用安全性，为产品制造工艺的改进，提供更有意义的判据和信息。

11.2.2　超声检测质量控制的要素

1. 超声检测人员的控制

　　超声检测过程的各个步骤，包括检测方法的选择，仪器、探头、试块的选用，仪器的调整，扫查和结果的评定，都需要检测人员运用掌握的知识和技能按照既定的程序来完成。特别是在采用A型显示超声检测仪手工扫查这一最基本的检测方式的时候，由于缺陷显示不是直观的图形且缺乏实时的自动记录,因此,对缺陷存在与否的判断及其评价与解释,完全依赖于检测人员的经验、能力和责任心。所以,检测人员的素质和技术水平对超声检测工作的质量影响极大。

按照特种设备无损检测人员管理的要求,从事无损检测工作的人员必须经过培训并经考核鉴定取得资格证书。而且,按照人员的能力水平,资格证书分为三个级别,每一级别人员只能从事与其资格相对应的工作。这是保证检测工作质量的一个基本的措施。

对于超声检测人员因素的控制还需要注意以下几点:

(1) 各单位应保证从事超声检测的人员按时参加各级人员的培训与资格鉴定考试及复证考试,保证人员的资格证书在有效期内。

(2) 由于超声检测对于不同检测对象所采用的技术差异较大,考试范围不一定符合各单位的具体情况,所以,各单位负责人应指定本单位 III 级人员对已取证人员进行针对特定产品的专门培训,并根据其检测特定产品的能力给予操作授权。

(3) 超声检测人员应严格遵守无损检测的质量程序要求,认真负责地完成每一项工作。

(4) 由于超声检测缺乏永久记录的特点,超声检测人员更需要坚持原则,不发虚假报告。

(5) 超声检测人员应不断学习本职工作所需的新知识,在工作中积累经验,增长能力。

2. 超声检测设备与器材的控制

检测设备与器材的可靠性是影响检测工作质量最重要的因素之一。超声检测设备与器材包括超声检测仪、探头、电缆线、试块、耦合剂、机械扫查装置、信号采集装置及用于扫描控制与信号采集处理的计算机软件等。为了保证检测结果正确可靠,必须保证所使用的设备与器材符合检测所需的技术要求。为此,需从以下几方面加以严格控制:

(1) 超声检测的设备、探头和试块等在制造、销售(或用户购买时)或使用前,应按其各自的技术要求经过严格的测试,证明其符合要求,并提供合格证书。应避免购买缺乏质量保证体系的制造商制造的产品。对于非标产品,应提出科学合理的验收方法,加强验收测试。

(2) 使用中的设备、探头和试块应定期进行性能检定,并应有检定标识,保证在有效期内使用。

(3) 对于超声检测设备来说,满足标准规定的最低要求有时还是不够的,对于检测特定产品使用的仪器和探头,还需要满足产品的特殊要求。如对薄层工件要求近表面分辨力更好,对于粗晶或组织衰减大、噪声高的工件,要求具有较高的灵敏度和信噪比等。这时,还应经常对其所需要的特殊性能进行测试,以保证其满足实际检测的要求。

(4) 在选用仪器、探头、试块,包括耦合剂、电缆线时,均应按其特性确认其对特定产品检测的适用性。如仪器与探头频带范围是否匹配并满足要求,电缆线是否与探头匹配、水浸电缆线是否防水并抗噪声,试块与工件声特性是否一致等。

(5) 考虑到不同的仪器、探头、试块,即使是同型号的,也可能存在一些性能的差异,对于检测要求特别严格的工件,应尽可能采用同一仪器和探头组合检测相同的产品,以保持检测结果的一致性。

(6) 对易损的探头或某些试块应经常进行校验,并记录其变化情况,以便在其性能超出允许范围时及时更换。检测时,可对允许范围内的变化修正后使用,如横波斜探头磨损后角度的变化,试块磨损或生锈等引起超声检测数据的改变等。

(7) 在设备出现故障经修理或更换部件之后，应重新进行严格的性能测试，证明其满足要求。

3. 超声检测技术文件的控制

超声检测技术文件是正确执行检测操作，评定检测结果的依据。超声检测技术文件包括检测方法标准与验收标准、检测工艺规程和工艺卡。技术文件的控制包括技术文件的正确制订与技术文件的正确使用，需要注意的有以下几点：

（1）针对每一具体零件或一类零件，应采用的检测方法标准与验收标准多由订货技术协议、设计图纸或专用技术条件规定。因此，在编写这些文件时，应有无损检测人员参与，需仔细审核拟采用的检测方法标准和验收标准对该零件的适用性，选用适当的标准。

（2）所采用的超声检测方法标准与验收标准均应是现行有效的标准版本，为此，每年应对标准的有效性进行审核。

（3）超声检测工艺规程必须根据所采用的标准和该类零件的具体情况，由超声检测Ⅲ级人员制定。超声检测工艺卡必须根据检测工艺规程或相关标准以及该零件的具体情况，由超声检测Ⅱ级以上人员制定，由Ⅲ级人员审核和批准。

（4）检测工艺规程和工艺卡必须符合所依据的标准，对影响检测可靠性的各要素给出明确的要求。

（5）检测工艺规程和工艺卡制定时，如发现零件中有因某些原因无法检测的部位，应提请有关部门批准，并特殊注明。

（6）在没有可依据的上一级标准的情况下，应用新的检测技术时，必须经过充分的试验与验证，经评审通过后编制检测工艺规程及工艺卡。

（7）零件检测要求或条件有变化时，应及时按规定的程序更改检测工艺规程或工艺卡。

4. 超声检测操作过程的控制

检测工艺规程和工艺卡制定以后，即可按规定的方法进行缺陷的检测。检测过程由表面状态的准备、仪器的调整、工件的扫查、缺陷的评定以及记录与报告等步骤组成。每个步骤的操作都必须符合技术文件的规定。具体要求如下：

（1）超声检测人员在进行检测前应认真阅读工艺卡，熟悉产品的情况和检测设备的情况。

（2）检测前应观察工件的表面状况是否符合规程要求，去除影响检测的表面情况。必要时，应进行表面机加工以准备适当的超声检测面。局部无法去除的部位，应进行记录并在检测报告中注明，情况严重以致难以检测时，需上报有关部门处理。

（3）检测用仪器、探头、试块和耦合剂应符合检测工艺卡的规定，不得任意改变。仪器的调整、扫查和缺陷的评定，均应严格按照工艺卡的规定进行。

（4）检测过程中，应按规定及时作好原始记录，记录内容应真实、完整、清晰。检测后，应由Ⅱ级以上人员签发检测报告。

（5）检测过程中和检测后，应按规定进行仪器调整的校验，发现灵敏度降低等异常情况时，应对上一次校验后检测的所有工件重新进行检测。

（6）检测中发现标准未规定的异常情况时，应进行详细记录，并报有关部门处理。

5. 超声检测环境的控制

（1）为了保证超声检测仪的正常工作，超声检测现场的环境应避免强磁、高频、高温、潮湿、灰尘、腐蚀性气体、震动等条件的存在。此外，强光对检测人员观察显示屏有不利影响，有时会使检测无法进行。

（2）检测现场应提供检测所需的吊车、供水、供电等设施。

（3）检测现场的仪器、设备等物品以及检测产品，应分类、分区摆放并标识清晰。

复习思考题

1. 试说明建立超声检测标准的目的、作用和分类。
2. 我国目前常用超声检测专用标准有哪些？各适用什么情况？
3. 试比较说明我国 GB 11345—89 标准与国外主要工业国家超声检测标准的差异。

第12章 超声检测实验

本章介绍了超声检测的几个基本实验，如超声检测仪的使用及其性能测试、锻件检测、焊接接头检测、钢板检测、声能传输损失和材质衰减系数的测定等。

实验一　超声检测仪的使用和性能测试

一、实验目的
1. 了解 A 型超声检测仪的工作原理。
2. 掌握 A 型超声检测仪的使用方法。
3. 掌握水平线性、垂直线性和动态范围等主要性能的测试方法。
4. 掌握盲区、分辨力和灵敏度余量等综合性能的测试方法。

二、实验用品
1. 仪器：CTS—22、CTS—26 等。
2. 探头：2.5P20Z 或 2.5P14Z。
3. 试块：IIW、CSK—IA、200/φ1 平底孔试块等。
4. 耦合剂：机油。
5. 其他：压块、坐标纸等。

三、实验内容与步骤
1. 水平线性的测试

（1）调有关旋钮使时基线清晰明亮，并与水平刻度线重合。

（2）将探头通过耦合剂置于 CSK—IA 或 IIW 试块上，如图 12—1 中的 A 处。

（3）调微调、水平或脉冲移位等旋钮，使显示屏上出现五次底波 $B_1 \sim B_5$，且使 B_1、B_5 前沿分别对准水平刻度值 2.0 和 10.0，如图 12—2。

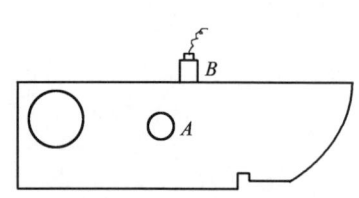

图 12—1　水平、垂直线性的测试

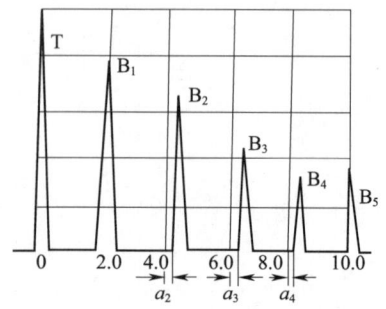

图 12—2　水平线性测试波形

(4) 观察记录 B_2、B_3、B_4 与水平刻度值 4.0、6.0、8.0 的偏差值 a_2、a_3、a_4。

(5) 计算水平线性误差

$$\delta = \frac{|a_{\max}|}{0.8b} \times 100\% \tag{12—1}$$

式中　$a_{\max}$——a_2、a_3、a_4 中最大者；

　　　b——显示屏水平满刻度值。

2. 垂直线性的测试

(1) 将抑制旋钮调整至"0"，衰减器保留 30 dB 衰减余量。

(2) 将探头通过耦合剂置于 CSK—IA 或 IIW 试块上，如图 12—1 中的 B 处，并用压块恒定压力。

(3) 调增益旋钮使底波达显示屏满幅度 100%，但不饱和，作为 0 dB。

(4) 固定增益旋钮，调衰减器，每次衰减 2 dB，并记下相应回波高度 H_i 填入表 12—1 中，直至消失。表中，

$$实测相对波高\% = \frac{衰减\ \Delta_i\ dB\ 后的波高\ H_i}{衰减\ 0\ dB\ 时波高\ H_0} \times 100\% \tag{12—2}$$

表 12—1

回波高度		衰减量 Δ_i dB	0	2	4	6	8	10	12	14	16	18	20	22
	实测	绝对波高 H_i	H_0											
		相对波高%	100											
	理想相对波高%		100											
	偏差%		0											

$$理想相对波高\left(\frac{H_i}{H_0}\right)\% = 10^{\frac{\Delta_i}{20}} \times 100\% \tag{12—3}$$

(5) 计算垂直线性误差

$$D = (|d_1| + |d_2|)\% \tag{12—4}$$

式中　d_1——实测值与理想值的最大正偏差；

　　　d_2——实测值与理想值的最大负偏差。

3. 动态范围的测试

(1) 将抑制旋钮调整至"0"，衰减器保留 30 dB。

(2) 将探头置于图 12—1 中的 A 处，调增益旋钮使底波 B_1 达满幅度 100%。

(3) 固定增益旋钮，记录这时衰减余量 N_1，调衰减器使底波 B_1 降 1 mm，记录这时的衰减余量 N_2。

(4) 计算动态范围

$$\Delta = N_2 - N_1$$

4. 盲区的测试

盲区的精确测定是在盲区试块上进行的，由于盲区试块加工困难，因此通常利用 CSK—IA 或 IIW 试块来估计盲区的范围。

(1) 将抑制旋钮调整至"0"，其他旋钮位置适当。

(2) 将直探头置于如图12—3所示的Ⅰ、Ⅱ处。

(3) 调增益、水平等旋钮，观察始波后有无独立的回波。

(4) 盲区范围估计

探头置于Ⅰ处有独立回波，盲区小于5 mm。

探头置于Ⅰ处无独立回波，于Ⅱ处有独立回波，盲区在5~10 mm之间。

探头置于Ⅱ处无独立回波，盲区大于10 mm。

一般规定盲区不大于7 mm。

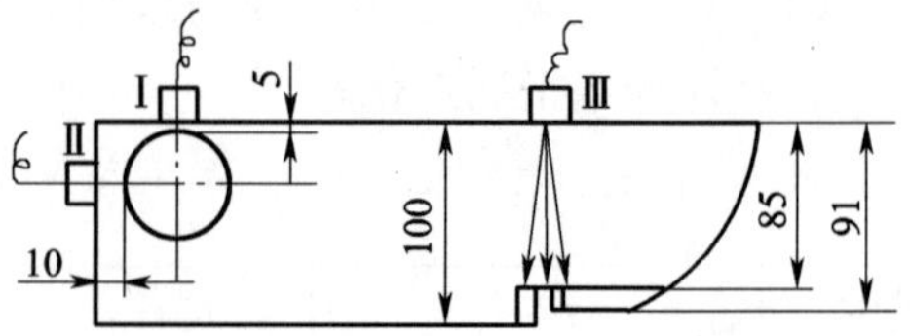

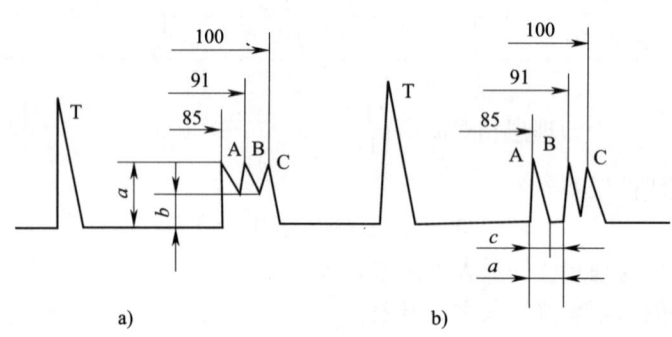

图12—3 盲区和分辨力的测试

5. 分辨力的测定（直探头）

(1) 将抑制旋钮调整至"0"，其他旋钮位置适当。

(2) 将探头置于如图12—3所示的CSK—ⅠA或ⅡW块上Ⅲ处，前后左右移动探头，使显示屏上出现声程为85、91、100的三个反射波A、B、C。

(3) 当A、B、C不能分开时，如图12—4a所示，则分辨力F_1为：

$$F_1 = (91-85)\frac{a}{a-b} = \frac{6a}{a-b} \text{ mm} \tag{12-5}$$

(4) 当A、B、C能分开时，如图12—4b所示，则分辨力F_2为：

$$F_2 = (91-86)\frac{c}{a} = \frac{6c}{a} \text{ mm} \tag{12-6}$$

图12—4 测分辨力波形

一般规定分辨力不大于6 mm。

6. 灵敏度余量的测试

(1) 将抑制旋钮调整至"0"，增益旋钮钮至最大，发射强度调至强。

(2) 连接探头，调节衰减器使仪器噪声电平为满幅度的10%，记录这时衰减器的读数N_1。

(3) 将探头置于如图12—5所示的灵敏度余量度试块上(200/φ1平底孔试块)调衰减器使φ1平底孔回波达满幅度的80%。这时衰减器读数为N_2。

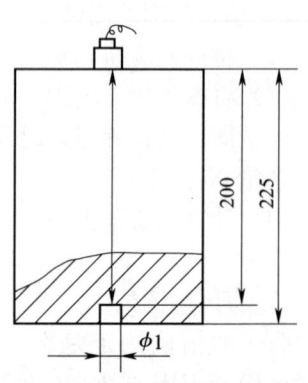

图12—5 灵敏度余量试块

(4) 计算灵敏度余量：
$$\Delta N = N_2 - N_1。$$

四、实验报告要求

1. 写出实验名称、目的和用品。
2. 简要说明仪器性能、仪器与探头综合性能的测试方法及测试结果。

实验二　纵波实用 AVG 曲线的测试与锻件检测

一、实验目的

1. 掌握纵波检测时扫描速度的调整方法。
2. 掌握纵波检测时灵敏度的调整方法。
3. 掌握纵波检测时缺陷定位、定量的方法。
4. 掌握纵波平底孔 AVG 曲线的测绘方法，验证理论回波声压公式。

二、实验用品

1. 仪器：CTS—22、CTS—26 等。
2. 探头：2.5P20Z 或 2.5P14Z。
3. 试块：CSK—ⅠA，ⅡW，CS—2 等。
4. 耦合剂：机油。

三、实验内容与步骤

1. 距离—波幅—当量曲线的测绘

（1）调有关旋钮使时基线清晰明亮并与水平刻度线重合。

（2）调整扫描速度　CS—2 试块的最大声程为 525 mm，故仪器按 1∶6 调整扫描速度。将探头置于 CSK—ⅠA 或 ⅡW 试块上，对准 100 mm 平底面，调深度、脉冲移位、增益等旋钮，使显示屏上出现 6 次底波，并使 B_3、B_6 分别对准水平刻度 5.0 和 10.0，这时仪器 1∶6 的扫描速度就调好了。

（3）调灵敏度（起始灵敏度）

1）衰减器位置的确定：一般以使最低反射波达规定高时衰减量尽可能小为原则。这里统一以 500/ϕ2 为 0 dB 作为起始灵敏度。500 mm 处其他平底孔回波高由 $\Delta = 40\lg \dfrac{D_f}{2}$ 确定。500 mm 处大平底回波高由 $\Delta = 20\lg \dfrac{\lambda x}{2\pi}$ 确定，具体参见表 12—2。

2）调节方法　探头对准声程最大的 CS—2 试块中心，找到规则反射体最高反射波。衰减表 12—2 中对应的 dB 数，调增益旋钮使规则反射体最高回波达基准（50%）高。然后使衰减器增益 Δ dB，这时起始灵敏度调好，即 500 mm 处 ϕ2 mm 平底孔回波正好达 60%高。

表 12—2

规则反射体尺寸（mm）	ϕ2	ϕ3	ϕ4	ϕ6	ϕ8	ϕ∞
与 ϕ2 mm 平底孔分贝差（dB）	0	7	12	19	24	45

(4) 测试　固定增益旋钮，将探头置于不同厚度的试块上，前后、左右移动探头，找到规则反射体的最高回波，调衰减器使各回波达 60% 高，记录相应 dB 值填入表 12—3 中。对于 3N 以外的点也可用理论计算公式计算得到，但 3N 以内必须实测。

表 12—3

距离 x (mm)										
平底孔波高 (dB)	$\phi 2$									
	$\phi 3$									
	$\phi 4$									
	$\phi 6$									
	$\phi 8$									
大平底波高 (dB)										

(5) 绘制曲线　以距离 x 为横坐标，相对波高（dB）为纵坐标，在坐标纸上根据表 12—3 中列出的数据绘制平底孔 AVG 曲线。图中应注明探头的频率和直径。

2. 锻件纵波检测

任选 1~2 件厚度 $x \geq 3N$ 的 CS—2 试块作为锻件。要求检测灵敏度为 $\phi 2$。

(1) 调扫描速度　据所选锻件的最大检测距离调整扫描速度。

(2) 调检测灵敏度

1) 计算：确定最大声程处大平底与 $\phi 2$ mm 平底孔的分贝差 Δ 为

$$\Delta = 20\lg \frac{P_B}{P_{\phi 2}} = 20\lg \frac{\lambda x}{2\pi} \qquad (12—7)$$

分贝差 Δ 也可从表 12—4 所列的数据中查到。

2) 调节：将探头对准锻件大平底，衰减器衰减 Δ dB，调增益旋钮使底波 B_1 达基准（60%）高，然后用衰减器增益 Δ dB。至此，$\phi 2$ 检测灵敏度调好。

(3) 扫查检测　固定增益旋钮，探头在检测面上扫查检测。发现缺陷后，前后左右移动探头找到最高回波，并用衰减器调至基准高，记录缺陷波前沿正对的水平刻度值 τ_f 和缺陷波达基准高（60%）时衰减器对应的 dB 值。

(4) 缺陷定位　设扫描速度为 $1:n$，则缺陷至检测面的距离：$x_f = n\tau_f$ mm

(5) 缺陷定量　根据缺陷的距离 x_f 和缺陷波与最大声程处 $\phi 2$ mm 平底孔的分贝差 Δ（即衰减器所示 dB 值）利用下式计算确定其当量尺寸：

$$\Delta = 20\lg \frac{P_{f1}}{P_{f2}} = 40\lg \frac{D_{f1} x_2}{2 x_1} \qquad (12—8)$$

也可根据 AVG 曲线来确定缺陷的当量尺寸。

四、实验报告要求

1. 写出实验名称、目的和用品。

2. 说明 AVG 曲线的测试方法，记录测试数据，绘制曲线。
3. 说明锻件检测步骤，确定缺陷的位置和当量大小（当量计算法），注明所检锻件（CS—2 试块）的序号。

实验三 钢板检测

一、实验目的
1. 掌握钢板接触检测的方法。
2. 掌握钢板水浸检测的方法。

二、实验用品
1. 仪器：CTS—26 或 CTS—22 型检测仪。
2. 探头：2.5P20Z、2.5P20SJ。
3. 试块：规格为 100 mm×100 mm×46 mm 和 100 mm×100 mm×22 mm 的 $\phi 5$ mm 平底孔试块各一块。
4. 耦合剂：机油、水。
5. 其他：$T=20$ mm 和 $T=50$ mm 的钢板试样各一块，并且都带有人工缺陷或自然缺陷。还有水槽和探头位置调节机构等。

三、实验内容与步骤
1. 钢板接触法检测

用 2.5P20Z 探头检测 $T=50$ mm 的钢板试样。

（1）清除钢板表面的氧化皮、锈蚀和油污。

（2）调节仪器，使时基扫描线清晰明亮，并与水平刻度线重合。

（3）调扫描速度 探头对准 $T=50$ mm 的钢板，调整微调和脉调移位旋钮使底波 B_1、B_2 分别对准 50 和 100，这时扫描速度为 1∶1。

（4）调灵敏度 探头对准 100 mm×100 mm×46 mm 试块上 $\phi 5$ mm 平底孔，调节增益旋钮使 $\phi 5$ mm 平底孔的第一次回波达满幅度的 60% 即可。

（5）扫查检测 将探头置于钢板上作 100% 的全面扫查，探头移动间距小于晶片尺寸，移动速度不大于 0.15 m/s。

（6）缺陷测定 扫查过程中发现缺陷后，先用半波高度法（或 6 dB 法）测定缺陷的面积范围。缺陷波高下降一半（相对 $\phi 5$ mm 回波）时，探头中心的轨迹线作为缺陷的轮廓线，这种轮廓线一般不规则，可用方格法确定缺陷面积。然后再根据扫描速度和缺陷波所对应的刻度值确定缺陷的深度。对于较小的缺陷也可测定缺陷的当量。

（7）记录 在钢板上或记录纸上标出缺陷的位置、深度和面积。

（8）评级 根据钢板验收标准评定级别。

2. 钢板水浸检测法

用 2.5P20SJ 探头检测 $T=20$ mm 的钢板试样。

（1）清理钢板表面的氧化皮。

(2) 调节仪器，使时基扫描线清晰明亮、与水平刻度线重合。

(3) 调扫描速度　考虑用四次重合法检测，可按 1∶2 调节扫描速度。探头对准 $T=20$ mm 钢板底面，调节微调与脉冲移动旋钮使底波 B_5、B_{10} 分别对准 50 和 100。

(4) 调灵敏度　将探头放入水中并对准水中 100 mm×100 mm×22 mm 试块中的 $\phi 5$ mm 平底孔，调节水层厚度 H，使第一次界面回波 S_1 对准水平刻度 40，然后调增益旋钮使 $\phi 5$ 第一次回波达 60% 即可。或按接触法调好灵敏度，再提高 10 dB 也可。

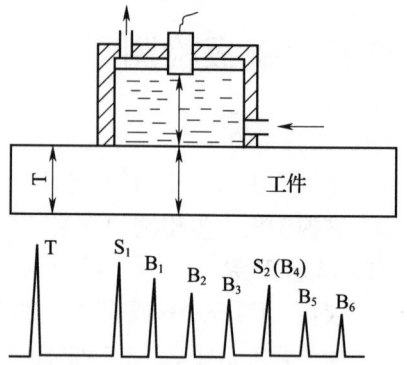

(5) 调水层厚度　将 $T=20$ mm 钢板置于水槽中，探头轴线垂直板面，调节水层厚度 H，使钢板底波 B_4 前沿与界面回波 S_2 前沿重合，如图 12—6 所示。

图 12—6　水浸四次重合法

(6) 扫查检测　探头沿垂直于钢板压延方向间距为 100 mm 的平行列线移动扫查。

(7) 缺陷测定　扫查过程中发现缺陷后，用接触法测定缺陷的位置和面积。

(8) 记录　在钢板上或记录纸上记录缺陷的位置和面积。

(9) 评级　根据钢板标准评定钢板的级别。

四、实验报告要求

1. 写出实验名称、目的和用品。
2. 写出实验测试步骤和结果。

实验四　表面声能损失测定

一、实验目的

1. 掌握直探头检测时表面声能损失差的测定方法。
2. 掌握斜探头检测时表面粗糙不同造成的声能损失差的测定方法。

二、实验用品

1. 仪器：CTS—22 型检测仪
2. 探头：2.5P20Z 探头一只，2.5P12Z×12K2 探头两只。
3. 试块

(1) 如图 12—7 所示的对比试块和待测试块各一块。二者材质和底面粗糙度相同，检测面粗糙度不同。

(2) 如图 12—8 所示的试块一块。试块材质、厚度、A 面粗糙度同焊缝试板，试块 B 面粗糙度同 CSK—ⅢA 或 CSK—ⅡA 或 CSK—IA 试块。

4. 耦合剂：机油、浆糊或甘油。

三、实验内容与步骤

1. 直探头检测时表面耦合损失的测定

(1) 将 2.5P20Z 探头置于如图 12—7a 所示的对比试块上，预衰减 $N_1=20$ dB，调增益旋

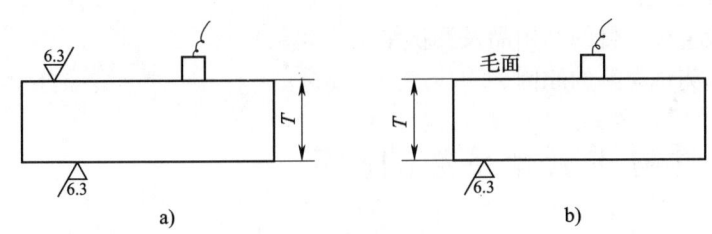

图 12—7 直探头表面耦合损失差的测定
a) 对比试块　b) 待测试块

钮使底波 B_1 达幅度的 60%。

（2）将探头移至如图 12—7b 所示的试块上，固定增益旋钮不动，调衰减器使底波 B_1 达 60%，记录这时衰减器读数 N_2。

（3）计算二者表面耦合损失差 Δ：

$$\Delta = N_1 - N_2$$

2. 斜探头检测时表面声能损失的测定

（1）一次反射法表面声能损失的测定

1）把两个斜探头沿检测方向置于工件焊缝两侧的检测面上，间距约 1P，作一发一收测试，如图 12—8a 所示。调节增益旋钮使最大穿透波幅为基准高（60%）。

2）按同样方法，把探头置于试块 B 面上，如图 12—8b 所示。调节衰减器，使其最大穿透波幅也为基准高，此时工件与试块的衰减分贝差，即为上表面声能损失差。

3）重复①和②两项步骤按如图 12—9 所示的方法测出工件与试块 A 面的 dB 差，即为下表面声能损失差。

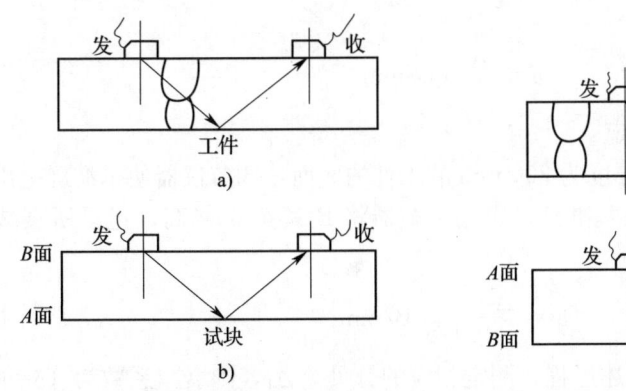

图 12—8　上表面声能损失差的测定　　图 12—9　下表面声能损失差的测定

4）因实际二次波检测时声束两次触及下表面，所以上表面声能损失差加上两倍的下表面声能损失差即为二次波检测时表面声能损失差。

（2）直射法（一次波）检测表面声能损失差的测定

直射法检测表面声能损失差只计入上表面声能损失差即可。

四、实验报告要求

1. 写出实验名称、目的和用品及测试结果。
2. 分析引起测试误差的原因。

实验五　工件材质衰减系数的测定

一、实验目的

1. 掌握薄板工件衰减系数的测定方法。
2. 掌握厚板工件衰减系数的测定方法。

二、实验用品

1. 仪器：CTS—22 型检测仪。
2. 探头：2.5P20Z 和 5.0P20Z 探头各一只。
3. 试块：铸钢件试板两块，一块厚为 10 mm，另一块厚为 200 mm。试块上下表面光洁，互相平行。
4. 耦合剂：机油、甘油或糨糊。

三、实验内容与步骤

1. 薄板工件衰减系数的测定

（1）取 2.5P20Z 探头对准厚度为 10 mm 的薄板工件底面，调节仪器使示波屏上出现 $B_1 \sim B_4$ 四次底波，调增益旋钮使 B_4 达 60% 基准高，再用衰减器将 B_1 调至 60%，记录这时所衰减的分贝值 Δ_1，则介质的衰减系数为（不计反射损失）：

$$\alpha = \frac{\Delta_1}{2 \times (4-1) \times 10} = \frac{\Delta_1}{60} \text{ dB/mm}$$

（2）用 5P20Z 探头重复上述过程，测出相应的分贝差 Δ_2，则衰减系数为（不计反射损失）：

$$\alpha = \frac{\Delta_2}{60} \text{ dB/mm}$$

2. 厚板工件衰减系数的测定

（1）取 2.5P20Z 探头对准厚度为 200 mm 的工件的底面，调节仪器使示波屏上出现底波 B_1、B_2。调增益旋钮使 B_2 达 60% 基准高，再用衰减器将 B_1 调至 60% 高，记录所衰减的分贝值 Δ_3，则衰减系数为（$\delta=0$）：

$$\alpha = \frac{\Delta_3 - 6}{400} \text{ dB/mm}$$

（2）用 5P20Z 探头重复上述过程，测定相应的分贝差 Δ_4，则衰减系数为（$\delta=0$）：

$$\alpha = \frac{\Delta_4 - 6}{400} \text{ dB/mm}$$

四、实验报告要求

1. 写出实验名称、目的和用品。
2. 写出实验结果，说明频率 f 对 α 的影响。

3. 分析影响测试精度的原因。

实验六　横波距离—波幅曲线的制作与焊缝检测

一、实验目的
1. 掌握横波斜探头入射点、K 值（或折射角）的测试方法。
2. 掌握按深度或水平距离调节横波扫描速度的方法。
3. 掌握横波检测时灵敏度的调节方法。
4. 掌握横波距离—波幅曲线的测试方法。
5. 掌握中厚板对接焊缝检测时缺陷定位和定量方法。

二、实验用品
1. 仪器：CTS—22 型或 CTS—26 型。
2. 探头：2.5P12×12K2 或 2.5P14K2 探头。
3. 试块：CSK—ⅠA、CSK—ⅡA 或 CSK—Ⅲ试块。
4. 耦合剂：甘油、机油或糨糊。
5. 带缺陷的对接焊缝试样，$T=20$ mm 或 $T=30$ mm。

三、实验内容与步骤
设焊缝试样 $T=30$ mm，采用 CSK—ⅢA 试块。

1. 距离—波幅曲线的测试

（1）调节仪器，使时基扫描线清晰明亮，并与水平刻度线重合。同时调整抑制旋钮至"0"。

（2）测定探头的入射点和 K 值　探头置于 CSK—ⅠA 试块上，对准 $R100$ mm 圆弧面，平行移动探头，找到最高回波，这时试块上 $R100$ mm 圆心正对的楔块底面上的点就是入射点，用铅笔作好标记，并量出探头的前沿长度 l_0。然后将探头对准 $\phi50$（或 $\phi1.5$），找到最高回波，这时入射点正对的试块上的刻度值就是探头的 K 值。

（3）按深度 1∶1 调节扫描速度

1）用水平旋钮将示波屏上的脉冲左移约 10 mm。

2）将探头置于 CSK—ⅢA 试块上，选定两个深度相差一倍的孔，如 $d=30$ 和 $d=60$ mm 的横孔，先将探头对准 $d=30$ mm 的横孔 $\phi1$ mm×6 mm，找到最高回波，然后用微调旋钮将其前沿调至水平刻度 30 处。

3）后移探头，找到 $d=60$ mm 的横孔 $\phi1$ mm×6 mm 的最高回波，若此回波前沿所对的水平刻度值为 y，应求出 $x=60-y$。当 x 为 0 时，正好是深度 1∶1。当 x 为正时，用微调旋钮将回波向大读数移动到 $y+2|x|$，当 x 为负时，用微调旋钮将回波向小读数移动到 $y-2|x|$。

4）用水平旋钮将回波前沿调至水平刻度 60 处，这时深度 1∶1 的扫描速度就调好了，$d=30$ mm 的横孔 $\phi1$ mm×6 mm 的最高回波也正对 30 处。

（4）调起始灵敏度　探头对准 $d=70$ mm（d 略大于 $2T$）的横孔 $\phi1$ mm×6 mm，衰减 20 dB（大于测长线和耦合补偿所需增益的 dB 值），调增益旋钮使 $d=70$ mm 的横孔 $\phi1$ mm×6 mm 的最高回波达基准 60% 高。

(5) 记录　固定增益旋钮，调衰减器，分别使 $d=60$ mm，50 mm，40 mm，30 mm，20 mm，10 mm 的横孔 $\phi 1$ mm×6 mm 最高反射波达 60%，记录相应的衰减器的读数于表 12—4。

表 12—4

d (mm)	70	60	50	40	30	20	10
dB	20						

(6) 绘距离—波幅曲线　根据板厚 $T=30$ mm 和表 12—4 所列数据绘制距离—波幅曲线。

测长线：$\phi 1×6-9$ dB
定量线：$\phi 1×6-3$ dB
判废线：$\phi 1×6-5$ dB

以深度 d 为横坐标，以 dB 值为纵坐标，在坐标纸上描点绘制距离—波幅曲线。注明所用探头、试块。

若考虑表面粗糙度和材质补偿 ΔdB，可将所有曲线都往下平移 ΔdB，这样将会使调节灵敏度和定量更方便。

(7) 校验距离—波幅曲线　将探头置于 CSK—ⅢA 试块上，分别对准 $d=20$ mm 和 $d=50$ mm，找到最高回波，先看回波是否对准水平刻度 20 和 50 处，然后再看最高回波达基准高时衰减器的读数是否和前面测试的结果相同。若二者有一条不符，且误差较大，则应重新测试曲线。

2. 焊缝检测

(1) 清理打磨检测面：
$$P = 2KT + 50 = 2×2×30+50 = 170 \text{ mm}$$
焊缝两侧清理打磨 170 mm 宽。

(2) 测探头的入射点和 K 值（测曲线后立即检测，此项可省）。

(3) 按深度 1∶1 调节扫描速度（测曲线后立即检测，此项可省）。

(4) 校正距离—波幅曲线，不少于两点。

(5) 测耦合与材质损失（详见实验四、五）。

(6) 调节检测灵敏度（二次波检测）　由 $d=2T=2×30=60$ mm，查距离—波幅曲线的测长线对应的 dB 值 N，设 $N=14$ dB。又设耦合与材质损失为 $\Delta N=4$ dB，则检测灵敏度应为 $N-\Delta N=14-4=10$ dB。即将衰减器读数调至 10 dB，这时检测灵敏度就调好了。

(7) 扫查检测　将探头分别置于焊缝的两侧作锯齿形扫查，齿距不大于晶片尺寸，保持探头与焊缝中心线垂直的同时作 10°~15° 的摆动。为了发现横向缺陷，可使探头与焊缝成 10°~45° 作斜平行扫查。为了确定缺陷的位置、方向、形状，还可采用前后、左右、转角和环绕等方式进行扫查。

(8) 缺陷定位　在扫查过程中发现缺陷后，要根据扫描速度和缺陷波所对的水平刻度值来确定缺陷在焊缝中的位置。

(9) 缺陷定量　在测定缺陷位置的同时，还要测定缺陷的波幅和指示长度，并根据验收标准评定焊缝的级别。

（10）记录　记录缺陷的位置、波幅、长度。

四、实验报告要求

1. 写出实验名称、目的和用品。
2. 根据所测数据，绘制距离—波幅曲线。
3. 标明缺陷的位置和大小，并评定焊缝的级别。
4. 注明检测条件。

主要参考文献

1. 胡天明主编. 超声检测. 武汉测绘科技大学出版社，1994 年。
2. 史亦伟主编. 超声检测. 北京：机械工业出版社，2005 年
3. J·克劳特克洛默 H·克劳特克洛默 著，李靖等译. 超声检测技术. 广州：广东科技出版社，1984 年
4. 李家伟等主编. 无损检测手册. 北京：机械工业出版社，2002 年
5. 沈建中等. 超声无损检测的进展——学会成立 20 周年回顾. 无损检测，1998.2
6. 郑晖等. 国外 TOFD 检测标准分析和比较. 无损检测，2007.3
7. 庞勇等. 超声成像方法综述. 华北工学院测试技术学报，2001 年第 15 卷第 4 期
8. 沈建中. 超声成像技术及其在无损检测中的应用. 无损检测，1994 年第 16 卷第 7 期
9. 李振才. 电磁超声（EMA）技术的发展与应用. 无损探伤，2006 年第 30 卷第 6 期
10. 钟志明等. 超声相控阵技术的发展及应用. 无损检测，2002 年第 24 卷第 2 期
11. 张志超. 焊缝超声检测中变型波的产生机理及其识别. 无损检测，2002 年 2 月
12. 云庆华主编. 锅炉压力容器无损探伤技术. 天津科学技术出版社，1985 年
13. 蒋危平等编著. 超声检测学. 武汉测绘科技大学出版社，1991 年
14. 日本学术振兴会制钢第十九委员会编，李靖等译. 超声探伤法. 广州：广东科技出版社，1981 年
15. 全国锅炉压力容器标准化技术委员会. JB/T 4730—2005《承压设备无损检测》. 北京：新华出版社，2005 年